论仪器并筑器件
致广大而尽精微

中国科学院院长 白春礼院士 题

白春礼

戊戌 春月

中国科学院科学出版基金资助出版

低维材料与器件丛书

成会明　总主编

低维度金刚石及其光电器件

朱嘉琦　代　兵　韩杰才　著

科学出版社
北京

内 容 简 介

本书为"低维材料与器件丛书"之一。全书主要介绍从零维到二维的含有 sp^3 杂化结构的碳质材料，包括本征非晶金刚石薄膜、掺杂非晶金刚石薄膜、纳米晶金刚石材料的制备方法、性能表征及其在光电器件方面的应用等内容。不仅简要介绍了低维度金刚石发展概况，而且详细介绍了在低维度金刚石中具有代表性的纳米金刚石及非晶金刚石的制备及表征方法，最后还分别阐释了纳米金刚石和非晶金刚石在声波增频、光伏发电、电化分析等光电器件领域的创新性成果。内容涵盖了典型低维度金刚石的合成手段、性能检测、器件应用、技术难点、最新成果及发展趋势。

本书可供从事低维度金刚石研究的专业技术人员，高等院校、研究院所从事相关研究与教学工作的教师、研究生、高年级本科生，以及相关领域的科研、工程技术人员参考学习。

图书在版编目(CIP)数据

低维度金刚石及其光电器件/朱嘉琦，代兵，韩杰才著.
—北京：科学出版社，2018.6
(低维材料与器件丛书 / 成会明总主编)
ISBN 978-7-03-058069-6

Ⅰ. ①低… Ⅱ. ①朱… ②代… ③韩… Ⅲ. ①金刚石-光电器件-研究 Ⅳ. ①P578.1②TN15

中国版本图书馆 CIP 数据核字(2018)第 132885 号

责任编辑：翁靖一/责任校对：樊雅琼
责任印制：肖　兴/封面设计：耕者

科 学 出 版 社 出版
北京东黄城根北街 16 号
邮政编码：100717
http://www.sciencep.com
中国科学院印刷厂 印刷

科学出版社发行　各地新华书店经销

*

2018 年 6 月第 一 版　开本：720×1000　1/16
2018 年 6 月第一次印刷　印张：21 1/4
字数：407 000

定价：128.00 元
(如有印装质量问题，我社负责调换)

低维材料与器件丛书
编 委 会

总　　序

　　人类社会的发展水平，多以材料作为主要标志。在我国近年来颁发的《国家创新驱动发展战略纲要》、《国家中长期科学和技术发展规划纲要(2006—2020年)》、《"十三五"国家科技创新规划》和《中国制造2025》中，材料都是重点发展的领域之一。

　　随着科学技术的不断进步和发展，人们对信息、显示和传感等各类器件的要求越来越高，包括高性能化、小型化、多功能、智能化、节能环保，甚至自驱动、柔性可穿戴、健康全时监/检测等。这些要求对材料和器件提出了巨大的挑战，各种新材料、新器件应运而生。特别是自 20 世纪 80 年代以来，科学家们发现和制备出一系列低维材料(如零维的量子点、一维的纳米管和纳米线、二维的石墨烯和石墨炔等新材料)，它们具有独特的结构和优异的性质，有望满足未来社会对材料和器件多功能化的要求，因而相关基础研究和应用技术的发展受到了全世界各国政府、学术界、工业界的高度重视。其中富勒烯和石墨烯这两种低维碳材料还分别获得了 1996 年诺贝尔化学奖和 2010 年诺贝尔物理学奖。由此可见，在新材料中，低维材料占据了非常重要的地位，是当前材料科学的研究前沿，也是材料科学、软物质科学、物理、化学、工程等领域的重要交叉，其覆盖面广，包含了很多基础科学问题和关键技术问题，尤其在结构上的多样性、加工上的多尺度性、应用上的广泛性等使该领域具有很强的生命力，其研究和应用前景极为广阔。

　　我国是富勒烯、量子点、碳纳米管、石墨烯、纳米线、二维原子晶体等低维材料研究、生产和应用开发的大国，科研工作者众多，每年在这些领域发表的学术论文和授权专利的数量已经位居世界第一，相关器件应用的研究与开发也方兴未艾。在这种大背景和环境下，及时总结并编撰出版一套高水平、全面、系统地反映低维材料与器件这一国际学科前沿领域的基础科学原理、最新研究进展及未来发展和应用趋势的系列学术著作，对于形成新的完整知识体系，推动我国低维材料与器件的发展，实现优秀科技成果的传承与传播，推动其在新能源、信息、光电、生命健康、环保、航空航天等战略新兴领域的应用开发具有划时代的意义。

　　为此，我接受科学出版社的邀请，组织活跃在科研第一线的三十多位优秀科学家积极撰写"低维材料与器件丛书"，内容涵盖了量子点、纳米管、纳米线、石墨烯、石墨炔、二维原子晶体、拓扑绝缘体等低维材料的结构、物性及其制备方法，并全面探讨了低维材料在信息、光电、传感、生物医用、健康、新能源、环境保护等领域的应用，具有学术水平高、系统性强、涵盖面广、时效性高和引领性强等特点。本套丛书的特色鲜明，不仅全面、系统地总结和归纳了国内外在低维材料与器件领域的优秀科研成果，展示了该领域研究的主流和发展趋势，而且反映了编著者在各自研究领域多年形成的大量原始创新研究成果，将有利于提升我国在这一前沿领域的学术水平和国际地位、创造战略新兴产业，并为我国产业升级、提升国家核心竞争力提供学科基础。同时，这套丛书的成功出版将使更多的年轻研究人员和研究生获取更为系统、更前沿的知识，有利于低维材料与器件领域青年人才的培养。

历经一年半的时间，这套"低维材料与器件丛书"即将问世。在此，我衷心感谢李玉良院士、谢毅院士、俞书宏教授、谢素原教授、张跃教授、康飞宇教授、张锦教授等诸位专家学者积极热心的参与，正是在大家认真负责、无私奉献、齐心协力下才顺利完成了丛书各分册的撰写工作。最后，也要感谢科学出版社各级领导和编辑，特别是翁靖一编辑，为这套丛书的策划和出版所做出的一切努力。

材料科学创造了众多奇迹，并仍然在创造奇迹。相比于常见的基础材料，低维材料是高新技术产业和先进制造业的基础。我衷心地希望更多的科学家、工程师、企业家、研究生投身于低维材料与器件的研究、开发及应用行列，共同推动人类科技文明的进步！

成会明

中国科学院院士，发展中国家科学院院士
清华大学，清华-伯克利深圳学院，低维材料与器件实验室主任
中国科学院金属研究所，沈阳材料科学国家研究中心先进炭材料研究部主任
Energy Storage Materials 主编
SCIENCE CHINA Materials 副主编

前　言

低维度金刚石，主要是指从零维到二维的含 sp^3 杂化结构的碳质材料，不仅保持了高热导率、高迁移率、高硬度等优异性能，还具有量子光源、界面友好等特殊性能。本书选取非晶金刚石薄膜(tetrahedral amorphous carbon，简称 ta-C)作为二维金刚石代表，纳米金刚石(nanocrystalline diamond, NCD)作为一维金刚石代表，着重介绍非晶金刚石薄膜、纳米金刚石材料的制备、性质及其光电器件应用。

非晶金刚石薄膜的 sp^3 杂化含量在 50%以上，具有较高的四配位杂化含量，因此非晶金刚石具有优异的光热稳定性和机械性能。非晶金刚石的应用非常广泛，涉及航空航天、生物电极、声波器件、电子信息、光学等领域。纳米金刚石不仅具有金刚石固有的特性，还具有纳米材料的优异性能，如比表面积大、晶格常数大、德拜温度低等，在机械、电子、化工、医疗等领域中得到广泛应用。近年来，国内掀起了对低维度金刚石材料，包括非晶金刚石薄膜及纳米金刚石的研究热潮，很多高校及科研院所都开展了对低维度金刚石材料的基础理论及应用开发研究。但是，随着时间的推移，非晶金刚石及纳米金刚石在很多领域的应用有了新的进展，这些进展在之前的专著中未涉及或未详细介绍。并且，国内尚未出现论述低维度金刚石材料制备及先进应用的专著。为了推动低维度金刚石研究及应用技术的发展，满足相关从业人员全面了解该领域发展趋势的需求，我们力求以全面、新颖的视角介绍低维度金刚石的制备、表征及其在声波增频、光伏发电、电化学分析等光电器件领域的创新性成果。

本书由朱嘉琦、代兵、韩杰才负责编写框架的设定、章节的撰写以及统稿和审校。全书共分 7 章：第 1 章，低维度金刚石概述；第 2 章，非晶金刚石薄膜的制备及力学性能；第 3 章，纳米金刚石晶体；第 4 章，非晶金刚石薄膜太阳电池；第 5 章，非晶金刚石生物电极；第 6 章，非晶金刚石的声波器件应用；第 7 章，金刚石色心：性质、合成及应用。内容丰富，逻辑结构清晰明了，首先对低维度金刚石的发展情况进行了简要介绍，其次详细介绍了在低维度金刚石中具有代表性的纳米金刚石及非晶金刚石的制备及表征方法，最后分别阐释了纳米金刚石和非晶金刚石在光伏发电、电化学分析、声波增频等光电器件领域的创新性成果。

本书主要素材来自作者课题组十多年来的理论及应用研究成果，特别感谢团队中檀满林、刘爱萍、陆晓欣、程坤、王建东、王赛、贾振宇等人的科研贡献和支持。在本书撰写过程中，得到了"低维材料与器件丛书"编委会专家成会明院士的鼓励和指导，在此表示感谢；为了尽可能做到全书脉络清晰、易于理解，并尽力反映出该领域的先进水平，我们也总结了国内外相关科研人员的研究心血，在此向相关研究者表示感谢；其中，课题组许多研究生(姚凯丽、刘本建、吕致君、薛晶晶、王伟华、刘雪冬、舒国阳、赵继文)也积极参与了本书资料的搜集和整理工作，对他们的努力付出深表感谢。此外，还要感谢科学出版社的相关领导和编辑对本书出版的支持和帮助！

最后，诚挚感谢国家杰出青年科学基金项目(红外增透保护薄膜及金刚石单晶，编号：51625201)；国家优秀青年科学基金项目(碳素材料与超硬材料，编号：51222205)；国家自然科学基金面上项目(四面体非晶碳为固贴式薄膜体声波谐振器布喇格反射栅高声阻抗材料的研究，编号：51072039；掺磷非晶金刚石作为生物电极材料的研究，编号：50972031)及青年科学基金项目(掺硼非晶金刚石薄膜为非晶硅太阳电池窗口层材料的研究，编号：50602012)对本书出版的支持。

由于低维度金刚石及其光电器件发展迅速，相关理论研究不断深入，应用领域不断扩展，而且涉及固体物理、等离子体技术、生物医学、材料科学、量子光学等多个学科，限于我们的时间和精力，书中难免出现疏漏和不足之处，敬请广大读者批评指正！

著 者

2018 年 3 月

于哈尔滨工业大学

目　　录

第1章

低维度金刚石概述

低维度金刚石是指尺度从零维到二维的含 sp^3 杂化结构的碳质材料。低维度金刚石不仅保持了金刚石的高硬度、低摩擦系数、良好的电绝缘性、高热导率、优良的场发射性能等固有特点，还具有量子光源、界面友好等特殊性能，使其在工业、国防、可再生能源、生物医疗等方面得到了广泛的应用；其需求量也随着科学技术的发展，人们生活水平的提高，呈逐年上升的趋势。因此国内外对低维度金刚石的研究范围也日益扩大。

在众多低维度金刚石材料中，非晶金刚石薄膜及纳米金刚石材料以其突出的性能、广阔的应用前景得到了国内外研究学者的广泛关注。非晶金刚石薄膜主要是由金刚石结构的 sp^3 杂化碳原子和石墨结构的 sp^2 杂化碳原子相互混合而成，其中，sp^3 含量在 50% 以上的非晶-纳米晶复合结构，是二维金刚石材料的典型代表之一[1]。众所周知，纳米材料与纳米结构具有独一无二的物理及化学特性，因为当材料一维度的尺寸与电子的平均自由程或德布罗意波长相当时，材料会呈现出独特的量子尺寸效应[2]。因此纳米金刚石不仅具有金刚石的优异性能，还具备纳米材料独特的理化特性，近年来逐渐成为零维及一维金刚石材料的研究热点。因此，本书将主要围绕低维度金刚石材料中具有代表性的非晶金刚石薄膜及纳米金刚石材料进行介绍，并对二者的制备及先进应用进行介绍。

1.1 非晶金刚石薄膜

1.1.1 类金刚石简介

20 世纪 70 年代初，Aisenberg 与 Chabot 首次利用烃类物质的过热离子束沉积形成了硬质非晶碳薄膜，其具有与金刚石晶体相似的光学与力学性能，称为类金刚石碳（DLC）[3]。

众所周知，碳存在三种杂化形态：sp^3、sp^2 与 sp。在 sp^3 杂化中，碳原子的四个价电子与周围相邻的碳原子构成四面体配位，形成四个强 σ 键，与金刚石键结构相似。sp^2 杂化是三个价电子形成面内三角形配位的 σ 键，另一个价电子在垂直

于 σ 键平面的 p_z 轨道与相邻原子形成弱的 π 键，类似于石墨结构。对于 sp 杂化，两个价电子在 x 轴方向形成 σ 键，另外两个价电子在 p_y 与 p_z 轨道形成 π 键。类金刚石中碳的三种杂化结构如图 1-1 所示。在类金刚石碳结构中，sp^2 团簇镶嵌在 sp^3 网络的基体中，其中，sp^3 杂化决定了体系的力学性质，sp^2 团簇则影响体系的电学性质。

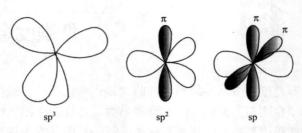

图 1-1　类金刚石中碳的三种杂化形态[4]

类金刚石薄膜制备工艺简单、沉积速率快、易于大面积沉积，由于存在诸多优点，类金刚石的制备受到广大科研工作者的关注，对类金刚石薄膜制备工艺方法的探索之路逐渐展开。

1992 年，Dekempeneer 等[5]研究发现，薄膜的机械特性与氢的含量及 C—H 的结构有关，利用射频等离子体增强化学气相沉积(RFPACVD)制备的薄膜，通过选择合适的沉积条件，可以在保障硬度的情况下，降低薄膜的应力，偏压在 200～400 V 之间，硬度减少 10%，应力却下降了 30%。该研究提供了高硬度、较低应力的类金刚石薄膜优化工艺参数。20 世纪 90 年代末期，Sattel 等和 Weissmantel 等提出了新型类金刚石薄膜制备方法——离子束增强沉积法(IBED)，并最先对其进行了研究[6]。该方法制备的薄膜具有精确的计量比、较高的附着力及较小的应力，与传统的离子束制备的类金刚石薄膜相比，其各方面性能都得到了很大的提高。但是该方法制备薄膜时产生的热量较多，不能用于低温基底，同时由于 IBED 使用离子枪，离子枪的大小限制了等离子能够到达的范围，从而限制了薄膜的沉积面积。Mosaner 等[7]研究了退火对薄膜应力的影响，结果表明，薄膜退火的结果在很大程度上由退火参数决定(如退火温度和时间)。通过研究在退火温度为 300℃ 以下退火时间对应力的影响发现，应力的释放主要是在开始前 1 h 内，在 1 h 后应力基本保持不变。通过沉积薄膜，然后退火，成功地获得厚度大于 1 μm 的低应力类金刚石薄膜。Lacerda 等[8]对在射频溅射系统中使用甲烷制备的硬质氢化非晶碳材料薄膜的应力进行了研究。研究表明，薄膜的光学带隙和氢的浓度随着 $I(D)/I(G)$ 的增加而减小，sp^3 的浓度随着偏压的增加而减少，应力和硬度随着偏压的增加先增加后减小，沉积速率随着偏压的增加而增加。通过观察应力、硬度和 sp^3 浓度随着偏压的变化情况，他们得出 sp^3C—C 对材料的硬度有一定的贡献，但是其主要作用是在薄膜中产生压应力。他们在偏压为–1200 V 的条件下，获得了具有高达 0.23 nm/s 沉积速率、硬度 14 GPa、应力 0.5 GPa 的 氢化非晶碳材料薄膜。随着工艺的不断进步，制备出来的类金刚石薄膜的性能也在不断地提高。世界各发达国家掀起了研究、开发和应用类金刚石薄膜的热潮，同时我国也逐渐重视对金刚石相关材料的研究。

1.1.2　非晶金刚石概述

经过几十年的研究与发展，人们已经通过不同的工艺方法制备出多种形式的类金刚石碳，大致可以分为氢化类金刚石碳与无氢类金刚石碳。由于氢的存在形成烃类基团，且在较低的加热温度下容易分解释放，从而导致 sp^2 杂化含量的增加与力学性能的恶化。因此，与氢化类金刚石碳相比，无氢类金刚石碳具有更高的硬度、更好的热稳定性和耐磨性，逐渐成为类金刚石碳中的研究热点。再根据 sp^3 杂化含量的多少，又将无氢类金刚石碳分为非晶碳 (a-C) 与四面体非晶碳 (ta-C)。其中，四面体非晶碳又被称为非晶金刚石[9]。

图 1-2 为类金刚石碳的 sp^2-sp^3-H 三元相图[10]。非晶金刚石的 sp^3 杂化含量在50%以上，由于具有更多的四配位杂化含量，非晶金刚石具有更优异的光热稳定性和机械性能。与化学气相沉积(CVD)金刚石相比，非晶金刚石的沉积速率快，膜层表面光滑平整，能够在室温下实现大面积制备，而且薄膜的结构和性能具有可调性。研究非晶金刚石最关键的步骤是对其内部 sp^3 杂化含量的确定，因为非晶金刚石的机械性能主要取决于薄膜中的 sp^3 杂化，而其光电性能主要归因于薄膜中 sp^2 杂化。常用的分析手段有拉曼(Raman)光谱、X 射线光电子能谱(XPS)和电子能量损失光谱(EELS)分析等，根据分析结果可以得到非晶金刚石薄膜中的 sp^3 杂化含量，再通过其他测试可以得到薄膜的硬度、弹性模量等机械性能与 sp^3 杂化含量的具体关系。本书将在第 2 章着重介绍非晶金刚石薄膜的制备及力学性能表征。

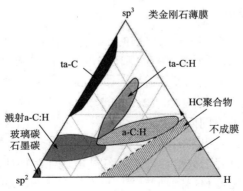

图 1-2　类金刚石碳的 sp^2-sp^3-H 三元相图[3,10]

1.1.3 非晶金刚石性能及应用

1. 力学性能及应用

影响 ta-C 薄膜硬度最基本的因素是具有金刚石结构特征的 sp^3 杂化键与具有石墨结构特征的 sp^2 杂化键的相对比例,其值越大,ta-C 薄膜硬度越高。随着沉积条件和工艺参数的不同变化,ta-C 薄膜硬度上限值接近于金刚石(100 GPa),达到 95 GPa,而硬度的下限值并不十分严格[11]。ta-C 薄膜具有较高的内应力,极大地限制了其作为厚膜涂层材料的应用。ta-C 薄膜的内应力通常采用后续退火的方法进行处理。研究表明在 DLC 薄膜中掺入 B、N、Si 或一些金属元素也可以减小薄膜的内应力,增加薄膜与基材的结合强度[12]。近年来也有人通过梯度膜来改善 DLC 薄膜的内应力,其膜层越均匀,内应力就越小。

ta-C 薄膜的杨氏模量明显低于金刚石薄膜,但是远大于玻璃碳等碳类材料,甚至可以达到金属和陶瓷材料的水平。利用 ta-C 薄膜的硬度及抗化学腐蚀性,可以将其用作刀具及机械部件的保护涂层。例如,美国吉列(Gillette)公司在"MACH₃"型剃须刀片上镀有 DLC 薄膜,使剃须刀片更加锋利舒适。此外,ta-C 薄膜还可以作为磁介质保护膜,将磁盘、磁头或磁带表面涂覆很薄的 ta-C 薄膜,可以极大地减少摩擦磨损和机械划伤,提高磁记录介质的使用寿命。同时由于 ta-C 薄膜具有良好的化学惰性,磁介质的抗氧化能力和稳定性得到了明显增强。

ta-C 薄膜具有良好的减摩特性和耐磨特性,对 ta-C 薄膜的研究绝大多数是从摩擦学领域开展的。多数试验研究表明,DLC 薄膜在大气环境下表现出低的摩擦系数,一般都在 0.20 以下。如果工艺适当,ta-C 薄膜的摩擦系数最低可达 0.005,具有很好的自润滑特性。在超高真空中,ta-C 薄膜的磨损更为缓和,产生的磨损粒子更少,摩擦状态更稳定,因此 ta-C 薄膜作为宇航应用的固体润滑膜具有突出的潜力,有望取代传统的 TiN 薄膜实现从普通工具到航空航天领域的广泛应用。

2. 光学性能及应用

ta-C 薄膜的光学性能与 sp^2 杂化键的 π-π* 态及内部结构缺陷有关。ta-C 薄膜的光学带隙取决于 sp^2 团簇结构的尺寸和分布,而与 sp^3 杂化含量无关。ta-C 薄膜在可见光和近红外区具有很高的透过率[13,14]。ta-C 薄膜的光学带隙一般在 1.7~3.9 eV 之间,而折射率一般在 1.8~2.5 之间,ta-C 薄膜的光学带隙和折射率随着沉积方法和工艺参数的不同而有着很大的变化。ta-C 中不含有 C—H 键,因此它比普通的 a-C:H 薄膜具有更好的红外透过性能[15]。

ta-C 薄膜最引人注目的光学性质是其红外增透保护特性,即它不仅具有红外增透作用,还有保护基底材料的功能[16]。与常见的 ZnS、ZnSe 等红外材料相比,

ta-C 薄膜具有机械强度高和耐腐蚀的优点。ta-C 薄膜与硅、锗、石英等材料的折射率能较好地匹配，且附着性能好，可用作光学仪器和红外窗口的增透保护膜。同时对于光热转换器件，ta-C 薄膜可以用作增强太阳吸收能力、减小热损失的光学涂层。

另外，ta-C 薄膜沉积温度低，因此可以作为由塑料和聚碳酸酯等低熔点材料组成的光学透镜的表面抗磨损保护层。ta-C 薄膜光学带隙范围宽、室温下光致发光和电致发光率都很高，有可能在整个可见光范围内发光，这些特点都使得 ta-C 薄膜极有可能成为性能较佳的发光材料。

3. 电学性能及应用

ta-C 薄膜的电阻率介于金属和绝缘体之间，一般在 $10^6\ \Omega\cdot cm$ 以上。ta-C 薄膜具有良好的掺杂性能，因此可以通过掺入杂质元素的方法来降低薄膜的电阻率，调整导电性能，使其成为半导体材料，扩展其在电子信息领域的应用。掺杂类型可以分为 n 型和 p 型两种，n 型掺杂可以采用氮(N)元素(ta-C:N)、磷(P)元素(ta-C:P)，而 p 型掺杂可以采用硼(B)元素(ta-C:B)。掺杂 ta-C 薄膜是一种非晶半导体，其导电机制类似于非晶硅半导体材料。对非晶半导体而言，除了扩展态的电导外，还有局域态电导。在温度较高时，电子可被激发到迁移边 E_c 以上的能态而导电，形成扩展态电导。在温度较低时，电子只能被激发到接近 E_c 的带尾态，然后通过声子的作用从一个定域态跃迁到另一个定域态而导电，形成带尾态电导。在温度更低时，电子只能从费米能级 E_F 以下的能量状态通过声子的作用跃迁到 E_F 以上的邻近空态，形成定域态的近程跳跃电导。在温度极低时，能量在 E_F 附近的电子，只能在能量相近的能级之间做变程跃迁。掺杂 ta-C 薄膜的导电机制还要根据掺杂类型和掺杂量来具体分析。

ta-C 薄膜由于电阻率高、绝缘性强、化学惰性高而且电子亲和势低，可用作新型的电子材料。将 ta-C 薄膜用作光刻电路板的掩膜，不仅可以防止在操作过程中反复接触所造成的机械损伤，还允许用较激烈的机械或化学腐蚀方法去除薄膜表面污染物而对薄膜的表面本身不造成破坏，因此 ta-C 薄膜在超大规模集成电路(ULSI)的制造上能发挥出较大的优势[17]。

近年来，ta-C 薄膜在微电子领域的应用逐渐成为热点。ta-C 薄膜具有较低的介电常数且易在大的基底上成膜，因此有望代替 SiO_2 成为下一代集成电路的介质材料。同时采用 a-C/ta-C 薄膜交替出现的多层结构可构造具有共振隧道效应的多量子阱结构，具有独特的电学特性，在微电子领域有着潜在的应用前景。

ta-C 薄膜具有良好的场致电子发射性能，这是因为 ta-C 薄膜化学稳定性强，发射电流稳定，且不污染其他元器件。ta-C 薄膜的表面平整光滑，电子发射均匀，具有负的电子亲和势、相对较低的有效功函数和光学带隙。在较低的外电场作用下，ta-C 薄膜可产生较大的发射电流，有望在平板显示器中得到应用[18]。

非晶金刚石的应用非常广泛，涉及各个领域。本书选取了几个非晶金刚石薄膜的先进应用进行介绍。第 4 章主要介绍掺硼非晶金刚石薄膜的制备及其作为非晶硅太阳电池窗口层的应用；第 5 章主要介绍掺磷非晶金刚石的研究进展，并简要介绍其作为生物电极材料的应用。第 6 章将介绍非晶金刚石在声波器件中的应用，主要包括其作为体声波器件的高声阻抗材料及作为声表面波器件的增频衬底两方面的应用。

1.2　纳米金刚石

1.2.1　金刚石简介

由于金刚石存在诸多优越的性能，长期以来它一直是科研工作者热衷的研究对象[19]。早在 1772 年，法国化学家发现金刚石燃烧的产物是二氧化碳[20]。1792 年，Tennan 发现金刚石是碳的一种结晶形态。从此，人类开始了对人工合成金刚石的探索。1893 年，诺贝尔奖获得者发明了一种方法，用电加热炉加热糖、木炭和铁至熔融，然后用水急冷，做了合成金刚石的尝试，但未获得成功。20 世纪 40 年代，有人设计了高压设备，并指出可以用电加热结合高压来合成高质量金刚石。由于未使用触媒，未能成功合成金刚石，但是其热力学计算为高温高压法合成金刚石提供了理论依据。1953 年，瑞典科学家宣称合成出人造金刚石，当时使用的是六面顶压机，样品由 Fe_3C 和石墨组成，但由于其工作没有正式发表，未能获得广泛的认可。人类首次真正合成金刚石是在 1954 年，由美国 GE 公司四位科学家完成，他们使用两面顶压机合成了金刚石，后来继续研究使用金属触媒合成金刚石，金属触媒主要包括 Fe、Co、Ni、Mn、Cr 等。1961 年，有人使用爆炸法将石墨直接转变成金刚石。之后，美国 GE 公司首次在静态高压下不使用任何触媒把石墨直接转变成金刚石。继美国、瑞典、苏联和日本之后，我国在 1963 年成功地合成出人造金刚石，成为早期能够合成金刚石的少数国家之一。目前，我国的磨料级金刚石的生产已经形成一个庞大的产业，年产量达亿克拉，居世界第一位。在低压合成金刚石方面，碳化物联合公司于 1952～1953 年在低压下在金刚石籽晶上成功地生长了金刚石，并得到了重复结果。几乎同时，瑞典合成了低压金刚石，苏联自此也在低压合成金刚石方面进行了长期大量的工作[21]。1974 年日本国立无机材料研究所的亚稳态金刚石生长研究开辟了金刚石低压合成的新时代。用微波等离子体法、直流放电等离子体法、射频辉光放电等离子体法和热丝分解气体法合成金刚石，速率达每小时几微米，而且不需用金刚石籽晶，其反应气体由碳氢化合物及过量的氢气组成，并强烈依赖原子氢的产生。这使得金刚石薄膜的制备技术进入了一个新阶段，并开始了金刚石作为功能性材料应用的新时期。

金刚石是自然界中存在的最硬的物质，金刚石的莫氏硬度为 10，维氏硬度高于 98 GPa，体积弹性模量为 $K=5.42\times10^2$ GPa，比公认的体积弹性模量非常大的钨 ($K=2.99\times10^2$ GPa) 还要大。金刚石的抗压能力很强，而抗拉强度则不高 (硬脆性)。纯净的不含杂质的金刚石是绝缘体，室温下的纯净的金刚石电阻率可达到 10^{16} $\Omega\cdot cm$，甚至更高。当在金刚石结构中掺入少量硼或磷元素后，掺杂的金刚石就会显示出半导体特性。金刚石的介电常数为 5.6，禁带宽度为 5.5 eV，在紫外线辐照下出现光导电性[22]。与 Si、Ga、As 半导体材料相比，金刚石由于宽的禁带、小的介电常数、高的载流子迁移率、大的电击穿强度，被认为是一种性能非常优良的宽禁带高温 (500℃) 半导体材料，可在大功率、超高速、高频和高温半导体器件领域中获得广泛应用[23]。金刚石具有很高的折射率，为 2.40～2.48；具有很强的散光性，色散系数为 0.063，在 X 射线辐照下能发出各种颜色的光；具有优良的透光性能，能透过很宽的波段，它在紫外区、可见区直至远红外区的大部分波段 (0.22～25 μm) 都是透明的，这在光学材料中是罕见的[24]。金刚石具有极高的导热性能，其热导率是迄今所知物质中最高的[25]。此外，金刚石另外一个特殊的热学性质是膨胀系数小，这一性质有助于金刚石工具在高精度领域的应用[26]。

1.2.2　纳米金刚石概述

在诸多金刚石材料中，纳米金刚石不仅具有金刚石固有的特性，还具有纳米材料的优异性能，因此纳米金刚石受到了广大科技工作者和工程技术人员的关注，对其合成及应用的研究日益深入。

1.2.3　纳米金刚石性质及应用

纳米金刚石有很大的比表面积 (200～420 m^2/g)，因此具有很强的表面活性，可吸附大量杂质原子或基团，如—COOH、—OH、—C—O—C—、—C=O 等官能团。并且随着使用氧化剂的不同，纳米金刚石表面可能还含有氯酸根、硫酸根和含氮官能团等。纳米金刚石晶格常数较大，为 0.360～0.365 nm，比天然立方结构金刚石的晶格常数大，这是由纳米微晶的尺寸效应和晶格畸变共同作用造成的。纳米金刚石晶粒尺寸为 2～12 nm，晶格畸变为 0.2%～1%，这些都比静压法合成的金刚石的畸变程度要大 2 倍左右。纳米金刚石大多为单晶，因此其形貌呈较规则的球形或类球形。纳米金刚石中存在着微米和亚微米尺寸的团聚体，有的团聚体还具有菱形或球形结构。纳米金刚石具有较低的德拜温度。物质的德拜特征温度是固体的一个重要物理量，它不仅可以反映晶体点阵的畸变程度，还可以表征该物质原子间结合状态[27]。物质的弹性、硬度、熔点、比热容等物理量都与原子间结合力存在着一定的关系。本书将在第 3 章对纳米金刚石晶体的制备及性能表征进行介绍。

由于以上优势的存在，纳米金刚石深受研究者的欢迎，在机械、电子、化工、医疗等领域中得到广泛应用。纳米金刚石主要应用于复合镀层、润滑油添加剂、研磨材料和生物传感器等领域[28, 29]。

1. 在复合镀层中的应用

复合镀层能有效地提高涂层与基体之间的结合强度，复合镀层中微粒的分散性越好，镀层的强化效果越明显。纳米金刚石不但具有金刚石的超硬、高抗磨、耐热防腐性能，而且由于颗粒表面有丰富的羟基、羧基、羰基等官能团，与镀覆表面有极强的结合力；用量小，性能提高显著，十分适合于复合镀层，可用于金属表面和橡胶、塑料、玻璃等表面的涂敷。

实验表明，化学镀 Ti-P 镀层的磁盘基板表面若采用纳米金刚石复合镀层，可大幅度减少磨损；用来生产磁头和磁性记忆储存器磁膜 Co-P 化学镀液中添加纳米金刚石形成复合镀层，其耐磨能力提高了 2～3 倍；用于模具镀铬的纳米金刚石复合镀层，寿命延长、精度持久不变，镀层光滑无裂纹；汽车、摩托车汽缸体(套)的 Ni-纳米金刚石复合镀层，汽缸体寿命提高数倍；由于金刚石的导热性比金银高得多，纳米金刚石与金银形成复合镀层，能在保持金银良好导电性的同时，大大增强镀层的强度、耐磨性、导热性，可使电接触材料的寿命提高 2 倍以上；钴基复合镀层一般只能在 400℃以下工作，Co-纳米金刚石的复合镀层能承受 500℃以上的高温；将纳米金刚石和耐高温的纳米硬质粉应用于电刷镀层，能较大幅度地提高电刷镀层的机械性能；研究表明，用电刷镀技术制备的含纳米金刚石的复合镀镍层，纳米金刚石的弥散强化作用可有效改善镀层的生长，提高镀层的显微硬度，并使镀层在室温、高负荷下具有优良的抗疲劳、抗磨损性能，其耐磨性是纯镍镀层的 4 倍[30-35]。

2. 在磨合油、润滑油中的应用

磨合是一个非常重要的摩擦学现象，通过磨合不仅消除了摩擦副表面的微观和宏观几何缺陷，还使其表面层的结构和性能发生变化，从而获得适应工况条件下稳定的表面品质[36]。纳米金刚石粉末作为内燃机磨合油的添加剂是近年来才出现的一个研究方向。俄罗斯生产的添加纳米金刚石的 N-50A 磨合剂，用于内燃机磨合时，可使磨合时间缩短 50%～90%，同时大大提高了磨合质量，节省了燃料，延长了发动机寿命。该磨合油用于精密机床的润滑时，可减少油耗 50%。除了 N-50A 外，俄罗斯还生产 UPAV-Sigma 磨合油。与未加纳米金刚石的同类产品相比，使用乌克兰科学院研制的含纳米金刚石粉的金属润滑剂 M5-20 和 M5-21 之后，磨合时间缩短了一半以上，磨损度降低了 50%以上，摩擦系数减

小到原来的　$1/2\sim1/3$[37,38]。

3. 在超精密抛光中的应用

传统的超光滑抛光，抛光的机械作用占主导地位，磨削作用强，磨盘会使抛光模面形改变，工件表面粗糙度和面形指标很难同时保证，且带有明显的刮削沟槽，甚至会形成微裂纹。用分布很窄的纳米粒子作磨料的传统抛光方法，可加工表面粗糙度为　$0.1\sim1$ nm Rmax 的超光滑表面[39]。

Chkhalo 等用爆轰法合成的纳米金刚石粉抛光 X 射线光学元件，其粗糙度 R_{max} 由 1 nm 降为 $0.2\sim0.3$ nm。颗粒多呈球形无锐角，对工件及抛光模的切削作用小。纳米金刚石粒度小，单位面积颗粒数多，在相同压力下单位表面承受载荷减小，接触区各单元作用均匀，因而工件面形几乎不变。利用纳米金刚石的热化学抛光，依靠金刚石表面的理化反应和碳原子扩散可实现工件表面的整体平整，消除刮削沟槽[40]。

4. 在生物方面的应用

纳米金刚石化学性质稳定，在氢氟酸、盐酸、硫酸中，甚至在酸的浓度很大且温度极高的情况下都不发生反应，在强氧化剂(如 $KClO_4$)中，高温下较长时间才会被刻蚀，而且纳米金刚石颗粒表面含有大量的含氧官能团—OH、C=O、—C—O—C—、—COOH 等，为其在生物学领域的应用创造了有利条件。

利用纳米金刚石作为葡萄糖氧化酶的载体可制成性能优良的血糖测定传感器。Kossovsky 等用纳米金刚石粉作为生物载体，制成某些抗体药物，直达病灶内部，取得了良好的结果。纳米金刚石与生物体的兼容性很好，是人造骨、人造关节表面耐磨涂层的理想材料，因其不粘连皮肤，可作外科敷料的内层保护膜等[41-43]。

纳米金刚石具有优异的生物兼容性，容易进入细胞，表面易修饰，因此纳米金刚石粉是一种非常理想的药物载体。美国西北大学 Dean 研究组将纳米金刚石粉用作抗肿瘤药物阿霉素的载体并进行了细胞实验，研究发现纳米金刚石粉不但可以负载阿霉素而且可以通过调节氯化钠浓度达到药物的可控释放，并且发现纳米金刚石对正常细胞没有任何副作用，因此纳米金刚石粉在药物负载、释放、靶向给药领域有广泛的应用前景。

纳米金刚石除了在生物领域用途广泛外，在光子学领域同样受到广泛关注。本书将在第 7 章对金刚石色心方面应用进行着重介绍。但是由于金刚石色心并不只存在于纳米金刚石中，同样存在于块体金刚石中。因此第 7 章中没有局限于纳米金刚石中的色心，而是对金刚石色心的整体研究情况进行了介绍，并且对其未来的发展进行了展望。

参 考 文 献

[1] Paik N. Characterization of diamond-like carbon (DLC) films deposited by a magnetron-sputter-type negative ion source (MSNIS) . Appl Surf Sci, 2004, 226(4): 412-421.

[2] Wallington T J, Hurley M D, Fracheboud J M, Orlando J J, Tyndall G S, Sehested. J, Møgelberg T E, Nielsen O J. Role of excited CF_3CFHO radicals in the atmospheric chemistry of HFC-134a. J Phys Chem, 1996, 100: 18116-18122.

[3] Aisenberg S, Chabot R. Ion-beam deposition of thin films of diamondlike carbon. J Appl Phys, 1971, 42(7): 2953.

[4] Robertson J. Diamond-like amorphous carbon. Mat Sci Eng R, 2002, 37(4): 129-281.

[5] Dekempeneer E H A, Jacobs R, Smeets J, Meneve J, Eersels L, Blanpain B, Roos J, Oostra D J. R. f. plasma-assisted chemical vapour deposition of diamond-like carbon: physical and mechanical properties [J]. Thin Solid Films, 1992, 217(1): 56-61.

[6] Weiler M, Sattel S, Giessen T, Junq K, Ehrhardt H, Veerasamy V S, Robertson J. Preparation and properties of highly tetrahedral hydrogenated amorphous carbon. Phys Rev B, 1996, 53(3): 1594-1608.

[7] Mosaner P, Bonelli M, Miotello A. Pulsed laser deposition of diamond-like carbon films: reducing internal stress by thermal annealing. Appl Surf Sci, 2003, 208-209(Supplement C): 561-565.

[8] Lacerda R G, Marques F C. Hard hydrogenated carbon films with low stress. Appl Phys Lett, 1998, 73(5): 617-619.

[9] 彭鸿雁, 赵立新. 类金刚石膜的制备、性能与应用. 北京: 科学出版社, 2004.

[10] 于玥. 用 PECVD 制备类金刚石膜的研究. 长春: 长春理工大学, 2010.

[11] Ueng H Y, Guo C T, Dittrich K H. Development of a hybrid coating process for deposition of diamond-like carbon films on microdrills. Surf Coat Tech, 2006, (200): 2900-2908.

[12] Ueda N, Yamauchi N, Sone T, Okamoto A, Tsujikawa M. DLC film coating on plasma-carburized austenitic stainless steel. Surf Coat Tech, 2007, (201): 5487-5492.

[13] Conway N M J, Milne W I, Roberston J. Electronic properties and doping of hydrogenated tetrahedral amorphous Carbon films. Diam Relat Mater, 1998, 7(2): 477-481.

[14] Chhowalla M, Yin Y, Amaratunga G. Highly tetrahedral amorphous carbon films with low stress[J]. Appl Phys Lett, 1996, 69(16): 2344-2346.

[15] Sheeja D, Tay B K, Lau S P. Tribological properties and adhesive strength of DLC coatings prepared under different substrate bias voltages. Wear, 2001, 249(5-6): 433-439.

[16] Hang L X, Yin Y, Xu J Q. Optimisation of diamond-like carbon films by unbalanced magnetron sputtering for infrared transmission enhancement. Thin Solid Films, 2006, (515): 357-361.

[17] Chen Z Y, Yu Y H, Zhao J P. Electrical properties of nitrogen incorporated tetrahedral amorphous carbon films. Thin Solid Films, 1999, 339(1-2): 74-77.

[18] Ahmed S F, Moon M W, Lee K R. Enhancement of electron field emission property with silver incorporation into diamond-like carbon matrix. Appl Phys Lett, 2008, 92(19): 193502-193503.

[19] Angus J C, Wang Y, Sunkara M. Metastable growth of diamond and diamond-like phases. Annu Rev Mater Sci, 1991, 21: 221-248.

[20] Ferro S. Synthesis of diamond. J Mater Chem, 2002, 12: 2843-2855.

[21] Nakamura T, Ishihara M, Ohana T, Koga Y. Chemical modification of diamond powder using photolysis of perfluoroazooctane. Chem Commun, 2004, 13(48): 1084-1087.

[22] Sine G, Ouattara L, Panizza M, Comninellis C. Electrochemical behavior of fluorinated boron-doped diamond. Electrochem Solid State Lett, 2003, 6: D9-D11.

[23] Kealey C P, Klapotke T M, McComb D W, Robertson M I, Winfield J M. Fluorination of polycrystalline diamond films and powders. An investigation using FTIR spectroscopy, SEM, energy-filtered TEM, XPS and fluorine-18

radiotracer methods. J Mater Chem, 2001, 11: 879-886.

[24] Gaudin O, Watson S, Lansley S P, Looi H J, Whitfield M D, Jackman R B. Optimising the electronic and optoelectronic properties of thin-film diamond. Diam Relat Mater, 1999, 8: 886-891.

[25] Spear K E, Diamond-ceramic coating of the future. J Am Ceram Soc, 1989, 72: 171-191.

[26] Ferro S, Battisti A D, Physicochemical properties of fluorinated diamond electrodes. J Phys Chem B, 2003, 107: 7567-7573.

[27] Baidakova M, Vul' A. New prospects and frontiers of nanodiamond clusters. J Phys D Appl Phys, 2007, 40: 6300-6311.

[28] 王光祖, 张运生, 郭留希, 赵清国, 刘杰. 纳米金刚石的应用. 金刚石与磨料磨具工程, 2003, (4): 41-44.

[29] 朱永伟, 王柏春, 陈立舫, 许向阳, 沈湘黔. 纳米金刚石的应用现状及发展前景. 材料导报, 2002, 16: 27-30.

[30] 阎逢元, 张绪寿, 薛群基, 徐康. 一种新型的减摩耐磨复合电镀层. 材料研究学报, 1994, 8(6): 573-576.

[31] 冶银平, 陈建民, 徐康. 含纳米金刚石复合镍刷镀层的摩擦学特征. 表面技术, 1996, 25: 27-29.

[32] Petrov I, Detkov P, Drovosekov A, Ivanov M V, Tyler T, Shenderov O, Voznecova N P, Toporov Y P, Schulz D. Nickel galvanic coatings co-deposited with fractions of detonation nanodiamond. Diam Relat Mater, 2006, 15: 2035-2038.

[33] 王柏春, 朱永伟, 许向阳, 沈湘黔. 含纳米金刚石的复合镀研究. 材料导报, 2003, 17: 51-54.

[34] Makarehenko L V. Electrochemical chromate bath for coating with Cr-based composite containing dispersed colloidal diamond. RU2031952, 1995.

[35] 阎逢元, 薛群基, 徐康. 一种新型的减摩耐磨复合电镀层. 材料研究学报, 1994, 8: 573-576.

[36] Xu T, Xu K, Xue Q J. Study on the tribological properties of ultradispersed diamond containing soot as an oil additive. Tribology Trans, 1997, 40: 178-182.

[37] Salah N, Abdel-Wahab M S, Alshahrie A, Alharbi N D, Khan Z H.Carbon nanotubes of oil fly ash as lubricant additives for different base oils and their tribology performance.RSC Advances,2017, 7(64): 40295-40302.

[38] Xu T, Zhao J Z, Xu K. The Ball bearing effect of diamond nanoparticles as an oil additive. J Phys D: Appl Phys, 1996, 29: 2932-2937.

[39] Artemov A S. Polishing nanodiamonds. Phys Solid State, 2004, 46: 687-695.

[40] Chkhalo N I, Fedorchem R O M V, Krulyako V E P. Ultradispersed diamond powders of detonation nature for polishing X-ray mirrors. Nucl Instr Methods Phys Res A, 1995, 359: 155-156.

[41] Kossovsky N, Gelman A, Hnatyszyn H J, Rajqurn S, Garrell R L, Torbati S, Freitas S S F, Chow G M. Surface modified diamond nanoparticles as antigen delivery vehieles. Bioconjugate Chem, 1995, 6: 507-511.

[42] Ushizawa K, Sato Y, Mitsumori T, Machinami T, Ueda T, Ando T. Covalent immobilization of DNA on diamond and its verification by diffuse reflectance infrared spectroscopy. Chem Phys Lett, 2002, 351: 105-108.

[43] Huang L, Chang H. Adsorption and immobilization of cytochrome c on nanodiamonds. Langmuir, 2004, 20: 5879-5884.

第2章
非晶金刚石薄膜的制备及力学性能

非晶金刚石薄膜(ta-C)由于具有与金刚石薄膜类似的优点，诸如硬度高、摩擦系数小、电绝缘性好、热导率高、场发射性能优良等，在材料表面改性、机械应用和显示器等方面已有非常广泛的应用。同时，非金刚石薄膜的制备环境温和，不需要很高的温度，也不需要腐蚀性工作气体等金刚石薄膜制备的苛刻条件，在制备过程中又容易掺杂，有利于进行碳化物薄膜的研究，所以一直是研究的热点。本书在第 1 章中已经介绍了非晶金刚石薄膜的发展历史，本章将继续进行非晶金刚石薄膜的介绍。首先概述现阶段已有的非晶金刚石薄膜的制备方法，并详细介绍对非晶金刚石薄膜中 sp^3 杂化含量的提高方法，同时重点介绍梯度多层结构设计对非晶金刚石薄膜的力学性能的积极作用。

2.1   非晶金刚石薄膜的制备方法

到目前为止，可以用来制备非晶金刚石薄膜的方法有很多种，主要包括离子束辅助沉积(IBAD)、质量选择离子束沉积(MSIBD)、脉冲激光熔敷(PLA)及过滤阴极真空电弧沉积(FCVA)等工艺方法。本节将对不同的制备方法进行简要介绍，对比优缺点，从而选择出最优的制备技术。

2.1.1   离子束辅助沉积

离子束辅助沉积是在溅射碳电极产生碳离子沉积薄膜的同时，利用高能惰性气体离子轰击薄膜表面，通过能量传递控制薄膜的结构和性能。这种方法能够精确控制沉积离子的能量，但由于离子束尺寸的限制，该方法沉积速率较低[1]，而且不能获得高 sp^3 杂化含量的非晶碳薄膜。

2.1.2   质量选择离子束沉积

质量选择离子束沉积的工作原理是偏转磁场对加速后的离子源产生的离子进行质量选择，只有特定荷质比的碳离子能够通过，这样经过过滤的纯碳离子再经过能量减速沉积成膜。这种方法的优点是能够精确控制沉积离子的能量, 缺点是沉积速率较低[2]。

2.1.3　脉冲激光熔敷

脉冲激光熔敷是利用强激光束使高纯石墨靶以可控方式熔化、蒸发, 产生能量离子束沉积成膜。这种方法的沉积速率较高, 但沉积过程中熔融的碳液滴会对薄膜造成污染, 薄膜的热稳定性也较差[3]。

2.1.4　过滤阴极真空电弧沉积

过滤阴极真空电弧首先是由 Aksenov 等[4]开展起来的非晶碳薄膜沉积技术。利用电弧激发石墨靶, 产生碳的等离子体, 再由过滤管道的螺旋磁场引导聚焦沉积成膜, 而离子束中的宏观颗粒则落入管道内。过滤管形状已经从普通的直角型, 经过 "S" 型发展到异面双弯(off-plane double bend)型, 具有更优越的过滤效果。该技术本身具有沉积速率高、沉积温度低、沉积面积大、工艺重复性好等优点, 而且能够制备高 sp^3 杂化含量的 ta-C 薄膜, 膜层表面光洁度高、均匀性好, 还可以通过改变衬底偏压获得不同能量的碳离子, 控制 ta-C 薄膜的结构与性能[5]。因此, 本书主要介绍采用过滤阴极真空电弧技术沉积的 ta-C 薄膜。

2.2　非晶金刚石薄膜的沉积机制

关于非晶金刚石薄膜沉积机制的讨论一直是人们关注的焦点。McKenzie 等从碳的 Berman-Simon 相图出发, 认为室温下极高的压力是创造 sp^3 杂化结构的必要条件, 提出了压应力诱导非晶金刚石薄膜形成的基本思想[6-8]。关于压应力促进 sp^3 杂化形成的观点比较统一, 但是人们对于高内应力是不是维持高 sp^3 杂化在薄膜中存在必要条件的认识还有着明显的分歧。最近的一些工作表明, 经过低温真空退火后, 非晶金刚石薄膜的内应力大幅松弛却仍然能够保持良好的化学稳定性[9,10]。通过蒙特卡罗(Monte Carlo)模拟薄膜的内应力和局部刚性, 也证实了经过退火松弛了外部拘束的平衡态非晶金刚石薄膜在保持高 sp^3 杂化比例不变的情况下整体内应力为零[11]。随着对于应力在非晶金刚石薄膜生长过程中所起作用的认识逐渐全面, 研究人员也开始关注沉积机制原子尺度的描述。入射离子束突破表面束缚, 进行浅注入生长, 整个过程分为三个阶段, 即碰撞阶段、热能化阶段和热松弛阶段[12,13]。随后, 大量计算模拟进一步完善了非晶金刚石薄膜的浅注入沉积机制理论框架[14,15], 但是仍然缺少强有力的实验证据支持这一沉积模型。

过滤阴极真空电弧制备非晶金刚石薄膜本质上是低能离子束轰击的物理气相沉积过程, 沉积能量对确定薄膜结构的组成扮演了重要的角色[16,17]。本节将主要关注非晶金刚石薄膜的沉积机制,定性地解释衬底偏压与微结构之间的内在关系,并从薄膜截面的密度分布和表面形态寻找薄膜生长机制的实验证据。

2.2.1 薄膜横截面层状密度分布

入射离子在浅表层产生的致密化作用是非晶金刚石薄膜 sp^3 杂化形成的必要条件,可以用式(2-1)描述沉积能量与致密化作用之间的关系[18]。

$$\frac{\Delta \rho}{\rho} = \frac{f\varphi}{f\varphi + 0.016(E_i / E_0)^{5/3}} \tag{2-1}$$

式中,φ 为入射粒子束流中能量为 E_i 的离子比例;f 为突破表面束缚的能量离子比例;E_0 为扩散激活能。

另外,根据密度泛函理论,能够建立非晶金刚石密度与薄膜微结构之间的联系[19]。可见,密度是联系薄膜微结构与沉积能量之间关系的纽带,而且由于致密化作用发生在浅表层,那么在薄膜生长的纵向截面密度可能并不均匀。在此,利用掠入射 X 射线反射法(XRR)测试薄膜密度,并采用 OLYP 交换相关能建立不同密度的薄膜结构模型,进而分析薄膜的生长机制。

掠入射 X 射线反射是一种广泛用于材料表面和薄膜分析的无损测试技术。通过探测 X 射线在薄膜表面反射信号,能够确定单层或多层薄膜的密度、厚度及表面粗糙度等重要参数。在非晶金刚石薄膜的研究中,掠入射 X 射线反射因其简便、快捷、无损等优点,逐渐获得青睐[20]。

1. 基本理论

材料在 X 射线波长范围内的折射率可以表示为[21]

$$n = 1 - \delta - i\beta \tag{2-2}$$

其中

$$\delta = \frac{r_0 \lambda^2}{2} \sum_j \frac{\rho_j}{M}(Z_j + f_j') \tag{2-3}$$

$$\beta = \frac{N_A}{2\pi} r_0 \lambda^2 \sum_j \frac{\rho_j}{M} f_j'' \tag{2-4}$$

式中,Z_j 为原子序数;N_A 为阿伏伽德罗常量;f_j' 为扩散修正系数;f_j'' 为吸收修正系数;M 为摩尔质量;ρ_j 为成分 j 的密度;r_0 为经典电子半径。

当一束 X 射线掠入射到两种介质(折射率分别为 n_{l-1}、n_l)的界面时,菲涅尔(Fresnel)反射率可以近似表示为

$$r_{l-1,l} = (k_{l-1} - k_l) / (k_{l-1} + k_l) \tag{2-5}$$

其中

$$k_l = 2\pi\sqrt{\frac{\sin^2\theta - 2(\delta_i + i\beta_i)}{\lambda}} \tag{2-6}$$

代表 X 射线在第 l 层的垂直波矢。因此当 X 射线在薄膜表面发生全反射时，临界角为

$$\theta_c = \sqrt{2\delta} = \lambda\sqrt{\frac{N_A r_0}{\pi}\sum_j\frac{\rho_j}{M}(Z_j + f_j')} \tag{2-7}$$

对于非晶金刚石薄膜，只考虑碳元素且有 $f_c' \approx 10^{-2}$，那么临界角和薄膜密度分别为

$$\theta_c = \lambda\sqrt{\frac{N_A r_0\rho(Z_c + f_c')}{\pi M}} \tag{2-8}$$

$$\rho = \frac{2\pi^2 c^2\varepsilon_0}{3\lambda^2 N_A e^2}Mm\theta_c^2 \tag{2-9}$$

当入射角超过临界角 θ_c 时，反射曲线呈现周期干涉峰。膜厚 d 可以采用公式 $d=\lambda/(2\Delta\theta_r)$ 计算得到，式中 $\Delta\theta_r$ 为相邻波峰与波谷之间的角度差。

2. 拟合分析

利用 XRR 测量薄膜密度可以分为 3 个步骤：获取数据、建立结构模型和曲线拟合。获取数据即在 $\theta\sim2\theta$ 扫描模式下测定不同入射角时的 X 射线反射率；建立结构模型是先观察测量的反射曲线周期变化情况，确定初始模型的层数（一般开始时选取少的层数），并将模拟曲线与实验曲线相比较，若两者相差较大，则增加层数重建模型，直到达到最佳拟合状态为止。图 2-1 给出了未加偏压条件下非晶金刚石薄膜的测量和拟合曲线。为了便于比较，将两曲线沿纵向作了相对偏移。在 0～4000 弧秒范围内，反射强度随着入射角增加以其 5 次幂的比例幅度持续下降。当入射角超过 4000 弧秒时，由于背底强度的影响，测量曲线和拟合曲线出现偏差。曲线中，反射强度的峰值除了取决于界面的粗糙度之外，衬底与薄膜的密度差也是一个重要的影响因素，而曲线的波动周期与非晶金刚石薄膜各层厚度直接相关。

不同偏压条件下非晶金刚石薄膜的 XRR 测试曲线如图 2-2 所示。根据薄膜与基底的物理结构，沿薄膜生长方向的截面可将薄膜分为四个几何区域，即薄膜表面层、膜体区域、薄膜与基底之间的界面区和基底。利用四层结构模型模拟测试曲线，获得的拟合参数列于表 2-1。

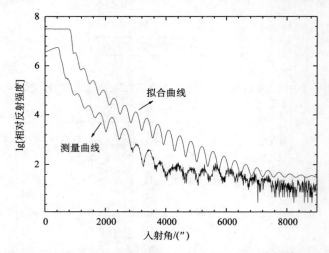

图 2-1 未加偏压条件下制备非晶金刚石薄膜的 XRR 实验测试曲线与拟合曲线

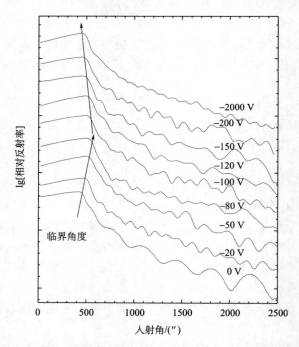

图 2-2 不同偏压条件下制备非晶金刚石薄膜的 X 射线镜面反射曲线

由图 2-2 可见，不同薄膜 X 射线测试的临界角随着衬底偏压的升高呈现了先增加后减小的变化规律，当负偏压为 80 V 时，达到最大值。另外，也发现在负偏压为 2000 V 条件时，薄膜反射率曲线中波峰与波谷的距离变化非常均匀，这可能与高入射能量能够促进薄膜与基底之间形成均匀的界面层有关。

表 2-1　不同衬底偏压条件下制备非晶金刚石薄膜的 XRR 分层拟合结果

衬底负偏压/V	0	20	50	80	100	120	150	200	2000
表面粗糙度/nm	0.60	0.71	0.68	0.40	0.58	0.67	0.60	0.82	1.00
薄膜表层密度/(g/cm³)	2.45	1.90	2.50	2.86	2.75	2.46	2.58	2.63	2.61
薄膜表层厚度/nm	2.00	2.55	6.50	1.90	1.50	1.50	1.50	2.40	1.10
薄膜体层密度/(g/cm³)	2.55	2.86	2.91	3.26	3.11	3.08	3.18	3.05	2.63
薄膜体层厚度/nm	41.8	68.7	80.2	66.9	65.3	62.3	86.3	64.2	119.2
薄膜界面密度/(g/cm³)	1.90	2.52	2.54	2.56	2.58	2.62	2.61	2.54	2.47
薄膜界面厚度/nm	1.60	3.80	3.50	2.50	2.10	2.48	2.54	3.12	1.20
硅衬底密度/(g/cm³)	2.33	2.33	2.33	2.33	2.33	2.33	2.33	2.33	2.33
硅衬底粗糙度/nm	0.30	0.30	0.30	0.30	0.30	0.30	0.30	0.30	0.30

取表 2-1 中膜体层的密度为非晶金刚石薄膜的密度，将薄膜密度与衬底偏压之间的关系绘于图 2-3。随着衬底负偏压绝对值的增加，薄膜的密度逐渐增大，在–80 V 时达到最大值 3.26 g/cm³，随后又逐渐减小。与临界角的变化规律一样，当负偏压绝对值低于 80 V 时，薄膜密度的增幅较大，超过 80 V 后，薄膜密度缓慢减小。根据浅注入沉积机制，促进最多 sp³ 杂化形成的致密化作用要求沉积能量有个最优值。当沉积离子能量突破表面的束

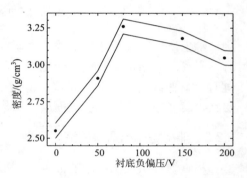

图 2-3　非晶金刚石薄膜的密度
与衬底负偏压之间的关系

缚且低于这个最优能量时，随着入射能量的增加，薄膜的密度增加。如果入射能量高于富 sp³ 杂化沉积条件继续增加，剩余能量将以声子的形式向周围扩散，使局域密度产生松弛。

根据浅注入生长理论，如果沉积离子在表层以下几个原子层产生局域致密化，那么非晶金刚石薄膜上就必然存在低密度的表层。从表 2-1 可见，不同衬底偏压条件制备的非晶金刚石薄膜表面层的密度均低于薄膜体层的密度。为了更清楚地表达这种薄膜生长截面的层状密度分布，将表中代表数据绘于图 2-4。由图可见，薄膜的表面层/膜体/与基底的界面层呈现明显的低/高/低的层状密度分布。薄膜与基底的界面层为 1～3 nm，由于单晶硅的密度比金刚石晶体低，且碳/硅界面往往存在较多的缺陷，故薄膜与基底界面层的密度较低。薄膜表面层较膜体密度低正是非晶金刚石薄膜浅注入生长的直接证据之一。

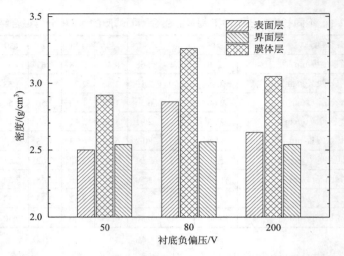

图 2-4   不同偏压制备非晶金刚石薄膜的层状密度分布

综上所述，掠入射 X 射线反射研究表明非晶金刚石薄膜的密度随衬底偏压的升高，呈现先增加后减小的变化规律，在富 sp^3 杂化条件下，薄膜密度最高。通过对反射曲线的拟合分析发现，薄膜生长截面从表面到基底呈现明显的低/高/低层状密度分布。低密度的表面层可以作为薄膜浅注入沉积的有力证据。

2.2.2   非晶金刚石薄膜的结构模型

尽管通过实验确定了非晶金刚石薄膜沿着生长方向的层状密度分布形式，但是我们更关心这种层状密度差异所反映的原子尺度的微结构特征。对于非晶碳的原子尺度的结构研究还难以通过实验获得，而分子动力学模拟则是一种行之有效的手段。根据描述原子间的相互作用的不同，可以分为经验势、紧束缚近似、蒙特卡罗模拟及密度泛函理论等多种方法。其中，以体系电子密度为变量的密度泛函法能更准确地反映材料的物理本质，在非晶金刚石薄膜的结构研究中已经得到了越来越多的关注[22,23]。本节采用基于密度泛函理论的分子动力学方法，对不同密度的非晶碳进行结构建模，研究密度不同所反映的薄膜微结构差异。

1. 计算方法

利用快速液体淬火模型，模拟过程采用基于第一性原理的 Car-Parrinello（C-P）分子动力学[24]。平面波截止能量是 40 Ry，时间步长 3 a.u.（0.072 fs）。密度泛函理论计算的准确性取决于交换相关泛函的精确性，尤其对于非晶碳这样复杂的结构来说，交换相关泛函的选择更是严重影响计算的准确性。为此，本节采用 OLYP 交换相关能进行结构建模。

整个模拟过程分为四个部分：自发熔化过程、液体平衡过程、非平衡冷却过程和固体平衡过程。每个模拟系统包括 64 个碳原子在一个简单立方超晶胞内，在模拟过程中体积保持固定。最初的结构中碳原子均匀分布在晶胞内，然后给一个小的随机位移 0.2 Å，这样的结构是极其不稳定的，会发生自发熔化。自发熔化过程不进行任何动力学调整，在 0.05 ps 内，温度从 0 K 迅速升高到 5000 K，然后开始进行液体平衡过程。液体平衡过程的离子温度和假想电子动能通过 Nosé 温度调节方法控制[25]，这个过程持续 0.5 ps 用来保证液体充分扩散。在非平衡冷却过程中，体系温度在 0.5 ps 内从 5000 K 随时间按指数方式降到 300 K，通过限定速度算法，离子温度和假想电子动能仍然采用 Nosé 温度调节方法控制。采用快速冷却不仅适应了计算需要，还符合真实物理过程，并得到了实际验证。固体平衡过程对离子和电子的温度控制方法与液体平衡过程一样，平衡时间为 0.5 ps。在模拟初期通过改变晶胞尺寸，重复上述四个过程得到不同密度的结构。

2. 计算结果

如图 2-5(a)～(e) 所示，计算模拟了 5 个不同密度(2.0 g/cm^3、2.3 g/cm^3、2.6 g/cm^3、2.9 g/cm^3 和 3.2 g/cm^3)的非晶碳网络结构。由碳原子半径和径向分布函数定义两原子成键的截止距离是 1.80 Å。图 2-5(f) 中点线代表中子衍射实验结果[26]，无论从峰的位置还是从峰的形状来看，模拟结构的径向分布函数和实验数据吻合良好。

表 2-2 列出了不同密度非晶金刚石薄膜的计算模拟结构参数，图 2-5 中 (a)～(e) 分别对应表中的模型 A～E。在所有的结构中，没有孤立的原子或者原子链。低密度(2.0 g/cm^3)的结构主要由 sp^2 原子、一部分 sp^3 原子和少量的 sp 原子构成，平均配位数是 3.1。在这样低密度的碳网络结构中，sp^2 碳原子形成长链和大环，结构比较松散。随着密度增加，结构变得比较致密，大环逐渐减少，sp^2 碳原子长链也被 sp^3 碳原子打断。当 sp^3 杂化含量比较高时，sp^2 碳原子链无法贯穿整个结构，只能以短链或者 π 键对的形式出现。当密度超过 2.6 g/cm^3 时，结构主要由 sp^3 碳原子组成，而且看不到 sp 碳原子的存在。当密度达到 3.2 g/cm^3 时，sp^3 杂化含量达到了 84.4%，平均键角为 109.5°，与金刚石的键角已经非常接近。随着密度的增加，薄膜的结构属性发生明显变化，如键角变小，配位数增加。

非晶金刚石薄膜的密度与 sp^3 杂化含量之间的关系如图 2-6 所示。实验数据来自掠入射 X 射线反射密度测试和电子能量损耗谱分析结果，计算模拟数据来自采用 OLYP 交换相关能的 C-P 分子动力学模拟结果，图中还画出了其他研究组[27-30]的实验结果作为参考。可见本节掠入射 X 射线反射测试密度实验数据与计算结果吻合良好，随着薄膜密度的增加，sp^3 杂化含量几乎呈线性增加。

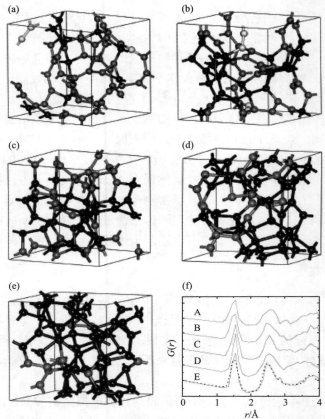

图 2-5 不同密度非晶金刚石薄膜的结构模型和径向分布函数

(a)～(e)分别对应密度为 2.0 g/cm³、2.3 g/cm³、2.6 g/cm³、2.9 g/cm³ 和 3.2 g/cm³ 的碳网络结构,黑色表示 sp³ 碳原子,灰色表示 sp² 碳原子,白色表示 sp 碳原子;(f)原子径向分布函数

表 2-2 不同密度非晶金刚石薄膜的计算模拟结构参数

模型	密度/ (g/cm³)	键长/Å	键角/(°)	各配位数所占百分含量/%			平均配位数
				2	3	4	
A	2.0	1.51	116.0	1.7	78.1	17.2	3.1
B	2.3	1.51	112.4	6.2	50.0	43.8	3.4
C	2.6	1.54	111.7	0	50.0	50.0	3.5
D	2.9	1.56	109.5	0	28.1	71.9	3.7
E	3.2	1.53	109.5	0	15.6	84.4	3.8

综上所述,通过掠入射 X 射线反射认识了从表面到基底薄膜生长的纵向截面内薄膜密度呈现低/高/低形式的层状分布,低密度的表面层是非晶金刚石薄膜浅注入沉积机制的有力实验证据之一。利用分子动力学模拟建立了不同密度非晶金

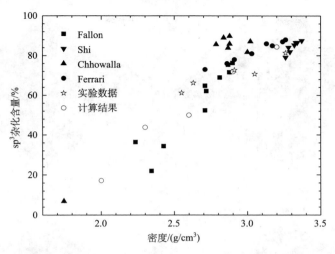

图 2-6　非晶金刚石薄膜的密度与 sp^3 杂化含量之间的关系

刚石薄膜的结构模型，随着密度的增加，薄膜中 sp^3 杂化的含量几乎线性增加。在低密度非晶碳网络中，碳网络结构比较松散，sp^2 碳原子形成大环与长链贯穿于整个碳网络，随着密度逐渐增加，大环被 sp^3 碳原子拆开，sp^2 碳原子以长链形式存在，当密度更高时，碳网络结构变得更加致密，sp^2 碳原子只能以短链形式存在。

2.2.3　薄膜的表面形态

原子力显微镜（AFM）的广泛应用，为研究沉积工艺对非晶金刚石表面形态的影响提供了便利条件。图 2-7 显示了不同偏压制备非晶金刚石薄膜的表面形态。

通过之前实验可知，获得富 sp^3 杂化薄膜的最佳衬底偏压为–80 V。具有这样能量的 C^+ 将突破单晶硅衬底的表面束缚，注入表面以下几个原子层，随后大量离子在"原子锤顶"的作用下进入比沉积离子体积小得多的原子间隙，造成极高的局部压应力，甚至可达 10 GPa 以上，根据碳的压力-温度相图[7]，在浅表层局部具备了 sp^3 杂化形成的条件，如图 2-7（b）所示，从而形成表面光滑、sp^3 杂化含量高的非晶金刚石薄膜。不加衬底偏压时，入射 C^+ 能量不足以克服衬底表层的束缚而陷落于表面，在低温低压条件下 sp^2 杂化是稳定相，因而形成表面粗糙、sp^3 杂化较少的非晶金刚石薄膜[图 2-7（a）]。如果沉积能量稍高于富 sp^3 杂化能量窗口，如施加–200 V 衬底偏压，C^+ 注入近表层，较高的能量导致热稳定阶段延长，促使部分 C^+ 向表面迁移和聚集，因而又增加了表面粗糙度，也降低了薄膜中 sp^3 杂化的含量，耦合系数相应升高。从图 2-7（c）可见，薄膜表面有一些隆起的脉络。但值得注意的是，采用–2000 V 高偏压时，薄膜没有变得粗糙，反而获得比 sp^3 杂化含量最高时的薄膜更光滑的表面，如图 2-7（d）所示。

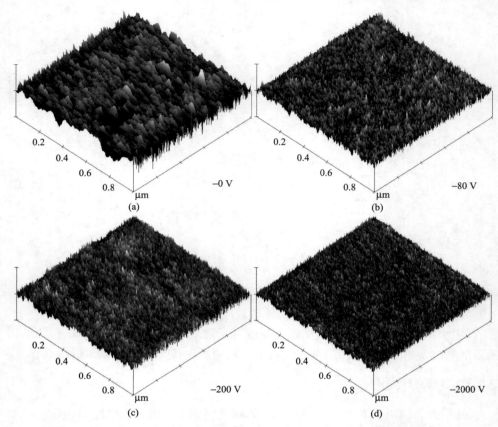

图 2-7　0～2000 V 不同衬底负偏压条件下制备非晶金刚石薄膜的表面形态

图中 z 轴方向标度均为 5 nm/div

　　为了进一步验证试验结果，还利用原子力显微镜系统自带的数字处理软件包计算薄膜的均方根表面粗糙度，实验结果如图 2-8 所示。

　　在–2000 V 的高衬底偏压时，薄膜的均方根表面粗糙度最低。这是因为，薄膜沉积是表面生长和表面破坏共存的动态平衡过程。能量离子与衬底表面相互作用，不仅发生了入射离子与表面原子的碰撞和在浅表层的陷落，还伴随着注入离子在热脉冲的作用下的热振动、热扩散及向表面的热迁移等表面生长过程。此外，入射离子对表层原子还具有溅射、替代及形成点缺陷等破坏作用。入射离子能量较低时，对表面的破坏作用相对较弱，主要表现为薄膜的生长过程，应用浅注入生长机制能够圆满地解释表面形态的变化，sp^3 杂化含量越高，均方根表面粗糙度就越低。对于高沉积能量，一方面由于入射能量较高，沉积离子注入较深，并陷入比入射离子体积小得多的原子间隙而难以再向表面迁移，使光滑表面得以保留。更重要的是，由于能量较高，入射离子对表面原子的溅射作用明显增强，衬底或薄膜表面微凸优先溅射，这样就起到了平滑表面的效果。但如果能量过高，如 20 kV，高能入射离子在表面将产生大量孔洞等缺陷，导致表面严重破坏，又使薄膜表面变得凹凸不平[31]。超过富 sp^3 杂化能量窗口，随着能量逐渐升高，薄膜中 sp^3 杂化的含量持续降低，但是在适当能量区段，薄膜表面由于入射离子的溅射平滑作用而具有变得更光滑的趋势，这正是以往研究所忽视的。

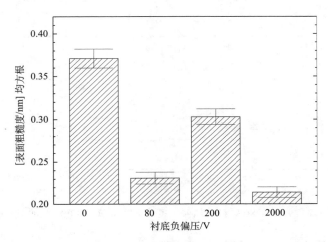

图 2-8　不同偏压条件下制备非晶金刚石薄膜的均方根表面粗糙度

综上所述，随着衬底偏压的增加，非晶金刚石薄膜的表面形态呈现了明显的变化规律。能量较低时，薄膜的表面粗糙度与 sp^3 杂化含量密切相关，sp^3 杂化含量越高，其表面就越光滑，并能够应用浅注入沉积机制圆满解释。但在高沉积能量条件下，沉积离子对表面溅射将起到平滑作用，如果能量适当，甚至可以得到比富 sp^3 杂化薄膜更光滑的表面。

2.2.4　薄膜的表面成分

根据非晶碳的浅注入生长理论，入射离子能够穿透薄膜表面是形成浅表层局部致密化的必要条件。由式(2-10)所示，临界穿透能量 E_p 与表面束缚能 E_b 和临界置换能量 E_d 有关。

$$E_p = E_d + E_b \tag{2-10}$$

式中，碳离子的临界置换能量约为 25 eV，表面束缚能约为 7 eV，因此临界穿透能量约为 32 eV。

如果沉积离子能量低于临界穿透能量，那么非晶金刚石薄膜的沉积将体现为表面生长，原有基底成分将被薄膜成分覆盖。如果沉积离子能量超过临界穿透能量，那么非晶金刚石薄膜沉积将表现为浅注入生长，在薄膜表面可能会保留原有基底的成分。为此，采用 XPS 对未溅射非晶金刚石薄膜表面的成分进行了检测。如图 2-9 所示，未加偏压条件下沉积的薄膜表面没有可检测的硅基底成分，而在其他偏压条件下制备的薄膜表面均能测试出存在硅基底成分。图中只绘出了衬底负偏压为 80 V 和未加偏压条件下制备薄膜 XPS 全程扫描谱图。实际上，从表面成分的角度来研究薄膜的沉积机制还带有很强的推测性，有关这方面的工作还需要更深入的研究。

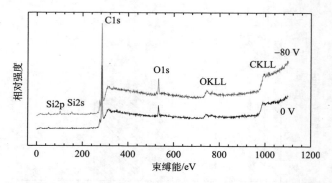

图 2-9　衬底负偏压为 80 V 和未加偏压条件下制备薄膜 XPS 全程扫描谱图对比

总之，尽管浅注入沉积机制在解释利用不同工艺方法制备非晶金刚石薄膜沉积规律的差异、沉积温度与薄膜微结构关系及生长速率与微结构的关系等方面的实验结果还存在一些不足，但是很好地解释过滤电弧制备非晶金刚石薄膜的能量沉积规律。通过非晶金刚石薄膜生长截面的层状密度分布、薄膜的表面形态及薄膜的表面成分等方面的测试，证实了浅注入沉积机制的合理性，并为有效控制过滤电弧沉积工艺提供了必要的理论和实验依据。

2.3　非晶金刚石薄膜的热稳定性

已有大量的工作关注非晶金刚石薄膜的热稳定性。对于真空热稳定性，研究的焦点在于怎样对非晶金刚石薄膜进行 500～600℃退火，松弛内应力并保持薄膜杂化比例基本不变[32]。对于空气环境中的薄膜的热稳定性，研究的焦点在于确定薄膜的氧化损失温度及由于温度升高可能导致薄膜性能和结构的变化[33,34]。但是在实际应用中往往需要采用不同沉积条件制备出规定厚度的非晶金刚石薄膜，服役环境也可能在零摄氏度以下的低温条件(例如，将非晶金刚石薄膜用作卫星展开天线的耐磨保护层等)，有关这些方面的工作的报道目前还很少。为此，本节不仅关注薄膜的高温稳定性，还将讨论薄膜的低温稳定性，还要分析比较不同衬底偏压条件下制备非晶金刚石薄膜的热稳定性。

2.3.1　空气环境中薄膜的热稳定性

非晶金刚石薄膜已经应用于一些工具表面的耐磨保护层，由于在使用过程中可能产生快速升温现象，因此其功效将直接取决于热稳定性。非晶金刚石还可以用作一些空间及低温环境条件工作的零部件的表面涂层。这样，非晶金刚石薄膜在低温条件下的结构和性能的稳定性同样十分重要。本节将分析采用微拉曼谱研究非晶金刚石薄膜在空气中的热稳定性能，并给出实时观测薄膜用液氮从室温冷却过程中的结构稳定性能[35]。

1. 退火实验

为了清楚地展现随着退火温度升高薄膜微结构的演进过程，将分别经受了从100～600℃不同温度退火样品的拉曼谱图以层叠方式列于图 2-10（a）。选用在2000 V 衬底负偏压条件下沉积的薄膜作为实验样品，这是因为虽然在高偏压条件下沉积的薄膜由于相对较多的 sp^2 杂化含量而导致热稳定性比低偏压条件沉积薄膜差[36]，但是高偏压条件能够明显降低薄膜应力，因此该方法经常用于增强薄膜与衬底间的结合性能[37,38]。

非晶金刚石薄膜的拉曼光谱是以在 1200～1800 cm^{-1} 之间的一个非对称宽峰为主要特征，可以用 BWF 函数描述的单斜洛伦兹（Lorentz）线性拟合。由图2-10（a）可见，从室温到 500℃，谱线轮廓基本保持稳定，这说明薄膜具有较高的热稳定性。研究表明，在 1300～1400 cm^{-1} 之间谱线轮廓的变化与连续 sp^3 网络中 sp^2 场的有序化尺度（L_a）密切相关，sp^2 场团簇化作用显著产生的特征是 D 峰峰肩的出现，sp^2 场的有序化尺度越大，D 峰强度就越高[39,40]。与相同退火工艺真空环境样品表现不同的是，真空中的薄膜样品在 500℃退火后已经出现明显 D 峰的峰肩，而空气中的薄膜样品并未出现。Tay 等[41]认为有氧气氛能够增加非晶金刚石薄膜的温度敏感性，这与本节的实验结果有所不同。这可能是因为实验中薄膜表面的氧化挥发带走了部分热量，从而延缓了 sp^2 场团簇化作用。但是温度继续升高，膜材的氧化损失将显著增强，以至于经 600℃退火后，非对称宽峰完全消失。实验表明，有氧条件下非晶金刚石薄膜完全氧化损失的温度发生在约 550℃[42]。

由于非晶金刚石薄膜中 sp^2 杂化的含量太少且其有序化尺度太小，可见光拉曼散射截面 D 峰强度太弱，完全可以采用 BWF 单峰拟合进行分析，拟合参数如图 2-10（b）～（e）所示。随着退火温度的升高，G 峰峰位明显向高频偏移，同时相对耦合系数也呈增加趋势，但是半高宽和最大相对峰强的变化相对复杂。G 峰的产生可以归因于单晶石墨中的 E_{2g} 对称模式，即 π 键的伸长振动模式[43]。由于非晶金刚石薄膜长程有序性的丧失，G 峰显著变宽。另外，可见光拉曼的有效探测深度远大于薄膜中 sp^2 场的有序化尺度，由于 sp^2 场不同数量、不同分布、不同形态及不同环境的影响，拉曼散射截面实际是不同振动模式的叠加，这也导致了 G 峰的宽化。温度升高 500℃，峰位向高频偏移了将近 20 cm^{-1}。

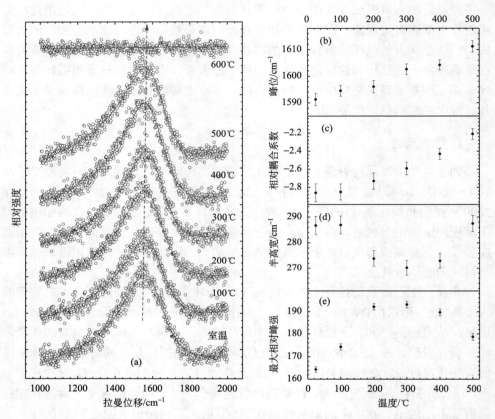

图 2-10　经历不同温度低温退火非晶金刚石薄膜的可见光拉曼光谱(a)及其 BWF 函数拟合参数峰位(b)、相对耦合系数(c)、半高宽(d)和最大相对峰强(e)与退火温度的变化关系

　　耦合系数是非对称宽峰倾斜程度的度量，薄膜中 sp^2 杂化含量越多，倾斜程度就越大，耦合系数的绝对值就越小。如图 2-10(c)所示，随着退火温度的升高，相对耦合系数增加，薄膜中的 sp^2 杂化含量也在增多。但是由于光子能量与 π-π^* 激发能量相当，且 π 键具有长程极化作用，可见光拉曼反映的是 π-π^* 共振散射[44]，要定量表征不同杂化的比例，还须借助电子能量损耗谱、核磁共振或紫外拉曼等手段。从图 2-10(c)能够看出峰位随着温度的升高明显偏移，但是谱线轮廓却没有显著改变，可见非晶金刚石薄膜在空气中退火时，峰位对温度变化更敏感。

　　如图 2-10(d)所示，半高宽随着退火温度的升高呈现出先减小后增大的变化趋势，在 300℃ 左右最小。其他工艺条件沉积的薄膜样品在退火过程中也表现出相似的变化趋势。由于非晶金刚石薄膜在室温下由离子束沉积而成，沉积过程可以遵循浅注入生长机制进行解释，并可区分为撞击、热化和松弛三个阶段，松弛过程持续时间大约在 10^{-10} s 的量级[45]，这样就使生长过程中产生的大量缺陷得以保留。实验也证实了薄膜的缺陷密度极高[46]。在退火过程中，伴随着原子扩散和局部重排，薄膜有了更充分的时间进行松弛，从而降低薄膜的缺陷密度。半高宽的变化应该与这种退火导致的长期松弛过程有关，具体原因还有待进一步研究。图 2-10(e) 显示最大相对峰强随着温度的升高具有先升高后降低的变化规律。既然非晶金刚石薄膜可见光拉曼光谱的散射截面主要反映的是 sp^2 场的振动信息，薄膜中 sp^2 杂化的含量随着退火温度的升高不断增多，那么就表现为最大相对峰强的升高。但是如果温度持续升高到 500℃，膜材成分的氧化挥发越发明显，膜厚损失增大，又会导致最大相对峰强的回落。

硬度和杨氏弹性模量由纳米压入仪测试，图 2-11 中的每点数据均代表多次不同测量的平均值。由图可见，经 400℃退火后薄膜的硬度和弹性模量与初始状态相比基本保持不变，500℃退火后因膜厚的损失和 sp^2 比例的升高而有所下降，但是仍然保持了较高的水平。在较高温度条件下，过滤电弧制备非晶金刚石薄膜仍能保持一定的硬度和弹性模量，这种较好的热稳定性对于在具有一定温升的场合应用非常有益。

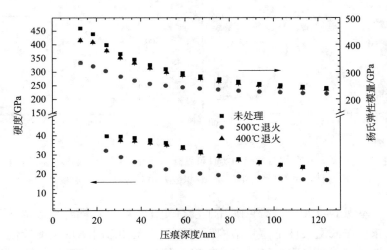

图 2-11 400℃和 500℃退火前后非晶金刚石薄膜的硬度和杨氏弹性模量

2. 低温实验

选用在 80 V 衬底负偏压条件下沉积的薄膜作为低温实验样品。这是因为 80 V 衬底负偏压是沉积富 sp^3 杂化非晶金刚石薄膜的最优条件，这时薄膜的力学和光学等性能都达到了最高水平，并经常用于制备膜系工作层。如图 2-12(a) 所示，显示了非晶金刚石薄膜液氮冷却过程中实时可见光拉曼光谱。

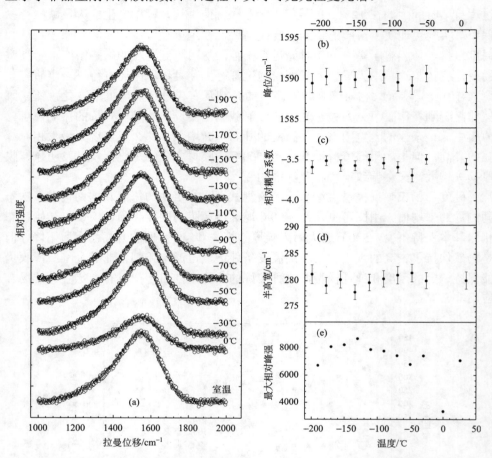

图 2-12　由液氮冷却非晶金刚石薄膜的实时可见光拉曼光谱(a)及其 BWF 函数拟合参数峰位
　　　　(b)、相对耦合系数(c)、半高宽(d)和最大相对峰强(e)与温度之间关系

　　可见从室温到–190℃谱线轮廓几乎没有变化，峰位和耦合系数也基本保持恒
定，这意味着在低温条件下薄膜结构保持稳定。在 0℃时谱峰强度较低，是由于
冰水混合物对测试激光产生了较强的散射，使光子入射能量严重损失，从而导致
接收信号或最大相对峰强显著下降。但是从光谱参数随温度的变化关系也不难发
现，在–130℃左右时，最大相对峰强增大，半高宽缩小，到–190℃时，最大相对
峰强明显减弱。在低温状态下原子热振动明显减弱，光子导致非晶金刚石薄膜晶
格振动状态也必然产生相应的变化，从而导致光谱参数的这些变化。

　　综上所述，过滤阴极真空电弧制备的非晶金刚石薄膜具有较好的热稳定性。
在空气中退火到 400℃，其硬度和弹性模量基本保持不变，其结构可以一直稳定到 500℃，但是到 600℃，薄膜由于氧化作用而快速消耗。非晶金刚石薄膜的可见光拉曼光谱显示随着温度的升高，谱峰峰位向高频偏移。在低温冷却过程中，薄膜对温度变化不敏感，其结构保持稳定。

2.3.2　真空环境中薄膜的热稳定性

过滤电弧制备的非晶金刚石薄膜已经成功用于计算机硬盘盘面和磁头的保护膜[47]。另外，因其宽波段的红外透过性可用于一些红外光学器件的增透保护膜，因其极高的弹性模量还可用于高频薄膜声表面波器件的增频衬底。实验表明，非晶金刚石薄膜的结构和性能主要由沉积离子的入射能量控制，并且当衬底负偏压为 80 V 时能够获得最高 sp^3 杂化含量，但是，同时也具有最高的压应力，从而限制了有效附着膜厚。为了克服这一问题，可以采用注入和沉积相结合的两步法工艺，可以交替沉积高 sp^3 杂化含量和中等 sp^3 杂化含量的膜层，还可以采用沉积和低温退火相结合的工艺[48,49]，已经能够制备膜厚超过 1 μm 且结合良好的非晶金刚石薄膜。这样，不同条件制备的非晶金刚石薄膜的热稳定性是否存在差异就引起了人们的关注。本节将利用拉曼光谱比照研究采用过滤阴极真空电弧技术在不同衬底偏压条件下制备的非晶金刚石薄膜的热稳定性。

图 2-13 显示了三组薄膜样品退火前后的可见光拉曼光谱。随着温度的升高，非对称宽峰逐渐变得倾斜，以致出现 D 峰，并逐渐长大，但是三组薄膜 D 峰峰肩出现的温度却明显不同。衬底负偏压为 20 V 时，在 700℃才出现 D 峰峰肩；当衬底负偏压为 80 V 时，D 峰峰肩出现在 600℃；当衬底负偏压为 2000 V 时，500℃就已经出现了明显的 D 峰峰肩。我们知道，非晶碳薄膜的可见光拉曼光谱主要包括 G 峰和 D 峰两个主要特征。G 峰来自单晶石墨的 E_{2g} 对称，由于非晶金刚石薄膜微结构长程有序性的丧失，峰宽显著宽化，形成一个大概以 1580 cm^{-1} 为中心的非对称宽峰。这个宽峰就是非晶金刚石可见光拉曼光谱的最基本的特征。D 峰出现在 1300～1400 cm^{-1} 之间，它来自多晶石墨环形 sp^2 场的张合振动，并反映了不同微区取向的无序性。对于非晶碳薄膜，D 峰的强弱与 sp^2 场尺寸和含量密切相关，sp^2 场尺寸越大，sp^2 场含量越多，D 峰就越强。这样 D 峰就成为描述非晶碳薄膜中 sp^2 场团簇化倾向和薄膜热稳定性的重要依据。由图 2-13 三组拉曼光谱的变化趋向可见，非晶金刚石薄膜的热稳定性随着沉积能量的升高而下降。

可见光的光子能量与 π-π* 激发能量相当，而且由于 π 键的长程极化作用，拉曼截面主要反映的是 sp^2 场的振动信息。为此采用 K 边缘电子能量损耗谱测定薄膜中不同杂化的比例。实验发现衬底负偏压分别为 20 V、80 V 和 2000 V 时，薄膜中 sp^3 杂化的含量分别约为 70%、80% 和 65%。这就是说，sp^3 杂化含量最高的薄膜的热稳定性并不是最好。而一般认为，非晶金刚石薄膜的热稳定性随着 sp^3 杂化含量的减少而下降。根据非晶碳薄膜的浅注入生长机制，只有具有一定能量

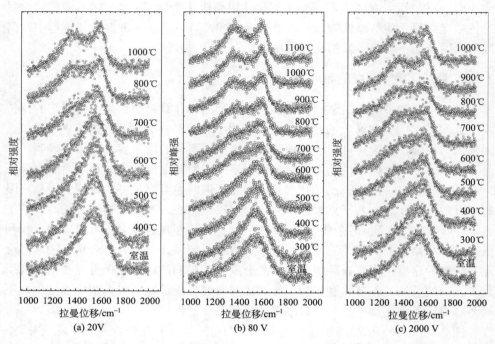

图 2-13　不同衬底负偏压条件下制备且经受了 300～1100℃ 范围真空退火的非晶金刚石薄膜的
可见光拉曼光谱

的沉积粒子才能突破表面的束缚，这个能量在 20～30 eV 范围内。如果合理优化沉积能量，能够产生最高的 sp^3 杂化含量的非晶金刚石薄膜。实验表明，富 sp^3 杂化最优衬底负偏压在 80 eV 左右。如果能量继续提高，sp^3 杂化含量又将减少。但是我们也发现，即使在零偏压(沉积能量为 20～30 eV)条件下，薄膜中仍然具有较高的 sp^3 杂化含量(大于 50%)。虽然浅注入生长机制较好地解释了沉积能量与薄膜结构之间的内在联系，但是仍然存在着一些缺陷，还不能阐释所有实验现象。本研究认为，薄膜结构松弛作用与生长过程相伴，但是松弛过程的持续时间过于短暂(大约在 10^{-10} s 的量级)，以致沉积过程的剩余能量并不能充分释放。超过克服表面束缚的沉积能量都可以看作剩余能量，沉积能量越高，保留在薄膜中的剩余能量就越多，薄膜的热稳定性就越差。更准确的解释还有待深入研究。

用 BWF 线性拟合 G 峰，用洛伦兹线性拟合 D 峰，得到光谱参数与温度之间的关系。如图 2-14 所示，G 峰峰位随着温度的升高向高频偏移，并都超过了 1600 cm^{-1}。非晶金刚石薄膜可见光拉曼光谱的 G 峰峰位依赖沉积方法和工艺条件一般在 1550～1600 cm^{-1} 之间。显然，造成这种偏移的因素不是内应力。通过 600℃ 左右快速热处理，非晶金刚石薄膜可以在保持 sp^3 杂化含量基本不变的情况下使压应力得以完全松弛。但是应力松弛后 G 峰峰位并没有如期向低频移动。这种现象可以归因于薄膜中 sp^2 杂化的团簇化，随着温度的升高，非晶金刚石薄膜 sp^3 杂化网络中断续的 π 键逐渐聚集长大，sp^2 场尺寸变大、数量增多、间距变小，从而使近程有序状态向中程有序状态转变。这种超过 1 nm 的中程有序团簇的出现已经被波动谱和透射电镜试验所证实[50]。如果温度进一步升高，石墨化倾向就会变得突出，并表现为 D 峰的逐渐长大。

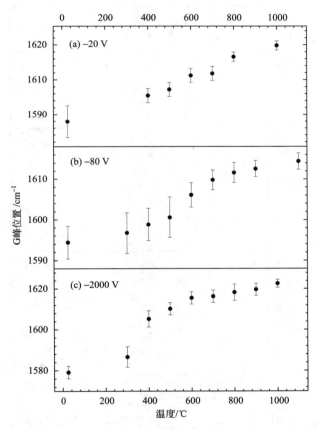

图 2-14　不同衬底偏压条件下制备薄膜的 G 峰峰位与退火温度之间的关系

如图 2-15 所示，衬底负偏压为 20 V 时，薄膜的半高宽在 600℃ 以下基本保持不变，随着温度继续升高，将急剧变小；衬底负偏压为 80 V 时，半高宽在超过 500℃ 以后就开始急剧变窄；衬底负偏压为 2000 V 的薄膜随退火温度升高，半高宽持续下降。影响 G 峰半高宽因素主要包括：薄膜的晶态或有序化程度、sp^2 场的尺寸和分布及薄膜的内应力。室温下制备的非晶金刚石薄膜具有典型的短程有序结构，以及 sp^2 场分布和尺寸的多样性，导致了 G 峰的严重宽化，但是当退火温度达到一定程度时，薄膜的石墨化倾向显著增强，sp^2 团簇尺寸不断增大。可见光光子导致晶格振动，波矢的变化 $\Delta k \propto 2\pi / d$，其中 d 是团簇的尺寸[51]。有序化程度越显著，sp^2 团簇尺寸越大，半高宽就会越窄。Sakata 等[52]已经报道了 G 峰半高宽与应力之间的线性增加关系，可以推断 G 峰半高宽的减小还与薄膜的应力松弛有关。

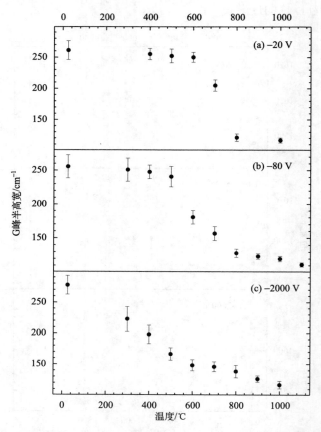

图 2-15   不同衬底偏压条件下制备薄膜的 G 峰半高宽与退火温度的关系

图 2-16 清楚地显示 D 峰半高宽随着退火温度的升高具有先升高再减小的变化趋势。对于三组不同沉积能量制备的薄膜，转折温度分别是 800℃、700℃和600℃，均高于 D 峰峰肩出现温度(100℃)。D 峰半高宽的增加归因于原来断续分布 sp^2 场的明显聚集，但是随着温度进一步升高，石墨化倾向显著增强，D 峰半高宽也会像 G 峰一样，随着温度的升高急剧变窄。

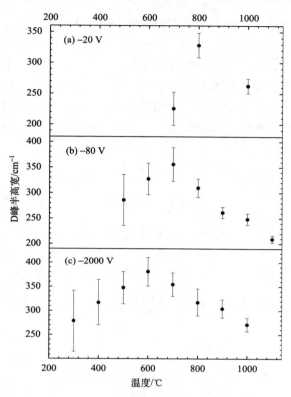

图 2-16　不同衬底偏压条件下制备薄膜的 D 峰半高宽与退火温度的关系

综上所述，过滤阴极真空电弧（FCVA）技术制备的非晶金刚石薄膜具有良好的热稳定性，但是沉积能量对热稳定性有着显著的影响，高沉积能量会降低薄膜的热稳定性。衬底负偏压为 20 V 时制备的薄膜，其可见光拉曼光谱直到 700℃退火才出现 D 峰峰肩，而衬底负偏压为 80 V 时制备的薄膜，尽管薄膜具有最高的 sp^3 杂化含量，但是在 600℃退火时就已经出现了 D 峰峰肩。随着退火温度的升高，G 峰峰位向高频偏移，其半高宽在 D 峰峰肩出现后急剧变窄，D 峰的半高宽具有先增大后变小的趋势。可见光拉曼光谱是非晶金刚石薄膜中 sp^2 场随温度演变和团簇化倾向的强有力的表征手段。

2.4　多层非晶金刚石薄膜的结构与应力分析

过滤阴极真空电弧沉积技术能够在接近室温的条件下，以较高的沉积速率制备出高性能的 ta-C 薄膜。然而，由沉积离子的浅注入和局部致密化作用形成的富 sp^3 结构薄膜内保留了较高的压应力，很容易导致膜层从衬底上脱落。而且，应用于红外光学保护膜时，若以 10 μm 作为参考波长，为了满足光学增透需要，薄膜的几何厚度应该在 1 μm 以上，因此，较高的膜内应力严重制约了 ta-C 在红外保护膜领域的应用。通过改变衬底偏压的方法，以富 sp^2 膜层作为与衬底结合的最底层，富 sp^3 膜层作为最外层，形成梯度或交替多层膜结构，可以有效降低 ta-C 薄膜的内应力，增强膜-基结合力，提高膜层生长厚度，并保留薄膜的类金刚石性能。本节将主要对多层 ta-C 薄膜的显微结构与界面结构及各子膜层沉积后的应力变化行为进行介绍。

2.4.1　多层膜的应力理论

对于 n 层膜附着在基片上的结构示意图（图 2-17），第 i 层厚度与杨氏模量分别为 t_i 与 $E_{f,i}(i=1\sim n)$，基片的厚度与杨氏模量分别为 t_s 与 E_s，且 $\sum\limits_{i=1}^{n} t_i = t_f \ll t_s$，$\sum\limits_{i=1}^{n} E_{f,i}t_i \ll E_s t_s$。同样将 $z = -t_s/2$ 处的基片中部原子层作为无应力中性平面，第 i 层膜与基片相对于各自平坦状态的应变分别为 $\varepsilon_{f,i}$ 与 ε_s，整个膜-基系统的平均应变便可以表示为

$$\overline{\varepsilon} = \frac{E_s t_s \varepsilon_s + \sum\limits_{i=1}^{n} E_{f,i}t_i\varepsilon_{f,i}}{E_s t_s + \sum\limits_{i=1}^{n} E_{f,i}t_i} \approx \varepsilon_s + \frac{\sum\limits_{i=1}^{n} E_{f,i}t_i(\varepsilon_{f,i} - \varepsilon_s)}{E_s t_s} \tag{2-11}$$

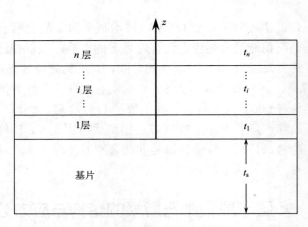

图 2-17　附着在基片上的多层膜结构示意图

因此，由整个膜层的应力导致基片变形产生的应变为

$$\varepsilon_s - \overline{\varepsilon} \approx \frac{-\sum_{i=1}^{n} E_{f,i} t_i (\varepsilon_{f,i} - \varepsilon_s)}{E_s t_s} \tag{2-12}$$

将式 (2-12) 做一阶近似，可得 $\varepsilon_s = \overline{\varepsilon}$。由弹性错配引起的膜内应力导致第 i 层膜相对于基片的应变则可表示为

$$\varepsilon_{m,i} = \varepsilon_{f,i} - \overline{\varepsilon} \approx \varepsilon_{f,i} - \varepsilon_s \tag{2-13}$$

式 (2-13) 表明膜内应力引起的各层膜的应变也受基片本身应变的影响[53,54]。在本节讨论的应力模型与计算中，由于严格采用表面状态与尺寸都相同的抛光单晶 Si 基片，而且膜层制备都在接近室温的条件下进行，因此，暂不考虑基片本身变形及热应变对膜层应变的影响，即 $\varepsilon_{m,i} \approx \varepsilon_{f,i}$。

Vilms 等[55]通过一个简单的多层膜应力模型分析表明各子膜层的应力在膜内分布几乎都是均匀的，并且各子膜层的应力可以等效成单层膜应力的线性近似。因此，根据力学平衡理论，应力引起多层膜-基系统中性平面的曲率可以表示为

$$\kappa = -\frac{6}{t_s}(\varepsilon_s - \overline{\varepsilon}) = \frac{6}{E_s t_s^2}\sum_{i=1}^{n} E_{f,i} t_i \varepsilon_{m,i} = \sum_{i=1}^{n} \kappa_i \tag{2-14}$$

由曲率与曲率半径 r 的倒数关系可得

$$\kappa = \frac{1}{r} = \sum_{i=1}^{n} \frac{1}{r_i} \tag{2-15}$$

根据一阶弹性理论的应力-应变关系：$\sigma = E\varepsilon$，则第 i 层膜的应力可表达为

$$\sigma_{f,i} = E_{f,i} \varepsilon_{m,i} = -E_s t_s^2 / 6 t_i r_i \tag{2-16}$$

所以，对于 $t_f \ll t_s$ 的多层膜-基系统，总曲率等于各子膜层曲率的线性之和，多层膜的平均应力只与总的曲率半径相关，各子膜层的应力则只与本层的曲率半径分量 r_i 相关，而与相邻子膜层的应力或膜层的堆叠顺序无关[56]。而且，基片边界处的局部界面剪切应力并不影响系统曲率及膜层内正应力的分布[57]。

对于平面二维膜-基系统，以上公式中的杨氏模量 E 可由双轴杨氏模量为 $E^* = E/(1-\nu)$ 代替，ν 为材料的泊松比，故得到了 Stoney 应力表达形式，也对多层 ta-C 薄膜的应力研究提供了理论依据。

2.4.2　多层非晶金刚石薄膜的微结构

1. 拉曼光谱分析

在本章的多层膜设计中，均以−80 V 衬底偏压沉积的薄膜作为富 sp^3 膜层，而以低偏压−2000～−1000 V 沉积的薄膜作为富 sp^2 膜层。衬底偏压−2000 V 与−80 V 沉积的单层 ta-C 薄膜的可见光拉曼谱线见图 2-18。谱线在 1200～1700 cm^{-1} 区间

存在一个非对称宽峰，谱峰中心约位于 1560 cm^{-1} 处。在–2000 V 沉积薄膜的谱线中，由环状 sp^2 呼吸振动的 D 峰引起的谱峰宽化较为明显，并在 1360 cm^{-1} 附近出现 D 峰峰肩，但在–80 V 沉积的薄膜中 D 峰散射被掩盖。因此，本节对谱线进行分峰拟合，拟合曲线如实线所示。

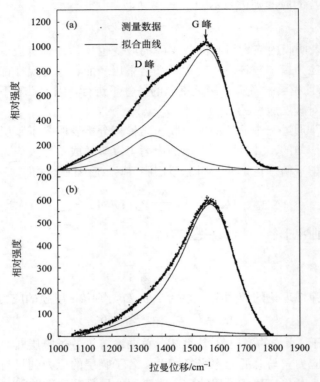

图 2-18　不同衬底偏压沉积 ta-C 薄膜的可见光拉曼曲线与 BWF-洛伦兹拟合曲线

(a)–2000 V；(b)–80 V

多层膜的结构同样采用拉曼光谱分析，图 2-19 为梯度多层 ta-C 膜在各子膜层沉积后的可见光拉曼谱线。梯度多层膜由四层子膜层组成，各子膜层的衬底偏压分别为–1500 V、–1000 V、–500 V 与–80 V。各子膜层沉积后的拉曼谱均在 1200~1700 cm^{-1} 区间存在一个非对称宽峰，谱峰中心位于约 1550 cm^{-1} 处，在 1300~1400 cm^{-1} 之间均观察不到反映 sp^2 呼吸振动的 D 峰，谱线的对称性良好。此外，薄底层 A$_1$（~20 nm）的谱线中，在 965 cm^{-1} 处出现了 Si 基片的二阶峰。利用简单的高斯(Gaussian)函数对各条谱线进行拟合分析，得出的 D 峰与 G 峰强度比[I(D)/I(G)]与 G 峰半高宽(FWHM)随各子膜层逐渐沉积的变化规律如图 2-20 所示(图中虚线表示各子膜层的分界面)。I(D)/I(G)值随着各子膜层的沉积而逐渐减小，G 峰半高宽则随着各子膜层的沉积而逐渐增加。由于 $I(D)/I(G)$ 值反映了 sp^2 团簇尺寸的变化，并且与 ta-C 薄膜的 sp^3 杂化含量之间存在近似负线性比例关系。因此，其值的逐渐减小表明薄膜 sp^3 杂化含量的逐渐增加。由于薄膜是多层结构，因此，拉曼光谱反映的是膜层平均 sp^3 杂化含量的变化规律。分析结果表明，G 峰半高宽源于应力引起的 C—C 键长与键角的变化，可以间接地反映薄膜内应力的变化规律，两者之间则是正线性比例关系。因此，G 峰半高宽的增加预示着随着各子膜层的沉积，梯度多层 ta-C 薄膜的内应力逐渐增大。而且，由于薄膜应力的增加，G 峰峰位也逐渐向拉曼散射的高频区移动。梯度多层 ta-C 薄膜的内应力变化将在后续的应力测试分析中得到证实。

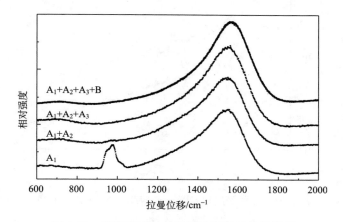

图 2-19　梯度多层 ta-C 薄膜的可见光拉曼谱线

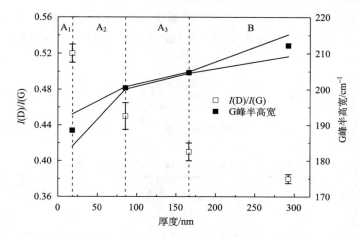

图 2-20　高斯拟合峰强比 $I(D)/I(G)$ 与 G 峰半高宽及各子膜层之间的变化关系

2. 掠入射 X 射线反射分析

如图 2-21 所示为交叠多层与双层 ta-C 薄膜的 XRR 测量曲线,其中,交叠多层膜由两组 A_iB_i 双层组成(i=1,2)。由于交叠多层膜的界面较多,反射率曲线的干涉条纹比较明显,而且调幅周期也并不单一。其中,小调幅周期对应的是多层膜的总体厚度,大调幅周期对应的则是各子膜层的厚度。

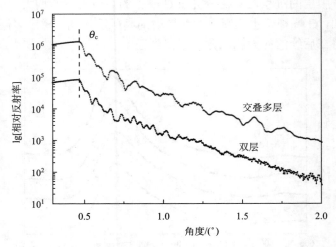

图 2-21 交叠多层与双层 ta-C 薄膜的 XRR 测量曲线

根据 Parratt 运算法则[58],利用 Rfit2000 软件对反射率曲线进行拟合,通过优化函数进行全局最小值搜索,从而获得薄膜中各子膜层与界面的结构特征。表 2-3 中列出了对交叠多层 ta-C 薄膜 XRR 测量曲线拟合的数据。采用的优化函数表达式为

$$\chi^2 = \frac{1}{N-M} \sum \left(\frac{R\exp(j) - KR\text{cal}(j)}{\text{d}R\exp(j)} \right)^2 \tag{2-17}$$

式中,j 为测量点(j=1,$\cdots$,N);M 为变量个数;R 为反射强度;K 为比例因子。

表 2-3 交叠多层 ta-C 薄膜 XRR 曲线拟合数据

膜层	厚度/nm	密度/(g/cm³)	粗糙度/nm
富 sp³ B_2 层	61.7	3.01	0.6
B_2/A_2 界面层	2.5	2.55	0.8
富 sp² A_2 层	56.5	2.38	1.0
A_2/B_2 界面层	3.0	2.41	1.2

续表

膜层	厚度/nm	密度/(g/cm³)	粗糙度/nm
富 sp³ B₁ 层	64.5	3.08	0.5
B₁/A₁ 界面层	2.5	2.52	0.8
富 sp² A₁ 层	63.3	2.40	1.0
A₁/Si 界面层	3.5	2.54	1.1
Si 基片	∞	2.33	0.3

由表 2-3 中可以看出,富 sp² 膜层 A_1 与 Si 衬底界面密度较高,原因是在–2000V 偏压下沉积 A 膜层时,高能 C^+ 向衬底近表面内发生扩散,形成类似 SiC 的致密结构[59]。而且,富 sp² 膜层沉积时的高能离子轰击,还会造成 A_i/B_i 子膜层界面的粗糙度增加,并引起富 sp³ 膜层 B_i 表层的 sp³ 杂化向 sp² 转变,导致局部密度降低。Anders 等[60]通过 TEM 观察交叠多层非晶碳薄膜的界面结构,发现由于富 sp² 膜层沉积时的高能离子轰击,使富 sp² 与富 sp³ 子膜层的界面区域较宽,同样的现象也由表中较大的 A_2/B_2 界面厚度体现出来。另外,由于局部晶格错配小,子膜层之间的界面厚度低于膜-基界面层厚度[61]。

2.4.3 多层非晶金刚石薄膜的应力分析

1. 梯度多层膜

利用 Stoney 公式计算得到的梯度多层 ta-C 薄膜在各子膜层沉积后的压应力变化如图 2-22 所示,图中虚线表示各子膜层的分界面,应力计算的误差值是由膜层厚度与曲率半径的测量误差造成。$A_1 \sim B$ 子膜层沉积时的衬底偏压分别为 –1500 V、–1000 V、–500 V 与–80 V。根据本节对梯度多层 ta-C 薄膜的微结构分析结果,从 A_1 层到 B 层内的 sp³ 杂化含量逐渐增加,sp² 杂化在 A_1 层与 A_2 层内占有较大的比例,B 层为富 sp³ 膜层。

在低偏压下沉积膜层 A_1 与 A_2 时,由于 C^+ 能量较高,产生的局部热峰效应使薄膜表面原子发生迁移,压应力得到松弛,应力值应较小。但从图 2-22 中观察到,在薄底层 A_1 沉积过程中,压应力呈现了一个较高的值[(8.79±1.12) GPa],这与富 sp² 膜层应具有的低应力值并不符合。Patsalas 认为这是由于高能 C^+ 注入 Si 基片的表面层,并向基片内部扩散,在膜-基界面处形成了致密的类 SiC 结构混合层,C 原子与 Si 原子之间的晶格畸变,引起较高的附加应力,并在薄底层 A_1 内表现出来,造成了高应力的现象。Mathioudakis 等[62]利用分子动力学模拟多层非晶碳膜结构,发现最底层的富 sp² 膜层内少量的 sp³ 结构向衬底界面附近聚集,也会引起较高的界面压应力。XRR 分析结果也表明,在富 sp² 底层与 Si 衬底之间形成了较为致密的界面层，厚度为 3.5 nm，与 A$_1$ 膜层的初始厚度较为接近，因此表现了高压应力的现象。

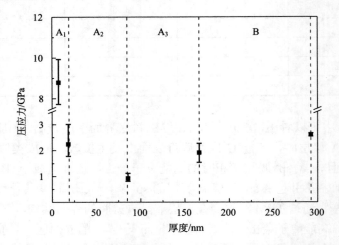

图 2-22 梯度多层 ta-C 薄膜的压应力在各子膜层之间的变化关系

随着 A$_1$ 层厚度的增加与 A$_2$ 层的沉积，膜-基错配层的附加应力对薄膜应力的影响逐渐减弱，压应力恢复到富 sp^2 薄膜本身具有的低值[(0.93±0.20) GPa]。当沉积 A$_3$ 层与 B 层后，薄膜的 sp^3 杂化含量逐渐增加，在其集结位置形成的压应力场使薄膜的压应力又出现了小幅度的增加，最终得到梯度多层 ta-C 薄膜的平均压应力值为 (2.60±0.06) GPa，与–80 V 偏压沉积相同厚度的单层富 sp^3 薄膜的压应力值 (3.65±0.02) GPa 相比，减小了约 30%。因此，梯度多层膜设计能够有效地降低 ta-C 薄膜的压应力。

2. 交叠多层膜

测量 A$_i$B$_i$ 交叠多层 ta-C 薄膜的应力变化行为如图 2-23 所示。其中，A$_i$ 为偏压 –1000 V 沉积的富 sp^2 膜层，B$_i$ 为–80 V 沉积的富 sp^3 膜层，并且，两者的厚度比例 d_A/d_{B_i} 设计约为 1.0。整个多层膜由三组 A$_i$B$_i$ 双层组成 (i=1，2，3)，总体厚度约 1 μm。当底层 A$_1$ 沉积后，应力较小 (约 1.58 GPa)，此时，由于膜层较厚，膜-基界面错配层的附加应力并没有对薄膜应力产生较大的影响。沉积 B$_1$ 层后，应力值则较大幅度地增加到 2.85 GPa。随后，当 A、B 层交替沉积时，膜层的应力值呈锯齿状起伏变化，并且，变化幅度逐渐减小。最终得到多层膜的平均压应力为 (2.92±0.01) GPa，也比约 300 nm 厚的单层富 sp^3 薄膜的压应力降低约 20%。交叠多层 ta-C 薄膜中各子膜层的压应力变化趋势与 Logothetidis 等[63]研究的交叠多层非晶碳薄膜十分相似。对于交叠多层膜应力松弛的原因，Logothetidis 等[64]

认为在子膜层之间形成的致密界面层增加了体系能量，为了降低这些界面层的附加能量（表面能+应变能），基片会发生弯曲而产生宏观拉应力，抵消了部分膜内压应力。此外，塑性较好的富 sp^2 杂化膜层 A 在多层膜中可以起到缓冲层的作用，在一定程度上松弛了整个薄膜的压应力。

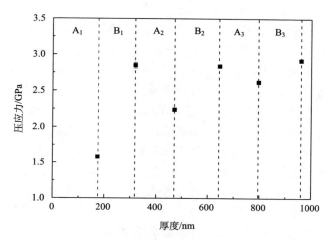

图 2-23　交叠多层 ta-C 薄膜的压应力在各子膜层之间的变化关系

梯度与交叠多层 ta-C 薄膜的微观结构与应力研究结果表明，富 sp^2 膜层的加入可以有效地松弛薄膜的压应力，而且，整个多层膜仍保持了富 sp^3 杂化结构。两种设计方法相比较，交叠多层膜制备工艺能够通过较薄的子膜层获得较厚的 ta-C 薄膜，方法简单易行，因此被广泛地研究与应用，也被作为本书的主要技术手段来制备多层 ta-C 薄膜。

2.5　多层非晶金刚石薄膜的机械性能研究

多层非晶碳薄膜凭借其优异的力学与机械性能在耐磨涂层领域得到了广泛的应用。本节将对多层 ta-C 薄膜典型的机械性能进行介绍，包括硬度、弹性模量、断裂韧性以及耐划擦与附着性。而在多层 ta-C 薄膜的设计中，不同的子膜层结构参数对其力学与机械性能的影响较大。Logothetides 等[65]分析了"软"/"硬"膜层的厚度比与周期厚度对多层非晶碳膜平均压应力和硬度等性能的影响，发现随着"软"（富 sp^2）膜层厚度的增加，多层膜的平均应力逐渐减小，但膜层硬度也会随之降低，而采用较小的周期厚度则有助于提高膜层硬度。Pujada 等[66]则验证并推导出多层膜平均应力随周期厚度的减小而降低的关系式。Ager 等[67]还研究发现，当"软"（富 sp^2）与"硬"（富 sp^3）膜层比例各占约 50%时，多层非晶碳膜的耐磨性最为优良。因此，本节会对多层 ta-C 薄膜中各子膜层厚度比与周期膜厚对多层膜机械性能的影响规律进行介绍，并给出优化的多层 ta-C 薄膜的制备工艺。

2.5.1　硬度与杨氏模量

图 2-24 为纳米压痕实验中利用连续刚度法测量梯度与交叠多层 ta-C 薄膜的硬度(H)与杨氏模量(E)数据。每个数据点的误差源自多次测量的标准偏差。可以发现，图中数据有着十分相似的变化规律。初始阶段，随着压头压入表面深度的增加，由于压头尖端的薄膜产生塑性变形以避免应力异常，硬度与模量的测量值迅速增加。随着压入深度的增加，接触面积逐渐扩大，压头端部薄膜的塑性变形区减小，测量值的增加程度减弱。压入深度再次增加时，塑性变形区扩展到膜-基界面，薄膜开始产生弹性变形，测量值达到最大值并保持一段距离。此时，压头压入深度略大于接触深度。随后，当相对较软的 Si 基片开始发生塑性变形时，受其影响的测量值开始减小，并逐渐达到 Si 基片的水平[68]。初始压入阶段的硬度与模量值增加程度的差异归因于两者与压头接触面积的不同量级关系。另外，当压入深度较小时，膜层塑性变形区域较小，测量值会受到外层子膜层之间的界面的影响，因此，硬度测量值在达到最大值后的初始阶段出现了小幅波动[69]。

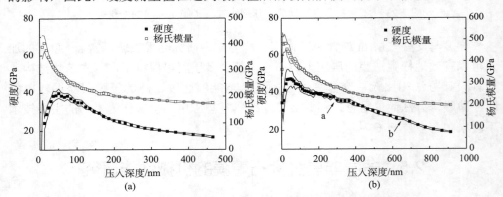

图 2-24　纳米压痕测试 ta-C 薄膜的硬度与杨氏模量数据

(a)梯度多层；(b)交叠多层

值得注意的是图 2-24(b)中，随着压入深度的增加，交叠多层 ta-C 薄膜的硬度值在达到最大值后的下降过程中并不是平滑连续，而是出现了两处梯度平台(如图中箭头所指 a、b 处)。通过比较平台处的压入深度与各子膜层的厚度发现，其出现的位置均在多层膜中的 B_i 子膜层的厚度范围内。这是由于压头在连续压入多层膜的过程中，塑性变形区扩展到硬质 B_i 膜层时受到阻碍，B_i 膜层的弹性变形延缓了接触面积的扩张，因此，导致硬度值出现了恢复平台。但这种现象在梯度多层 ta-C 薄膜[图 2-24(a)]的硬度测量曲线中并没有被观察到。Ziebert 等[70]采用小角截面（SACS）纳米压痕方法对梯度多层类金刚石薄膜厚度剖面的力学性能进行了表征，详细地描述了各子膜层及它们之间界面区域的硬度值在压入深度内的变化规律。

图 2-25 为单层与多层 ta-C 薄膜的硬度与杨氏模量测量值。其中，单层膜分别在–1000 V（富 sp^2）与–80 V（富 sp^3）的衬底偏压下沉积，薄膜厚度与梯度多层膜相同，约为 300 nm。由图可见，多层 ta-C 薄膜保留了富 sp^3 薄膜的高硬度特性，尤其是厚度约为 1 μm 的交叠多层膜的硬度值可达 47 GPa。而且，多层膜的杨氏模量均增加，表明薄膜弹性性能增强。压头在加载压入过程中，薄膜变形的同时基片也会产生变形，因此，测量值是薄膜与衬底的复合硬度，而薄膜的实际硬度应高于实验所测数值。可采用有限元模拟或经验公式拟合方法扣除衬底的影响，获得薄膜的实际硬度[71]。而且，衬底材料的性能、薄膜结合与附着性的优劣也会影响硬度测量[72]。

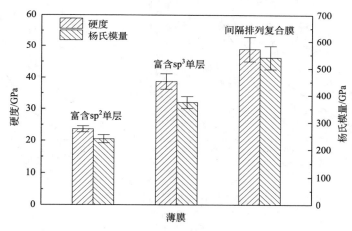

图 2-25　单层与多层 ta-C 薄膜的硬度与杨氏模量测量值

多层膜之所以能够保持较高的硬度，除了将硬质 B_i 膜层作为最外层的原因外，Patsalas 与 Logothetidis 研究发现，A_i 膜层顶端的部分 sp^2 杂化会在相邻 B_i 膜层沉积时，受到压应力场作用转变为 sp^3 键合，致密化了 B_i/A_i 界面层。这种现象也被 XRR 界面分析结果中密度较高的 B_i/A_i 界面层得到证实。而且，为了调节结构转变引起的晶格错配，邻近的 A_i、B_i 层将会产生共格应变，均对多层膜起到了增硬作用。同时，这种共格应变会使界面区域的石墨平面形成交链键合，从而增强了多层膜的弹性性能。由于界面层较多，因此，这种硬度与弹性性能增强的效果在交叠多层 ta-C 薄膜中较为明显。另外，Patsalas 通过 X 射线衍射与高分辨透射电镜观察，还发现非晶碳膜被高能（>1000 eV）的 Ar^+ 轰击后，在薄膜的 sp^3 位置产生了金刚石纳米晶结构。而在本节的交叠多层 ta-C 薄膜沉积过程中，富 sp^2 膜层 A 的沉积离子能量与 Ar^+ 的轰击能量类似，因此，也可能会产生纳米晶结构，增加薄膜的硬度。

2.5.2　断裂性能

　　在纳米压痕实验中，当金刚石压头压入薄膜表面一定深度时，如果正向载荷引入的剪切应力超过薄膜的强度，便会导致裂纹产生，膜层发生开裂或脱落。采用连续刚度法(CSM)测试，可以通过载荷在压入深度内的变化来分析梯度多层ta-C 薄膜的断裂性能[73]。

　　如图 2-26 所示厚度为约 300 nm 的单层与梯度多层 ta-C 薄膜的载荷曲线，其中，单层膜是在–80 V 偏压沉积的富 sp^3 薄膜。利用扫描电子显微镜(SEM)观察表面压痕形貌见图 2-27(a)。

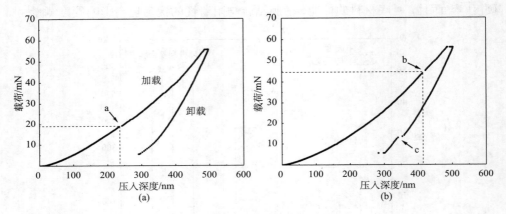

图 2-26　ta-C 薄膜的载荷曲线
(a) 单层；(b) 梯度多层

　　图中的载荷曲线在加载过程中都出现了微小的间断(如图中箭头所指 a、b 处)，间断之后的加载曲线变化趋势也发生改变，表明膜层在相应的载荷下开始形成径向裂纹(radial cracks)，而间断之前的加载曲线与压入深度所包含的封闭面积代表完整膜层的弹塑性变形能[74]。从图 2-27(a) 中观察到径向裂纹沿着三棱锥压头的棱角方向扩展。但在图 2-27(b) 中，梯度多层膜的压痕径向裂纹并没有发生扩展，而是被包含在表面压痕印迹中。加载曲线 a、b 间断处对应的载荷分别为18.7 mN 与 43.8 mN，称为形成裂纹的临界载荷。临界载荷 P_c 与膜-基界面断裂的临界压应力 σ_c 的关系为[75]

$$\sigma_{max} \propto \left(P_c E^2\right)^{1/3} \tag{2-18}$$

　　而且，在加载轴的接触点下，导致界面断裂的临界剪切应力 $\tau_c = 0.31\sigma_{max}$。因此，梯度多层 ta-C 薄膜比单层富 sp^3 薄膜具有更高的断裂临界应力，膜层的稳定性得到增强。

　　在图 2-26(b) 的卸载过程中，当载荷减小到 13.4 mN 时，压头仿佛被突然向上推起，曲线形成拐点(图中 c 处箭头)。这种现象是由于薄膜在加载压缩过程中产生塑性变形，并在接触变形区内产生压应力场使膜层具有一定的承载能力。但在卸载过程中，薄膜变形能得到释放而导致变形区边缘侧向裂纹(lateral cracks)的形成，并向膜层表面扩展，对压头产生的反作用力引起了卸载载荷的偏移[76]。图 2-27(b)中显示了多层膜表面压痕边界出现的侧向裂纹，但膜层并没有发生膨出或脱落，表明裂纹只在薄膜表层内进行扩展，并没有影响到膜-基界面结合。

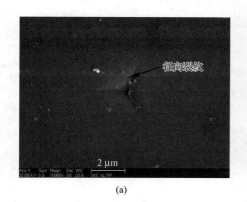 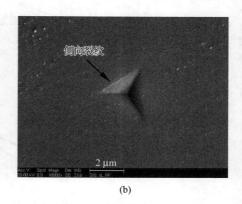

(a)   (b)

图 2-27   单层与梯度多层 ta-C 薄膜表面压痕的 SEM 形貌

为了研究加载条件对多层膜断裂性能的影响，采用不同的最大压入深度对多层 ta-C 薄膜进行纳米压痕实验，载荷曲线如图 2-28 所示，此处的多层 ta-C 薄膜是由 A_i 膜、B_i 膜层交叠组合而成，衬底偏压分别为–1000 V 与–80 V，总厚度约为 400 nm，其中，子膜层厚度比 $d_{A_i}/d_{B_i} \approx 1.0 (i=1，2，3，4)$。随着最大压入深度的增加(500～1400 nm)，最大压入载荷也相应增加(70～460 mN)。图 2-28(a)中的最大压入深度较小时(500 nm)，加载载荷较小，载荷变化连续，卸载曲线的回复程度较大，压痕也较浅[图 2-29(a)]。当图 2-28(b)中的最大压入深度增加到 800 nm 时，卸载载荷出现拐点变化，而且，在图 2-28(c)中的最大载荷 1400 nm 的条件下更为明显，压痕较深，径向裂纹沿压痕的棱边扩展，边缘出现侧向裂纹[图 2-29(b)]。但采用较大的压入深度，载荷的变化受基片的影响也较大。因此，本节在计算薄膜断裂韧性时，均采用小压入深度的测量值。

Jungk 等[77]给出了薄膜的断裂韧性计算公式：

$$K_{IC} = \lambda \left(\frac{E_f}{H_f} \right)^{1/3} \frac{P_{max}}{t_f c^{1/2}}$$ (2-19)

式中，E_f、H_f、t_f 为薄膜的杨氏模量、硬度与厚度；P_{max} 为最大压入载荷；c 为径向裂纹长度；λ 为压头常数(对于 Berkovich 压头，$\lambda=0.016$)。

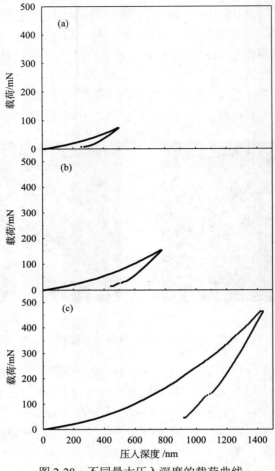

图 2-28 不同最大压入深度的载荷曲线

(a) 500 nm；(b) 800 nm；(c) 1400 nm

利用式(2-19)计算上述薄膜的断裂韧性，计算结果见表 2-4。可以看出，梯度多层 ta-C 薄膜的断裂韧性都有不同程度的增加，表明薄膜的抗断裂性能增强。而且，计算值均高于文献[78]中报道的单层 ta-C 薄膜（约 500 nm）的断裂韧性值 (4.25 ± 0.7) MPa·m$^{1/2}$。

表 2-4 单层与梯度多层 ta-C 薄膜的杨氏模量、硬度与断裂韧性数据

膜层	t_f/nm	E_f/GPa	H_f/GPa	K_{IC}/(MPa·m$^{1/2}$)
单层富 sp^3 膜	320	393.7	38.5	4.78±0.3
梯度多层膜	290	404.6	39.7	5.17±0.4
交叠多层膜	370	410.2	40.1	5.34±0.6

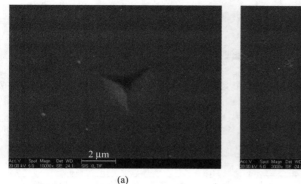
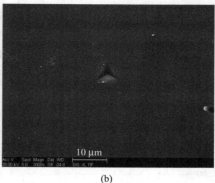

(a)　　　　　　　　　　　　　　(b)

图 2-29　不同最大压入深度的压痕 SEM 形貌

(a) 500 nm；　(b) 1400 nm

2.5.3　耐划擦与附着性能

膜层的附着性是多层膜极其重要的机械性能之一,直接关系到薄膜的实用性。利用纳米划擦实验很难精确测定膜层与衬底之间的界面结合强度,但可以通过其较高的载荷精度直接测量薄膜在划擦前后与划擦过程中的表面划痕轮廓、侧向力与摩擦系数的变化,确定膜层开裂和脱落的临界载荷,半定量地评价膜层结合与附着性能。

图 2-30 为单层与多层 ta-C 薄膜在划擦距离内的划痕表面轮廓与摩擦系数变化曲线及典型的划痕光学显微形貌。测试的薄膜包括单层富 sp^3、双层、梯度多层与交叠多层 ta-C 薄膜,其中,前三者厚度均约为 300 nm,交叠多层膜的厚度约为 1 μm。在整个划擦距离 500 μm 内,划痕表面轮廓曲线由预扫描(pre-scanning)、划擦(scratching)与末扫描(post-scanning)三条曲线构成。其中,压头的预扫描与末扫描都在很小的载荷(0.1 mN)下完成,用来描述划擦前后的膜层表面状态,划擦正向载荷则在划擦过程中由 0 mN 线性增加到 180 mN。轮廓曲线在零点位置表示薄膜表面,y 方向的负位移表示压头划入薄膜内,正位移表示膜层表面的凸起及爆裂碎片的堆积。

图 2-30(a)～(c)中的表面轮廓曲线被两条虚线划分为三个区域,并与图 2-30(e)中的划痕照片相对应。在第一个区域的初始阶段,压头划擦载荷引起的应力较小,末扫描轮廓曲线与预扫描曲线重合,膜层只发生弹性变形。随着载荷的增加,划擦曲线负位移虽然超出了薄膜厚度,但末扫描曲线只出现微小的负位移,表明膜层的弹性回复程度较大,只产生了微量的塑性变形,图中的划痕也比较光滑,而且印迹较浅。随着划擦载荷的增加,划痕逐渐变深,摩擦系数也开始增加。当压头到达与第二个区域交界处时(图中第一条虚线位置处),划擦应力超出膜层结合强度,膜层开裂隆起,末扫描曲线出现小幅波动,摩擦系数的增加速率也逐渐提高。

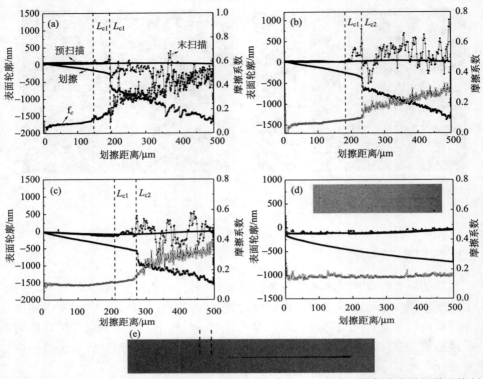

图 2-30　不同 ta-C 薄膜的划痕表面轮廓与摩擦系数曲线(a~d)与典型的划痕光学显微形貌(e)
(a)单层富 sp^3；(b)双层；(c)梯度多层；(d)交叠多层

　　图 2-31 中的 SEM 显微照片显示了膜层平行裂纹(parallel cracks)沿着划擦方向扩展，并出现与划擦方向呈一定角度的倾角裂纹(angular cracks)。此处对应的正向载荷称为临界载荷 L_{c1}，表征膜层开裂的临界点。在第二与第三个区域交界处

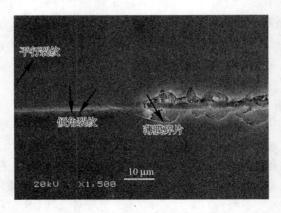

图 2-31　梯度多层 ta-C 薄膜表面划痕的 SEM 形貌

（图中第二条虚线位置处），摩擦系数、划擦与末扫描曲线均出现突然的阶跃变化，波动程度变得十分剧烈，而且，划擦曲线的负位移也远远超出薄膜厚度。这些现象表明膜层完全破裂并从基片上脱落，划痕上的薄膜碎片堆积导致末扫描曲线的大幅波动。图 2-31 中的薄膜碎片分布在划痕两侧，裂纹的产生是压头端部的应力集中与释放所致，因此，在连续加载划擦过程中，应力集中与释放的循环进行导致薄膜碎片呈连续波纹状。而此处对应的正向载荷称为临界载荷 L_{c2}，表征薄膜崩落的临界点[79]。通过能量色散 X 射线光谱仪（EDX）分析，在临界载荷 L_{c1} 与 L_{c2} 之间，碳 K_a 峰与硅 K_a 峰强度比 I_c/I_{Si} 为 0.38±0.01，表明膜层并没有从基片上脱落；在 L_{c2} 处，I_c/I_{Si} 迅速减小到 0.02±0.01，达到了 Si 基片原始表面的水平，表明薄膜已经从基片上崩离脱落。图 2-30（d）中厚度为约 1 μm 的交叠多层 ta-C 薄膜在整个划擦过程中，表面轮廓曲线并没有发生突变，这种现象则表明压头在划擦加载过程中，仅仅使薄膜产生弹性变形，未造成膜层的损伤破坏，临界划擦载荷大于 180 mN。图中的划痕光学显微照片也显示只有浅的划擦痕迹，整个膜层未发生破裂脱落。而图中预扫描位移的少量小幅度增加，则是由薄膜表面的杂质颗粒所导致。另外，比较各种 ta-C 薄膜发生开裂之前的摩擦系数可知，多层膜的摩擦系数略有增加。

划擦临界载荷除了与薄膜的附着性相关外，还会受到实验环境、压头直径、加载速率、膜厚及膜-基的其他力学性能等因素的影响，因此，在热力学方面，临界载荷值不能简单地与薄膜附着性联系起来，但可以半定量地评定相同条件下薄膜的附着程度[80]。表 2-5 中列出了上述不同 ta-C 薄膜的划擦临界载荷测量值。在薄膜厚度相同的条件下，多层膜具有较高的临界载荷，充分表明薄膜的耐划擦与附着性能得到改善。而且，还可以看出，当富 sp^2 膜层作为最底层与富 sp^3 膜层组成双层 ta-C 薄膜时，由于沉积 C^+ 的能量增加，薄膜附着性得到增强，划擦临界载荷值也相应提高。

表 2-5　不同 ta-C 薄膜的划擦临界载荷测量值

薄膜名称	厚度 t_f/nm	硬度 H/GPa	L_{c1}/mN	L_{c2}/mN
单层富 sp^3 膜	320	38.5	53.7±2.1	71.0±1.5
双层膜	310	38.2	65.1±1.8	83.7±1.0
梯度多层膜	290	39.7	76.7±2.5	98.4±1.2
交叠多层膜	960	47.3	—	—

对于附着在刚性衬底上的薄膜，并且，当压头划入深度超过两倍膜厚时，Attar 与 Johannesson[81]给出了临界载荷表达式：

$$L_c = \frac{d_c}{\mu_c}\left(\frac{E_f}{1-\nu_f^2}2t_f W\right)^{1/2} \tag{2-20}$$

式中，d_c 为临界载荷处的划痕宽度；μ_c 为临界摩擦系数；E_f、t_f 分别为薄膜杨氏模量与厚度；ν 为薄膜的泊松比(对于 ta-C 薄膜，$\nu = 0.25$)；W 为附着功。

附着功 W 则相当于单位面积的界面断裂能释放速率 G_c，即单位面积的附着能，可表达为

$$W = G_c = \frac{\sigma_c^2 t(1-\nu)}{2E_f} \tag{2-21}$$

式中，σ_c 为导致膜-基界面失效的临界压应力。而断裂韧性 K_{IC} 与断裂能释放速率 G_c 的关系式为

$$K_{IC} = \left(G_c \frac{E_f}{1-\nu_f^2}\right)^{1/2} \tag{2-22}$$

利用式(2-20)、式(2-21)与式(2-22)计算得到的上述不同 ta-C 薄膜的附着功、临界应力与断裂韧性值见表 2-6。可见，多层膜具有较高的界面失效临界应力与断裂韧性，与纳米压痕测试的断裂性能规律相符合。但是，由于在划擦加载过程中，除了正向压应力外，在划擦方向还存在较高的剪切应力，也作用于界面断裂[82]，而导致计算的附着功与临界应力值比实际值大，因此，根据划擦实验测得的膜层断裂韧性略高于压痕实验的测量值。

表 2-6　不同 ta-C 薄膜的附着功、临界应力与断裂韧性

薄膜名称	附着功 W 或者 G_c /(J/m²)	临界应力 σ_c /GPa	断裂韧性 K_{IC} /(MPa·m$^{1/2}$)
单层富 sp³ 膜	61.9±1.0	14.3±1.0	5.1±0.2
双层膜	64.2±2.0	14.8±2.0	5.2±0.3
梯度多层膜	73.9±2.2	16.6±2.1	5.6±0.2

对于多层膜来说，在划擦加载过程中，由于各子膜层力学性能不同，膜层之间的界面便可以储存一部分弹性变形能，降低了膜-基界面处的能量，致使由相同划擦载荷引入的界面应力减小，而且，富 sp² 底层膜与衬底之间结合牢固，都增强了膜层的附着性。另外，多层结构还可以克服薄膜内的杂质与宏观颗粒导致结合强度减弱的现象。

2.5.4　子膜层厚度对多层膜机械性能的影响

交叠多层 ta-C 薄膜之所以能够保持优良的力学与机械性能，主要是因为富 sp³

膜层的压应力与致密结构得以保留，但是，如果富 sp^2 膜层通过晶格弛豫完全将拉应力引入富 sp^3 膜层内，多层膜就会变为单一结构的富 sp^2 膜层，薄膜的机械性能将发生恶化[83]。由于富 sp^2 与富 sp^3 薄膜力学性能的差异，对于多层 ta-C 膜来说，子膜层的相对厚度比及周期厚度成为比较重要的设计参数，多层膜的力学与机械性能也可以通过控制这两个参数得以优化。本节针对子膜层厚度比与周期厚度对多层 ta-C 膜的平均压应力、硬度、弹性模量及耐划擦与附着性展开讨论。

1. 富 sp^2 与富 sp^3 子膜层厚度比

富 sp^2 膜层作为缓冲层能够降低多层膜的平均压应力，而且，各子膜层沉积后的应力值呈锯齿状起伏波动，最终获得了约 1 μm 厚的低应力硬质 ta-C 薄膜。而在相同的多层膜厚度（约 1 μm）与周期厚度（约 300 nm）的情况下，富 sp^2(A_i)与富 sp^3(B_i) 子膜层的厚度比（d_{A_i}/d_{B_i}=0.2~2.0）对多层 ta-C 膜平均应力的影响如图 2-32 所示。可见，随着富 sp^2 膜层厚度比例的增加，多层膜的平均压应力逐渐减小。当 d_{A_i}/d_{B_i} 比值为 2.0 时，多层膜平均压应力降低到只有 (2.66±0.01) GPa，比约 300 nm 厚的单层富 sp^3 膜还下降了 27%。因此，在多层

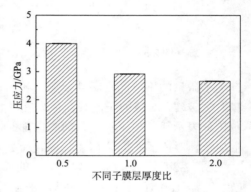

图 2-32　不同子膜层厚度比 d_{A_i}/d_{B_i} 对多层 ta-C 薄膜平均压应力的影响

膜设计中，较厚的富 sp^2 膜层可以增加薄膜内应力的松弛程度。

由于子膜层之间致密界面层的共格应变作用，多层膜的硬度与弹性模量增加了。而在相同的界面层结构与层数条件下，不同 d_{A_i}/d_{B_i} 厚度比的多层 ta-C 薄膜纳米压痕硬度与杨氏模量值如图 2-33 所示。图中，当 d_{A_i}/d_{B_i} 比值较小时，即"硬"质富 sp^3 膜层相对较厚，多层膜的硬度与杨氏模量值也略高，分别为 51 GPa 与 506 GPa。当 d_{A_i}/d_{B_i} 比值增加，即"软"质富 sp^2 膜层增厚时，多层膜的硬度与杨氏模量值有所下降，但仍能保持 45 GPa 的高硬度水平。

以上实验结果表明，较高的富 sp^2 膜层厚度比例能够最大程度地降低多层 ta-C 薄膜的压应力，而且，薄膜还能保持高水平的硬度特性。那么，在多层 ta-C 薄膜的制备过程中，是否将富 sp^2 膜层沉积得越厚对薄膜的力学性能越有利？针对这一问题，对上述不同 d_A/d_B 厚度比多层膜的耐划擦与附着性能进行了考察。图 2-34 为纳米划擦实验中的各多层膜表面轮廓与摩擦系数曲线，以及划痕的光学显微照片。图中的表面轮廓曲线中，末扫描与预扫描曲线的重合表明薄膜划擦过程中只发生弹性变形，卸载后弹性完全回复。末扫描曲线发生的微小负位移则表明薄膜

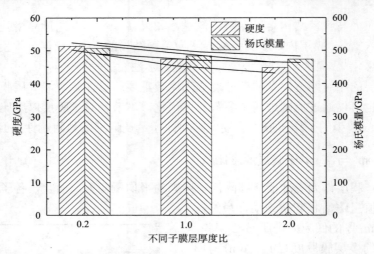

图 2-33　不同子膜层厚度比 d_{A_i}/d_{B_i} 的多层 ta-C 薄膜硬度与杨氏模量

产生了微量的不可回复塑性变形。随后，当末扫描曲线发生较大幅度波动时，薄膜发生破裂，对应的正向载荷值为临界载荷 L_{c1}。对于划擦曲线来说，逐渐增加的负位移表示载荷使压头划入薄膜内部，当负位移突然增加时，则表示薄膜从衬底上崩落，对应的正向载荷为临界载荷 L_{c2}。

图 2-34(a) 中，d_{A_i}/d_{B_i}=0.2 的多层膜临界载荷 L_{c1} 与 L_{c2} 相互重合 [$L_{c1}=L_{c2}$=(160.4±0.1)mN]，这是由于硬质富 sp^3 膜层所占的比例较大，膜层耐划擦承载能力较强，导致 L_{c1} 之前载荷引入的应力不足以使薄膜中的裂纹扩展，但随着载荷逐渐增加到 L_{c2}，压头端部的应力集中超出薄膜的承载能力与膜-基界面结合强度，膜层断裂崩落，并使图 2-34(b) 中的摩擦系数发生突然增加。当 d_{A_i}/d_{B_i} 比增加到 1.0 时，在图 2-34(c) 与 (d) 中并不能观察到轮廓曲线与摩擦系数的突变。而且，图 2-34(d) 中的光学显微照片也显示膜层表面的划痕印迹十分浅，表明薄膜在划擦过程中并没有发生破裂脱落，而图中曲线的微小起伏只是薄膜表面的缺陷和杂质颗粒所导致。但当 d_{A_i}/d_{B_i} 增加到 2.0 时，图 2-34(e) 中可以观察到，只有薄膜破裂引起的末扫描曲线大幅波动，对应的临界载荷 L_{c1}=(119.8±0.2)mN，并没有观察到导致薄膜崩落的临界载荷 L_{c2} 引起的划擦曲线负位移突变。产生这种现象的主要原因是，多层膜内"软"质富 sp^2 膜层所占的比例较大，从而导致薄膜承载能力与耐划擦性能下降，容易发生破裂，膜层碎片造成图 2-34(f) 中摩擦系数的波动。但由于与衬底结合的富 sp^2 底层膜的增厚，薄膜又具有了较强的附着力，划擦载荷并没有达到膜-基界面结合的临界条件，膜层没有从衬底上脱落。同时，富 sp^2 膜层占的比例越高，多层膜的平均压应力也越低，相同划擦载荷引入的应力值也就越低，薄膜附着性得到增强。

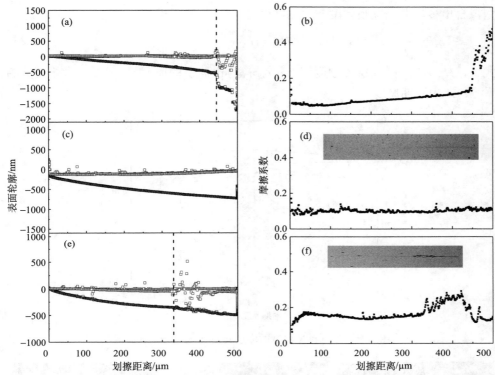

图 2-34　不同子膜层厚度比 d_{A_i}/d_{B_i} 的多层 ta-C 薄膜划擦轮廓与摩擦系数曲线

(a) 和 (b) 0.2；(c) 和 (d) 1.0；(e) 和 (f) 2.0

2. 膜层周期厚度

在交叠多层 ta-C 薄膜的设计中,每一双层 A_iB_i 的厚度称为多层膜的周期厚度,周期厚度的改变也意味着子膜层或界面层数的改变。通过前面对多层 ta-C 薄膜的研究分析, 子膜层的界面结构对其力学和机械性能的特征十分重要。交替采用 –2000 V(A_i) 与 –80V(B_i) 的衬底偏压制备了周期厚度分别为 80 nm、160 nm 的交叠多层 ta-C 薄膜与双层薄膜,子膜层厚度比 d_{A_i}/d_{B_i} 均为 1.0,总体膜厚均约为 320 nm。各膜层经纳米压痕实验测量的硬度与杨氏模量如图 2-35 所示。纳米压痕实验同样采用连续刚度法, 压头压入深度为 1400 nm, 峰值载荷为 460 mN。图 2-36 列出了不同周期各膜层的压痕 SEM 形貌。

当采用周期厚度 80 nm 与 160 nm 时,多层膜的硬度值略微升高,约 36 GPa。而对于双层 ta-C 薄膜, 由于富 sp^3 膜层较厚,因此, 薄膜的硬度也保持了较高水平(约 35 GPa)。富 sp^2 层 A_i 沉积时的 C^+ 能量升高引起的热峰效应导致膜层的 sp^2 杂化含量与石墨化程度增加,同时也降低了整个多层膜的硬度值。利用 Koeler 模

型拟合出多层非晶碳膜硬度与周期厚度之间的关系，即

$$H_f = H_A + \frac{k}{\Lambda} \tag{2-23}$$

式中，H_A 为富 sp^2 膜层的硬度值；k 为与富 sp^3 膜层的厚度与 sp^3 杂化含量相关的系数；Λ 为周期厚度。

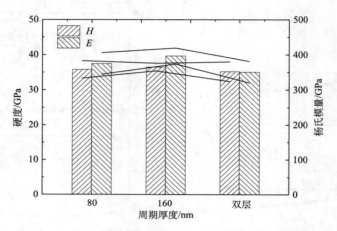

图 2-35 不同周期厚度的多层 ta-C 膜硬度与杨氏模量

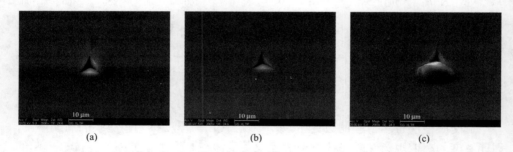

(a)   (b)   (c)

图 2-36 不同周期厚度的多层 ta-C 膜的压痕 SEM 形貌

(a) 80 nm；(b) 160 nm；(c) 双层

上述关系在硬度测量结果中体现得并不明显，可能是因为设计的周期厚度值较大，并且富 sp^3 膜层较硬的原因弱化了这种增硬的效果，而 Logothetidis 在文献中选择的周期厚度为 10～50 nm，富 sp^3 膜层的硬度只有 24 GPa。

在图 2-35 中，当周期厚度较小时，薄膜的杨氏模量增加程度较为明显。其中，160 nm 周期厚度的多层膜模量为 390 GPa，比双层膜增加近 40 GPa。Koehler[84] 与 Pickett[85] 在对纳米多层 Cu/Ni 膜的研究中发现了超弹性现象，并认为由于多层结构分割了膜层的整体连续性，从而增加了系统的自由能。对于非共格界面，自由能的增加与单位体积内的界面面积成正比，而与各子膜层厚度成反比。根据共

格复合模型，两种晶格常数与热扩散系数相似，但弹性模量差别较大的膜层之间会产生共格应变，导致薄膜的模量升高，而且周期厚度越小，这种超弹性的现象越明显。Cammarata 和 Sieradzki[86]根据纳米多层薄膜的共格应变模型，还发现存在某个临界的周期厚度 Λ_c，如果低于其值则容易形成共格界面，导致非共格界面的应力与压缩应变消失，多层膜的硬度与弹性模量下降。界面共格应变效应也被用来解释多层非晶碳膜硬度与弹性模量随周期厚度变化的现象。

比较相同实验条件下的纳米压痕形貌(图 2-36)，当多层膜周期厚度为 160 nm 时，图 2-36(b)中的压痕尺寸较小，薄膜的弹性回复程度较大。而当周期厚度减小到 80 nm 时，图 2-36(a)中压痕的径向裂纹扩展距离增加，压痕边缘的膜层发生膨出。这种现象在双层膜的情况下尤其明显[图 2-36(c)]，表明膜-基界面发生断裂，薄膜从衬底上脱落。

图 2-37 与图 2-38 为不同周期厚度的多层 ta-C 薄膜划擦表面轮廓与载荷曲线及相应划痕裂纹的 SEM 形貌。

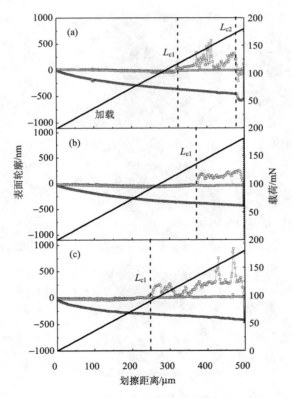

图 2-37　不同周期厚度多层 ta-C 薄膜的划擦表面轮廓与载荷曲线

(a)双层；(b)160 nm；(c)80 nm

对于双层膜，在临界载荷 L_{c1}[(114.2±0.5)mN]处，膜层沿划痕边界产生平行裂纹与倾角裂纹，如图 2-38(a)所示。随着划擦载荷的增加，倾角裂纹扩展致膜层开裂，末扫描曲线出现大幅度波动。从图 2-38(b)中可以观察到在划痕中部产生了连续分布的且与划擦方向呈 120°的倾角裂纹，裂纹密度增加，部分膜层发生翘起崩落。这些裂纹的形成是由压头后部的拉应力导致，而且，三棱锥压头的形状决定了倾角裂纹的方向性。当载荷增至临界载荷 L_{c2}[(173.3±0.3)mN]时，划擦应力超出膜-基界面结合强度，划痕上形成半环状裂纹[图 2-38(c)]，随后，膜层脱落产生薄膜碎片，Si 基片表面暴露出来，划擦曲线负位移发生突变。然而，在小周期厚度 160 nm 与 80 nm 的多层 ta-C 薄膜划擦轮廓只观察到引起膜层开裂的临界载荷 L_{c1}，分别为(134.8±0.3)mN 与(84.8±0.2)mN，并不能观察到导致薄膜脱落的临界载荷 L_{c2}。原因之一是多层膜设计增强了薄膜的附着力。另外，富 sp^2 膜层沉积采用了更高的 C^+能量，膜-基附着力得以增强，这一现象也被双层膜较高的临界载荷 L_{c2} 体现出来。

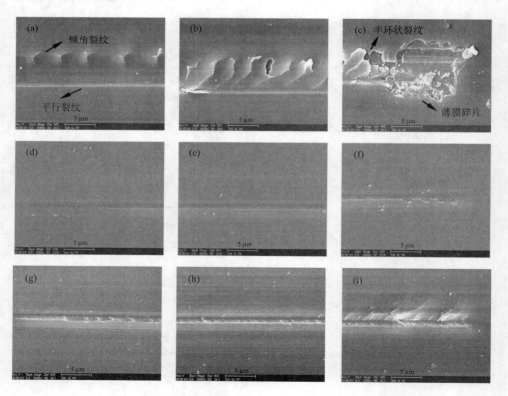

图 2-38　不同周期厚度 ta-C 多层膜的压痕 SEM 形貌

(a)～(c)双层；(d)～(f)160 nm；(g)～(i)80 nm

相比之下，在图 2-38（d）～（f）中，周期厚度为 160 nm 的多层膜划痕较浅，膜层裂纹尺寸较小，薄膜并未发生崩离脱落，具有优良的耐划擦与附着性能。而当周期厚度减小为 80 nm 时，图 2-38（g）～（i）中的划痕裂纹尺寸和密度增加，并逐渐发生汇聚，薄膜的耐划擦性能较差。因此，周期厚度对多层 ta-C 薄膜的耐划擦性能影响较大。

综上所述，虽然周期厚度的降低能够增强多层 ta-C 薄膜的硬度与杨氏模量，然而，在纳米划擦实验中，微裂纹的萌生是由于外部载荷的增加，衬底表面首先产生屈服变形，并逐渐向薄膜界面与衬底内部延伸，当屈服变形区到达膜层界面时，产生变形挠度，裂纹开始萌生[87]。若膜层界面过多，富 sp^3 子膜层太薄，导致薄膜承载能力降低，裂纹产生与扩展的概率增加，因此薄膜的耐划擦性降低。结果表明，周期厚度为 160 nm 的交叠多层 ta-C 薄膜具有最为优异的耐划擦性能。Zhang 等[88]研究也发现，周期厚度为 200 nm 的多层类金刚石薄膜耐磨性最好，但随着周期厚度的减小，磨损率增加，薄膜保护性能减弱，研究结果都十分相似。

2.6　小　结

在这一章中，我们主要介绍了以过滤阴极真空电弧沉积技术制备的非晶金刚石膜的沉积机制，给出了薄膜的结构模型，并分析了 sp^3 杂化含量对膜表面形态及性能的影响。同时，本章还着重介绍了非晶金刚石多层膜的优良性质，为接下来几章非晶金刚石的应用介绍打下基础。

参 考 文 献

[1] Chen Z Y, Yu Y H, Zhao J P, Ren C X, Ding X Z, Shi T S, Liu X H. Optical study of low energy ion-beam-assisted deposited diamond-like carbon films. Nucl Instrum Meth B, 1998, 141: 144-147.

[2] Schneider D, Meyer C F, Mai H, Schöneich B, Ziegele H, Scheibe H J, Lifshitz Y. Non-destructive characterization of mechanical and structrural properties of amorphous diamond-like carbon films. Diam Relat Mater, 1998, 7: 973-980.

[3] Rusop M, Kinugawa T, Soga T, Jimbo T. Preparation and microstructure properties of tetrahedral amorphous carbon films by pulsed laser deposition using camphoric carbon target. Diam Relat Mater, 2004, 13: 2174-2179.

[4] Aksenov I I, Belous V A, Padalka V G, Khoroshikh V M. Motion of cathoded spit of a vacuum arc in inhomogeneous magnetic field. Sov Tech Phys Lett, 1978, 3: 525-527.

[5] Shi X, Tay B K, Flynn D I, Ye Q, Sun Z. Characterization of filtered cathodic vacuum arc system. Surf Coat Tech, 1997, 94-95: 195-200.

[6] McKenzie D R. Tetrahedral bongding in amorphous carbon. Rep Prog Phys, 1996, 59: 1611-1664.

[7] McKenzie D R, Muller D, Pailthorpe B A. Compressive-stress-induced formation of thin-film tetrahedral amorphous carbon. Phys Rev Lett, 1991, 67（6）: 773-776.

[8] McKenzie D R. Generation and applications of compressive stress induced by low energy ion beam bombardment. J Vac Sci Technol B, 1993, 11: 1928-1935.

[9] Ferrari A C, Kleinsorge B, Morrison N A, Hart A, Stolojan V, Robertson J. Stress reduction and bond stability during thermal annealing of tetrahedral amorphous carbon. J Appl Phys, 1999, 85: 7191-7197.

[10] Alam T M, Friedmann T A, Schultz P A, Sebastiani D. Low temperature annealing in tetrahedral amorphous carbon thin films observed by ^{13}C NMR spectroscopy. Phys Rev B, 2003, 67: 245309.

[11] Kelires P C. Intrinsic stress and local rigidity in tetrahedral amorphous carbon. Phys Rev B, 2000, 62: 15686-15694.

[12] Lifshitz Y, Kasi S R, Rabalais J W, Eckstein W. Subplantation model for film growth from hyperthermal species. Phys Rev B, 1990, 41: 10468-10480.

[13] Davis C A. A simple model for the formation of compressive stress in thin films by ion bombardment. Thin Solid Films, 1993, 226: 30-34.

[14] Marks N A. Evidence for subpicosecond thermal spike in the formation of tetrahedral amorphous carbon. Phys Rev B, 1997, 56: 2441-2446.

[15] Ronning C. Ion-beam synthesis and growth mechanism of diamond-like materials. Appl Phys A, 2003, 77: 39-53.

[16] Robertson J. Diamond-like amorphous carbon. Mater Sci Eng R, 2002, 37: 129-281.

[17] Lifshitz Y. Diamond-like carbon-present status. Diam Relat Mater, 1999, 8: 1659-1676.

[18] Fallon P J, Veerasamy V S, Davis C A, Robertson J, Amaratunga G A J, Milne W I, Koshinen J. Properties of filtered-ion-beam-deposited diamondlike carbon as a function of ion energy. Phys Rev B, 1993, 48 (7): 4777-4782.

[19] Bilek M M M, McKenzie D R. A comprehensive model of stress generation and relief processes in thin films deposited with energetic ions. Surf Coat Tech, 2006, 200(14-15): 4345-4354.

[20] Zhang Q, Yoon S F, Ahn R J, Yang H, Bahr D. Study of hydrogenated diamond-like carbon films using X-ray reflectivity. J Appl Phys, 1999, 86: 289-296.

[21] Attwood D, Sakdinawat A. X-rays and extreme ultraviolet radiation: principles and applications. Cambridge: Cambridge University Press, 2017.

[22] Marks N A, McKenzie D R, Pailthorpe B A, Bernasconi M, Parrinello M. *Ab initio* simulations of tetrahedral amorphous carbon. Phys Rev B, 1996, 54: 9703-9714.

[23] Frauenheim T, Blaudeck P, Stephan U, Jungnickel G. Atomic structure and physical properties of amorphous carbon and its hydrogenated analogs. Phys Rev B, 1993, 48: 4823-4834.

[24] Car R, Parrinello M. Unified approach for molecular dynamics and density-functional theory. Phys Rev Lett, 1985, 55: 2471-2474.

[25] Nosé S. A unified formation of the constant temperature molecular dynamics methods. J Chem Phys, 1984, 81: 511-519.

[26] Gilkes K W R, Gaskell P H, Robertson J. Comparison of neutron-scattering data for tetrahedral amorphous carbon with structural models. Phys Rev B, 1995, 51: 12303-12312.

[27] Shi X, Tay B K, Tan H S, Zhong L, Tu Y Q. Properties of carbon ion deposited tetrahedral amorphous carbon films as a function of ion energy. J Appl Phys, 1996, 79 (9): 7234-7240.

[28] Chhowalla M, Robertson J, Chen C W, Silva S R P, Davis C A, Amaratunga G A J, Milne W I. Influence of ion energy and substrate temperature on the optical and electronic properties of tetrahedral amorphous carbon (ta-C) films. J Appl Phys, 1997, 81: 139-145.

[29] Ferrari A C, Libassi A, Tanner B K, Stolojan V, Yuan J, Brown L M, Rodil S E, Kleinsorge B, Robertson J. Density, sp^3 fraction, and cross-sectional structure of amorphous carbon films determined by X-ray reflectivity and electron-loss spectroscopy. Phys Rev B, 2000, 62: 11089-11103.

[30] Fallon P J, Veerasamy V S, Davis C A, Robertson J, Amaratunga G A J, Milne W I, Koshinen J. Properties of filtered-ion-beam-deposited diamondlike carbon as a function of ion energy. Phys Rev B, 1993,48(7):4777-4782.

[31] Lifshitz Y. Hydrogen-free amorphous carbon films: correlation between Growth conditions and properties. Diam Relat Mater, 1996, 5: 388-400.

[32] Anders S, Díaz J, Ager III J W, Yu Lo R, Bogy D B. Thermal stability of amorphous hard carbon films produced by cathodic arc deposition. Appl Phys Lett, 1997, 71: 3367-3369.

[33] Czaplewski D A, Sullivan J P, Friedmann T A, Wendt J R. Temperature dependence of the mechanical properties of tetrahedrally coordinated amorphous carbon thin films. Appl Phys Lett, 2005, 87: 161915.

[34] Nakazawa H, Yamagata Y, Suemitsu M, Mashita A. Thermal effects on structural properties of diamond-like carbon films prepared by pulsed laser deposition. Thin Solid Films, 2004, 467: 98-103.

[35] Tarrant R N, Warschkow O, McKenzie D R. Raman spectra of partially oriented sp^2 carbon films: experimental and modeled. Vib Spectrosc, 2006, 41: 232-239.

[36] Anders S, Ager III J W, Pharr G M, Tsui T Y, Brown I G. Heat treatment of cathodic arc deposited amorphous hard carbon films. Thin Solid Films, 1997, 308-309: 186-190.

[37] Anders A. Energetic deposition using filtered cathodic arc plasma. Vacuum, 2002, 67: 673-686.

[38] Bilek M M M, McKenzie D R, Moeller W. Use of low energy and high frequency PBII during thin film deposition to achieve relief of intrinsic stress and microstructural changes. Surf Coat Technol, 2004, 186: 21-28.

[39] Friedmann T A, McCarty K F, Barbour J C, Siegal M P, Dibble D C. Thermal stability of amorphous carbon films grown by pulsed laser deposition. Appl Phys Lett, 1996, 68: 1643-1645.

[40] Rey S, Antoni F, Prevot B, Fogarassy E, Amault J C, Hommet J, Le Normand F, Boher P. Thermal stability of amorphous carbon films deposited by pulsed laser ablation. Appl Phys A, 2000, 71: 433-439.

[41] Tay B K, Shi X, Liu E J, Tan H S, Cheah L K, Milne W I. Heat treatment of tetrahedral amorphous carbon films grown by filtered cathodic vacuum-arc technique. Diam Relat Mater, 1999, 8: 1328-1332.

[42] Bhargava S, Bist H D, Narlikar A V, Samanta S B, Narayan J, Tripathi H B. Effect of substrate temperature and heat treatment on the microstructure of diamondlike carbon films. J App Phys, 1996, 79: 1917-1925.

[43] Ferrari A C, Robertson J. Interpretation of Raman spectra of disordered and amorphous carbon. Phys Rev B, 2000, 61: 14095-14107.

[44] Yoshikawa M, Katagiri G, Ishida H, Ishitani A, Akamatsu T. Raman spectra of diamondlike amorphous carbon films. J Appl Phys, 1988, 64: 6464-6468.

[45] Robertson J. The deposition mechanism of diamond-like a-C and a-C: H. Diam Relat Mater, 1994, 3: 361-368.

[46] Britton D T, Härting M, Hempel M, Gxawu D, Uhlmann K. Defect characterization in amorphous diamond-like carbon coatings. Appl Surf Sci, 1999, 149: 130-134.

[47] Shi X, Hu Y H, Hu L. Tetrahedral amorphous carbon (ta-C) ultrathin films for slider overcoat application. Int J Mod Phys B, 2002, 16: 963-967.

[48] McCulloch D G, Peng J L, McKenzie D R, Lau S P, Sheeja D, Tay B K. Mechanisms for the behavior of carbon films during annealing. Phys Rev B, 2004, 70: 85406.

[49] Friedmann T A, Sullivan J P, Knapp J A, Tallant D R, Follstaedt D M, Medlin D L, Mirkarimi P B. Thick stress-free amorphous-tetrahedral carbon films with hardness near that of diamond. Appl Phys Lett, 1997, 71: 3820-3822.

[50] Chen X D, Sullivan J P, Friedmann T A, Gibson J M. Fluctuation microscopy studies of medium-range ordering in amorphous diamond-like carbon films. Appl Phys Lett, 2004, 84: 2823-2825.

[51] Shroder R, Nemanich R, Glass J. Analysis of the composite structures in diamond thin films by Raman spectroscopy. Phys Rev B, 1990, 41: 3738-3745.

[52] Sakata H, Dresselhaus G, Dresselhaus M S, Endo M. Effect of uniaxial stress on the Raman spectra of graphite fibers. J Appl Phys, 1988, 63: 2769-2772.

[53] Klein C A. Multi-layered optical windows: strains, stresses, and curvature. Proc SPIE, 1999, 3705: 250-265.

[54] Klein C A. Comment on "The Multilayer-modified Stoney's formula for laminated polymer composites on a silicon substrate" [J. Appl. Phys. 86, 5474 (1999)]. J Appl Phys, 2000, 88: 5499-5500.

[55] Vilms J, Kerps D. Simple stress formula for multilayered thin films on a thick substrate. J Appl Phys, 1982, 53: 1536-1537.

[56] Hsueh C H. Modeling of elastic deformation of multilayers due to residual stresses and external bending. J Appl Phys, 2002, 91: 9652-9656.

[57] Kim J S, Paik K W, Oh S H. The multilayer-modified Stoney's formula for laminated polymer composites on a silicon substrate. J Appl Phys, 1999, 86(10): 5474-5479.

[58] Parratt L G, Hempstead C F. Aonomalous dispersion and scattering of X-rays. Phys Rev, 1954, 95: 359-363.

[59] Patsalas P, Logothetidis S, Kelires P C. Surface and interface morphology and structure of amorphous carbon thin and multilayer films. Diamond Relat Mater, 2005, 14: 1241-1254.

[60] Anders S, Callahan D L, Pharr G M, Tsui T Y, Bharia C S. Multilayer of amorphous carbon prepared by cathodic arc deposition. Surf Coat Tech, 1997, 94-95: 189-194.

[61] Baranov A M, Varfolomeev A E, Fanchenko S S, Nefedov A A, Calliari L, Speranza G, Laidani N. Investigation of the structural properties of thin amorphous carbon films and bilayer structures. Surf Coat Tech, 2001, 137: 52-59.

[62] Mathioudakis C, Kelires P C, Panagiotatos Y, Patsalas P, Charitidis C, Logothieidis S. Nanomechanical properties of multilayered amorphous carbon structures. Phys Rev B, 2002, 65: 205203.

[63] Logothetidis S, Gioti M, Charitidis C, Patsalas P, Arvanitidis J, Stoemenos J. Stability, enhancement of elastic properties and structure of multilayered amorphous carbon films. Appl Surf Sci, 1999, 138-139: 244-249.

[64] Logothetidis S, Charitides C, Gioti M, Panayiotatos Y, Handrea M, Kautek W. Comprehensive study on the properties of multilayered amorphous carbon films. Diam Relat Mater, 2000, 9: 756-760.

[65] Logothetidis S, Kassavetis S, Charitidis C, Panayiotatos Y, Laskarakis A. Nanoin dentation studies of multilayer amorphous carbon films. Carbon, 2004, 42: 1133-1136.

[66] Pujada B R, Tichelaar F D, Janssen G C A M. Stress in tungsten carbide-diamond like carbon multilayer coatings. Appl Phys Lett, 2007, 90: 021013.

[67] Ager III J W, Anders S, Brown I G, Nastasi M, Walter K C. Multilayer hard crabon films with low wear rates. Surf Coat Tech, 1997, 91: 91-94.

[68] Qi J, Lai K H, Lee C S, Bello I, Lee S T, Luo J B, Wen S Z. Mechanical properties of a-C:H multilayer films. Diam Relat Mater, 2001, 10: 1833-1838.

[69] Charitidis C, Logothetidis S, Douka P. Nanoindentation and nanoscratching studies of amorphous carbon films. Diam Relat Mater, 1999, 8: 558-562.

[70] Ziebert C, Bauer C, Stüber M, Ulrich S, Holleck H. Characterisation of the interface region in stepwise bias-graded layers of DLC films by a high-resolution depth profiling mechod. Thin Solid Films, 2005, 482: 63-68.

[71] Knapp J A, Follstaedt D M, Myers S M, Barbour J C, Friedmann T A. Finite-element modeling of nanoindentation. J Appl Phys, 1999, 85: 1460-1474.

[72] Hou Q R, Gao J, Li S J. Adhesion and its influence on micro-hardness of DLC and SiC. Eur Phys J B, 1999, 8: 493-496.

[73] Li X D, Bhushan B. A review of nanoindentation continuous stiffness measurement technique and its applications. Mater Charact, 2002, 48: 11-36.

[74] Michel M D, Muhlen L V, Achete C A, Lepienski C M. Fracture toughness, hardness and elastic modulus of hydrogenated amorphous carbon films deposited by chemical vapor deposition. Thin Solid Films, 2006, 496: 481-488.

[75] Cáceres D, Vergara I, González R, Monroy E, Calle F, Muñoz E, Omnès F. Nanoindentation on ALGaN thin films. J Appl Phys, 1999, 15: 6773-6778.

[76] Karimi A, Wang Y, Cselle T, Morstein M. Fracture mechanisms in nanoscale layered hard thin films. Thin Solid Films, 2002, 420-421: 275-280.

[77] Jungk J M, Boyce B L, Buchheit T E, Friedmann T A, Yang D, Gerbrerich W W. Indentation fracture toughness and acoustic energy relaese in tetrahedral amorphous carbon diamond-like thin films. Acta Mater, 2006, 54: 4043-4052.

[78] Jonnalagadda K, Cho S W, Chasiotis I, Friedmann T, Sullivan J. Effect of intrinsic stress gradient on the effect mode-i fracture toughness of amorphous diamond-like carbon films for MEMS. J Mech Phys Solids, 2008, 56: 388-401.

[79] Quinn J P, Lemoine P, Maguire P, Mclaughlin J A. Ultra-thin tetrahedral amorphous carbon films with strong

adhesion, as measured by nanoscratch testing. Diam Relat Mater, 2004, 13: 1385-1390.

[80] Blees M H, Winkelman G B, Balkenende A R, den Toonder J M J. The effect of friction on scratch adhesion testing: application to a sol-gel coating on polypropylene. Thin Solid Films, 2000, 359: 1-13.

[81] Attar F, Johannesson T. Adhesion evaluation of thin ceramic coatings on tool steel using the scratch testing technique. Surf Coat Tech, 1996, 78(1-3): 87-102.

[82] Chang S Y, Huang Y C. Analyses of interface adhesion between porous SiO_2 low-k film and SiC/SiN layers by nanoindentation and nanoscratch tests. Microelectron Eng, 2007, 84: 319-327.

[83] Fyta M G, Remediakis I N, Kelires P C. Energetics and stability of nanostructured amorphous carbon. Phys Rev B, 2003, 67(3): 035423.

[84] Koehler J S. Attempt to design a strong solid. Phys Rev B, 1970, 2: 547-551.

[85] Pickett W E. Relationship between the electronic structure of coherent composition modulated alloys and the supermodulus effect. J Phys, 1982, 12: 2195-2204.

[86] Cammarata R C, Sieradzki K. Effects of surface stress on the elastic moduli of thin films and superlattices. Phys Rev Lett, 1989, 62: 2005-2008.

[87] Liu Y, Meletis E I. Tribological behavior of DLC coatings with functionally gradient interfaces. Surf Coat Tech, 2002, 153: 178-183.

[88] Zhang W, Tanaka A, Xu B S, Koga Y. Study on the diamond-like carbon multilayer films for tribological application. Diam Relat Mater, 2005, 14: 1361-1367.

第3章

纳米金刚石晶体

  当今，碳材料科学的研究正处于蓬勃发展的阶段。石墨基材料、富勒烯、碳纳米管和金刚石的研究者都将目光汇聚在纳米尺度材料上。虽然目前纳米结构的碳材料以富勒烯和碳纳米管为主，但是其他碳纳米材料也逐渐引起了研究者的关注。尤其是纳米金刚石(NCD)材料，在世界范围内一直是持续研究的热点方向[1]。

  虽然人造石墨的历史始于 19 世纪[2]，但是人造金刚石合成直到 20 世纪中叶才出现。此后，与石墨和金刚石相关的新型材料不断被成功制备或发现，接连引起了世界范围内对金刚石等碳材料的研究热潮，吸引了大批研究者与科研资金的投入并获得了不小的成就，金刚石也尤为突出。

  在以金刚石为基础的材料历史中，早在 20 世纪 50 年代，从石墨中人工合成金刚石的高压高温方法已被报道[3]，引起不小的轰动。1911 年，Bolton 首次报道了低压化学气相沉积(CVD)工艺制备多晶金刚石的方法[4]，并且在 1917 年 Ruff 再次提出了这一技术[5]。然而在当时并没有产生多大的影响，使得这一研究方向被人遗忘了很多年，直到 20 世纪 60 年代初，该领域才有了新的进展[6-8]，之后化学气相沉积方法制备金刚石薄膜在 20 世纪 80 年代变得十分火热[9-14]。在经历了科学研究活动的重视和资本的大量投入后，如今气相沉积方法制备金刚石薄膜已经相当普及。而最近几年，随着相关纳米技术的发展，对于纳米金刚石的研究兴趣与日俱增，纳米[15-18]和超纳米金刚石(UNCD)[19]合成新方法也陆续被发现。

  纳米金刚石和超纳米金刚石的发现同样引起了纳米科学界的广泛关注，这一发现依赖于传统的金刚石 CVD 合成的进步。1991 年，Gruen 提出了可由富勒烯或碳氢化合物裂解产生碳二聚体分子(C_2)，这一基团可以用来合成金刚石。他认为 C_2 的高反应活性使其能够直接插入金刚石表面，这种生长通常发生在金刚石表面氢原子终端缺少的地方[20]。他将这些想法付诸实践，在微波等离子体中通入氩气，对富勒烯进行处理获得了连续的金刚石薄膜，并且发现生长出的金刚石薄膜是由 3～5 nm 的任意取向的晶粒组成[21]。这种薄膜被称为超纳米金刚石薄膜，以区分晶粒尺寸在 30～300 nm 范围内的金刚石晶体。

对于非薄膜状金刚石，晶粒尺寸在 10 nm 以下的纳米金刚石颗粒同样具有较好的性质。很早之前，人们就发明了将微米尺度的金刚石转化为纳米尺度金刚石的工艺[22,23]。微米尺度和纳米尺度的颗粒，在很长一段时间里被应用于高精度抛光。本章主要内容为纳米金刚石材料，其中主要介绍尺寸在 10 nm 以内的超纳米金刚石晶体，包括超纳米金刚石薄膜和超纳米金刚石颗粒。希望通过纳米金刚石的简介、主要制备方法、表征手段、应用方向几个方面的阐述，读者可以对纳米金刚石有一个清晰明确的认识。

3.1　纳米金刚石简介

晶粒尺寸处于纳米尺寸(长度在 1～100 nm)的金刚石材料被称为纳米金刚石，晶粒尺寸小于 10 nm 的金刚石材料称为超纳米金刚石。纳米金刚石主要被应用于打磨材料，或者与块体金刚石及其他材料组合在一起，形成多功能的复合材料。随着纳米科技的发展，各类材料在纳米尺度下的特殊性能与应用潜力不断地被开发。众所周知，材料在纳米尺度下会呈现出与块体材料相差甚远的特殊性质，这被称为量子尺寸效应。这些性质中往往有块体材料所达不到的优异性能，如量子点的带隙变化及纳米氧化锌的光催化性能，纳米尺度的金刚石同样没有让研究者失望。无论是超纳米金刚石薄膜还是超纳米金刚石颗粒都有着极好的性质，除了拥有金刚石固有的优异性能，还具有导电性、场发射性质、表面修饰性能及生物相容性等特殊性能，使其更加具有竞争力。

3.1.1　纳米金刚石的分类

纳米金刚石的合成工艺多种多样，包括大气压下的气相成核反应、室温下碳化物的氯化反应、冲击波作用下的高温高压(HPHT)法石墨转变反应及爆炸过程的碳冷凝反应。不同的纳米金刚石制备方法会产生不同类型的纳米金刚石材料。最近制备的一维金刚石纳米线和二维纳米面完成了对纳米金刚石可能形成的不同维度材料的补充。了解不同维度的纳米金刚石材料对金刚石的作用及结构形成有很大帮助，接下来将会按照金刚石的维度进行分类和介绍。

1. 零维纳米金刚石

零维纳米金刚石材料指尺度在 100 nm 量级以下的颗粒状纳米金刚石材料。具有零维纳米特征尺寸的纳米金刚石颗粒可能是单晶的，也可能是多晶的。单晶的金刚石颗粒，可以通过加工处理微米尺寸的金刚石颗粒获得。而微米金刚石则是天然金刚石或通过 HPHT 法获得的产品。HPHT 法合成的金刚石，如果它的尺寸低于 50 μm 级别，那么这种金刚石一般作为制备微米级别和亚微米级别金刚石的原材料。微米尺寸的金刚石颗粒变为更小尺寸的颗粒，可以通过微米化、纯化、粉末分级等手段处理。单晶纳米金刚石颗粒的特点是有相当尖锐的边缘。

多晶纳米金刚石粉末，可以通过微米尺寸的多晶金刚石颗粒加工获得。而这种微米尺寸的金刚石通常是由冲击波(shock wave)法获得[24]。在适宜的条件下，爆炸导致的激波可以产生140 GPa左右的压力，将石墨转化为金刚石。这一部分将在后面详细讨论。

虽然一般商业的纳米金刚石都是由 HPHT 法合成块体金刚石的副产品获得的[25]，但是同样有许多实验研究直接用 HPHT 法制备零维纳米金刚石。这种方法需要 6 GPa 的压力和 1500℃ 的反应条件，在催化剂的作用下将石墨粉末转变为金刚石。采用碳纳米基材料，如富勒烯[26]和碳纳米管[27]作为可供选择的转变为石墨的前驱体材料。值得一提的是，单分散的纳米金刚石颗粒的水、油悬浊液已被成功开发[28]。

其他方法还有 CVD 法[29-31]及高能颗粒和粒子束合成法[32,33]等。这些将在下面进行讨论。

2. 一维纳米金刚石

一维纳米金刚石材料比较不常见，是指在两个维度能达到纳米尺度的线状纳米金刚石材料。受制备工艺的限制，该领域一直没有得到足够的重视。近期，一维金刚石纳米管已成功制得，并且发展出许多种不同的方法，包括自上而下的刻蚀金刚石薄膜的方法[32-37]、自下而上的 CVD 基片生长方法[38,39]，甚至还有无空间限制的生长方法[40-42]。具有不同形状的多晶和单晶一维纳米金刚石目前都已经被合成。由于金刚石超高的化学惰性和出色的机械强度，一维纳米金刚石可以实现出很多诱人的应用，如可以作为纳米复合材料的填充材料。众所周知，金刚石的热导率很高，这几年较火的碳纳米管同样有着较高的热导率，然而，相比于导电的碳纳米管，金刚石纳米管是绝缘体(如果没被掺杂)，这种现象使得一维纳米金刚石本身可以具有独特的应用价值。

合成一维金刚石结构的方法发展到今天仍然十分困难。有趣的是，制备得到的直径小于 10 nm、长度在几百纳米的金刚石纳米线在 20 世纪 60 年代就已经报道过[31-44]。这种纳米线通过气相外延的方法在低压条件下生长，其金刚石相通过 X 射线衍射得以确认。接着，在很长的一段时间里，一维金刚石结构的生长超出了研究者的能力范围。20 世纪 90 年代末，人们偶然发现，由于超纳米金刚石的自组装效应，金刚石会沿着一个方向生长[32-42]。生长一维纳米金刚石的方法目前仍处在研究阶段。

3. 二维纳米金刚石

二维纳米金刚石主要指金刚石薄片或者薄膜，其厚度在纳米尺度内，主要生长在衬底上[45]。最早的二维纳米金刚石材料是沉积在 100 nm 厚度的 Ni 基底上。沉积过程是在 1000℃ 以上，气氛为 3% 的 CH_4 和 H_2 混合气体，微波激光 CVD 反应装置中进行。

另外无催化剂的微波等离子体化学气相沉积(MPCVD)法单晶金刚石生长也得以实现[46]。在沉积过程中，(100)硅衬底嵌入等离子体中心附近的等离子体区，最高温度在 1100℃ 以上。SEM 和透射电子显微镜(TEM)观察表明，金刚石薄片具有六角形的形态，其厚度和长度分别在 20～30 nm 和几百纳米之间。通过扫描照片，金刚石的(100)和(111)晶面可以被清楚地观察到。

3.1.2　纳米金刚石的稳定性

金刚石的石墨化和氧化是实际应用中的一个关键问题。当金刚石表面暴露在高温和反应性气体(氧气、二氧化碳等)中时，这些过程限制了金刚石在切削工具、光学窗口和电子设备方面的应用[47-50]。

图 3-1 为含有 10^3 个原子的碳纳米粒子的相平衡线的位移[51]，其中阴影区域是根据不同的实验结果而确定的大致范围。图 3-2 描述了纳米碳的三维相图[52]，垂直轴表示纳米金刚石的尺寸，水平面上显示的是一般的气压与温度。虽然纳米金刚石颗粒的尺寸在 3 nm 左右是最稳定的阶段，但在 1.8 nm 处为实验观测到的最小粒径，刷新了纳米金刚石相稳定性的下限。

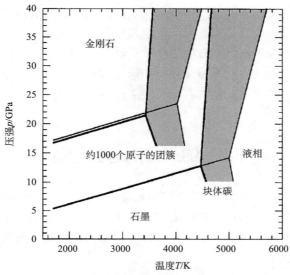

图 3-1　由实验数据估计得到的金刚石颗粒相平衡线

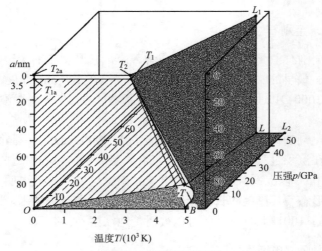

图 3-2　超微细碳相图

OBT_1T_{1a} 是石墨相存在的区域；OTT_1T_{1a} 是石墨相与金刚石相的相界面；BTT_1 是液相碳与石墨相的界面；
TT_2L_1L 是液相碳与金刚石相的界面

从头算 (ab initio) 模拟表明，在尺寸范围 1~3 nm 的具有金刚石结构的碳簇，其晶体形貌在保持金刚石结构的稳定性方面起着非常重要的作用[53-55]。虽然立方晶体结构的表面呈现出与块状金刚石类似的结构[53,54]，但是八面体表面、球形团簇显示出从 sp^3 到 sp^2 键的转变[53-55]。研究发现，这类不稳定的金刚石在亚纳米尺寸范围内，金刚石团簇 (111) 面优先开始脱落，并且该金刚石团簇转变为小团簇富勒烯 (只有几十个原子)[55]。

从头算模拟结果还表明，具有氢终端表面的纳米金刚石团簇，保持着与氢终端宏观金刚石表面一致的结构。为了确定氢化金刚石颗粒的最稳定形状，计算了几种形状下的氢终端纳米金刚石生成热[56]。结果表明，最稳定的氢化纳米金刚石颗粒的结构是八面体结构、五面体结构和球形颗粒群。这一结果还有一个很大的意义，即对不同终端的纳米金刚石颗粒的生成热计算 (如羟基、羧基、氨基) 有很大帮助。

3.2　纳米金刚石的制备

本节介绍纳米金刚石颗粒 (包括超纳米金刚石和一般纳米金刚石) 和超纳米金刚石薄膜的制备方法。相较于其他形式的纳米材料，这类纳米金刚石的合成方法十分特殊，其复杂程度并不比块体金刚石的制备高，但制备出的材料却有着超越块体金刚石的优越性能。

3.2.1　纳米金刚石颗粒的制备

纳米金刚石的合成工艺是多样的，包括大气压下的气相成核反应、室温下碳化物的氯化反应、冲击波作用下的 HPHT 法石墨转变反应，以及爆炸过程的碳冷凝反应。很多合成方法已经实现了大规模生产。我国是纳米金刚石颗粒的生产大国，许多企业生产的纳米金刚石被各国实验室广泛研究。因此，有必要了解这种零维纳米金刚石的生产方法。

1. 冲击波法

如前面所述，爆炸产生的冲击波可以产生瞬间的高温高压。冲击波法是通过爆炸产生的平面冲击波来给一个金属盘加速，从而使金属盘以极高的速度压缩石墨，形成瞬间的高温高压，使得石墨转变为金刚石[57]。冲击之后的样品使用高氯酸清洗以去除未转化的石墨相及一些金属颗粒，然后再用氢氟酸处理以除去残留的硅和氧化硅。冲击波法合成的金刚石大都是尺寸在 0.1~40 mm 范围内的块体多晶金刚石，其微观平均晶粒尺寸在 10.2 nm 左右。根据傅里叶红外光谱（FTIR）的分析结果，这些金刚石的表面被一些官能团所附着，如羰基、烃基、氨基及羧基等[58]。根据后续处理方法的不同，官能团的种类与数量也有所不同。

冲击波法制备纳米金刚石也有许多改进方法，其中最为成功的要数 Real-Dzerzhinsk 有限公司的改进方法。他们将石墨（或者其他碳类物质如炭黑、煤等）填充进爆炸物中而不是固定在爆炸物体系以外接受冲击，纳米金刚石的产率提高了 30%。

冲击波法简单易行，成本低，但是质量较低，金刚石相的含量较低，且颗粒、单晶、多晶混杂不齐。它的主要用途是摩擦和抛光，用于制造研磨膏、悬浊液、研磨油等。

2. 爆轰法

爆轰法是将固体爆炸物放入贫氧环境下进行爆炸，并且在非氧化性气体（如二氧化碳、水蒸气等）下进行冷却的过程。爆轰法生产的纳米金刚石尺寸大多只有 4~5 nm，因此生产的产品可以归为超纳米金刚石范畴。爆轰法可以实现超纳米金刚石的大规模生产，因而具有十分重大的意义。值得一提的是，爆轰法虽然多用来生产超纳米金刚石，但也可以生产晶粒尺寸较大的金刚石，金刚石的尺寸取决于填料的重量。

爆轰后得到的产物被称为碳灰（soot），它包含金刚石相，同时也含有许多非晶相、石墨相等，需要进一步的机械与化学处理去分离。然而经过工业处理后的金刚石颗粒仍然是有团聚的，这一问题曾一度困扰相关领域的学者几十年之久，被视为限制超纳米金刚石进行纳米尺度应用的最严重难题。现阶段已有实验室报道可以将超纳米金刚石分散至 2～5 nm；同时分散尺寸在 10 mm 到几十个纳米、表面功能化修饰的超纳米金刚石的报道也频频传出。通过合理的表面修饰可以实现在溶液中的稳定分散，即使长期放置，金刚石的团聚尺寸也可以降低至 40～50 nm[59]。另有报道表示，通过介质搅拌研磨技术，可以使金刚石解团聚到 10 nm 左右[60]。这一方法被称为机械化学法，主要做法是向团聚的金刚石悬浊液中加入表面活性剂，同时应用搅拌研磨，或者超声振动的方法，使金刚石解团聚。通过使用油溶性高分子分散剂，用—NH₃ 进行金刚石表面的偶联，超纳米金刚石的油溶液稳定分散也可以实现，得到尺寸 55 nm 的分散液[61]。

3. 高温高压法

HPHT 法是较早用来制备单晶金刚石的工业方法，至今已广泛使用并且仍然是金刚石生产的主要手段。其过程是在催化剂的作用下，将石墨粉放入特制的容器中，用金属膜封好，施以极高的压力与温度，让其转变为金刚石。而在生长单晶的过程中，会产生纳米金刚石的副产品[28]，因此也成为纳米金刚石颗粒的生长手段。该方法生长的纳米金刚石颗粒较大且尺寸很不均一。HPHT 法通常需要 6 GPa 的压力与 1500℃ 的高温，如果用其他碳类材料，如富勒烯或碳纳米管来代替石墨甚至可以在更低的温度和环境大气压下来转化金刚石。根据文献记载，用巴基球代替石墨可以在高静态压力下不用催化剂并且在常温下制备金刚石[62]。

碳材料转变为金刚石的机理还有待于进一步研究。在一项实验中，碳纳米管在 4.5 GPa、1300℃ 的条件下被 Ni、Mn、Co 催化为纳米金刚石。通过高分辨透射电镜观察，研究者指出，在高温高压环境下，碳纳米管的管状结构可能会坍塌，破碎的石墨状外壳变卷曲形成类似球形的网状结构以除去结构边缘的悬挂键。这些高度卷曲的石墨状网络结构及犹如洋葱一般的包覆结构在层间交联，促使了 sp³ 结构的形成，从而使得金刚石的转变成为可能[27,63]。

4. 化学气相沉积法

CVD 法也可以用来生长分散的纳米金刚石颗粒。据报道，Frenklach 等用 MPCVD 法成功生长了纳米金刚石颗粒[64]。生长纳米金刚石颗粒的装置有别于一般 CVD，它不带有基底，金刚石颗粒直接在管状气流反应物的反应区中形核，并且落入下方的一个过滤网中，随即进行氧化处理以去除非金刚石碳。当气氛条件为二氯甲烷或三氯甲烷与氧气的混合气体时，金刚石可以形核。金刚石的平均尺寸为 50 nm。

5. 高能粒子束及激光辐照法

在纳米金刚石的制备方法中，还有直接将固态碳材料转化为纳米金刚石的方法。实验表明，用高能离子或电子辐照可以使同心富勒烯的内部转化为金刚石晶核[65,66]。高能电子束辐照法可以直接在电子显微镜下原位制备并观察碳材料向金刚石转变过程，实验表明，在 1.2 MeV 能量的电子束照射下，同心石墨壳层结构的洋葱碳内部会产生巨大的压力，相邻的同心壳层之间的空间被挤压。在极高的内部压力下，洋葱碳结构转变为金刚石晶核。高能离子也拥有着同样的效果，用 Ne^+ 在 700℃和 1100℃下轰击洋葱碳结构，也会使洋葱碳的中心产生金刚石晶核。纳米金刚石晶核的产率随着辐照能量的增加而增加，产生的纳米金刚石尺寸在 7.5 nm 左右。

激光辐照法同样也实现了纳米金刚石的转换。用激光照射炭黑及碳纳米管的细微颗粒可以实现非金刚石碳向金刚石的转变[67,68]。也有报道称用激光诱导化学气相沉积法在低压下将乙烯(C_2H_4)转变为金刚石，这些金刚石尺寸从 6～18 μm 不等[69]。

6. 其他方法

与之前的方法不同，在没有电子或离子辐照的情况下，也有洋葱碳转变为金刚石的报道[70]。该研究称，将洋葱碳在空气中加热到 500℃，无需其他任何条件和处理，将样品放入高分辨透射电镜中分析。根据高分辨透射显微镜分析显示，原先的洋葱碳结构形成了几十纳米的金刚石颗粒与洋葱碳共存的新结构。透射电镜与电子损失能谱的结果表明，这一结果的形成可能与氧气的参与有着重大的关系。

多壁碳纳米管制备纳米金刚石的方法也有所报道。将多壁碳纳米管在氢等离子体中处理可以得到直径在 20～40 nm 的纳米金刚石。这一过程的机理可以理解为多壁碳纳米管在氢等离子体的轰击中形成了 sp^3 键的非晶碳团簇，然后非晶碳通过热力学过程生长得到纳米金刚石结构[71]，这一过程类似金刚石在氢等离子体中的生长过程。

用 CVD 法加偏压下可以将非晶碳转化为纳米金刚石。在基底上加上负偏压，并使非晶碳暴露在氢等离子体氛围中，得到直径在 5～10 nm 的纳米金刚石颗粒。这一过程可能与金刚石在氢等离子体的轰击下的大量形核有关，当非晶碳暴露在氢等离子体中时，大量的金刚石晶核形成，这些核心中，表面是氢终端并且有着有利边界条件的晶核能稳定存在、长大。其余的晶核由于不稳定而消失，剩下的在离子的轰击下得以生长、长大，形成纳米金刚石颗粒[72]。

纳米金刚石颗粒的制备方法多种多样，因为金刚石的生长条件比较宽泛，只要满足一定的热力学及动力学条件就可以转变为金刚石相。而纳米金刚石的生长条件更为宽泛，不需要进行大晶粒的生长。更多、更为经济高效的纳米金刚石制备方法还有待进一步研究。

3.2.2　超纳米金刚石薄膜的制备

1. 富氩条件下等离子体 CVD 法

超纳米金刚石薄膜诞生于 20 世纪末[73-75]。这类材料由于有着极高的应用价值而很快成为科研工作者的研究热点。超纳米金刚石薄膜有着小于 10 nm 的晶粒尺寸，并且能形成连续的薄膜。超纳米金刚石薄膜的制备方法主要是等离子体CVD（PACVD）法，与一般生长金刚石不同的是，超纳米金刚石薄膜的气体氛围需要通入大量的惰性气体，如氩气。一般惰性气体要占据大部分的体积分数。通过控制惰性气体的含量，可以得到从微米到纳米再到超纳米不同尺寸的金刚石薄膜[73]。

前面提到过，使用少量的碳源气体（如 C_{60}、CH_4 和 C_2H_2）与大量氩气可以在等离子腔体中产生 C_2 基团，即碳的二聚体，C_2 基团是超纳米金刚石薄膜的生长前驱体。纳米晶的生长是金刚石二次形核与二次生长的结果，C_2 基团一端插入金刚石非氢终端的（100）平面的 π 键之中。然后，另一端的碳原子就可以与气体中的 C_2 基团进一步反应，生成新的金刚石晶核。这种情况下，金刚石的二次形核率相当大，约有 $10^{10} cm^{-2} \cdot s^{-1}$，比传统的 CH_4 与 H_2 组合的形核率提高了 10^6 倍。由 C_2 基团生长出来的金刚石超纳米晶薄膜都拥有着低于 10 nm 的极小尺寸，以及原子级别的精细边界。

富氩条件下等离子体 CVD 法生长的超纳米金刚石薄膜中 10%左右的碳原子都存在于晶界之中，这些晶界一般有 2～4 个原子的宽度。这些处于晶界的原子是由 π 键相连的，而这类原子又占很大比例，因此超纳米金刚石薄膜的力学、电学及光学性能就有着很大的不同。通过增加辅助气体的成分及加偏压或功率等手段，可以对超纳米金刚石薄膜的性质实现细微的调节，如加入 H_2 使得生成的薄膜呈现柱状结构并且更加绝缘；加入 N_2 会使等离子体中生成 CN 基团，从而使得超纳米金刚石薄膜晶粒增大，同样晶界也增大。

2. 直流辉光放电 CVD 法

CH_4 与 H_2 的混合气体，利用直流辉光放电 CVD（DC-GD CVD）法可以制备超纳米金刚石薄膜[76,77]，图 3-3 为装置的示意图[78]。该方法中，高能基团粒子轰击薄膜表面形成石墨前驱体，并且迅速融入膜中成为金刚石生长的原料使得薄膜生长，其中高能基团粒子携带的能量为 100～200 eV。在石墨前驱体与基底垂直的晶面上，超纳米金刚石薄膜选择性地定向生长。用这类方法生长的超纳米金刚石薄膜有着 3～5 nm 的晶粒尺寸，与富氩条件下等离子体 CVD 法不同的是，晶粒与晶粒之间是靠非晶碳连接在一起，含有大量氢原子。这类超纳米金刚石薄膜的表面也因此呈现非晶碳的形貌。

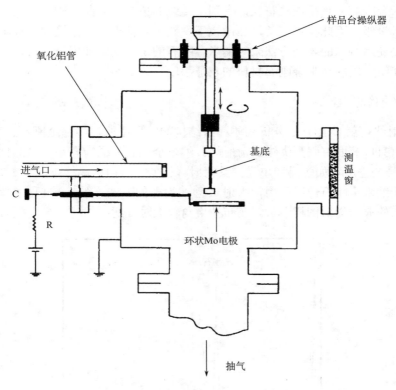

图 3-3　直流等离子体 CVD 装置示意图

研究表明，在超纳米金刚石薄膜生长的过程中，石墨前驱体的氢含量十分少，而在超纳米金刚石薄膜中增加到 15at%～20at%。可见氢原子存在于非晶碳的晶界之中，并且在金刚石的纳米晶粒上达到饱和。更进一步的研究展现了这种超纳米金刚石薄膜形成的过程：①高速轰击植入的高能基团在特定的晶面上形成一层石墨层；②随着轰击的持续，植入层密度越来越大，伴随着氢原子的含量也越来越高；③从密集的非晶碳基体中沉淀出纳米金刚石晶核[79]。

总的来说，纳米金刚石薄膜的制备方法也是多种多样，每一种方法得到的纳米金刚石其晶粒尺寸、晶界成分、氢含量及金刚石成分的含量都有所不同，导致了纳米金刚石薄膜的用途也是各不相同。

3.3　纳米金刚石的表征

　　纳米金刚石薄膜呈现菜花状，有别于传统的单晶和多晶金刚石，其晶粒的尺度在纳米量级，因此很难在常规显微镜下看到，包括光学显微镜和扫描电子显微镜。需要使用特殊的表征方法来对纳米金刚石的定性确定和定量分析进行表征。本节将介绍常用的纳米金刚石材料的表征手段。

3.3.1　X射线衍射

　　X 射线衍射（XRD）是分析物质晶格结构的常用手段，多晶金刚石在（111）、（220）及（311）等面有强烈尖锐的衍射峰。纳米金刚石的晶粒较小，结晶性较差，XRD 信号的强度不如多晶和单晶，其衍射峰较低，且由于晶格小，半高宽较大。通常对于纳米金刚石薄膜采用掠入射 X 射线衍射的方法，图 3-4 展现了超纳米金刚石粉末的典型衍射图样[80,81]。在布拉格角较大时，所有的超纳米金刚石样本都

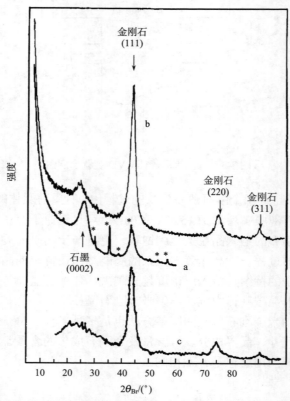

图 3-4　爆轰法纳米金刚石原粉（a）及化学提纯后的爆轰法金刚石原粉（b，c）的 XRD 图

产生相同的衍射模式，而只能在小角区域观察到一些不同的衍射模式。$2\theta=43.9°$、$75.3°$ 和 $91.5°$ 的洛伦兹拟合衍射峰分别对应 $\alpha_0=(3.565\pm0.005)$ Å 的金刚石晶格的 (111)、(220) 和 (311) 衍射。通过 3 个最大衍射峰的半高宽的测量，由 Selyakov-Scherrer 公式计算得的平均晶粒大小为 $L=(45\pm5)$ Å。由不同衍射峰计算而得的晶粒大小一致，可以看出半高宽变化主要是由于尺寸小而非内部应变。

3.3.2　拉曼散射

拉曼散射是一种由光子入射到材料价键而产生的非弹性散射，当可见光与材料作用时，材料中的化学键会产生振动模态的变化从而发生跃迁，根据动量守恒，可见光会得到或损失一部分能量。将这部分能量变化反映在波数的相对变化中时，即为拉曼光谱。拉曼光谱是碳材料的重要表征手段。

图 3-5 比较了 UNCD 粉与微米晶金刚石粉（颗粒大小为 200 μm）的典型拉曼光谱[82]。我们可以清楚地看到，相比于大晶粒的金刚石，UNCD 的拉曼虽然在 1332 cm^{-1} 处也有明显的峰，但会伴有些许偏移并且半高宽更大，反映石墨与非晶碳的峰也较为明显。这是由晶体的有限尺寸而引起的。峰位的相对偏移是由应力等因素造成，非金刚石峰则反映了金刚石晶界或表面碳呈现 sp^2 的状态。

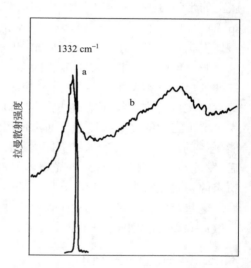

图 3-5　微米晶金刚石(a)和爆轰超纳米金刚石(b)的拉曼光谱

3.3.3　高分辨透射电子显微镜

高分辨率透射电子显微镜（HRTEM）已被广泛应用于研究 UNCD 粉末中的单个金刚石颗粒。Kuznetsov 等[83]对爆炸纳米金刚石-石墨过渡过程中颗粒的结构变化进行了研究。在高分辨率实验中，检测区域面积的限制（10～100 nm）对 UNCD 粉末的 HRTEM 表征有一定的影响。一般来说，爆轰粉可能表现出多相和结构不均匀性，因此 HRTEM 研究通常与其他技术相结合，如让同一类型的样品进行 X 射线衍射，以获得更详细的信息。另一个在 HRTEM 和 SEM 实验中涉及的困难是高能电子束的照射可能诱导 UNCD-洋葱碳转变[84]。HRTEM 的数据明确显示了纳米金刚石粉末中 4～5 nm 金刚石晶体的存在，并在表面有可能存在缺陷和洋葱碳片。值得一提的是，SEM 虽然对 UNCD 研究的数量要小得多，但也有一定的价值。在文献[85]中所讨论的工作已经清楚地证明了 UNCD 的分形（自相似）结构。

3.3.4 可见光和远红外光谱

天然单晶金刚石的带隙 ε_g=5.5 eV，因此光吸收界限在 225 nm 处。Alexenskii 等[86,87]研究了将约 200 nm 厚的熔融石英晶圆沉浸于纳米金刚石粉水悬液中，一段时间后取出测试吸收光谱，发现当 λ=0.2～1.0 μm 时，吸收系数 α 的绝对值在 10^3 cm^{-1} 和 10^4 cm^{-1} 之间。通过分析作者认为纳米金刚石的带隙能量为 2.06 eV，这是纳米金刚石含有较多的 sp^2 所致，使得禁带宽度减小。根据 sp^2/sp^3 键比，在类金刚石膜上的带隙可能要小得多[88]。例如，非晶碳的四面体网络，其中有 86% 的原子有 sp^3 键，14% 的原子有 sp^2 键，有 2 eV 的带隙，而减少 sp^2 键的数目增加了光学带隙。因此，纳米金刚石粉体可见光谱的强吸收及粉末和天然金刚石的光带隙之间的差异，可归因于非晶型的双相的存在。拉曼散射和 X 射线衍射数据[89,90]表明，在纳米金刚石簇表面上存在着 sp^2 相。

UNCD 粉末团簇通常被认为有 200～300 m^2/g 的表面积，如此巨大的比表面积决定了它们的高吸收能力。通常使用红外光谱来鉴定表面状态，主要是表面官能团[82]的红外吸收。当暴露于环境条件下，纳米金刚石容易吸收水分。在吸收之后，发现 O—H 振动主导红外光谱，并且也存在不同的 C—H 和 C—O 基团。UNCD 粉末的主要吸收带为 3400 cm^{-1}，宽度为 500 cm^{-1}，伴随着 1630 cm^{-1} 处更尖锐的峰。这些峰被认为是由 O—H 振动产生[91]。研究还发现 C—H、C—C、C—O 和 C—O—C 基团分别在 2950 cm^{-1}、1750 cm^{-1}、1300 cm^{-1} 和 1100 cm^{-1} 处有吸收带[92,93]。

3.3.5 电子能量损失能谱

EELS 方法提供了定量测量金刚石膜的 sp^2/sp^3 键比的方法[94]。EELS 与上面讨论的其他方法组合后对金刚石的表征更为有效，尤其是与 HRTEM 结合[95]。在高能电子束（1.25 meV）和高温（T=700℃）下，揭示了洋葱碳的转变[96]。

3.4 纳米金刚石的应用

超纳米金刚石薄膜[97]独特的优异性能包括：突出的力学性能（硬度小于 97 GPa，弹性模量 967 GPa，失效强度 4.13 GPa）[98,99]、摩擦性能（摩擦系数小于 0.02～0.03 量级）[100]及场致发射性能（阈值电压 2～3 V/m）[101]。电导率测量还显示了 UNCD 随氮原子掺杂量增加而具有良好的导电性[102]。UNCD 的优异性能使其在许多方面具有良好的应用。

3.4.1　超纳米金刚石在微机电系统中的应用

微机电系统（MEMS）[103]是指尺寸在几毫米乃至更小的高科技装置，其内部结构一般在微米甚至纳米量级，是一个独立的智能系统。MEMS 在微电子技术（半导体制造技术）基础上发展起来，融合了光刻、腐蚀、薄膜、LIGA、硅微加工、非硅微加工和精密机械加工等技术制作的高科技电子机械器件。

MEMS 的独特性要求其材料有足够的力学性能与耐磨损性能。由前面所述，UNCD 是 MEMS 工艺绝佳的材料。目前已有研究对 UNCD 用作 MEMS 的性能做出评估，研究了其在微小尺寸下的力学性能。

根据 Weibull[104]提出的尺寸效应，在微米级尺寸下，材料的缺陷会被较小的体积所限制，这将导致由缺陷引起的力学性能的下降被抑制，得到较好的性能，使其呈现明显的尺寸效应。因此，具有细小晶粒的 UNCD 会明显改善其他相关性能。

本节介绍使用 MPCVD 法沉积的 UNCD 薄膜的力学性能。通过 KOH 刻蚀除去基底后通过高分辨率 SEM 获得的底部表面成核情况，图像显示晶粒开始从离散的晶种区成核。图 3-6(a) 是来自薄膜底面的 SEM 图像[78]。它清楚地显示了平均大小为 100 nm 的区域及其边界。请注意，由这些边界限定的区域不一定是单晶，因为从 TEM 观察，已知未掺杂的 UNCD 的平均晶粒尺寸为 3～5 nm[105]；相反，这些区域的尺寸在 50～200 nm 之间。这些区域被称为超级晶粒或晶粒簇。在每一个超级晶粒中都有数以千计的取向不同的晶粒[图 3-6(b)]。超级晶粒的尺寸并不依赖于薄膜中的 N_2 浓度，而是取决于金刚石种子的密度和大小[图 3-6(a) 中的点]。

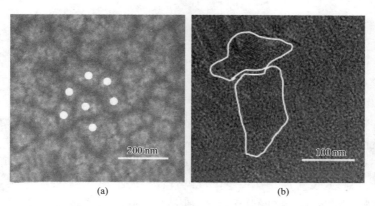

(a)　　　　　　　　　　　(b)

图 3-6　(a) 在薄膜成核表面上的超晶粒的 SEM 图（点表示典型的成核位点）；(b) TEM 照片显示，每个"超级晶粒"由许多晶粒组成，在某些情况下超晶粒具有几乎相同的晶体取向的纳米晶粒

每个区域开始在播种金刚石纳米粒子的地方生长，并继续长大，直到冲击其他区域。区域边界是在这个过程中形成的。

原子力显微镜（AFM）鉴定了未掺杂和掺杂的 UNCD 薄膜的表面粗糙度。结果表明，当等离子体中 N_2 含量从 0%增加到 20%时，粗糙度（RMS）从 20.3 nm 逐渐降低到 13.9 nm（图 3-7[78]）。相反，如前面所述，晶粒成核层（底层）的形态与表层完全不同。AFM 图像显示其粗糙度在 3.5～8.4 nm 范围内，且与 N_2 含量无关，其值远低于薄膜顶面。

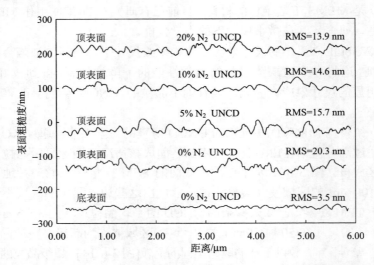

图 3-7　在等离子体中添加 0%、5%、10%和 20% N_2 合成的 UNCD 薄膜的表面粗糙度，底面粗糙度不受 N_2 含量的影响

1. 应力-应变曲线

图 3-8 显示了具有相同规格尺寸（宽度=20 μm，长度=200 μm，厚度=10 μm）的未掺杂和掺杂（5%、10%和 20% N_2）的 UNCD 薄膜样品的拉伸试验下典型应力-应变曲线[78]。线弹性状态下的曲线斜率表示材料的弹性模量。表 3-1 列出了杨氏模量和特征强度 σ_0 的值。表 3-1 和图 3-8 表明，在 UNCD 沉积过程中，当 N_2 含量从 0%增加到 20%时，杨氏模量从 955 GPa 逐渐降低到 849 GPa。这可能是由于氮向晶界的转移及 C—N 键比 C—C 键具有较小的刚性。当 N_2 含量从 0%增加到 5%时，断裂强度从 4172MPa 突然下降到 2713 MPa。然而，当 N_2 含量从 5%增加到 20%时，断裂强度下降幅度变得缓慢。

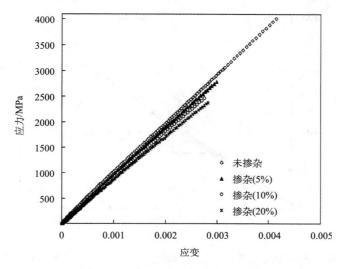

图 3-8　典型的未掺杂和掺杂样品的应力-应变曲线，每条曲线中的最大应力表示材料的特征强度

表 3-1　未掺杂和掺杂 UNCD 的杨氏模量和特征强度比较

项目	未掺杂		掺杂	
N_2 含量/%	0	5	10	20
测试编号	30	30	30	30
E/GPa	955±25	899±22	867±23	849±19
σ_0/MPa	4172	2713	2446	2350

2. 韧性测量

图 3-9 显示了缺口 UNCD 样品的典型应变-应力特征[78]。从缺口计算应力和应变，在均匀变形场发展的地方计算材料的韧性。曲线的斜率表示弹性模量（960 GPa）。在 2.3 GPa 的最大应力下以完全脆性的方式破坏。

表 3-2 显示材料的断裂韧性 K'_{IC} 的值为（6.9±0.25）MPa·$m^{1/2}$。从表 3-2 可以清楚看出，表观断裂韧性与切口长度无关。这表明只有在裂纹状缺陷前方的材料区域才会影响断裂韧性。在所有测试的样本中，都是从切口尖端发生故障。这在图 3-10（a）中也得到了显示，其中显示了四个测试膜的 SEM 图像。所有的标本都在对称加工的凹槽所在的位置打破。图 3-10（b）～（d）是失效区域的放大图像，显示了从一个缺口尖端到另一个缺口传播的失效过程[78]。

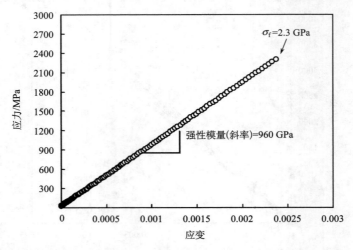

图 3-9 典型断裂试验的应力-应变曲线，断裂应力 σ_f= 2.3 GPa；2.3 GPa 对应于缺口长度 a =2.2 μm 和根部半径大约 100 nm 的试样

表 3-2 UNCD 标本 15 个缺口的断裂韧性测量

样品编号	a /μm	$\sigma_f^{(exp)}$/GPa	K'_{IC} /(MPa · m$^{1/2}$)	K_{IC}（经过刻痕修正的 K'_{IC}）/(MPa · m$^{1/2}$)
1	1.0	3.23	6.6	4.4
2	1.7	2.69	7.1	4.7
3	1.7	2.46	6.5	4.3
4	2.0	2.27	6.5	4.3
5	2.1	2.41	7.0	4.7
6	2.2	2.28	6.9	4.6
7	2.3	2.19	6.8	4.5
8	2.4	2.14	6.7	4.5
9	2.7	2.08	7.0	4.7
10	3.5	1.78	6.8	4.5
11	3.5	1.88	7.1	4.7
12	3.7	1.68	6.6	4.4
13	4.0	1.67	6.9	4.6
14	4.1	1.73	7.2	4.8
15	4.9	1.53	7.3	4.9
平均值	—	—	6.9±0.25	4.6±0.18

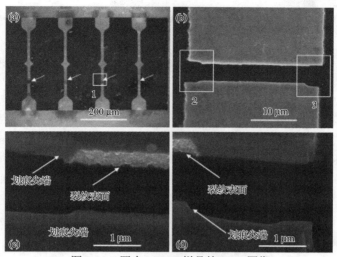

图 3-10　四个 MDFE 样品的 SEM 图像

(a)说明破裂的地区确实发生了；(b)是 1 的断裂部位的放大俯视图；(c)和(d)分别显示裂纹尖端附近的裂纹表面，揭示了裂纹扩展的特征

值得注意的是，在 K'_{IC} 值的计算中，切口被表观裂纹代替，因此必须进行修正，因为钝切口相对于尖锐裂纹前的应力而言，应力强度减小了。如果不考虑这种影响，则断裂韧度值比正确值高。

对结果进行修正，修正后的结果显示在表 3-3 中。其中，UNCD 的 K_{IC} 平均值约为 4.5 MPa·m$^{1/2}$，表 3-4 列出了一些其他 MEMS 材料的 K_{IC} 值，由此可以看出，被测试的 UNCD 的断裂韧性比 Si、多晶硅、SiC、Al$_2$O$_3$ 和 Si$_3$N$_4$ 等其他 MEMS 材料的断裂韧性大，但比多晶金刚石小得多。

表 3-3　含尖锐裂纹的 5 个试样的断裂韧性测量

a /μm	W /μm	$\sigma_{\mathrm{f}}^{(\mathrm{exp})}$/GPa	K_{IC}/(MPa·m$^{1/2}$)
2.1	18.1	1.35	4.2
3.9	18.2	0.95	4.4
5.8	18.0	0.80	4.8
6.6	18.2	0.71	4.5
8.2	18.1	0.75	4.4

表 3-4　MEMS 材料的断裂韧性

材料	K_{IC} /(MPa·m$^{1/2}$)	材料	K_{IC} /(MPa·m$^{1/2}$)
Si<111>	0.83～0.95	SiC	3.3
玻璃	约 1	Si$_3$N$_4$	4.1
多晶硅	1.1～1.9	多晶金刚石	5.6
Al$_2$O$_3$	3～4		

3. 分形分析

用高分辨率的 FEG-SEM 检查样品和断口表面。我们观察到,在所有的强度测试中,测量区域都出现失效。图 3-11 显示了不同放大倍数的未掺杂样品的典型断裂表面[78]。图 3-11(a)是断面的整体视图。这个图像实际上是相对于加载表面的倒立图(晶粒形核层位于顶部),从中可以观察到不同的图案,包括遍及断裂表面的突起和它们之间的一系列凹槽。这些特征与沿晶界的晶粒间断裂一致。

原则上,断裂起点可以位于侧壁、顶部或底部表面上或体内。窗口 1 的放大图[图 3-11(b)]表明晶粒形核层比表面层平滑得多。如前所述,晶粒形核层由许多尺寸为 50~200 nm 的"超级晶粒"组成。这个形核层非常光滑,不太可能成为失效的起因。图 3-11(c)显示了同一窗口,但是从表面层的角度来看,这幅图像清楚地表明,裂纹破裂处同样没有从顶部粗糙的表面开始。图 3-11(d)显示了左侧

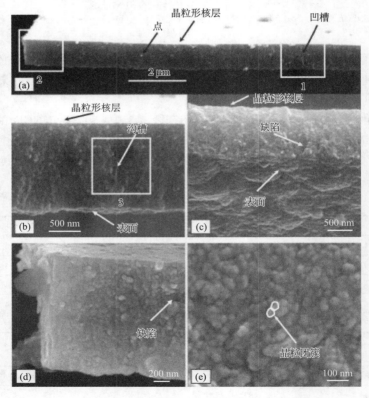

图 3-11 未掺杂 UNCD 标本的断口分析

(a)具有一些断裂特征的断面的整体视图;(b)从晶粒形核层成像的窗口 1 的宏观视图;(c)窗口 1 从顶层表面成像;(d)窗口 2 显示样品侧壁附近的断裂表面;(e)窗口 3 的放大图可以看到明显的团簇的晶粒

墙上断裂面（窗口 2）的边缘。这个表面上的特征与内部的特征没有什么不同。没有证据表明在多晶硅上发现了侧壁的断裂[106]。图 3-11(b)～(d)显示裂纹很可能是由在薄膜沉积过程中产生的内部缺陷而引起的。图 3-11(e)(窗口 3)进一步揭示了图 3-11(a)中观察到的沟槽实际上是晶粒团簇。显然，在测试的 UNCD 薄膜中，晶粒间失效主导着整体失效过程，缺陷的尺寸在 20～30 nm 的范围内。图 3-11(d)没有观察到从侧壁开始失效的证据。

对掺杂的 UNCD 薄膜样品进行的观察表明（图 3-12），除了破裂表面中较明显的缺陷外，破坏类似于未掺杂的 UNCD 薄膜样品。图 3-12(b)显示了大小约为 20 nm 的小空洞。这些空隙可能是位于晶界之间的游离碳区域的残余物。

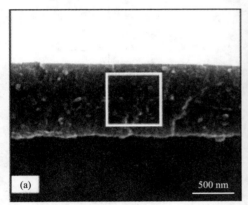

图 3-12　(a)20% N_2 制备的 UNCD 试样断裂表面概况；(b)白色矩形区域的放大图，其中的箭头指向样本的缺陷

3.4.2　n 型超纳米金刚石薄膜的应用

使用 CH_4 / Ar / N_2 混合气体，在熔融石英衬底上生长的 UNCD 薄膜具有良好的导电性。图 3-13 为 UNCD 上的四点探针电导率测量值与温度的关系，等离子体中的 N_2 为 1%、5%、10% 和 20%[78]。可以看出，没有添加 N_2 生长的薄膜高度绝缘，添加 N_2 导致在环境温度下电导率显著增加。对于 20% N_2 的样品，电导率达到至少 143 S/cm。在一些薄膜（未示出）中，已经观察到高达 500 S/cm 的电导率[107]。电导率数据的显著变化有几个原因。首先，很明显这些薄膜在低至 4.2 K 的温度下显示出有限的导电性，这表明掺杂的金刚石薄膜也具有可见的半金属属性。这些非线性曲线可以根据多个具有不同活化能的热激活传导机制来解释，可通过指数函数来模拟，"杂质"带的形成可能有助于电荷传导机制。

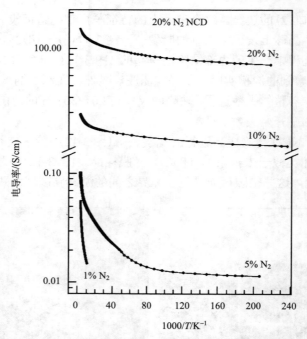

图 3-13　不同氮浓度合成的一系列薄膜在 300～4.2K 的温度范围内获得的电导率数据的阿伦尼乌斯图

对该方法生长的 UNCD 薄膜进行霍尔效应测量，霍尔效应数据如图 3-14 所示[78]。图 3-14(a)显示了 p 型硼掺杂多晶金刚石对照样品的数据。可以看出，霍尔信号是周期性的，与施加的磁场有 180°的相位差。图 3-14(b)显示了含氮 UNCD 样品的情况，显示出类似的效果，但霍尔电压与施加的磁场同向，从而证明了这种材料的 n 型性质。图 3-14(a)和(b)之间的振幅差异是载流子浓度和激励电流的不同造成的。这种薄膜有着极低的热激活能、较高的载流子浓度，并且室温下载流子迁移率约为 1.5 cm^2/(V·s)，对温度相当不敏感。

1. 电子场发射

UNCD 薄膜中 n 型电导率的发现使我们能够探索各种研究领域，其中薄膜的电学性能起着重要的作用，如电子场发射。Himpsel 等[108]通过理论计算和光电发射测量发现在单晶金刚石的(111)面上显示出负电子亲和力，并且认为，如果真空能级确实低于导带，那么来自 p 型多晶金刚石薄膜的电子发射可能容易发生。然而，多晶薄膜必须有不同的机制。例如，p 型金刚石需要将薄膜涂覆在曲率半径较小的尖端上，以便获得足以在合理的场强下测量发射电流的场梯度。另外，对于

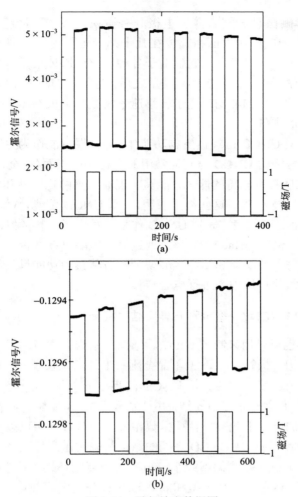

图 3-14　霍尔效应数据图

(a)B 掺杂多晶金刚石的霍尔效应测量，其中霍尔电压作为磁场极性转换时间的函数绘制；(b)在气体混合物中添加 N_2 的情况下生长 UNCD 的类似测量

UNCD 薄膜来说，可以建立足够的场梯度，使得电场施加在两个原子范围的导电晶界上，导致电子发射。在这种情况下，晶界的作用方式不同于与尖锐尖端相关的发射机制。研究还发现涂在硅片上的 n 型 UNCD 薄膜，获得 $1×10^{-5}$ A 的发射电流，需要的电位仅为 4.5 V/μm。这一结果表明，即使是平面表面的电子发射也可以优化。

2. 电化学和生物传感电极

另一个 n 型 UNCD 研究领域是使用金刚石薄膜作为电化学电极[109]。目前广泛使用的常规掺硼微晶金刚石薄膜电极具有微米量级的表面粗糙度。由 n 型 UNCD 薄膜制成的电极的表面粗糙度在几十纳米范围内，不需要抛光，即使在 75～100 nm 的厚度下也无针孔。它们对于各种氧化还原体系具有非常低的背景电流和高度的电化学活性。甚至在重复使用之后，也能在 UNCD 薄膜电极上观察到 10^{-2}～10^{-1} cm/s 的明显的非均匀电子转移速率常数。电极不需要任何预处理，可以存放在实验室的大气环境下。

氢终端的 n 型 UNCD 已经被生物功能化，并且很可能作为生物传感应用的电极[110]。将 DNA 修饰的 UNCD 与其他常用的生物修饰表面(如金、硅、玻璃)进行比较，表明 UNCD 具有独特的能力，能够实现非常高的稳定性和敏感性，同时还能兼容微电子加工技术[110]。这些结果表明，n 型 UNCD 可能是微电子与生物改性和生物传感整合的理想基底。n 型 UNCD 作为一种电子材料的发展对生物学的意义越来越被认可。例如，Haertl 等[111]发现过氧化氢酶可以共价连接到 n 型纳米金刚石上。酶保持完整的功能和活性，n 型金刚石薄膜的功能只是作为一个电极，可以直接从酶的氧化还原中心进行电子转移。

3. 高温 n 型 UNCD / p 型金刚石异质结二极管

n 型 UNCD 也可以用来制备 p-n 结。德国乌尔姆大学研制了一个完全由金刚石构成的异质结构二极管，在 Ib 型单晶金刚石上外延生长了一个重硼掺杂层，然后是轻微的硼掺杂过渡层，接着是 UNCD 的高度 n 型导电层[112]。对二极管性能的详细分析表明，已经形成了 p-n 结，并且显示了 7～8 个数量级的整形。在正向、较高的偏压及小的电位下观察到特征指数相关性。从数据中可以得出势垒高度为 0.72 V，表明过渡层与 n 型 UNCD 之间的结电势确实由晶界状态决定。该二极管的温度稳定性非常好，从环境温度到 1200 K 的反复循环之后，性能没有降低。这个关键结果表明可以考虑使用 n 型和 p 型 UNCD 作为高温热电材料，并有可能实现高卡诺效率。

3.4.3 碳纳米管/超纳米金刚石复合物作为潜在的高效率高温热电材料

在未来的几十年中，新型能源与可再生能源将会不可避免地引领未来的研究方向。然而，想要在这方面取得突破性进展，需要在理论科学与技术上有重大进步。一个十分吸引人的方向是实现高效率的热电相互转换，这就需要一个循环机制。同时极为重要的是一种能够远远超过现有材料的热电材料。如今最好的热电材料，由于无法在提高电性能的前提下降低热导率使得转化率只有 7%。

这一研究被近年来的纳米热潮重新点燃。纳米科学让人们认识到原来观念中的材料所谓"固有性质"其实是随着尺寸的变化而变化的。同样，材料的热电转化效率的优值(ZT)也同样受尺寸效应的影响而升高。这一现象目前还没有较好的解释，可能的原因是纳米材料的高密度晶界阻碍了晶格振动所贡献的热导率，导致热导率下降，使得 ZT 值升高。

公式 $ZT = \alpha^2 \sigma / \kappa$（$\alpha$ 为塞贝克系数，σ 为电导率，κ 为热导率）表明，为了使 ZT 最大化，必须增加电导率，同时将热导率保持最小。Bi_2Te_3 和 $Si_{0.8}Ge_{0.2}$ 合金所显示的接近 1 的 ZT 值自 50 年前发现以来并没有得到改善[113]。近年来，超晶格 PbSeTe/PbTe 量子点[114]及纳米结构银铅硫属元素[115] ZT 值达到 1.5～2.5，使得这一指标获得显著的增益。由于转换效率与 ZT 值密切相关，所以用这些纳米结构材料观察到的 ZT 的增加是非常有意义的。

虽然 UNCD 的 ZT 尚未确定，但研究 UNCD 和 UNCD/纳米管复合材料热电性能却值得讨论。表 3-5 列出了一些相关的性质，其中将 p 型微晶金刚石薄膜[116]的电导率 σ、载流子浓度、载流子迁移率和热导率 κ 与 n 型 UNCD 薄膜进行了比较[107,117]。

表 3-5　p 型微晶金刚石(MCD)薄膜和 n 型 UNCD 薄膜的选择特性

薄膜	电导率(300K)/(S/cm)	载流子浓度/cm^{-3}	载流子迁移率(300K)/[cm^2/(V·s)]	热导率/[W/(K·cm)]
p 型 MCD	500	10^{21}	<0.4	2
n 型 UNCD	400	10^{21}	1.5	0.02

现已发现微晶金刚石(MCD)的热导率具有强烈的微晶尺寸依赖性。微晶尺寸在 20～30 μm 范围内的金刚石薄膜具有接近单晶金刚石值为 25 W/(cm·K)的热导率，但当晶体尺寸接近 300～500 nm 时，热导率下降到 2 W/(cm·K)。对于晶体尺寸在 3～5 nm 的 UNCD，300 K 时的热导率为 0.02 W/(cm·K)[118]。强烈的微晶尺寸依赖性热导率主要是由于声子和扩展的声子缺陷散射。普遍存在的以拓扑结构和键合紊乱为特征的 UNCD 晶界的缺陷结构似乎对声子散射特别有效。

在环境温度下对 n 型和 p 型 UNCD 进行初步的塞贝克系数测量，其值在 20～300 μV/K 之间[119]。一个理论认为 n 型和 p 型 UNCD 可以被认为是可行的热电材料，因为它们接近 Tritt 指定的参数，在环境温度下达到接近 1 的 ZT 值[119]。

为了实现纳米结构碳作为高温热电材料的潜力，ZT 值必须至少达到 4，以达到 40%热电转化效率。现在可以通过适当操纵散装体系中无法独立控制的参数来实现，但原则上可以用纳米材料来控制。碳纳米管(CNT)和 UNCD 形成的吉布斯自由能相差仅 0.1～0.3 eV，具体数值取决于 CNT 尺寸和 UNCD 微晶尺寸。值得注意的是，这两种不同形式的碳之间的能量差异比约 4 eV 的碳碳键能小 15～40 倍，这导致了金刚石和石墨的总内聚能较大。这种情况意味着合成反应原则上可以适合于生产 CNT 或 UNCD，或者两者兼而有之。

　　C_2 基团是纳米金刚石生长与形核的重要基团，它可以促进金刚石的二次形核。现在已经通过密度泛函计算得出，C_2 也能直接插入构成纳米管壁 C—C 键，从而提供了一个在 CNT 和 UNCD 晶体之间形成强共价键的机制[120]，可以形成 UNCD/CNT 自组装的全碳复合结构。

　　这种复合结构可以采用高分辨透射电镜进行表征。在理论模型中，碳纳米管（carbon nanotube, CNT）取代纯粹的 UNCD 薄膜中的晶界，二维晶界将被一维碳纳米管取代，对热电性能有剧烈的潜在影响。这种结构的一个可能结果是，由于 CNT 中的载流子密度很低而载流子迁移率非常高，复合材料的电子电导率得到了极大的提高。同时，由于与 UNCD 晶粒的紧密共价键会破坏已功能化的碳纳米管的声子传输，热导率可以保持很低。CNT 嵌入 UNCD 的基体中就可以用作一维导电体，并且保证极低的热导率。此外，金刚石主体材料固有的大带隙应有助于提供良好的载流子量子密度，从而进一步提高载流子迁移率。

3.5　前景与展望

　　本章对纳米金刚石的基本内容进行了梳理，让读者对纳米金刚石的相关历史、分类、制备、表征及应用有了初步的认识。纳米金刚石从原先的金刚石工业副产品到如今的热点材料，除了人们对金刚石材料认识的不断加深、金刚石制备技术的不断进步还得力于纳米科技的发展和广泛影响力。一般的纳米金刚石大多只是应用其力学性能，而超纳米金刚石可以在热学、电学、生物等多方面实现高性能应用，使得人们的研究力度大大加强。许多新的应用方向也不断地被探索。这里最为耀眼的就是超纳米金刚石薄膜和超纳米金刚石颗粒。

　　除了上述的应用方向，超纳米金刚石薄膜还被应用于很多新的应用领域，如生物领域。由于超纳米金刚石薄膜的良好生物相容性和表面修饰能力，对其进行化学修饰从而应用于 DNA 分子的探测方面取得了一定的研究进展。通过共价分子功能化后的纳米金刚石薄膜还可以实现薄膜晶体管的功能。甚至在光学上也有应用前景，最近纳米金刚石薄膜被用于光学材料，制造了类似于回音廊模式的光学谐振器、二维光子晶体及在碳化硅上的紫外透明电极等。

　　纳米金刚石颗粒同样有着广阔的前景，只是由于颗粒分散技术的限制而起步较晚，随着分散技术的日益完善，纳米金刚石颗粒将大有作为。这类材料吸引人的地方在于：①本身的金刚石属性，即其具有金刚石的硬度、化学稳定性、宽禁带；②独特的量子效应和尺寸效应；③通过适当改变 sp^2 与 sp^3 的杂化比例而调整材料性能并可以进行表面功能化修饰。材料科学家正在为如何将这些有潜力的材料做后续处理而做深入研究。除此之外，纳米金刚石颗粒的一个很大优势是，通过爆轰法或冲击波法可以实现大量生产。如今，许多国家如俄罗斯、白俄罗斯、乌克兰及中国等，都已经掌握了成熟的金刚石制备技术。

纳米金刚石这项融合了金刚石与纳米科技两大优势的材料在未来必将迎来广阔的天地。

参 考 文 献

[1] Gruen D, Shenderova O. Ultrananocrystalline Diamond: Synthesis, Properties and Applications. NATO Science Series, Dordrecht, Luwer Academic, 2005.

[2] Collin G. On the history of technical carbon. CFI-ceram Forum Int, 2000, 77: 8-35.

[3] Barnard A S. The Diamond Formula. Oxford: Butterworth-Heinmann, 2000.

[4] von Bolton W. Über die Ausscheidung von Kohlenstoff in Form von Diamant. Zeitschrift für Elektrochemie und Angewandte Physikalische Chemie, 2010, 17: 971 - 972.

[5] Ruff O. The production of diamonds. Z Anorg Allgem Chem, 1917, 99: 73-104.

[6] Rocco A. General Electric Memo No. MA-36, Class IV. 1957.

[7] Eversole W G. Synthesis of diamond. US Patent 3 030 187, 1962-04-17.

[8] Angus J C, Will H A, Stanko W S. Growth of diamond seed crystals by vapor deposition. J Appl Phys, 1968, 39(29): 15.

[9] Spitsyn B V, Derjaguin B V. A technique of regrowth of diamond's facet. USSR Patent 339134, 1956-10-07; Publ. Bulletin of Inventions. Discoveries and Trade Marks, 1980, (17): 323; Spitsyn B V, Bouilov L L, Deryaguin B V. Vapor growth of diamond on diamond and another surfaces. J Cryst Growth, 1981, 52(1): 210-226.

[10] Matsumoto S, Sato Y, Tsutsumi M, Setaka N. Growth of diamond particles from methane-hydrogen gas. J Mater Sci, 1982, 17: 3106.

[11] Kamo M, Sato Y, Matsumoto S, Setaka N. Diamond synthesis from gas phase in microwave plasma. J Cryst Growth, 1983, 62: 642.

[12] Spitsyn B V, Bouilov L L, Derjaguin B V. Diamond and diamondlike films-deposition from the vapor phase, structure and properties. Prog Cryst Growth Charact, 1988, 17: 79.

[13] Derjaguin B J, Fedoseev D V. Synthesis of diamond at low pressure. Sci Am, 1975, 233: 102.

[14] Sattel S, Robertson J, Tass Z, Scheib M, Wiescher D, Ehrhardt H. Formation of nanocrystalline diamond by hydrocarbon plasma beam deposition. Diam Relat Mater, 1997, 6: 255.

[15] Proffitt S S, Probert S J, Whitfield M D, Foord J S, Jackman R B. Growth of nanocrystalline diamond films for low field electron emission. Diam Relat Mater, 1999, 8: 768.

[16] Sharda T, Soga T, Jimbo T, Umeno M. Growth of nanocrystalline diamond films by biased enhanced microwave plasma chemical vapor deposition. Diam Relat Mater, 2001, 10: 1592.

[17] Sharda T, Soga T. A different regime of nanostructured diamond film growth. J Nanosci Nanotech, 2003, 3: 521.

[18] Wang T, Xin H W, Zhang Z M, Dai Y B, Shen H S. The fabrication of nanocrystalline diamond films using hot filament CVD. Diam Relat Mater, 2004, 13: 6.

[19] Gruen D M. Nanocrystalline diamond films. Annu Rev Mater Sci, 1999, 29: 211-259.

[20] Gruen D M. Conversion of fullerenes to diamond. US Patent 5209916, 1991-61-25.

[21] Gruen D M, Liu S, Krauss A R, Pan X. Fullerenes as precursors for diamond film growth without hydrogen or oxygen additions. Appl Phys Lett, 1994, 64: 1502.

[22] DeCarli P, Jamieson J. Formation of diamond by explosive shock. Science, 1961, 133: 1821; DeCarli P S. US Patent 3238019, 1966.

[23] Volkov K V, Danilenko V V, Elin V I. Diamond synthesis from the carbon of detonation products. Fiz Goren Vzriva,

1990, 26: 123-125.

[24] DeCarli P, Jamieson J. Formation of diamond by explosive shock. Science, 1961, 133: 1821.

[25] Shenderova O A, McGuire G. Types of nanocrystalline diamond. Ultrananocrystalline Diamond, 2006: 79-114.

[26] Núñez R M, Pierre M, Jean-Lauis H. Crushing C_{60} to diamond at room temperature. Nature, 1992, 355: 237-239.

[27] Cao L M, Gao C X, Sun H P, et al. Synthesis of diamond from carbon nanotubes under high pressure and high temperature. Carbon, 2001, 39: 311.

[28] Lee G J, Park J J, Lee M K, Rhee C K. Stable dispersion of nanodiamonds in oil and their tribological properties as lubricant additives. Appl Surf Sci, 2017, 415: 24-27.

[29] Frenklach M, Howard W, Huang D, Yuan J, Spear K E, Kotra R. Induced nucleation of diamond powder. Appl Phys Lett, 1991, 59: 546.

[30] Williams O A, Nesladek M, Daenen M, Michaelson S，Hoffman A，Osawa E，Haehen K，Jackman R B. Growth, electronic properties and applications of nanodiamond. Diam Relat Mater, 2008, 17(7-10): 1080-1088.

[31] Derjaguin B V, Fedoseev D V, Lukyanovich V M, Spitsin B V, Ryabov V A, Lavrentyev A V. Filamentary diamond crystals. J Cryst Growth, 1968, 2: 380.

[32] Shiomi H. Reactive ion etching of diamond in O_2 and CF_4 plasma, and fabrication of porous diamond for field emitter cathodes. Jpn J Appl Phys, 1997, 36(12B): 7745.

[33] Banhart F, Ajayan P M. Carbon onion as nanoscopic pressure cell for diamond formation. Nature, 1996, 382: 433.

[34] Baik E S, Baik Y J. Aligned diamond nanowhiskers. J Mater Res, 2000, 15: 923.

[35] Zhang W J, Wu Y, Wong W K, Meng X M, Chan C Y, Bello L, Lïfshitz Y, Lee S T. Structuring nanodiamond cone arrays for improved field emission. Appl Phys Lett, 2003, 83: 3365.

[36] Ando Y, Nishibayashi Y, Sawabe A. Patterned growth of heteroepitaxial diamond. Diam Relat Mater, 2004, 13: 633.

[37] Okuyama S, Matsushita S L, Fujishima A. Periodic submicrocylinder diamond surfaces using two dimensional fine particle arrays. Langmuir, 2002, 18: 22.

[38] Masuda H, Yanagishita T, Yasui K, Nishio K, Yagi I, Rao T N, Fijishima A. Fabrication of a nanostructured diamond honeycomb film. Adv Mater, 2001, 13: 247.

[39] Yanagishita T, Masuda H, Yasui K, Fujishima A. Synthesis of diamond cylinders with triangular and square cross sections using anodic porous alumina templates. Chem Lett, 2002, 10: 976.

[40] Kobashi K, Tachibana T, Yokota Y, Kawakami N, Hayashi K. Fibrous structures on diamond and carbon surfaces formed by hydrogen plasma under direct-current bias and field electron-emission properties. J Mater Res, 2003, 18: 305.

[41] Chih Y K, Chen C H, Hwang J, Lee A P, Kou C S. Formation of nano-scale tubular structure of single crystal diamond. Diam Relet Mater, 2004, 13: 1614.

[42] Sun L T, Gong J L, Zhu D, Zhu Z, He S. Diamond nanorods from carbon nanotubes. Adv Mater, 2004, 16: 1849.

[43] Zamozhskii V D, Luzin A N. Growth of diamond whiskers observed in an electron microscope. Dokl Akad Nauk SSSR, 1975, 224: 369.

[44] Butuzov V P, Laptev V A, Dunin V P, Zadneprovskii B I, Sanzharlinskii N G. Diamond whisker growth in a metal-carbon system at high pressures and temperatures. Dokl Akad Nauk SSSR, 1975, 225: 88.

[45] Chen H, Chang L. Characterization of diamond nanoplatelets. Diam Relat Mater, 2004, 13: 590.

[46] Lu C A, Chang L. Microstructural investigation of hexagonal-shaped diamond nanoplatelets grown by microwave plasma chemical vapor deposition. Mater Chem Phys, 2005, 92: 48.

[47] Field J E. The Properties of Natural and Synthetic Diamonds. London: Academic Press, 1992.

[48] Pierson H O. Handbook of carbon, graphite, diamond and fullerenes: properties, processing and applications. Noyes Publications, Park Ridge, NJ, 1993.

[49] Field J E. The properties of natural and synthetic diamond. London: Academic Press, 1992.

[50] Novikov N V, Kocherzhinskii J A, Shulman L A, Ositinskaja T D, Malogolovets V G, Lysenko A V, Vishnevskii A S. Physical Properties of Diamond. Handbook, Naukova Dumka, Kiev, 1987.

[51] Viecelli A, Bastea S, Glosli J N, Ree F H. Phase transformations of nanometer size carbon particles in shocked hydrocarbons and explosives. J Chem Phys, 2001, 115: 2730.

[52] Verechshagin A L. Phase diagram of ultrafine diamond. Combust Exp Shock Waves, 2002, 38: 358.

[53] Barnard A S, Russo S P, Snook I K. Structural relaxation and relative stability of nanodiamond morphologies. Diam Relat Mater, 2003, 12: 1867.

[54] Barnard A S, Russo S P, Snook I K. *Ab initio* modelling of the stability of nanocrystalline diamond morphologies. Philos Mag Lett, 2003, 83: 39.

[55] Raty J Y, Galli G, Buren T, Bostedt C, Terminello L J. Quantum confinement and fullerenelike surface reconstructions in nanodiamonds. Phys Rev Lett, 2003, 90: 037401.

[56] Shenderova O A, Barnard A S, Gruen D M. Carbon family at the nanoscale. Ultrananocrystalline Diamond, 2006: 3-22.

[57] Horbatenko Y, Shin D, Han S S, Park N. Excitation-driven non-thermal conversion of few-layer graphenes into sp 3-bonded carbon nanofilms. Chemical Physics Letters, 2018, 694: 23-28.

[58] Chen P, Huang F, Yun S. Structural analysis of dynamically synthesized diamonds. Mater Res Bull, 2004, 39: 1589-1597.

[59] Puzyr A P, Bondar V S, Bukayemsky A A, Selyutin G E, Kargin V F. Physical and chemical properties of modified nanodiamonds. Synthesis, Properties and Applications of Ultrananocrystalline Diamond. Springer, Dordrecht, 2005. 261-270.

[60] Krüger A, Kataoka F, Ozawa M, Fujina T, Suzuki Y, Aleksanskii A E, Vul A Y, Osawa E. Unusually tight aggregation in detonation nanodiamond: identification and disintegration. Carbon, 2005, 43(8): 1722-1730.

[61] Xu X, Yu Z, Zhu Y, Wang B. Dispersion and stability of nanodiamond in clean oil. Mater Sci Forum, 2004, 471-472: 779-783.

[62] Núñez-Regueiro M, Monceau P, Hodeau J L. Crushing C_{60} to diamond at room temperature. Nature, 1992, 355: 237-239.

[63] Liu Q X, Wang C X, Li S W, Zhang J X, Yang G W. Nucleation stability of diamond nanowires inside carbon nanotubes: a thermodynamic approach. Carbon, 2004, 42(3): 629-633.

[64] Frenklach M, Kematick R, Huang D, Howard W, Spear K E, Phelps A W, Koba R. Homogeneous nucleation of diamond powder in the gas phase. J Appl Phys, 1989, 66: 395-399.

[65] Banhart F, Ajayan P M. Carbon onion as nanoscopic pressure cell for diamond formation. Nature, 1996, 382: 433.

[66] Wesolowski P, Lyutovich Y, Banhart F, Carstanjen H D, Kronmüller H. Formation of diamond in carbon onions under MeV ion irradiation, Appl Phys Lett, 1997, 71: 1948.

[67] Fedoseev V D, Bukhovets V L, Varshavskaya I G, Larrentev A V, Derjaguin B V. Transition of graphite into diamond in a solid state under the atmospheric pressure. Carbon, 1983, 21: 237.

[68] Wei B, Zhang J, Liang J, Wu D. The mechanism of phase transformation from carbon nanotube to diamond. Carbon, 1998, 36: 997.

[69] Buerki P R, Leutwyler S. Homogeneous nucleation of diamond powder by CO_2 laser-driven reactions. J Appl Phys, 1991, 69: 3739.

[70] Tomita S, Fujii M, Hayashi S, Yamamoto K. Transformation of carbon onions to diamond by low-temperature heat treatment in air. Diam Relat Mater, 2000, 9: 856.

[71] Sun L T, Gong J L, Zhu Z Y, Zhu D Z, He S X. Nanocrystalline diamond from carbon nanotubes. Appl Phys Lett, 2004, 84: 2901.

[72] Lifshitz Y, Kohler T, Frauenheim T, Guzmann I, Hoffman A, Zhang R Q, Zhou X T, Lee S T. The mechanism of diamond nucleation from energetic species. Science, 2002, 297: 1531.

[73] Gruen D M. Nanocrystalline diamond films. Annu Rev Mater Sci, 1999, 29: 211.

[74] Gruen D M, Liu S, Krauss A R, Pan X. Buckyball microwave plasmas: fragmentation and diamond-film growth. J Appl Phys, 1994, 75: 1758.

[75] Gruen D M. Ultracrystalline diamond in the laboratory and the cosmos. MRS Bull, 2001, 26, 771-776.

[76] Gouzman I, Hoffman A, Comtet G, Hellner L, Dujardin G, Petravic M. Nanosize diamond formation promoted by direct current glow discharge process: Synchrotron radiation and high resolution electron microscopy studies. Appl Phys Lett, 1998, 72(20): 2517-2519.

[77] Gouzman I, Lior I, Hoffman A. Formation of the precursor for diamond growth by *in situ* direct current glow discharge pretreatment. Appl Phys Lett, 1998, 72(3): 296-298.

[78] Gruen D M, Shenderova O A, Vul A Y. Ultrananocrystalline diamond: synthesis, properties, and applications. Springer Netherlands, 2005, 192(21): 4332.

[79] Lifshitz Y, Meng X M, Lee S T, Akhveldiany R, Hoffman A. Visualization of diamond nucleation and growth from energetic species. Phys Rev Lett, 2004, 93(5): 056101.

[80] Gerbi J E, Birrell J, Sardela M, Carlisle J A. Macrotexture and growth chemistry in ultrananocrystalline diamond thin films. Thin Solid Films, 2005, 473(1): 41-48.

[81] Chen P W, Huang F L, Yun S R. Characterization of the condensed carbon in detonation soot. Carbon, 2003, 41: 2093-2099.

[82] Mironov E, Koretz A, Petrov E. Detonation synthesis ultradispersed diamond: structural properties investigation by infrared absorption. Diam Relat Mater, 2002, 11: 872-876.

[83] Kuznetsov V L, Malkov I Y, Chuvilin A L, Moroz E M, Kolomiichuk V N, Shaichutdinov S K, Butenko Y V. Effect of explo-sion conditions on the structure of detonation soots: ultradisperse diamonds and onion carbon. Carbon, 1994, 32, 873-882; Butenko Y V, Kuznetsov V L, Chuvilin A L, Kolomiichuk V N, Stankus S V, Khairulin R A, Segall B. The kinetics of the graphitization of dispersed diamonds at "low" temperatures. J Appl Phys, 2000, 88: 4380-4388.

[84] Banhart F, Ajayan P M. Carbon onion as nanoscopic pressure cell for diamond formation. Nature, 1996, 382: 433-435; Banhart F. Structural trans-formations in carbon nanoparticles induced by electron irradiation. Phys Solid State, 2002, 44(3): 399-404.

[85] Baidakova M V, Siklitsky V I, Vul' A Y. Small angle X-ray study of nanostructure of ultradisperse diamond. In Proceedings of International Symposium "Nanostructures: Physics and Technology". St. Petersburg, June 23-27, 1997, Ioffe Institute, St. Petersburg, Russia(1997), pp. 227-230.

[86] Alexenskii A E, Osipov V Y, Kryukov N A, Adamchuk V K, Abaev M I, Vul' S P, Vul' A Y. Optical properties of layers of ultradisperse diamond clusters obtained from an aqueous suspension. Tech Phys Lett, 1997, 23: 874-876.

[87] Alexenskii A E, Osipov V Y, Vul' A Y, Ber B Y, Smirnov A B, Melekhin V G, Adriaenssens G J, Yakubovskii K. Optical properties of layers of nanodiamonds. Phys Solid State, 2001, 43: 145-150.

[88] Stumm P, Drabold D A. Structural and electronic properties of nitrogen doped fourfold amorphous carbon. Solid State Commun, 1995, 93: 617-621.

[89] Aleksensky A E, Baidakova M L, Boiko M E, Davydov V Y, Vul' A Y. Diamond-graphite transition in ultradispersed diamond. X-ray and Raman characterization of diamond clusters. In: Application of Diamond and Related Materials: Third International Conference, Gaithersburg, Maryland, USA, August 21-24, 1995. NIST Special Publication Issue 885, 457-460.

[90] Alexenskii A E, Baidakova M V, Vul' A Y, Davydov V Y, Pevtsova Y A. Diamond-graphite phase transition in ultradisperse-diamond clusters. Phys Solid State, 1997, 39: 1007-1015.

[91] Ji S, Jiang T, Xu K, Li S. FTIR study of the adsorption of water on ultradispersed diamond powder surface. Appl Surf Sci, 1998, 133: 231-238.

[92] Iakoubovskii K, Baidakova M V, Wouters B H, Stesmans A, Adriaenssens G J, Vul' A Y, Grobet P J. Structure and defects of detonation synthesis nanodiamond. Diam Relat Mater, 2000, 9: 861-865.

[93] Simons W W. The Sadtler Handbook of Infrared Spectra. Sadtler Research Laboratories, Philadelphia, US, 1978.

[94] Pomsonnet L, Donnet C, Varlot K, Martin J M, Grill A, Patel V. EELS analysis of hydrogenated diamond-like carbon films. Thin Solid Films, 1998, 319: 97-100.

[95] Ichinose H, Nakanose M. Atomic and electronic structure of diamond grain boundaries analyzed by HRTEM and EELS. Thin Solid Films, 1998, 319: 87-91; Huang J Y. HRTEM and EELS studies of defects structure and amorphous-like graphite induced by ball-milling. Acta Mater, 1999, 47: 1801-1808.

[96] Redlich P, Banhart F, Lyutovich Y, Ajayan P M. EELS study of the irradiation-induced compression of carbon onions and their transformation to diamond. Carbon, 1998, 36: 561-563.

[97] Espinosa H D, Peng B, Prorok B C, Moldovan N, Auciello O, Carlisle J A, Gruen D M, Mancini D C. Fracture strength of ultrananocrystalline diamond thin films-identification of Weibull parameters. J Appl Phys, 2003, 94: 6076-6084.

[98] Espinosa H D, Prorok B C, Peng B, Kim K H, Moldovan N, Auciello O, Carlisle J A, Gruen D M, Mancini D C. Mechanical properties of ultrananocrystalline diamond thin films relevant to MEMS/NEMS. Exo Mech, 2003, 43(3): 256-268.

[99] Shen L, Chen Z. A numerical study of the size and rate effects on the mechanical response of single crystal diamond and UNCD films. International Journal of Damage Mechanics, 2006, 15(2): 169-195.

[100] Erdemir A, Fenske G R, Krauss A R, Gruen D M, McCauley T, Csencsits R T. Tribological properties of nanocrystalline diamond Films. Surface Coating Technology, 1999, 120: 565-572.

[101] Krauss A R, Auciello O, Ding M Q, Gruen D M, Huang Y, Zhirnov V V, Givargizov E I, Breskin A, Chechen R, Shefer E, Konov V, Pimenov S, Karabutov A, Rakhimov A, Suetin N. Electron field emissions for ultrananocrystalline diamond films. J Appl Phys, 2001, 89: 2958-2967.

[102] Bhattacharyya B, Auciello O, Birrell J, Carlisle J A, Curtiss L A, Goyette A N, Gruen D M, Krauss A R, Schlueter J, Suman A, Zapol P. Synthesis and characterization of highly-conducting nitrogen doped ultrananocrystalline diamond films. Appl Phys Lett, 2001, 79: 1441-1443.

[103] Auciello O, Sumant A V. Status review of the science and technology of ultrananocrystalline diamond (UNCD™) films and application to multifunctional devices. Diam Relat Mater, 2010, 19(7-9): 699-718.

[104] Weibull W. A statistical theory of the strength of materials. Proceedings of the royal swedish institute. Engineering Research, 1939, 151: 1-45.

[105] Gruen D M. Nanocrystalline diamond films. Annu Rev Mate Sci, 1999, 29: 211-259.

[106] Bagdahn J, Sharpe W N, Jadaan O. Fracture strength of polysilicon at stress concentrations. Microelectromech S, 2003, 12: 302-312.

[107] Williams O A, Curat S, Gerbi J E, Gruen D M, Jackman R B. N-type conductivity in ultrananocrystalline diamond films. Appl Phys Lett, 2004, 85(10): 1680.

[108] Himpsel F J, Knapp J A, van Vechten J A, Eastman D E. Quantum photoyield of diamond(111)- A stable negative-affinity emitter. Phys Rev B, 1979, 20: 624-627.

[109] Chen Q, Gruen D M, Krauss A R, Corrigan T D, Witek M, Swain G M. The structure and electrochemical behavior of nitrogen-containing nanocrystalline diamond films deposited from $CH_4/N_2/Ar$ mixtures. J Electrochem Soc, 2001, 148: E44-E51.

[110] Yang W, Auciello O, Butler J E, Gai W, Carlisle J A, Gerbi J, Gruen D M, Knickerbocker T, Lasseter T L, Russell J N, Smith Jr L M, Hamers R J. DNA-modified nanocrystalline diamond thin-films as stable, biologically active substrates. Nat Mater, 2002, 1(4): 253-257.

[111] Haertl A, Schmich E, Garrido J A, Hernando J, Catharino S C R, Walter S, Feulner P, Kromka A, Steinmuller D, Stutzmann M. Protein-modified nanocrystalline diamond thin films for biosensor applications. Nat Mater, 2004, 3(10): 736

[112] Zimmermann T, Kubovic M, Denisenko A, Janischowsky K, Williams O A, Gruen D M, Kohn E. Ultra-nano-crystalline/single crystal diamond heterostructure diode. Diam Relat Mater, 2005, 14: 416-420.

[113] Glatz A C. Thermoelectric Energy Conversion. Kirk-Othmer Encyclope-dia of Chemical Technology. 3rd ed. New York: John Wiley & Sons, 1988.

[114] Harman T C, Taylor P J, Walsh M P, LaForge B E. Quantum dot super-lattice thermoelectric materials and devices.

Science, 2002, 297: 2229.

[115] Hsu K F, Loo S, Guo F, Chen W, Dyck J S, Uher C, Hogan T, Polychroniadis E K, Kanatzidis M G. Cubic AgPb$_m$SbTe$_{2+m}$ bulk ther-moelectric materials with high figure of merit. Science, 2004, 303: 818.

[116] Hartmann J, Reichling M. Thermal transport in diamond, proper-ties, growth and applications of diamond. 32, EMIS Datareviews Series 26, ed. Nazare M H, Neves A J, 2000.

[117] Bhattacharyya S, Auciello O, Birrell J, Carlisle J A, Curtiss L A, Goyette A N, Gruen D M, Krauss A R, Schlueter J, Sumant A, Zapol P. Synthesis and characterization of highly-conducting nitrogen-doped ultrananocrystalline diamond films. Appl Phys Lett, 2001, 79: 1441.

[118] Nanver L. DIMES technical university, delft, the netherlands, private communication; Cahill D G, Ford W K, Goodson K E, Mahan G D, Majumdar A, Maris H J, Merlin R, Phillpot S R. Nanoscale thermal transport. J Appl Phys, 2003, 93; 793.

[119] Gruen D M. Unpublished results; Tritt T M. Overview of various strate-gies and promising new bulk materials for potential thermoelectric appli-cations. MRS Symp Proc, 2002, 691: 3.

[120] Gruen D, Curtiss L, Zapol P. Synthesis of ultrananocrystalline diamond/nanotube self-composites by direct insertion of carbon dimer molecules into carbon bonds. European Diamond Conference, Toulouse, France, September 11-16, 2005.

第4章
非晶金刚石薄膜太阳电池

　　全球可持续发展所面临的五大问题分别为人口、粮食、能源、资源和环境，其中可再生清洁能源的开发利用直接关系到能源、资源和环境这三大问题的相应解决[1]。太阳能具有无污染、安全、寿命长、维护简单和资源永不枯竭等特点，随着世界范围内能源的短缺及人们环保意识的增强，被认为是21世纪最重要的新能源[2]。自20世纪80年代以来，太阳能产业得到了迅速发展，全球光伏市场每年以30%～40%的速度持续高速增长。至2005年，全球太阳电池产业的总产量达到了1656 MW，安装总量为1460 MW。光伏产业已成为全球发展最快的新兴行业之一，而作为整个光伏产业的核心，太阳电池也得到了快速发展[3]。

　　1954年，美国贝尔实验室研制出第一块晶体硅太阳电池，开始了人们利用太阳能发电的新纪元[4]。随着制备工艺的不断改进，第一代单晶硅和多晶硅太阳电池的光电转化效率都可达到20%以上。但是由于晶体硅造价成本过于昂贵，新兴的第二代薄膜太阳电池更显示出其发展的强劲优势。用来做太阳电池的硅材料主要包括二氧化硅、冶金级硅、三氯氢硅和硅烷，但是太阳能级硅材料的相对紧缺，造成了太阳电池的工业瓶颈，因此很多企业、研究单位都在积极寻求新的太阳电池材料来取代硅材料。这些新兴材料的太阳电池主要包括多元化合物薄膜太阳能电池(如砷化镓III-V族化合物、硫化镉、碲化镉及铜铟硒薄膜电池等)、聚合物多层修饰电极型太阳能电池和纳米晶化学太阳能电池[5]。上述电池中，尽管硫化镉、碲化镉多晶薄膜电池的效率较非晶硅薄膜太阳能电池效率高，成本较单晶硅电池低，并且也易于大规模生产，但镉有剧毒，会对环境造成严重的污染；铜铟硒作为太阳电池的半导体材料，虽然价格比较低廉，但是由于铟和硒都是比较稀有的元素，因此这类电池的发展又必然受到限制；而纳米晶太阳能电池和聚合物修饰电极太阳能电池的研究刚刚起步，技术上不是很成熟。

　　近年来，碳类材料由于其资源广、无污染、适应性强、化学性质稳定，而且碳和硅处于同一主族元素，因此开发新兴的碳类材料并用于硅太阳电池，甚而制成全部碳基材料的太阳电池逐渐引起了广大研究者的广泛兴趣。从第4章起，本书将开始对金刚石相关材料的应用进行介绍。本章介绍的是非晶金刚石在能源方面的应用——非晶硅太阳电池窗口层材料。之所以采用掺硼非晶金刚石膜层作为非晶硅太阳电池窗口层材料主要是因为 ta-C:H 膜带隙宽、光谱吸收小；同时，ta-C:H 膜的高电阻率可以减小对电池转化效率的影响。本章将概述现阶段掺硼非晶金刚石的制备方法，之后主要介绍其性能特点，最后对非晶金刚石在光伏方面应用进行介绍。

4.1 掺硼非晶金刚石的制备

Amaratunga 等[6]首次对非晶金刚石（ta-C 薄膜）电学性能及 ta-C/Si 异质结特性进行了研究，指出本征 ta-C 薄膜为弱 p 型半导体材料，且光学带隙达到 2.9 eV 左右；同时为了减小 ta-C 薄膜的电阻率，他们还试图对薄膜进行气相掺杂研究，但是没有取得成功。随后 Veerasamy 等[7]采用单质磷（P）和氮气（N_2）对 ta-C 薄膜进行了掺杂并成功制成了 n-ta-C/p-Si 异质结二极管，研究表明 P 和 N 的引入不会改变薄膜的结构，但是通过调整它们的含量可以控制 ta-C 薄膜的电阻率。随即 Amaratunga 等[8]还对 ta-C 薄膜进行了 p 型掺硼（B）的研究，与掺 P 和掺 N 相反，B 的掺入并没有使薄膜的电阻率有所下降，而且 ta-C:B/Si 异质结的 I-V、C-V 曲线还显示出 ta-C:B 薄膜中缺陷能级大幅度增加。单质 B 的这种截然不同的掺杂效果极大地限制了 ta-C 薄膜在半导体器件材料中的应用。

随后 Ronning 等[9]采用 MSIB 技术通过交替沉积低能 $^{12}C^+$和掺杂离子制备了 ta-C:B 和 ta-C:N 薄膜并对它们的电学性能进行了研究，发现随着掺杂离子（B、N）含量的增加，ta-C:B 和 ta-C:N 薄膜的电阻率将持续下降。Ronning 等分别计算了 ta-C:N 薄膜的激活能，所得结果与 Veerasamy 的结论相一致。但是通过比较 ta-C:N 和 ta-C:B 薄膜的阿伦尼乌斯曲线，发现两者的斜率基本相同，表明 ta-C 的费米能级没有发生迁移。因此他们提出局域态密度的增加是 ta-C:B 和 ta-C:N 薄膜电导率提高的主要原因。另外，Ronning 等还先后在不锈钢上依次沉积了 ta-C:B 薄膜、本征 ta-C 薄膜和 ta-C:N 薄膜，试图制成一种 p-i-n 结构的二极管。在两种掺杂层中，薄膜的掺杂浓度都为 0.75at%。但是实验测得的 I-V 曲线在正负偏压两端呈对称分布，表明试图制得的 p-n 结没有获得成功，相应的 N、B 元素在薄膜中没有形成有效的掺杂。

Chhowalla 等[10]曾对 FCVA 法制备的 ta-C:B 薄膜机械性能进行了研究，发现 B 的引入能极大地降低薄膜的内应力。当 B 的含量达到 4%时，ta-C:B 薄膜的内应力从本征的 7.5 GPa 下降为 1~3 GPa，而膜中 sp^3 杂化碳的含量仍保持在 80% 左右。EELS 显示 B 在薄膜中主要是以 sp^2 杂化形式存在，在低浓度掺杂时 C 原子的杂化结构形式基本不受 B 的影响。研究还发现 ta-C:B 薄膜的硬度和 sp^3 杂化含量随着沉积离子束能量的变化存在着最佳优化值，而薄膜的内应力基本保持不变。

与此同时，有些学者还对 ta-C:B 薄膜的结构性质进行了理论的计算。Sitch 等[11]曾采用紧束缚密度泛函理论分别对密度为 3.0 g/cm^3 的 ta-C 薄膜进行了掺 B 和掺 N 的计算研究并与金刚石的掺杂效果进行了比较。他们提出掺 B 后的 ta-C 薄膜受主能级位于被电子完全占有的 π 带肩部，形成了价带的带边，结果导致 π 簇中部分占有的定域态钉扎了 ta-C 薄膜的费米面。Gambirasio 和 Bernasconi[12] 则采用 Car-Parrinello 分子动力学和从头算法研究了掺 B 对 ta-C 薄膜性能的影响。研究认为 B 在薄膜中主要是以 sp^2 价键形式存在（图 4-1），B

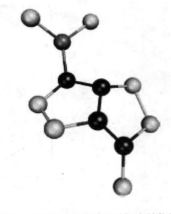

图 4-1　硼原子在碳原子骨架中的位置。黑球表示 sp^2 硼；灰球表示 sp^3 碳

的引入并不影响 sp^3 杂化碳的含量。他们还提出 B 的引入破坏了膜中三元环的结构，从而使薄膜的应力有所下降；另外通过对薄膜的电学性能进行分析，表明 B 的引入未能在带隙之间形成有效的受主能级。

值得提及的是，剑桥大学的 Kleinsorge 等[13]随后采用 FCVA 技术成功制备了 p 型 ta-C:B 薄膜并对其光电性能进行了研究。他们采用质量分数为 0%～8%的单质 B 和高纯石墨的压实粉末作为电弧的阴极靶材，并采用 EELS 分析了薄膜的成分和结构，如图 4-2 所示。图中 285 eV 处的小峰对应于 C 原子中的电子从 1s 态跃迁到 2pπ*，而 290 eV 处的宽峰对应于 1s 态跃迁到 2pσ*态。此外，在 180 eV 处 B 的 K 限峰（即相应的 π 和 σ 峰）也清晰可见，因此从 C、B 的散射因子和 K 限峰相对强度就可以计算出薄膜中 B 含量。当 B 含量为 0.5%时，ta-C:B 薄膜的 sp^3 杂化比例与本征 ta-C 基本相同（83%）；而当 B 含量达到 8%时，sp^3 杂化比例略有下降，为 78%。研究还发现当掺 B 量较低时，ta-C:B 光学带隙（E_{04}）也基本保持不变，这是因为决定带隙大小的 sp^2 杂化的 π-π*态在低浓度时受 B 的影响较小。Kleinsorge 等还进一步研究了 ta-C:B 薄膜室温下的电导特性，发现当 B 含量从 0% 增加到 8%时，薄膜的室温电导率从 10^{-6} S/cm 上升到 10^{-1} S/cm，而电导激活能也从 0.32 eV 下降为 0.16 eV，费米能级发生了迁移；同时在特定温度下 ta-C 薄膜光电导的绝对值随着掺 B 量的增加而明显提高，这是因为 B 的引入改变了复合中心的占有率，减小了载流子的捕获率，提高了光生载流子的寿命，从而导致光电导的增加。通过对 n-Si/ta-C:B 异质结结构的 I-V 曲线进行测试，发现在特定电压下正反向电流的比值随着掺 B 量的增加从 2 提高到 100。n-Si/ta-C:B 异质结的这种整流特性再次证实了 B 的引入可以使 ta-C 薄膜的费米能级发生改变，从而实现了对薄膜的有效掺杂。

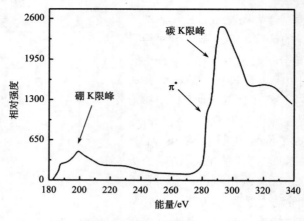

图 4-2　ta-C:B 薄膜的 EELS

4.2　掺硼非晶金刚石的结构特征

4.2.1　组分分析

组分分析在非晶半导体材料和器件的研究中具有特殊的意义。首先，ta-C:B 薄膜的物理性质在很大程度上取决于 B 的含量，而 B 的含量对制备条件十分敏感，因而 B 含量的定量分析十分重要；其次，非晶材料中的杂质不一定处在正常配位位置，因而载流子密度与杂质密度不像晶体中那样有确定的对应关系，不能利用电学测量估计杂质密度；最后，各种多元合金在非晶半导体应用中占有重要地位，而这些合金材料的物理性质需要通过组分的变化加以控制。因此，组分分析是非晶半导体材料和器件研究中的重要手段。XPS 是常用来检测材料组分的最简单方法之一。下面将介绍非晶金刚石薄膜的 XPS 分析。

1. XPS 定量分析

假定固体样品在 10～20 nm 深度内是均匀的，其强度 I（1 s 所检测的光电子数）由式（4-1）给出

$$I = nf\sigma\varphi\gamma AT\lambda \tag{4-1}$$

式中，n 为单位体积中的原子数；f 为 X 射线通量；σ 为光电离截面；φ 为与 X 射线和出射光电子的夹角有关的因子；γ 为光电子产率；A 为采样面积；T 为检测系数；λ 为光电子的非弹性散射平均自由程。

如果已知式（4-1）中 $f\sigma\varphi\gamma AT\lambda$，根据测定的 I 便可知原子浓度 n，于是得到绝对浓度。但按此式作理论计算是十分困难的，所以往往是测定相对含量，即测定

样品中各元素的相对比例。设一种元素的浓度为 n_1，另一种元素为 n_2，则按式(4-1)得

$$\frac{n_1}{n_2} = \frac{I_1/f_1\sigma_1\varphi_1\gamma_1 A_1 T_1 \lambda_1}{I_2/f_2\sigma_2\varphi_2\gamma_2 A_2 T_2 \lambda_2} \tag{4-2}$$

令 $S = f\sigma\varphi\gamma AT\lambda$，则得

$$\frac{n_1}{n_2} = \frac{I_1/S_1}{I_2/S_2} \tag{4-3}$$

式中，S 称为元素灵敏度因子。

由式(4-3)可进一步得

$$C_x = \frac{n_x}{\sum_i n_i} = \frac{I_x/S_x}{\sum_i I_i/S_i} \tag{4-4}$$

式中，i 为样品所含的某种元素；x 为待测元素；C_x 为 x 元素在样品中所占的原子分数(相对原子浓度)[14]。

因此只要测得各元素特征谱峰的强度(常用峰面积)，再利用相应的元素灵敏度因子，便可得到相对浓度。但影响定量分析的因素很多，如样品表面组分不均匀、表面污染、化学状态不同对光电离截面的影响等，都将影响分析的准确度，其误差一般较大。

2. 实验结果

图 4-3 为典型 ta-C:B 薄膜表面经过 Ar$^+$ 束溅射处理前后的 XPS 扫描全谱，溅射时间为 2 min。从图谱中可以看出，除了预期的 C、B 元素之外，还有相当一部分

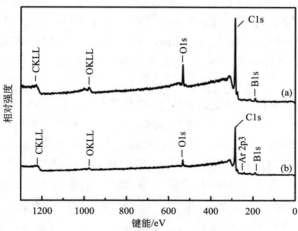

图 4-3　典型的 ta-C:B 薄膜 XPS 扫描全谱

(a)Ar$^+$溅射前；(b)Ar$^+$溅射后

的 O 元素存在。薄膜在溅射前 O1s 的特征峰强度较高，而溅射后 O1s 特征峰明显减弱，表明 O 元素主要以空气氧化的形式而存在于薄膜表面。C、B 和 O 三种元素的灵敏度因子分别为 0.314、0.171、0.733，其中 B 的灵敏度因子非常低，因此在低掺杂浓度时 B1s 特征峰强度较弱。表 4-1 给出了采用不同配比石墨靶材所制得的 ta-C:B 薄膜中 C、B 和 O 三种元素的相对含量。从表中可以看出，O 的相对含量随着掺 B 量的增加而持续增加，这可能主要是因为 B 的活性强，在空气中极易与 O 化合。

表 4-1   不同配比石墨靶材所沉积的 ta-C:B 薄膜中原子含量

硼的质量分数/wt%	C 含量/at%	B 含量/at%	O 含量/at%
1	98.06	0.59	1.35
3	96.53	1.65	1.82
6	95.94	2.13	1.93
10	93.70	3.51	2.79
15	89.51	6.04	4.45

4.2.2   表面形貌

对于高电阻率的非晶金刚石薄膜材料的表面结构和形貌，采用扫描电子显微镜(SEM)、透射电子显微镜(TEM)和扫描隧道显微镜(STM)想要得到满意的图像都十分困难。因此 AFM 就显示出它能够在绝缘平整表面上直接成像的优越性。如 Zhao 等[15]采用导电 AFM 在非接触模式下观察到了 ta-C 薄膜中 sp²和 sp³ 杂化碳的显微镜像；Liu 等[16]采用导电 AFM 研究了非晶金刚石薄膜在纳米尺度的电子场发射性能；Friedbacher 等[17]采用 AFM 研究了硅片表面形貌对热丝 CVD 金刚石薄膜的影响；Hirakuri 等[18]则采用 AFM 分析研究了化学气相沉积(RFCVD)法生长中反应室压力与类金刚石薄膜的表面粗糙度和物理性能之间的关系。

图 4-4 给出了 3 种不同掺杂浓度 ta-C:B 薄膜 AFM 表面形貌图，其中 B 的含量分别为 0at%、2.13at% 和 6.04at%，相应的薄膜表面粗糙度(R_a)分别为 0.85 nm、1.30 nm 和 2.24 nm。从图中可以看出，本征的 ta-C 薄膜表面存在许多不规则的细小突出颗粒，颗粒之间还存在着大量的环绕边界，见图 4-4(a)。对于 ta-C:B 薄膜，这些不规则的颗粒则变成了均匀的团簇，同时还形成了一种柱状的结构，见图 4-4(b)。当 B 的含量达到 6.04at%时，团簇的尺寸逐渐变大，相应团簇之间的边界变得更加稀疏，见图 4-4(c)。综合拉曼光谱测试的结果，我们可以认为本征 ta-C 薄膜的精细颗粒为高能碳离子浅层注入生长时形成的

sp^3 杂化碳[19]，而 ta-C:B 薄膜的团簇结构主要是 sp^2 杂化碳因 B 的掺入而形成团簇化所导致的结果。

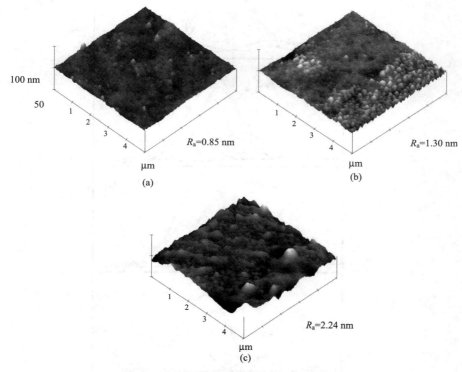

图 4-4　不同 B 含量 ta-C:B 薄膜 AFM 表面形貌

(a) 0at%；　(b) 2.13at%；　(c) 6.04at%

4.2.3　原子结构

1. X 射线光电子谱

图 4-5 给出了不同 B 含量 ta-C:B 薄膜 XPS C1s 芯能级谱，谱峰的中心分别为 285.1 eV、284.87 eV、284.75 eV、284.62 eV、284.53 eV 和 284.50 eV。在低掺杂浓度时，ta-C:B 薄膜的谱峰中心接近于金刚石（285.2 eV）；随着 B 含量的增加，谱峰中心向石墨的 C1s 键能中心（284.3 eV）偏移[20]。ta-C:B 薄膜 C1s 谱的半高宽（FWHM）为 1.9 eV 左右，远高于金刚石（1.0 eV）和石墨（0.6 eV）C1s 谱的半高宽，表明谱峰存在两种或两种以上不同化学键态的分布。

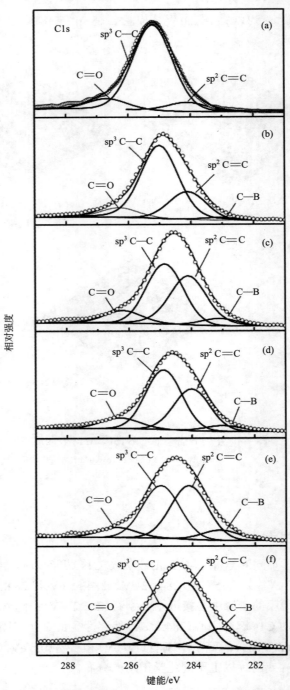

图 4-5 不同 B 含量 ta-C:B 薄膜 XPS C1s 拟合曲线

(a) 0at%; (b) 0.59at%; (c) 1.65at%; (d) 2.13at%; (e) 3.51at%; (f) 6.04at%

为了使 C1s 谱峰得到更好的叠合，曲线采用 4 个高斯峰进行拟合，同时扣除 Shirley 本底的影响。拟合时谱峰的半高宽（为 1.4 eV）和谱峰位置固定不变，谱峰的线型由 90%的高斯和 10%的洛伦兹混合线型组成。高斯部分是为了描述仪器的自然展宽，而洛伦兹部分是考虑到光电离产生的芯能级空穴持续的时间比较短[21]。图中 285.0 eV 和 284.1 eV 处的两个主峰分别对应于金刚石碳和石墨碳，两者的键能差为 0.9 eV，这与金刚石和石墨的 XPS C1s 峰的键能差为 0.8 eV 基本一致[22]。从图中可以看出，随着 B 含量的持续增加，ta-C:B 薄膜具有石墨化的倾向，相应的 sp^3 杂化碳含量也有所降低，这与随后的拉曼光谱分析的结果相吻合。除此之外，ta-C:B 薄膜 XPS C1s 谱在高能和低能端分别存在两个较小的高斯峰。其中低能端的高斯峰与碳硼化合物（如 B_4C）中 C1s 谱的键能位置相接近[23]，约为 283.1 eV，而谱峰在高能端（286.4 eV）的贡献主要与薄膜表面碳的氧化（C—O—C）有关[24]。

基于以上分析结果，我们可以间接确定 ta-C:B 薄膜中各种杂化碳的相对比例。薄膜中 sp^2 和 sp^3 杂化碳的含量分别与 285.0 eV 和 284.1 eV 的拟合峰面积成正比，假定：

$$sp^3 [C—C] + sp^2 [C=C] = 100\% \tag{4-5}$$

则 ta-C:B 薄膜的 sp^3 杂化含量即为 285.0 eV 的拟合峰面积占以上两个拟合峰面积之和的百分比（两者光电散射截面相同）。图 4-6 给出了不同 B 含量 ta-C:B 薄膜 sp^3 杂化含量的计算结果。从图中可以看出，当 B 含量从 0at%增加到 2.13at%时，ta-C:B 薄膜中 sp^3 杂化含量从 87.4%下降为 58.6%；当 B 含量继续增加到 6.04at%，sp^3 杂化含量缓慢下降为 42.5%。薄膜中 sp^3 杂化含量随 B 含量而减小的趋势与随后硬度测试的结果相吻合。

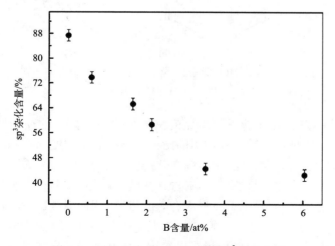

图 4-6　不同 B 含量 ta-C:B 薄膜 sp^3 杂化含量

图 4-7 给出了两种较高 B 含量下 ta-C:B 薄膜 XPS B1s 谱。正如前面指出，B 的灵敏度因子非常低 (0.13)，因而在低含量时 B1s 谱峰噪声较大，无法进行分析。图中选取的是 B 含量分别为 3.51at% 和 6.04at% 时 ta-C:B 薄膜的 B1s 谱。从图中可以看出，谱峰的线型具有明显的不对称性，谱峰的中心向低能端偏移位于 189.2 eV 左右，与 $BC_{3,4}$ 中 B1s 峰位 (189.4 eV) 相接近[25]。为了分析 B 的不同化学键态，B1s 谱采用 4～5 个高斯峰进行拟合，相应的半高宽为 (2.0 ± 0.1) eV。位于 (188.4 ± 0.2) eV 处高斯峰对应于一个石墨碳原子的位置被 B 原子所替代，这种 BC_3 形式的价键结构很早就被 Kaner 等[26]所发现，如图 4-8(a) 所示。

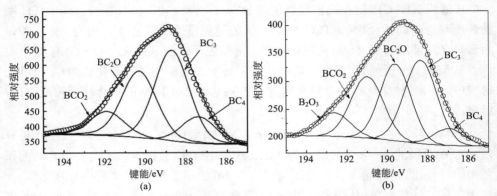

图 4-7　不同 B 含量 ta-C:B 薄膜 XPS B1s 拟合曲线

(a) 3.51at%；(b) 6.04at%

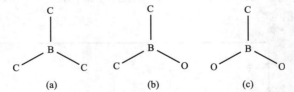

图 4-8　ta-C:B 中 B 原子在不同氧化程度下价键分布形式

(a) BC_3；(b) BC_2O；(c) BCO_2

考虑到薄膜表面存在着不可避免的空气氧化，高能端的高斯峰可以看作是 B—C 和 B—O 两种化学键共同作用的结果。根据氧化程度的不同，B 在 (190 ± 0.2) eV 和 (191.8 ± 0.2) eV 时的化学键态分别对应于图 4-8(b) 和 (c) 的两种结构形式[27]。而 (187.2 ± 0.2) eV 处的高斯峰则与 B 在碳化硼 (B_4C) 中的键能位置相一致[28]，这部分 B 原子在 ta-C 薄膜中不能形成有效的掺杂，因而最终影响了薄膜的电导性能。另外，在 B 含量较高时，一部分 B 将以 B_2O_3 的氧化态形式存在，如图 4-8(b) 所示。从键能的特点及拟合的结果可以看出，B 在薄膜中主要以石墨结构形式存在，B 的各种化学键态的相对比例随着掺杂浓度的变化基本保持不变。

2. 拉曼光谱

图 4-9 给出了不同 B 含量 ta-C:B 薄膜在 $1100 \sim 1900$ cm^{-1} 区间内的拉曼光谱曲线。谱线以中心在 $1500 \sim 1570$ cm^{-1} 的非对称峰为主要特征，其线型与未掺杂的 ta-C 薄膜基本相似[29]。Yan 等[30]曾采用拉曼光谱研究了 B$_4$C 薄膜的结构特性，发现薄膜在 $1200 \sim 1700$ cm^{-1} 区域内出现宽的拉曼谱峰，其中 $1500 \sim 1600$ cm^{-1} 表现为链状分子的伸缩(stretching)振动，而 $1260 \sim 1420$ cm^{-1} 主要是环状分子呼吸 (breathing)振动的结果。这些研究表明，因为 C 或 B 原子振动模式发生改变而引起的拉曼线型的变化的差别非常小，因此对于具有相同频率的伸缩和呼吸振动模式，从其碳基骨架结构中很难判断是否含有 B 原子。为了简单起见，在定量分析时我们认为 ta-C:B 薄膜与 ta-C 薄膜拉曼谱峰在 $1100 \sim 1900$ cm^{-1} 范围内主要归因于 C 原子的振动散射，而与 B 原子的振动模式无关。通常情况下，ta-C 薄膜的拉曼谱线含有一个或两个主峰(G 峰、D 峰)及一些较小的曲线包(一般在 $1100 \sim 1200$ cm^{-1} 和 $1400 \sim 1500$ cm^{-1})[31]。ta-C 薄膜主要是以 sp^2 杂化形式存在，但是相对于主要是以 sp^3 杂化形式存在的 ta-C:B 薄膜，它们拉曼谱线的线型仍然基本相似，这是因为 sp^2 杂化碳的拉曼散射截面远远高于 sp^3 杂化碳，接近 40 倍左右[32]。因此 ta-C:B 薄膜拉曼光谱的分析方法与 ta-C 薄膜的分析方法也基本相同。

分析 ta-C 薄膜的拉曼光谱通常采用高斯线性拟合和 BWF(Breit-Wigner-Fano)线性拟合两种方法。考虑到两种拟合方法的差异，我们对 ta-C:B 薄膜的拉曼光谱进行分析，着重探讨 B 含量对薄膜微观结构的影响和变化。图 4-9 还给出了不同 B 含量 ta-C:B 薄膜拉曼光谱的高斯拟合曲线。从图中可以看出，在 $1100 \sim 1200$ cm^{-1} 低频区，谱线的拟合结果相对较差，说明在该区域可能还存在除 D 峰和 G 峰以外的其他振动模式。图 4-10 给出了相应 ta-C:B 薄膜拉曼光谱的高斯拟合参数，其中谱线的 D 峰位于 1350 cm^{-1} 左右，而 G 峰在 1565 cm^{-1} 附近。随着 B 含量的增加，谱线的 D 峰和 G 峰分别向低频率区偏移。D 峰的移动受到 sp^2 团簇(cluster)大小的影响，这是因为 D 峰与 G 峰的强度比反映了 sp^2 团簇大小的变化[33]。Ager 等[34]曾研究了 ta-C 薄膜内应力对拉曼谱峰的影响，认为 G 峰的峰位主要取决于薄膜的宏观应力。随后 Ferrari 等[35]研究了退火处理对 ta-C 薄膜拉曼谱峰的影响。他们发现薄膜的应力松弛只会导致拉曼谱峰的峰位产生较小的变化，薄膜应力不是影响拉曼谱峰移动的主要因素。因此 ta-C:B 薄膜中 G 峰向低频区的偏移可以解释为 B 的掺入使薄膜中链状 sp^2 杂化结构数量逐渐减少而环状结构逐渐增多。这是因为链状 sp^2 杂化结构的振动频率要高于石墨中环状 sp^2 杂化结构的振动频率[36]。从图中还可看出，G 峰的半高宽随着 B 含量的增加逐渐变窄，而 D 峰的半高宽基本保持不变。G 峰线宽的变化源于应力松弛后键角和键长变形的减小，这在后续应力

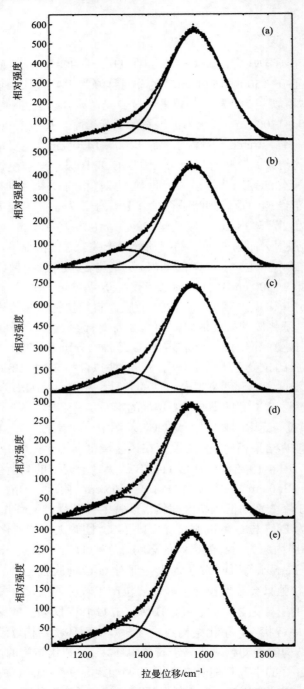

图 4-9   不同 B 含量 ta-C:B 薄膜拉曼光谱高斯拟合曲线
(a) 0.59at%； (b) 1.65at%； (c) 2.13at%； (d) 3.51at%； (e) 6.04at%

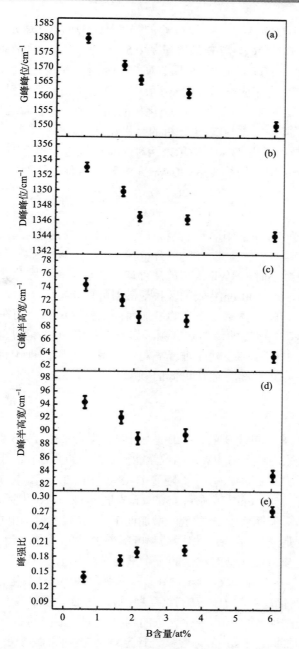

图 4-10　不同 B 含量 ta-C:B 薄膜拉曼光谱高斯拟合参数

(a) G 峰峰位；(b) D 峰峰位；(c) G 峰半高宽；(d) D 峰半高宽；(e) 峰强比 $I(D)/I(G)$

测试的结果中得到了证实。D 峰和 G 峰的强度比 $I(D)/I(G)$ 是分析 ta-C 薄膜拉曼光谱特性的一个重要参数，当 B 的含量从 0.59at%增大到 6.04at%时相应的比值从 0.14 上升到 0.27。$I(D)/I(G)$ 曾被用来研究薄膜中 sp^3 杂化含量的变化[37]。当 $I(D)/I(G)$ 的值较小时相应薄膜中的 sp^3 杂化含量也就比较高。对于 ta-C:B 薄膜，B 在结构中的主要影响是促进了 sp^2 杂化相的团簇化，B 含量的增加使得薄膜中 sp^3 杂化含量有所减少，这与 XPS 分析的结果相一致。

BWF 拟合是指采用 BWF+洛伦兹两种类型函数进行拟合的方法，G 峰采用 BWF 线型，D 峰采用洛伦兹线型。BWF 是一种非对称的线型，函数形式为

$$I(\omega) = \frac{I_0[1 + 2(\omega - \omega_0)/Q\Gamma]^2}{1 + [2(\omega - \omega_0)/\Gamma]^2} + a + b\omega \qquad (4\text{-}6)$$

式中，I_0 为谱峰强度；ω_0 为谱峰峰位；Γ 为半高宽，Q 为耦合系数。常数量 a、b 是对实验本底光强的线性修正[38, 39]。当 $Q^{-1} \to 0$ 时，BWF 函数又可逐渐变为洛伦兹函数。当 Q 值减小时，BWF 线型的尾部向低频区偏移，因此 BWF 线型能够解释包含 1100 cm^{-1} 和 1400 cm^{-1} 低频区拉曼散射峰的贡献。当 BWF 线型尾部较长时，D 峰的峰位将随着体系无序度的增加而向低频区偏移。而在高斯拟合中，D 峰的峰位随着体系无序度的增加向高频区偏移，相应的谱峰强度逐渐变小。因此在 BWF 拟合中，D 峰的峰位对于非晶态材料不具有实际的理论意义。另外，BWF 线型的最大值不是位于 ω_0，而在更低的频率

$$\omega_{\max} = \omega_0 + \frac{\Gamma}{2Q} \qquad (4\text{-}7)$$

图 4-11 给出了不同含 B 量 ta-C:B 薄膜 BWF 拟合曲线。当 B 含量为 0.59at%～6.04at%时，谱线采用单一的 BWF 函数就能得到很好的叠合。谱线的拟合参数——G 峰峰位、Q 和 Γ 如图 4-12 所示。随着 B 含量的增加，$\omega_{\max}$ 从 1596 cm^{-1} 下降到 1572 cm^{-1}，ω_0 从 1589 cm^{-1} 下降到 1562 cm^{-1}[图 4-12（a）]。尽管 $\omega_{\max}$ 比高斯拟合的 G 峰峰位要高，但两者随 B 含量的增加而下降的趋势基本相同。G 峰向低频区的扩散也可认为是烃状 sp^2 杂化相振动强度随着 B 含量的增加而减弱。

Q 是描述拉曼谱线线型对称性的一个重要参数。当 B 含量从 0.59at%增加到 6.04at%时，Q 从–9 上升到–6[图 4-12（b）]，表明薄膜中 sp^3 杂化含量在逐渐减小。Q 随 B 含量的变化趋势与 $I(D)/I(G)$（高斯拟合）随 B 含量的变化趋势基本一致，两者都可用来反映薄膜中 sp^3 杂化含量的相对大小。不同的是，$I(D)/I(G)$（高斯拟合）有时可以对薄膜的 sp^3 杂化含量进行定量确定。图 4-12（c）还给出了不同 B 含量拉曼光谱 G 峰的半高宽。G 峰的半高宽可以用来反映薄膜局部键长和键角的变形程度，值得注意的是，这种变化规律并不明显。

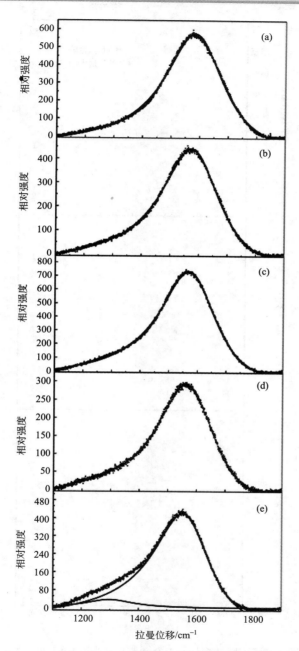

图 4-11　不同 B 含量 ta-C:B 薄膜拉曼光谱 BWF 拟合曲线

(a) 0.59at%；(b) 1.65at%；(c) 2.13at%；(d) 3.51at%；(e) 6.04at%

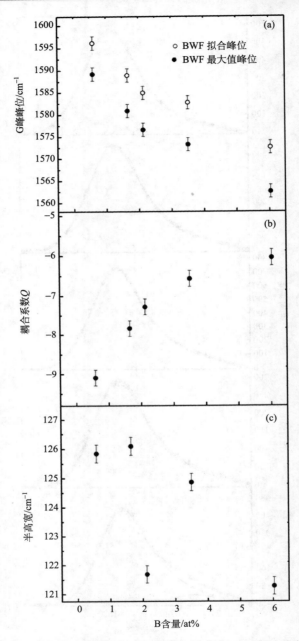

图 4-12   不同 B 含量 ta-C:B 薄膜拉曼光谱 BWF 拟合参数

(a)G 峰峰位；(b)耦合系数；(c)G 峰半高宽

4.2.4　价带结构

在固体材料中，由于价电子轨道的兼并，形成了价带和导带，因此不能用分裂的能级进行表示，而以固体能带理论来描述[40]。价能级是指那些被低结合能电子(0~15 eV)所占据的能级，主要涉及那些非定域的或成键的轨道。此时，光电子能谱由反映能带结构的许多紧挨着的能级构成，这个区域通常称为价带。对于绝缘体，电子占据的价带同空着的导带是分开的，而对于金属导体，这两个带是重叠的。对于绝缘聚合物，价带谱是占据态密度的直接反映，但受到所涉及分子轨道电离截面的加权，谱图的最低结合能边缘并非是费米能级 E_F 所在的位置。价带谱的信号强度非常弱，这是因为所涉及能级的结合能比较小，远离激发源的光子能量，导致其电离截面非常低。典型价带谱的强度比内能级谱线要低 20~100 倍。因此通过对 ta-C:B 薄膜价带结构进行分析，可以了解有关薄膜电子态的信息。

1. XPS 价带谱

XPS 价带谱不仅可以提供原子芯能级的化学结构信息，同样还可以提供价电子的化学结构信息。但是 XPS 价带谱不能直接反映能带结构的特点，必须经过复杂的理论处理和计算，因此在 XPS 价带谱的研究中，一般采用 XPS 价带谱进行比较研究，而理论分析相对较少。从目前发表的文献来看，尽管人们对于金刚石、石墨及 ta-C 薄膜的价带特点已经作了大量的研究[41]，但是关于 ta-C:B 薄膜价带结构的研究还是相当少的。ta-C:B 薄膜的价带谱体现了价键中 s 轨道和 p 轨道光电散射作用的不同结果，能够反映材料结构中类似"人体指纹"方面的信息[42]。由于这些信息根本无法从芯能级光电子能谱中获得，因此具有极其重要的价值。然而价带态密度是一个非常复杂和重要的研究课题，特别是对于 ta-C:B 薄膜，因此在本节中我们只讨论其作为预测材料结构信息的作用特点。

图 4-13 给出了不同 B 含量 ta-C:B 薄膜和纯的 ta-C 薄膜 XPS 价带谱。在 0~40 eV 低键能区间，价带能级被非定域和成键轨道的电子所占据。这些紧密排列的能级形成了价键结构的骨架。通常典型的金刚石价带结构主要包括三个特征带，即类 s 态、s+p 态和类 p 态[43]。而对于 ta-C:B 薄膜来说，价带谱还包含其他特征带的信息。对于纯的 ta-C 薄膜，三个特征带的键能分别为 10.3 eV、18.3 eV 和 25.1 eV，其中 10.3 eV 的特征带来自 2s 和 2p 杂化态的作用，而 18.3 eV 和 25.1 eV 的特征带都是由于 2s 态的贡献[44]。ta-C 薄膜的价带谱中还包含了 Ar 3p 特征峰(5.6 eV)[45]，这是因为在溅射时仪器内残留着少量的 Ar。ta-C 薄膜价带谱主要以 sp 杂化态和 2s 态的作用最为明显，而 2~8 eV 之间的纯 2p 态在价带谱不能够明显体现。为了更好地分析 ta-C:B 薄膜价带谱随 B 含量变化的特点，我们将价带谱分为四个谱区，分别为Ⅰ：0~7 eV、Ⅱ：7~12.5 eV、Ⅲ：12.5~22.5 eV、Ⅳ：

22.5~30 eV。通过划分谱区来确定价带结构是相当复杂的[46]，因为价带谱的强度不仅取决于价带态密度，同时还受光电散射截面的影响，而后者又与激发源的能量有关[47]，如紫外线和软 X 射线。基于此，我们以 McFreely 采用 XPS 和 Wesner[48] 采用紫外光电子能谱(UPS)分析不同碳类材料的结果作为参考谱，认为谱区 I 对应于 2p 态，谱区 II 对应于 2p 和 2s 的混合态，谱区III和谱区IV都是源于 2s 态。从图中可以看出，纯的 ta-C 薄膜以谱带III和谱带IV为主要特征，而谱带 I 和谱带 II 由于在谱带III的斜坡端，因此很难清晰辨别。

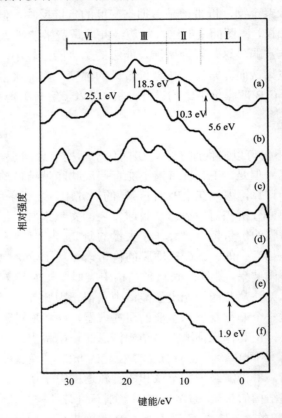

图 4-13　不同 B 含量 ta-C:B 薄膜 XPS 价带谱

(a) 0at%；(b) 0.59at%；(c) 1.65at%；(d) 2.13at%；(e) 3.51at%；(f) 6.04at%

当薄膜中掺入 B 元素以后，这些谱带的中心和强度都会发生一定的变化，特别是谱带 II 和谱带III，其中谱带的中心与图 4-5 的芯能级谱峰位的变化特点相同，都向低能端偏移，这是因为在碳硼键中，B2s 和 sp 杂化键态在价带谱中的键能要稍低于相应 C 化学键态的键能。另外，在高的 B 含量时，ta-C:B 薄膜的价带谱在 1.9 eV 处出现了 C2p 电子 C—C π 键的特征峰，这个特征峰也可能与 sp^2 B 的贡献有关[49]。除此之外，与纯的 ta-C 薄膜相比较，谱带Ⅳ的峰型在 B 含量较高时变得更加尖锐，这可能主要是因为 B 易与 O 化合，而 O2s 与 C2s 态键能中心相接近，但光电散射截面远高于 C 元素，因此谱峰的信号比较强烈[50]。

2. X 射线激发俄歇谱

原子经过 X 射线电离后，形成不稳定的激发离子，这些激发离子可以通过多种途径产生退激发。俄歇电子跃迁是常见的退激发过程之一，因此 XPS 中一般都存在俄歇峰。X 射线激发俄歇谱(XAES)的原理与电子束激发的俄歇谱相同。与电子束激发俄歇谱相比，XAES 具有能量分辨率高、样品破坏性小及定量精度高等优点。同 XPS 一样，XAES 的俄歇动能也与元素所处的化学环境有密切关系，可以通过俄歇化学位移来研究其化学价态。由于俄歇过程涉及三电子过程，其化学位移往往比 XPS 的大得多，这对于元素的化学状态鉴别非常有效。另外，XAES 的线型也可以用来进行化学状态的鉴别。

根据朗道积分(Lander integral)理论[51]，俄歇过程可以采用单电子态密度(DOS)的映射进行近似描述，即俄歇强度 $N(E_k)$ 可以表示为价带态密度与映射矩阵元的乘积。

$$N_{KVV}(E_k \equiv C1s - 2V) \equiv \int \left| M(V, \Delta) \right|^2 \rho(V + \Delta)\rho(V - \Delta) d\Delta \qquad (4\text{-}8)$$

式中，C1s 为碳芯能级键能；E_k 为俄歇电子的动能；$\rho(V)$ 为键能 V 时的态密度；$M(V, \Delta)$ 为矩阵元。这种模型没有考虑俄歇衰减的过程中电子结构的变化，如终态的空穴-空穴相互作用。

为了解决以上模型的不足之处，通常我们采用俄歇微分谱的精细结构来获取碳基材料价带结构的信息。这种分析方法忽略了 p*p 俄歇转变的相互作用，认为俄歇电子的动能 E_{kij} 只与俄歇转变过程中单电子价态 V_i 和 V_j 的键能(以费米能级为基准)有关，即

$$E_{kij} \cong C1s - V_i - V_j \qquad (4\text{-}9)$$

俄歇微分谱是通过采用 15 点 Savinsky-Golay[52]方法进行卷积和二次润滑而获得的。图 4-14 给出了典型 ta-C:B 薄膜 XAES 积分谱和一次微分谱。ta-C:B 薄膜的积分谱与金刚石积分谱相似，没有出现明显的携上峰。在一次微分谱中，俄歇峰最大值与最小值之间的能量差 D，反映了薄膜中 sp^3/sp^2 的杂化比例的大小。D 值越大，相应的 sp^3 杂化含量就越小。图 4-15 给出了不同 B 含量 ta-C:B 薄膜 XAES 一次微分谱，其中 D 值一般都在 14 eV 左右。由于 D 值的误差小于实际测量的误差，因此不同 B 含量 ta-C:B 薄膜 D 值的大小没有观察到明显的变化。从图中可以看出，XAES 一次微分谱负峰最大值基本保持在 270 eV 左右；当 B 含量较高时，正峰的最大值有向低的动能端偏移的趋势，因此我们可以认为 B 的引入促进了 ta-C 薄膜的类金刚

石键向石墨键的转化，这与 XPS 芯能级谱和拉曼光谱分析的结果相吻合。除此之外，在 275 eV 左右，XAES 一次微分谱中出现了较宽的 π*π 俄歇峰。很明显，π*π 峰的强度不仅受 sp^2 杂化数量的影响，还与 sp^2 杂化相在空间的分布有关。这些现象表明，在掺杂浓度较高时，分散的 sp^2 向团簇化发展，体系的无序度也在逐渐减小。

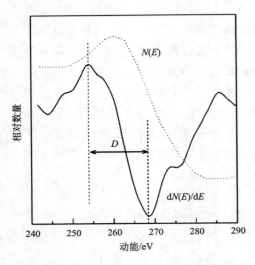

图 4-14　典型 ta-C:B 薄膜 XAES 积分谱 [$N(E)$] 和一次微分谱 [d$N(E)$/dE]

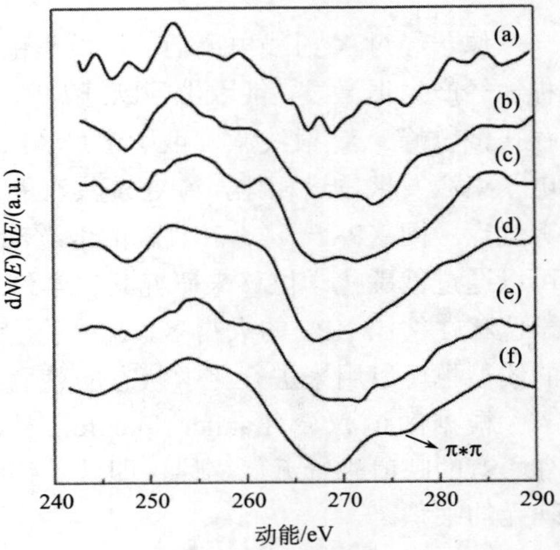

图 4-15　不同 B 含量 ta-C:B 薄膜 XAES 一次微分谱

(a) 0at%；　(b) 0.59at%；　(c) 1.65at%；
(d) 2.13at%；　(e) 3.51at%；　(f) 6.04at%

4.2.5　组态分析

组态分析是指对杂质或合金成分的原子与本体原子的结合情况进行分析。如分析 B 原子在 ta-C:B 中与 C 原子的结合情况等。目前用来了解各种原子组态的主要方法有核磁共振法和红外吸收光谱法。后者由于不使用复杂设备，实验方法较为简便，已被广泛使用。

1. 振动吸收谱——红外吸收光谱

在一定温度下，固体中的每一个原子都可以在其平衡位置附近以某些固有频率振动，振动的方式及频率的高低与原子的本性及环境有关。当入射光子的能量与实验样品中的某一振动模式的固有频率相适应时，该光子即因激活这一振动模式而被样品吸收。研究样品对入射光的透过率随光子能量的变化，通常会发现透过率曲线上有一些极小值，这些极小值所对应的频率，就是各种振动模式的固有频率。这条透过率曲线的入射波长在红外范围，通常被称为红外吸收光谱。通过对红外光谱的分析，可以获得样品的原子组成及组成方式的信息。由于选择定则在非晶材料中的放宽，非晶材料中的各种振动模式基本都是可以被直接激活的。

红外吸收所揭示的固体原子振动模式可分成两类。一类是成键原子之间有相对位移的振动模式，包括键长有变化的伸缩模式和键角有变化的弯折模式。另一类是成键原子之间没有相对位移的转动模式，包括摆动、滚动和扭动 3 种转动模式。转动在本质上也是一种振动，只不过相关原子之间没有相对位移，而是作为一个刚体绕轴转动，3 种转动模式的区别仅在于子转轴不同。在固体中，无论是晶体还是非晶体，原子间的相互作用都比较强，所产生的原子振动的频率与近邻原子的电负性有关，但是并非每一种振动模式都有不同于其他模式的频率。因此，组态的区分往往只是利用各自最有特征的振动模式。

2. 傅里叶变换红外光谱

图 4-16 给出了四种掺杂浓度分别为 0at%、2.13at%、3.51at%和 6.04at%的 ta-C:B 薄膜 FTIR 光谱。从图中可以看出，谱线可以分为 3 个不同的特征光谱区 Ⅰ、Ⅱ和Ⅲ，分别为 3600～3700 cm^{-1}、2300～2400 cm^{-1} 和 900～1600 cm^{-1}。谱带 Ⅰ 对应于 O—H 键的伸缩振动，这是因为空气中的水分极易在薄膜表面产生化学吸附[53]。尽管 H 是通过这种间接的方式引入薄膜表面，但 O—H 键的振动特征峰与氢化非晶碳硼薄膜基本相同，其振动强度的大小反映了薄膜的柔软和疏松程度[54]。C—H 键和 B—H 键伸缩振动峰分别在 2900 cm^{-1} 和 2500 cm^{-1} 左右[55]，但在 ta-C:B 薄膜的红外吸收光谱中没有出现相应的吸收带。XPS 分析实验表明薄膜表面不可避免地存在着 O 元素，因此谱带 Ⅱ 可以认为是 C—O—C 键的伸缩振动而导致的光谱吸收。对于 ta-C:B 薄膜，谱带Ⅲ包含了薄膜结构中最有用的信息，因为它反映了 C—B 键和 C＝C 键不同伸长和弯曲振动模式的光谱吸收特点。

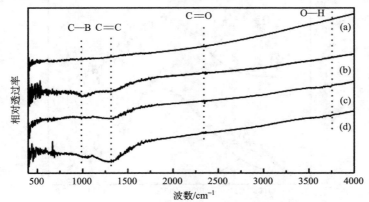

图 4-16　不同 B 含量 ta-C:B 薄膜 FTIR 光谱

(a) 0at%；(b) 1.65at%；(c) 3.51at%；(d) 6.04at%

谱带Ⅲ的解谱分析主要基于 Kaufman 等[56]的研究工作。他们采用 N 的同位素(^{14}N、^{15}N)作为 ta-C 薄膜的掺杂剂,研究了 ta-C:N 薄膜的红外吸收光谱。Kaufman 等指出 N 的引入破坏了 sp^2 杂化结构的对称性,使得 ta-C 薄膜的拉曼光谱的 G 峰和 D 峰具有红外活性。但是随后 Rodil[57]指出碳基材料的红外活性仅是电子效应所导致的结果,而红外吸收光谱与拉曼光谱的相似性对于掺杂碳薄膜来说纯粹是巧合。与碳氮薄膜相同的是,B 的引入使得 ta-C:B 薄膜在谱带Ⅲ的区域也具有了红外活性,因此 Rodil 等对于掺杂碳基材料红外吸收光谱的解释更加符合理论实际。对于振动模式 Q_i,红外光谱的吸收强度与有效电荷的平方和成正比[58],即

$$I \propto \sum_i \frac{(e_i^* e)^2}{m \omega_i^2} \tag{4-10}$$

式中,e 为单位电荷;e^*、m 和 ω_i 分别为振动模式 i 的有效电荷、约化质量和横向频率。e^* 可以描述为基态〈g〉和激发态〈e〉电子-声子的耦合。

$$e^* = \sum_e \mu^{ge} \frac{\left\langle e \left| \frac{\partial H}{\partial Q_i} \right| g \right\rangle}{E_e - E_g} \tag{4-11}$$

对于 ta-C 薄膜,红外吸收主要源于带隙($E_e - E_g$)较宽的 sp^3 杂化键(σ),因此极性较弱。而以 sp^2 为主要杂化形式的 a-C 薄膜 e^* 相对较大,红外吸收也相对较强。sp^2 团簇的红外活性在于非定域化(delocalized)的共轭 π 键能够提供更多的有效电荷 e^*。这是因为 π 键的带隙 $E_e - E_g$ 比 σ 键小,而且 sp^2 团簇的共轭 π 键也意味着价键之间能够存在着动态的电荷流[59]。ta-C 中也存在着少量的 sp^2 杂化结构,但 π 键之间彼此孤立,因此没有明显的红外吸收谱峰。随着 B 的掺入,ta-C:B 中 sp^2 彼此形成团簇,π 键趋于非定域化,使得 C=C 键的振动产生极化。如图 4-17 所示,ta-C:B

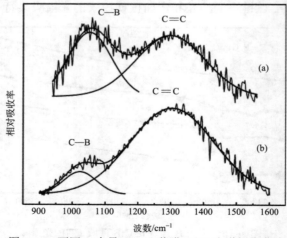

图 4-17 不同 B 含量 ta-C:B 薄膜 FTIR 光谱拟合曲线

(a)2.13at%; (b)6.04at%

薄膜的红外吸收谱线在 1050 cm^{-1} 和 1310 cm^{-1} 处分别出现吸收峰，其中 1050 cm^{-1} 的弱峰是 B$_4$C 相中 B—C 键振动而产生的光谱吸收，谱峰的强度随着 ta-C:B 薄膜中 B 含量的增加而有所减弱。中心位于 1310 cm^{-1} 的强吸收带是 ta-C:B 薄膜中 sp^2 团簇电子结构产生变化而导致的结果，谱带的强度随着 ta-C:B 薄膜中 B 含量的增加而明显增强，表明 B 的引入促使薄膜中孤立的 π 键彼此连续共轭，有效电荷 e^* 逐渐增大，红外活性明显增强。

4.3　掺硼非晶金刚石的力学性能及热稳定性

4.3.1　薄膜应力

1. 曲率法与 Stoney 方程

薄膜中残余应力最常用的测量方法是基于基底的弯曲规律的基底曲率法。此外，还有通过薄膜中应力释放使旋转梁发生偏转的微旋转结构法（micro-rotating-structure-method）。更为复杂的能够进行原位测量局部微小区域残余应力的方法则包括 X 射线衍射法、拉曼光谱法等[60]。基底曲率法和微旋转结构法测定的应力与用 X 射线衍射法和拉曼光谱法测定的应力存在着一定的差异。这是因为前两种方法是通过测量材料整体的宏观位移来测定残余应力的，而后两种方法则是通过测量材料内部微观结构变形得到被测试的局部区域的残余应力。

在薄膜残余应力的作用下，基底会发生挠曲，这种变形尽管很微小，但通过激光干涉仪或者表面轮廓仪能够测量到挠曲的曲率半径。基底挠曲的程度反映了薄膜残余应力的大小，Stoney 给出了二者之间的关系[61]：

$$\sigma_{\text{f}} = \left(\frac{E}{1-\nu}\right)_{\text{s}} \frac{t_{\text{s}}^2}{6rt_{\text{f}}} \tag{4-12}$$

式中，下标 f 和 s 分别对应于薄膜和基底；t 为厚度；r 为曲率半径；E 和 ν 分别为基底的弹性模量和泊松比。

Stoney 公式广泛应用于计算薄膜的残余应力，但使用时应明确该公式的适用范围，Stoney 公式采取了如下假设：

(1) $t_{\text{f}} \ll t_{\text{s}}$，即薄膜厚度远小于基底厚度。这一条件通常情况下能够被满足，实际情况下薄膜和基底厚度相差非常大。

(2) $E_{\text{f}} \approx E_{\text{s}}$，即基底与薄膜的弹性模量相近。

(3) 基底材料是均质、各向同性和线弹性的，且基底初始状态没有挠曲。

(4) 薄膜材料是各向同性的，薄膜残余应力为双轴应力。

(5) 薄膜残余应力沿厚度方向均匀分布。

(6) 小变形，并且薄膜边缘部分对应力的影响非常微小。

实际上，很多情况并不能完全满足上述假设，Stoney 公式需作必要的推广。

2. 实验结果

图 4-18 为实验测得的不同 B 含量 ta-C:B 薄膜的本征内应力。从图中可以看出，本征 ta-C 薄膜的内应力为 7.5 GPa 左右，比 Zhang 等[62]和 Sheeja 等[63]报道的结果要低。当 B 含量从 0at%增加到 2.13at%时，ta-C:B 薄膜的内应力下降为 4.9 GPa。随着 B 含量继续增加到 3.51at%和 6.04at%时，ta-C:B 的内应力迅速下降为 2.3 GPa 和 1.4 GPa。这些结果表明，当 B 含量为 3.51at%～6.04at%时，基本可以达到消除 ta-C 薄膜内应力的目的。

ta-C:B 薄膜较低的内应力可以从原子应力的角度进行解释，因为它反映了材料局部微观结构的不均匀性。实验所测得的宏观应力就是这些局部应力值的总和。Chhowalla 等[64]曾采用 EELS 研究了 ta-C:B 薄膜的价键结构，发现 B 大部分处在 sp^2-C 位置，表明 C 原子和 B 原子的 sp^2 杂化含量的平均值是不同的。当 B 原子以 sp^2 杂化形式与 C 键合，那么在 B 含量较低时，sp^2-C 的含量将不会有所增加。但是如果处于 sp^2 杂化态的 B 原子使得次近邻的 C 原子也形成了 sp^2 杂化(如图 4-19 所示的 BC_3 结构)，那么 B 周围的 sp^2 C—C 和 sp^2 C—B 短键(0.142 nm)将会使周围 sp^3 C—C 长键(0.154 nm)的局部应力得到释放。因此，我们可以把 ta-C:B 薄膜应力松弛的过程总结为：C 原子首先在 B 原子周围形成 sp^2 杂化扩展区，这些扩展区可以作为 ta-C:B 局部原子的伸展中心，从而使薄膜的宏观应力得到释放。

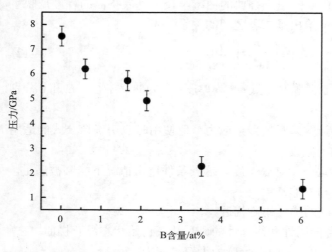

图 4-18　不同 B 含量 ta-C:B 薄膜的内应力

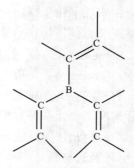

图 4-19　以 sp^2 杂化形式存在的 BC_3 周围的 BC_6 扩展区

有人采用拉曼光谱分析了不同 B 含量 ta-C:B 薄膜微观结构的变化,其中高斯拟合的 G 峰半高宽就反映了局部键长和键角的变形特点,而 $I(D)/I(G)$ 不但体现了 sp^2 杂化碳的团簇程度,还可作为反映薄膜中 sp^3 杂化含量相对大小的重要参量。为了建立宏观应力与微观结构的相互关系,图 4-20 和图 4-21 分别给出了不同 B 含量 ta-C:B 薄膜本征应力与相应的 G 峰半高宽及 $I(D)/I(G)$ 之间的变化曲线。从图 4-20 可以看出,当内应力由 1.4 GPa 上升至 7.5 GPa 时,G 峰的半高宽由 83 cm^{-1} 增加至 96 cm^{-1}。G 峰半高宽与薄膜应力之间基本保持线性比例关系,表明 ta-C:B 薄膜中宏观残余应力的降低是局部价键结构变形减小的结果,这与原子应力模型的假设相吻合。

另外从图 4-21 可以看出,ta-C:B 薄膜的内应力随 $I(D)/I(G)$ 呈现斜"Z"字形变化,即当 B 含量从 0at%增加至 2.13at%时,薄膜中形成了少量的 sp^2-C 新相但是没有出现 sp^2-C 的团簇化,因此薄膜的应力虽然有所减小,但减小的幅度不大;而当薄膜中 sp^2-C 的含量增加到一定值时,孤立的烃状 sp^2-C 开始聚合,形成环状结构。随着 B 元素的进一步掺入,分散的环状结构又逐渐向彼此平行的方向聚集,形成更大的碳环结构。碳环尺寸的增大使得薄膜拉曼光谱的 D 峰强度增加,相应 $I(D)/I(G)$ 的大小在 B 含量超过 3.51at%时迅速从 0.19 增加到 0.27,而薄膜的应力也在很大程度上得到了降低。

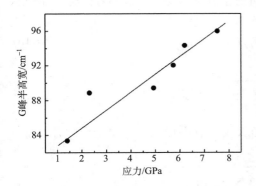 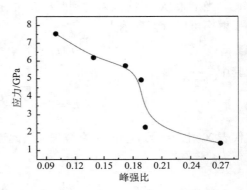

图 4-20　不同 B 含量 ta-C:B 薄膜拉曼光谱的 G　　图 4-21　不同 B 含量 ta-C:B 薄膜 $I(D)/I(G)$ 与
　　　　　峰半高宽与应力的变化曲线　　　　　　　　　　　应力的变化曲线

4.3.2　薄膜密度

质量密度能够直接反映薄膜的微观结构和性能的特点,是研究非晶金刚石薄膜形成机制的重要参量。通常用于测量 ta-C 薄膜密度的方法包括 EELS、漂浮法、重量增加法及卢瑟福背散射(RBS)法[65,66]。EELS 通过确定等离子体的能量来获得薄膜的密度,但是 EELS 测试时间长,而且还会损害试样[67]。重量增加法测量的是显微密度，因此对于多孔材料测得的数值比漂浮法和 EELS 要小。RBS 测量密度时通常要结合使用表面轮廓仪，测量误差比较大[68]。因此选取一种简单的、无损的测量薄膜密度的方法显得非常重要。X 射线反射法(X-ray reflectivity, XRR)能够满足这种要求，它能间接测出薄膜的密度、粗糙度和厚度等数据，是一种广泛用来研究薄膜特别是多层膜结构的无损检测方法[69]。

1. XRR 表征

众所周知，材料在 X 射线波长范围内的折射率可以表示为

$$n = 1 - \delta - \mathrm{i}\beta \tag{4-13}$$

其中

$$\delta = \frac{r_0 \lambda^2}{2} \sum_j \frac{\rho_j}{M} (Z_j + f_j') \tag{4-14}$$

$$\beta = \frac{N_A}{2\pi} r_0 \lambda^2 \sum_j \frac{\rho_j}{M} f_j'' \tag{4-15}$$

式中，Z_j 为原子序数；N_A 为阿伏伽德罗常量；f_j' 为扩散修正系数；f_j'' 为吸收修正系数；M 为摩尔质量；ρ_j 为成分 j 的密度；r_0 为经典电子半径。

当一束 X 射线掠入射到两种介质(折射率分别为 n_{l-1}、n_l)的界面时，菲涅尔反射率可以近似表示为

$$r_{l-1,l} = (k_{l-1} - k_l) / (k_{l-1} + k_l) \tag{4-16}$$

其中

$$k_l = 2\pi \sqrt{\frac{\sin^2 \theta - 2(\delta_i + \mathrm{i}\beta_i)}{\lambda}} \tag{4-17}$$

代表 X 射线在第 l 层的垂直波矢。因此当 X 射线在薄膜表面发生全反射时，临界角为

$$\theta_c = \sqrt{2\delta} = \lambda \sqrt{\frac{N_A r_0}{\pi} \sum_j \frac{\rho_j}{M} (Z_j + f_j')} \tag{4-18}$$

对于 ta-C:B 薄膜，我们只考虑 C 元素、B 元素，则有

$$\theta_c = \lambda \sqrt{\frac{N_A r_0}{\pi} \rho \frac{X_C (Z_C + f_C') + X_B (Z_B + f_B')}{X_C M_C + X_B M_B}} \tag{4-19}$$

将 $\lambda = 1.5418$ Å、$X_B = 1 - X_C$ 代入式(4-19)得

$$\rho = \frac{\pi \theta_c^2 (X_C + 11)}{N_A r_0 \lambda^2 (X_C + 5)} \tag{4-20}$$

2. 实验结果

图 4-22 给出了两种不同 B 含量 ta-C:B 薄膜的 XRR 曲线。从图中可以看出，当入射角接近于临界角 θ_c 时，反射率达到最大值；随着入射角继续增大，反射率以接近 5 次幂的幅度持续下降；反射率在下降的过程中出现周期起伏的反射峰，相邻两峰之间的距离反映了薄膜厚度的大小。根据式(4-20)，我们计算得到不同 B 含量 ta-C:B 薄膜的密度，如图 4-23 所示。从图中可以看出，本征 ta-C 薄膜的密度高达 3.35 g/cm^3。当 B 含量由 0at%增加到 0.59at%时，ta-C:B 薄膜的密度迅速下降为 3.12 g/cm^3；随着 B 含量的继续增加，ta-C:B 薄膜密度下降的趋势逐渐减缓，在 6.04at%时，薄膜的密度仍保持在 2.98 g/cm^3 左右。根据 Ferrari 等提出的密度和 sp^3 杂化含量简单的线性关系式，可以推断所制备的 ta-C:B 薄膜中 sp^3 杂化碳仍然保持较高的比例。

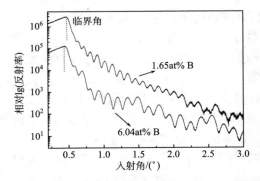 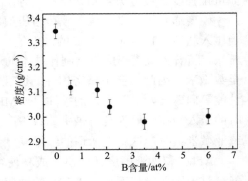

图 4-22 两种不同 B 含量 ta-C:B 薄膜 XRR 曲线   图 4-23 不同 B 含量 ta-C:B 薄膜的密度

ta-C:B 薄膜密度略微减小的特点也可从原子角度进行解释。Sullivan 等[70]曾提出 sp^2 杂化原子在体积上要比 sp^3 杂化原子大，但在平面方向的尺寸又比 sp^3 杂化原子小，这是因为 C≡C 双键的键长比 C—C 单键要短很多。因此当 sp^2 杂化原子的 σ 平面在压应力方向互相对准时，将会使双轴方向的压应力得到松弛[71]。在 ta-C:B 薄膜的碳基骨架中，B 主要以 sp^2 杂化形式存在，当 B 促使周围的 C 原子也形成 sp^2 杂化时，将会释放周围 sp^3 C—C 的内应力。

这种应力-应变的关系可以描述为

$$\Delta\sigma = \frac{E}{1-\nu}\Delta\varepsilon \tag{4-21}$$

式中，σ 代表压应力；E 为杨氏模量；ν 为泊松比；ε 为应变量。忽略变形中可能存在的弹性常数的变化，假定 $\Delta\sigma$ 约 10 GPa 且 $E/(1-\nu)$ 约 870 GPa，Ferrari 等提出薄膜中所需的应变量仅为 $\Delta\nu$ 约 1.2%。因此，在薄膜只需较小的结构变动，如键长和键角的微小变化就可以使内应力得到松弛，这也是 ta-C:B 薄膜密度稍许下降的主要原因。

4.3.3 硬度和杨氏模量

1. 纳米压痕法

硬度是衡量材料软硬程度的一种性能指标[72]。常用的硬度试验方法有压入法和刻划法两类。在压入法中，根据压入载荷、压头几何形状和表示方法的不同，又分为布氏硬度、洛氏硬度、维氏硬度和显微硬度等多种。压入法硬度值是材料表面抵抗另一物体压入时所引起塑性变形的能力。硬度值不是一个单纯的物理量，它表征着材料的弹性、塑性、变形强化、强度和韧性等一系列不同物理量组合的一种综合性能指标。根据材料的硬度，人们可以对材料的某些力学性能进行评定，如抗拉强度、疲劳极限和磨损性能等。

硬度通常被定义为压入载荷与压痕投影面积的比值。在体材料的硬度试验中，当压入载荷 > 10 N 时所得到的硬度值一般称为宏观硬度(macrohardness)。近十几年来，随着大规模集成电路制作技术的迅速发展，MEMS 的尺寸可小至几毫米甚至数微米。因此，微小精密构件的微观硬度(microhardness)、涂层或薄膜的机械性能等问题开始引起人们的关注，如 MEMS 中微梁和微泵致动膜的弹性变形。此时的压入载荷一般为几百毫牛或数牛，压入深度为微米级。当压入深度为纳米级或亚微米级时，这就是所谓的纳米硬度(nanohardness)。

AFM 和纳米硬度计的研制成功使得纳米尺度上的材料力学性能测试成为可能。对于压入载荷不小于 1 μN 的硬度测试，一般可由纳米硬度计来完成。纳米硬度计主要由轴向移动线圈、加载单元、金刚石压头和控制单元等 4 部分组成。压头材料一般为金刚石，常用的有伯克维奇压头(Berkovich)和维氏(Vicker)压头。压入载荷的测量和控制是通过应变仪来实现的，整个压入过程由计算机自动控制进行，可在线测量载荷与相应的位移，并建立两者之间的相应关系(即 P-h 曲线)。通过卸载曲线的斜率可以得到弹性模量 E，而硬度值 H 则可由最大加载载荷和残余变形面积求出。纳米硬度计一般最小压入载荷为 1 μN，力分辨率可达 50 nN，而位移分辨率则在 0.3 nm 以上。

目前世界上主要的商业化纳米硬度计(如美国 NANO 仪器公司和美国 Hysitron 仪器公司、瑞士 CSEM 仪器公司等生产的纳米硬度计)中所设置的材料硬度和弹性模量的计算方法仍然是由 Oliver 和 Pharr 在 1992 年提出的。他们在经典弹性接触力学的基础上，根据试验所测得的载荷-位移曲线，可以从卸载曲线的斜率求出弹性模量，而硬度值则可由最大加载载荷和压痕的残余变形面积求得。该方法的不足之处是采用传统的硬度定义来进行材料的硬度和弹性模量计算，没有考虑纳米尺度上的尺寸效应。

2. 实验结果

图 4-24 为典型 ta-C:B 薄膜的载荷-位移曲线，当载荷增加到 P_{max} 时，位移也逐渐上升至最大值 h_{max}。通过绘制图中卸载曲线的初始斜率曲线，即可获得薄膜的杨氏模量，这是因为对于即使产生了塑性变形的材料，其在卸载初期仍然是弹性变形。因此卸载曲线的初始斜率与弹性模量是直接相关联的。

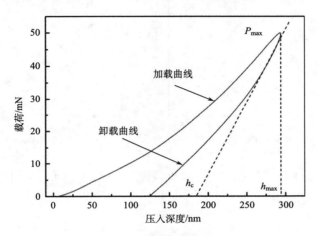

图 4-24　典型 ta-C:B 薄膜载荷-位移曲线

二者的关系式为[73]

$$E_r = \frac{\sqrt{\pi}}{2} \frac{S_{max}}{\sqrt{A}} \tag{4-22}$$

式中，S_{max} 为卸载曲线最大载荷点的斜率；A 为在该载荷点压头与材料接触部分的投影面积。

而薄膜的硬度 H 直接定义为最大载荷 P_{max} 与以上投影面积 A 的比值：

$$H = \frac{P_{max}}{A} \tag{4-23}$$

图 4-25 为实验测得的不同 B 含量 ta-C:B 薄膜的硬度和杨氏模量。从图 4-25（a）可以看出，本征 ta-C 薄膜的硬度约为 55 GPa，稍高于 Chhowalla 等在最佳沉积能量下所测得的结果。当 B 含量增加至 1.65at% 时，薄膜的硬度迅速从初始的 55 GPa 下降为 36 GPa。随着 B 含量的继续增加，在 6.04at% 时，薄膜的硬度以稍微较缓的速度线性下降至 17 GPa。ta-C:B 薄膜硬度的降低主要是因为 B 的引入减小了薄膜中 sp³ 杂化碳的含量。ta-C:B 的杨氏模量随 B 含量的变化基本与硬度的变化趋势相同，如图 4-25（b）所示。本征 ta-C 薄膜的杨氏模量高达 510 GPa，当薄膜中 B

含量为 6.04at%时，ta-C:B 薄膜的杨氏模量仍保持在 230 GPa 左右，与氢化 ta-C 薄膜的杨氏模量相接近（约 300 GPa）[74]。由 Phillips-Thorpe[75,76]的自由度模型可知，随机骨架结构的弹性性能与其配位数有关，因此可以推断 ta-C:B 薄膜杨氏模量的降低主要是因为 B 的引入同 H 一样降低了 C 的配位数。

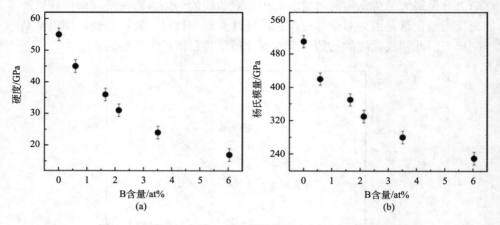

图 4-25　不同 B 含量 ta-C:B 薄膜的硬度(a)和杨氏模量(b)

4.3.4　热稳定性

从上节的分析研究表明，ta-C:B 薄膜的内应力在 B 含量达到 6.04at%时可以下降至 1.4 GPa 左右，完全满足机械涂层领域应用的需要。但在特殊高温环境下，B 的引入会使用于机械涂层的 ta-C:B 薄膜的结构性能受到严重影响，因此研究 ta-C:B 薄膜在高温环境下的热行为——即热稳定性具有非常重要的实际意义。在本节中，我们主要采用拉曼光谱和 XPS 分析 ta-C:B 薄膜在不同温度退火处理后原子价键和电子结构的变化，着重探讨薄膜在高温下保持良好热稳定性的温度临界点和范围。另外，本节研究的试样退火热处理的时间均为 1 h。

1. 拉曼光谱分析

图 4-26 给出了 B 含量为 2.13at%的 ta-C:B 薄膜在不同温度退火处理后的拉曼光谱曲线(1100～1900 cm^{-1})。从图中可以看出，室温下 ta-C:B 薄膜的拉曼光谱在 1580 cm^{-1} 左右呈现单一的光滑曲线，即 G 峰。当退火温度从 300℃上升到 500℃时，拉曼谱线的线型基本没有发生变化。当温度继续上升至 600℃时，ta-C:B 薄膜的拉曼谱线在 1380 cm^{-1} 左右出现微弱的携上峰(D 峰)，它的相对强度反映了薄膜的无序化程度[77]。随着退火温度的持续上升，D 峰的强度逐渐增加，相应 G 峰的峰位向高频区偏移。为了进行定量分析，谱线采用两个高斯峰进行拟合，相

应的 G 峰峰位和 $I(D)/I(G)$ 如图 4-27 和图 4-28 所示。

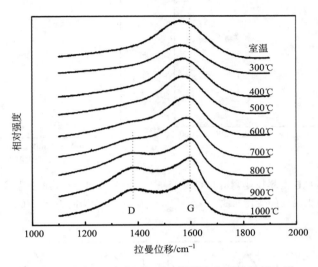

图 4-26　不同温度下 ta-C:B 薄膜退火后的拉曼光谱

结构的变化主要在于 sp^2 团簇的尺寸，而 sp^3 杂化碳的含量基本保持不变。当温度继续升至 600℃时，$I(D)/I(G)$ 迅速增大到 0.59，而 G 峰峰位快速上移至 1585 cm^{-1}，表明在这一退火温度点，G 峰峰位和 $I(D)/I(G)$ 与薄膜中 sp^2 杂化碳的含量和空间分布有关。当温度从室温上升至 500℃时，$I(D)/I(G)$ 基本保持在 0.2 左右，而 G 峰峰位从 1566 cm^{-1} 缓慢上移至 1572 cm^{-1}，表明在 500℃以下，ta-C:B 薄膜都具有良好的热稳定性。在这一温度范围内，薄膜中大量分散的 sp^2 团簇产生了急剧的聚集，形成了更大的团簇结构，从而使拉曼光谱的 D 峰信号得到明显的增强。随着退火温度的持续上升，ta-C:B 薄膜的石墨化程度明显加剧，sp^3 杂化含量也迅速减小；在 1000℃，$I(D)/I(G)$ 增大至 2.18，而 G 峰峰位也上移到 1599 cm^{-1}。G 峰峰位的继续上移也表明了薄膜中键角和键长的无序度明显减小，而石墨微区结构的尺寸正在逐渐增大。

为了研究 B 含量对 ta-C:B 薄膜热稳定性能的影响，图 4-29 给出了 B 含量为 0.59at%～6.04at% 的 ta-C:B 薄膜在 600℃退火处理前后的拉曼光谱曲线。从图中可以看出，在退火处理前，ta-C:B 薄膜拉曼光谱的线型都以单一的 G 峰为主要特征。经过退火处理后，当 B 的含量低于 1.65at% 时，拉曼光谱的线性基本保持不变；而当 B 含量增加至 2.13at% 时，谱线在 1380 cm^{-1} 左右出现明显的 D 峰信号，其强度随着 B 含量的增加有显著增强的趋势。

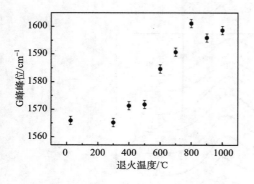

图 4-27　ta-C:B 薄膜拉曼光谱的 G 峰峰位随退火温度的变化曲线

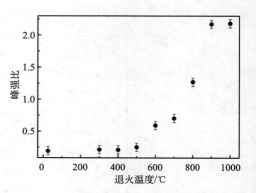

图 4-28　不同退火温度 ta-C:B 薄膜拉曼光谱的 $I(D)/I(G)$ 变化曲线

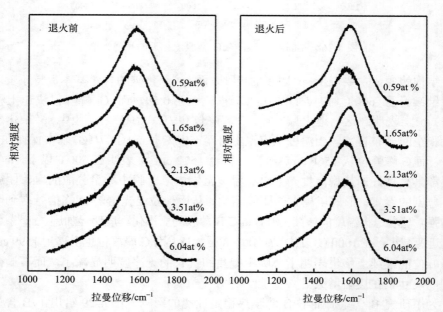

图 4-29　不同 B 含量 ta-C:B 薄膜在 600℃退火前后的拉曼光谱曲线

　　图 4-30 给出了两类谱线采用高斯函数拟合后的 $I(D)/I(G)$ 值。从图中可以看出，随着 B 含量的增加，$I(D)/I(G)$ 在退火前后都呈现逐渐增大的趋势，但在退火后增大的幅度明显高于退火前，图中左上方给出了相应 $I(D)/I(G)$ 在退火前后的差值变化曲线，可以看出高 B 含量的 ta-C:B 薄膜在退火后石墨化的倾向显然加剧。这是因为在 B 含量较低时，ta-C:B 薄膜中的 sp^2 杂化碳基本是以链状结构形式存在，而在 B 含量较高时，链状结构开始聚集形成了少量的环状结构；经过

600℃退火处理后,低 B 含量 ta-C:B 薄膜的链状结构互相聚集,而高 B 含量 ta-C:B 薄膜的环状结构互相团簇化,因此 ta-C:B 薄膜拉曼光谱的 D 峰信号在高 B 含量时增幅更加明显,相应的 $I(D)/I(G)$ 值变化更大。

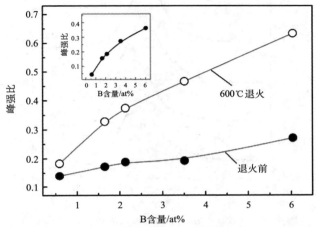

图 4-30　不同 B 含量 ta-C:B 薄膜在 600℃退火处理前后 $I(D)/I(G)$ 的变化曲线

插图为 $I(D)/I(G)$ 退火前后的差值变化曲线

2. XPS 分析

图 4-31 给出了 B 含量为 2.13at%的 ta-C:B 薄膜在不同温度退火处理后的 XPS C1s 芯能级谱。从图中可以看出,在 300℃退火处理后,C1s 谱峰的中心为 284.95 eV,与金刚石的 C1s 谱峰中心(285.2 eV)相接近,表明薄膜中仍然具有较高的 sp³ 杂化相。当温度上升至 400℃和 500℃时,C1s 谱峰中心分别偏移至 284.75 eV 和 284.65 eV,表明薄膜中 sp³ 杂化相的含量逐渐减小;考虑到 C1s 谱峰中心的键能明显高于石墨的 C1s 谱峰中心(284.3 eV),因此可以推断经过 400℃或 500℃退火处理后,薄膜中 sp³ 杂化相减少的幅度相对较小,表明在 500℃以下,退火处理过的 ta-C:B 薄膜仍然保持一定的类金刚石性能,具有较好的热稳定性,这与上节拉曼光谱分析的结果相吻合。而当温度上升至 600℃时,C1s 谱峰中心迅速向低能端偏移至 284.35 eV,与石墨的 C1s 谱峰中心相接近,表明薄膜中已经产生了急剧的石墨化现象,相应 sp³ 杂化碳的含量也呈现大幅度的降低。继续升温至 900℃时,C1s 谱峰中心仍为 284.35 eV,表明 ta-C:B 薄膜在 600℃以上退火时,薄膜表面已经全部形成了石墨碳结构。另外,图 4-31 中 C1s 谱在 300~900℃之间的半高宽分别为 1.7 eV、1.7 eV、1.8 eV、1.6 eV 和 1.8 eV,其中在 500℃和 900℃时,半高宽变宽的原因主要是空气的氧化作用[78];而在 600℃时半高宽降至 1.6 eV,说明薄膜中 sp² 杂化碳互相形成了团簇结构,体系的无序度明显减小。

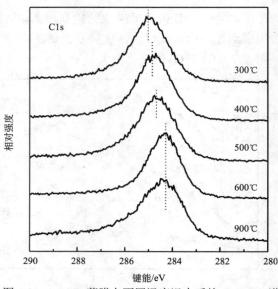

图 4-31　ta-C:B 薄膜在不同温度退火后的 XPS C1s 谱

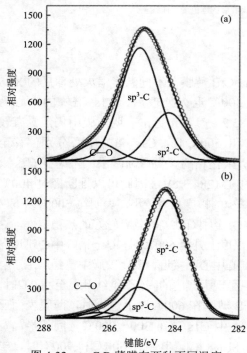

图 4-32　ta-C:B 薄膜在两种不同温度
退火后的 XPS C1s 谱拟合曲线

(a) 300℃；(b) 600℃

为了对 ta-C:B 薄膜退火后的 XPS C1s 芯能级谱进行定量分析，我们采用高斯函数对曲线进行了拟合。图 4-32 给出了 ta-C:B 薄膜在 300℃和 600℃退火处理后的高斯拟合曲线。考虑到薄膜中 B 的含量较低，曲线采用 3 个高斯峰进行叠加卷积，分别对应于 sp^2-C(284.2 eV)、sp^3-C(285.1 eV) 和 C—O (286.4 eV)。在 300℃时，sp^3 和 sp^2 的面积比 sp^3/sp^2=2.37，其中 sp^3 杂化含量约为 70%；当温度上升至 600℃时，sp^3/sp^2=0.27，即 sp^3 杂化含量下降为 21%。sp^3 杂化含量的大幅下降会使薄膜的机械性能受到严重影响，因此在实际使用过程中，其环境温度最好控制在 500℃以下。

4.4　掺硼非晶金刚石的光电性能

4.4.1　光学性能

1. 椭圆偏振分析

椭圆偏振测量是研究两媒质界面或薄膜中光学特性的一种光学方法，其原理是利用偏振光束在界面或薄膜上的反射或投射时出现的偏振变换。当一束平面波经过试样表面时，水平方向(p)和垂直方向(s)的菲涅尔反射系数的比值为

$$\rho = \frac{r_p}{r_s} = \tan\varphi \exp(\mathrm{i}\Delta) \tag{4-24}$$

式中，$\tan\varphi$ 为反射系数比的振幅；$\cos\Delta$ 是相位差。椭偏测量时，通过改变入射光 ($\lambda=632.8$ nm) 的入射角 Φ，分别获得几组不同的 φ 和 Δ 的值。依据两相 ambient-substrate 模型

$$\langle\varepsilon\rangle = \langle\varepsilon_1\rangle + \mathrm{i}\langle\varepsilon_2\rangle = \sin^2\Phi[1 + \tan^2\Phi(1+\rho)/(1+\rho)^2] \tag{4-25}$$

即可得到薄膜与衬底的伪介电常数 $\langle\varepsilon\rangle$。为了获得薄膜成分的信息，通常将薄膜与衬底的伪介电常数的实部 $\langle\varepsilon_1\rangle$ 和虚部 $\langle\varepsilon_2\rangle$ 与 Bruggeman 有效介质理论(EMT)的光学模型进行比较，最后得出实验所需要的结果[79]。

总体来说，采用椭偏仪测量薄膜光学常数可以划分为 4 个步骤[80]：

(1) 采用 Cauchy 吸收公式建立折射率 n 模型：

$$n(\lambda) = A + \frac{B}{\lambda^2} + \frac{C}{\lambda^2}; \qquad k(\lambda) = D + \frac{E}{\lambda^2} + \frac{F}{\lambda^4} \tag{4-26}$$

式中，$A\sim F$ 为常数；$\lambda=632.8$ nm，为入射光波长。

(2) 假定介电常数 ε 为 3 个经典振子(classical oscillator)之和：

$$\varepsilon = \varepsilon_{\inf} + \sum_{j=1}^{3} \frac{f_j\omega_{o,j}^2}{\omega_{o,j}^2 - \omega^2 + \mathrm{i}\gamma_j\omega} \tag{4-27}$$

式中，ω 为振动频率；$\varepsilon_{\inf}$ 为高频介电常数；$\omega_{o,j}$、γ_j 和 f_j 分别为振子 j 的共振频率、阻尼系数和强度参数。

(3) 采用 Forouhi-Bloomer 模型中光学参数的表达式：

$$k(E) = \frac{A(E - E_g)^2}{E^2 - BE + C}; \qquad n(E) = n_{\inf} + \frac{B_0 E + C_0}{E^2 - BE + C} \tag{4-28}$$

式中，A、B 和 C 为材料电子结构有关的拟合参数；E_g 为光学带隙[$k(E)$绝对值取最小值时所对应的光子能量]；$n_{\inf}$ 为高能折射率；B_0 和 C_0 的大小取决于 A、B、C 和 E_g。在式(4-28)中，假定 $E<E_g$，$k(E)=0$。

(4) 采用 Tauc-Lorentz 模型中介电常数虚部 ε_2 的表达式：

$$\varepsilon_2 = \frac{AE_0C(E-E_g)^2}{(E^2-E_0^2)^2+C^2E^2}\frac{1}{E} \quad (E>E_g \text{ 或 } E<E_g, \ \varepsilon_2=0) \tag{4-29}$$

式中，E_0 为峰值转变能量；C 为展宽因子；A 与转变概率有关。对于介电常数的实部 ε_1 直接采用 Kramers-Kronig 关系式进行计算。

在本节中，我们采用 Forouhi-Bloomer 结构模型是因为该模型把光学吸收主要归功于 π 带内成键态与非成键态之间电子的激发。因此它可以根据所需要的精度采用 Kramers-Kronig 关系式来确定折射率的实部（n）和虚部（k）值的大小。

图 4-33 给出了入射光波长为 632.8 nm 时不同 B 含量 ta-C:B 薄膜折射率 n 和消光系数 k 的拟合计算结果。从图中可以看出，本征的 ta-C 薄膜折射率 n 具有最小值约 2.45，相应的消光系数 k 也达到最小值，接近于 0。当 B 含量从 0.59at% 增加到 2.13at% 时，折射率 n 从 2.54 缓慢上升至 2.61，而消光系数 k 基本保持不变，约为 0.056。随着 B 含量继续增加到 3.51at% 和 6.04at% 时，折射率 n 迅速上升至 2.65 和 2.71，相应的消光系数 k 增大为 0.092 和 0.154。这些结果表明 B 的掺入增强了 ta-C:B 薄膜的光学吸收。通过图 4-34 可以看出，ta-C:B 薄膜介电常数的实部 ε_1 和虚部 ε_2 随 B 含量的变化趋势分别与折射率 n 和消光系数 k 变化趋势相同。当 B 含量由 0at% 增加至 6.04at% 时，实部 ε_1 由 6.0 上升至 7.32，而虚部 ε_2 先由 0.049 缓慢上升至 0.286，随即迅速增大至 0.836。Lossy 等[81]及 Chen 等[82]先后研究了不同入射离子能量 ta-C 薄膜光学常数的变化，认为薄膜的光学性质很大程度上取决

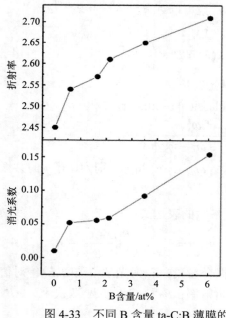

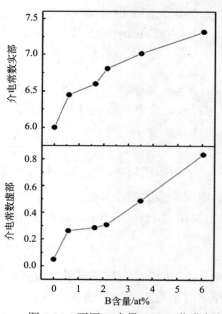

图 4-33 不同 B 含量 ta-C:B 薄膜的
折射率和消光系数

图 4-34 不同 B 含量 ta-C:B 薄膜介电常
数的实部和虚部

于 sp³ 杂化碳的含量。为了更加清晰地显示二者的相互关系，图 4-35 和图 4-36 分别给出了相应 sp³ 杂化含量折射率 n、消光系数 k 和介电常数 ε 的变化曲线。从图中可以看出，折射率 n 和介电常数的实部 ε_1 随薄膜中 sp³ 杂化含量的增加基本呈线性比例下降。这是因为当薄膜具有较高的 sp³ 杂化含量时，其光学性能将接近于金刚石，在可见光范围内表现为半透明或透明[83]。相对有所不同的是，消光系数 k 和介电常数的虚部 ε_2 在较低 sp³ 杂化含量时下降的趋势比较剧烈，而在 sp³ 杂化含量较高时下降的幅度相对比较缓慢。这种变化趋势可能是因为除了 sp³ 杂化含量之外，薄膜中 sp² 杂化碳的空间分布形式也起到了很大的决定作用。

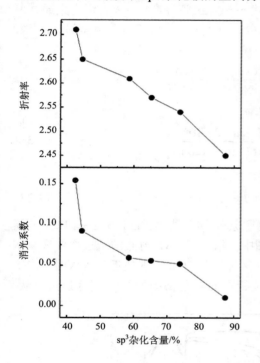

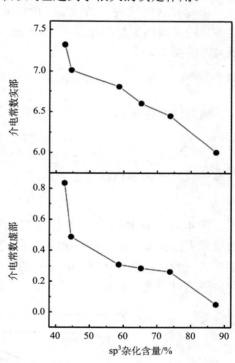

图 4-35　不同 sp³ 杂化含量 ta-C:B 薄膜的
折射率和消光系数

图 4-36　不同 sp³ 杂化含量 ta-C:B 薄膜介
电常数的实部和虚部

2. 透过率和反射率

当一光束垂直入射并假定散射作用可忽略的情况下，仅考虑薄膜相干和吸收效应，可导出透过 ta-C:B/SiO₂ 结构的透过率和薄膜表面的反射率。设 ta-C:B 薄膜的厚度为 d；复折射率 $n=n_1+ik_1$，n_1 是 ta-C:B 薄膜折射率的实部，k_1 为消光系数；吸收系数 $\alpha = 4\pi k_1/\lambda$，$\lambda$ 为入射光波长。空气的折射率为 n_0；SiO₂ 的折射率为 n_2，并假定为非吸收，即 $k_2=k_0=0$。空气、薄膜与衬底交界面的振幅反射系数和透射系数由菲涅尔公式给出，如表 4-2 所示。

表 4-2　空气、薄膜与衬底交界面的振幅反射系数和透射系数

空气-薄膜	薄膜-空气	薄膜-SiO$_2$	SiO$_2$-薄膜
$r_{01}=(n_0-n_1)/(n_0+n_1)$	$r_{10}=(n_1-n_0)/(n_1+n_0)$	$r_{12}=(n_1-n_2)/(n_1+n_2)$	$r_{21}=(n_2-n_1)/(n_2+n_1)$
$\tau_{01}=2n_0/(n_0+n_1)$	$\tau_{01}=2n_1/(n_1+n_0)$	$\tau_{12}=2n_1/(n_1+n_2)$	$\tau_{21}=2n_2/(n_2+n_1)$

在 ta-C:B 薄膜内，光强度以指数形式 $\exp(-\alpha d)$ 逐渐减弱，δ 表示光束通过厚度为 d 的薄膜而引起的相位差，$\delta=2\pi n_1 d/\lambda$。当光束从空气垂直入射至衬底时[84]，反射波的振幅为

$$r=r_{01}+\frac{\tau_{01}r_{12}\tau_{10}\exp(-\alpha d-\mathrm{i}2\delta)}{1-r_{12}r_{10}\exp(-\alpha d-\mathrm{i}2\delta)} \tag{4-30}$$

透射波的振幅为

$$\tau=\frac{\tau_{01}\tau_{12}\exp(-\alpha d/2-\mathrm{i}\delta)}{1-r_{12}r_{10}\exp(-\alpha d-\mathrm{i}2\delta)} \tag{4-31}$$

相应的反射率 R 和透过率 T 分别为

$$R=|r|^2=r\cdot r^*,\quad T=|\tau|^2=\tau\cdot\tau^* \tag{4-32}$$

图 4-37 为两种不同 B 含量 ta-C:B 薄膜紫外-可见光-近红外透过率曲线，薄膜的膜厚大约在 45 nm。为了加以比较，图中还给出了 SiO$_2$ 衬底的透过率曲线。从图中可以看出，当光谱从 200 nm 的紫外区过渡到 2000 nm 的近红外区时，SiO$_2$ 衬底的透过率基本保持在 90% 左右，相应镀有 ta-C:B 薄膜的 SiO$_2$ 衬底透过率从

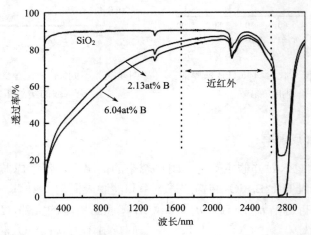

图 4-37　以 SiO$_2$ 为衬底的两种不同 B 含量 ta-C:B 薄膜在 200~3000 nm 之间透过率曲线

20%以下上升到 80%左右。当 B 含量从 2.13at%增加到 6.04at%时，薄膜的透过率在该区域约下降 5%，同时光谱吸收的截止波长（吸收边）也随之向长波方向移动。ta-C:B 薄膜的吸收波长为 240 nm 左右，与金刚石的吸收边 230 nm 相靠近。吸收边向长波方向偏移表明产生电子带间直接跃迁所需的能量有所下降，即膜的光学带隙 E_g 相应有所减小。另外，在 1300～2500 nm 近红外区，薄膜基本表现为透明状，因此 ta-C:B 薄膜仍然是比较好的红外透波材料。

图 4-38 为 ta-C:B 薄膜反射率随入射光波长的变化关系曲线。从图中可以看出，当 B 含量从 0.59at%增加到 6.04at%时，在 500～1200 nm 区域 ta-C:B 薄膜的反射率增大 20%～25%，而在 1200～2500 nm 区域随着入射能量的减小，反射率的差值逐渐下降，为 10%～15%。另外从可见光到紫外光波段，在 B 含量较高时，ta-C:B 薄膜反射率下降的趋势比低 B 含量时更加剧烈。

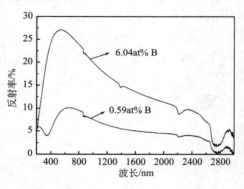

图 4-38　两种不同 B 含量 ta-C:B 薄膜在 200～3000 nm 波长区域的反射率曲线

从图 4-37 和图 4-38 可以看出，随着 B 的掺入，ta-C:B 薄膜在近红外区透过率有所减小，反射率有所增加，但是两者变化的幅度都不大。再加上 ta-C:B 薄膜的折射率也较小，并随工艺条件和波段的变化可调，因此 ta-C:B 薄膜在低掺杂浓度时仍旧是一种优良的光学增透材料。

3. 光学带隙

ta-C 薄膜的光学带隙主要取决于 sp^2 杂化碳 π 键的空间分布。在平面团簇模型中，某一特定 sp^2 团簇带隙的大小可以表示为

$$E_g = \frac{2\gamma}{M^{1/2}} \tag{4-33}$$

式中，γ 为 V(ppπ) 相互作用因子；M 为团簇中碳环的个数。

然而团簇模型过于估计了团簇尺寸的决定作用，因为光学带隙的大小主要取决于 sp^2 团簇的变形程度，因此不能采用式(4-33)来简单地描述碳膜光学带隙的大小。对于晶体材料，光学带隙一般定义为占有态与空态之间的最小能量间隔。而非晶材料没有确定的光学带隙，因此必须进行人为定义。一般情况下，非晶材料的光学带隙存在两种不同的定义方法：一是通过绘制 Tauc 曲线获得 Tauc 带隙（E_{opt}），Tauc 曲线的关系式为

$$\alpha E = B(E - E_g)^2 \tag{4-34}$$

二是把吸收系数 $\alpha = 10^4$ cm^{-1} 处的能量定义为 E_{04} 带隙。尽管光学跃迁受选择定则

的限制，用吸收边确定的光学带隙与实际的能隙有所差别，但光谱学方法是一种最常用的确定带隙的方法。为简单起见，本书的测试结果均采用 E_{04} 带隙。

图 4-39 为不同 B 含量 ta-C:B 薄膜吸收系数 α 与光子能量之间的变化曲线。从图中可以看出，ta-C:B 薄膜的吸收光谱随着 B 含量的增加而发生较大的变化，但是谱线的线型大致相同。Dasgupta 等[85]曾提出理论模型来描述 a-C 和 a-C:H 的态密度。这种模型认为在费米能级 E_F 附近存在着高斯分布的 π-π* 态。根据此模型得出的吸收系数 α 表达式为

$$\alpha(E) = C \exp\{-[(2E_\pi - E)/2\sigma]^2\} \mathrm{erf}(E/2\sigma)/E \tag{4-35}$$

式中，$2E_\pi$ 为 π-π* 态两个高斯峰之间的能量差；σ 为高斯分布的标准偏差。

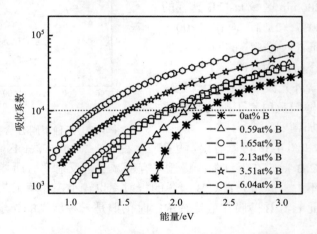

图 4-39   不同 B 含量 ta-C:B 薄膜吸收系数

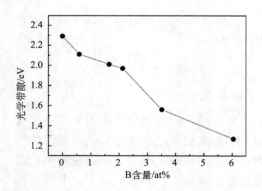

图 4-40   不同 B 含量 ta-C:B 薄膜的光学带隙

从图中可以看出，随着 B 含量的增加，吸收谱线的线型逐渐向式(4-35)所描述的曲线相逼近。这些现象表明，在 B 含量较高时，ta-C:B 薄膜的光谱吸收过程存在着相当一部分的 π-π* 态电子的跃迁，也即薄膜中 sp² 杂化含量有所增加。另外，对于本征的 ta-C 薄膜和 B 含量较低的 ta-C:B 薄膜，吸收曲线的斜率在低能量区发生突变，与 a-Si:H 的吸收曲线相似。这些微弱的带尾态光谱吸收表明薄膜中 sp² 杂化含量相对较低[86]。

图 4-40 给出了不同 B 含量 ta-C:B 薄膜的 E_{04} 带隙。本征的 ta-C 薄膜带隙约为 2.29 eV，比 Shi 等[87]报道的结果要低，这可能是薄膜沉积的工艺参数和工作腔

的污染情况不同所导致。当薄膜中 B 含量从 0at%增加到 2.13at%时，ta-C:B 薄膜的光学带隙缓慢下降至 2.01 eV；而随着 B 含量增加至 3.51at%和 6.04at%时，ta-C:B 薄膜的光学带隙迅速下降为 1.56 eV 和 1.23 eV。众所周知，ta-C 薄膜中的 C 原子通过最外层 s 和 p 轨道进行 sp^3 和 sp^2 杂化形成了 π 键和 σ 键。π 键态要比 σ 键态弱且与费米能级更接近，因此 sp^2 杂化的 π 键态决定了 ta-C:B 薄膜电子方面的性能，如光学带隙和电导率。上一节的拉曼分析结果表明 B 的掺入促进了薄膜中 sp^2 杂化碳的增加，即 π 键态的作用更加突出。因此不难理解 ta-C:B 薄膜的光学带隙随着 B 含量的增加会有所降低。当 B 含量增加到 3.51at%以上时，ta-C:B 薄膜的光学带隙出现了急剧下降的趋势，这是因为薄膜中形成了 sp^2 杂化碳的团簇结构。在拉曼光谱的 BWF 线性拟合分析中，当 B 含量为 6.04at%时，在 1320 cm^{-1} 处出现了明显的洛伦兹 D 峰，因此可以证明薄膜中 sp^2 团簇结构的确是存在的。

4.4.2　电学性能

1. 电导率

图 4-41 为实验测得的不同 B 含量 ta-C:B 薄膜变温电导率曲线，相应采用阿伦尼乌斯公式计算得到的电导激活能 E_A 如图 4-42 所示。从图中可以看出，B 的掺入对 ta-C:B 薄膜的电导率有着较大的影响。室温下，本征 ta-C 薄膜的电导率为 1.76×10^{-8} S/cm，当 B 的含量增加到 1.65at%和 2.13at%时，相应 ta-C:B 薄膜的电导率分别上升至 6.82×10^{-8} S/cm 和 1.42×10^{-7} S/cm，相应的电导激活能从 0.23 eV 下降为 0.18 eV 和 0.1 eV。随着 B 含量的继续增加，ta-C:B 薄膜的电导率呈现下降的趋势，在 6.04at% B 时，其电导率为 3.35×10^{-8} S/cm。与电导率不同的是，ta-C:B

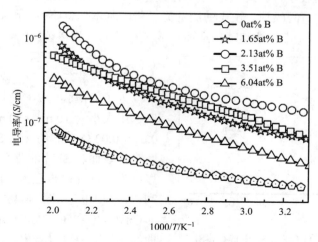

图 4-41　不同 B 含量 ta-C:B 薄膜变温电导率曲线

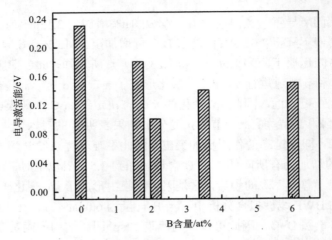

图 4-42 不同 B 含量 ta-C:B 薄膜电导激活能

薄膜电导激活能又回升至 0.15 eV。在低的 B 含量(<2.13at%)时，ta-C:B 薄膜电导率的提高和电导激活能的下降表明 B 在薄膜起到了有效的掺杂作用。这时掺入的 B 原子主要存在于 sp^2 杂化的 π 键附近，促进了 B 原子周围价键的石墨化，从而导致薄膜电导率的提高和光学带隙的减小。由于 B 的掺杂率较低，当 B 含量继续增加时，可能会在薄膜中形成新的杂质相，从而又降低了薄膜的电导性能。

从 ta-C:B 薄膜的变温电导率曲线，我们可以得出 ta-C:B 薄膜电导机制如下：在室温以上，薄膜的电导激活能可以采用式(4-36)进行计算。

$$\sigma = \sigma_0 \exp\{-E_A / kT\} \tag{4-36}$$

由于 E_A 值较小，因此导电过程主要基于 π 带局域态内空穴的跳跃式电导。当 B 含量低于 2.13at%时，由于薄膜的光学带隙基本保持不变，因此 E_A 的变化会使得费米能级向 π 带带边移动，从而形成了有效的 p 型掺杂。

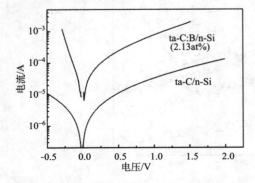

图 4-43 典型 ta-C:B/n-Si 和 ta-C/n-Si
异质结构的 *I-V* 曲线

2. *I-V* 曲线

为了对薄膜的 *I-V* 特性进行测试，衬底选用大小为 10 mm×10 mm、电阻率为 0.01~0.02 Ω•cm 的 n 型 Si 片。测试前，薄膜的表面和 Si 片的背面分别镀有一层厚度为 100 nm、直径为 1 mm 的 Al 电极和 Au 电极。图 4-43 给出了典型 ta-C:B/n-Si 和 ta-C/n-Si 异质结构的 *I-V* 曲线。从图中可以看出，在同一电压下，ta-C:B 薄膜的电流密度要比 ta-C 薄膜电流密度高出 1～2 个数量级，B 的掺入明显提高了薄膜的电导性能。ta-C/n-Si 的击穿电压只有 0.5 V 左右，B 的掺入会使击穿电压值进一步降低，这可能是因为所测试的薄膜试样厚度较薄(约 40 nm)，当施加负向电压时会很快产生隧穿效应。在 *I-V* 曲线的正向电压部分，当电压小于 0.25 V 时，ta-C/n-Si 和 ta-C:B/n-Si 异质结的电流随着电压的增加呈指数变化；随着电压的进一步提高，指数线形逐渐向线性关系转变。另外从图中还可明显看出，ta-C/n-Si 结构 *I-V* 曲线在正负电压两端基本对称，而当 ta-C 薄膜掺入 2.13at% B 元素后，ta-C:B/n-Si 表现出典型的整流特性，表明异质结二极管已经形成。B 的这种增强异质结整流特性的作用也表明了掺 B 可以使 ta-C 的费米能级在禁带内发生偏移。

3. *C-V* 曲线

当带隙不同的两种异质半导体材料相互接触时，与同质结不同的是，它们会在异质结的边缘产生大量激活的界面态。这些界面态(如表面态)既可作为电子的施主，又可作为电子的受主。通常情况下，同质结的平衡能带结构主要受空间电荷的影响，而异质结的能带结构则在很大程度上取决于界面层电荷的分布[88]。

研究表明，ta-C 薄膜中存在着大量未配对的悬挂键[89]，这些类似于受主的悬挂键缺陷决定了异质结界面态的态密度。当界面态主要是受主缺陷时，它将捕获导带的电子，形成电子耗损区。与半导体-金属-半导体相同的是，异质结的两边都会形成这种电子耗损区。因此在特定情况下，当界面态的密度较高时，异质结两边各自的内建势(built-in potential)除了与掺杂浓度有关外，很大程度上取决于界面态密度的大小[90]。基于此，研究 ta-C:B/n-Si 能带结构的特点必须分别了解两种半导体材料的掺杂浓度、界面态密度及能带是否连续等。

我们先测得 ta-C:B/n-Si 异质结构的 *C-V* 曲线，并采用 Donnelly 和 Milnes[91] 提出的理论模型进行分析，来获取以上提到的相关参数。Donnelly-Milnes 模型主要涉及 p-n 结施加负向偏压后的等效电路。这种模型包含了相互并联的界面态电荷电容(C_{it})、极化电容(C_p)和整个耗损区电容(C_D)等，其中 C_{it} 和 C_p 主要与界面电荷的作用有关，如图 4-44 所示。C_D 由 Si 和 ta-C:B 两耗损区电容 C_1、C_2 串联构成，$C_1=\varepsilon_1 A/\omega_1$，$C_2=\varepsilon_2 A/\omega_2$，其中 ε_1 和 ε_2 为介电常数，ω_1 和 ω_2 为耗损区的宽度，A 为接触面积。在本节中，Si 的介电松弛时间 ($\varepsilon_1\rho_1$) 设为 10^{-11}s，ta-C:B 的介电松弛时间 ($\varepsilon_2\rho_2$) 设为 $10^{-9}\sim10^{-12}$ s，ρ_1 和 ρ_2 分别为 Si 和 ta-C:B 的电阻率。简单起见，我们忽略掉 Si 和 ta-C:B 的体电容、ta-C:B 的内阻 R_s(与测量频率有关)和极化电容 C_p，而只考虑异质结两边的耗损区电容和界面态。根据 Donnelly-Milnes 模型，可以得到负向偏压($|V_{rev}|$)与异质结总电容(C)关系式为

$$\frac{1}{C^2} = \frac{2}{q}\left(\frac{1}{\varepsilon_1 N_a} + \frac{1}{\varepsilon_2 N_d}\right)\left(|V_{rev}| + V_{int}\right) \qquad (4\text{-}37)$$

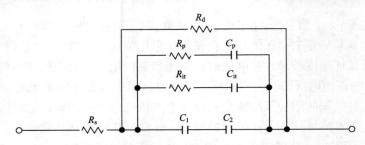

图 4-44　ta-C:B/Si 异质结二极管的等效电路

R_s 为串联总电阻；R_d 为阶跃电阻；C_p 为极化电容；$R_p=\tau_m/C_p$，τ_m 为时间常数；C_{it} 为界面态电荷电容；
$R_{it}=\tau_m/C_{it}$；C_1 和 C_2 分别为异质结两边的耗损电容

式中，N_a、N_d 分别为 Si 和 ta-C:B 的掺杂浓度；V_{int} 为电压的截距，与带边的不连续度和界面电荷（qN_{it}）有关。

在界面电荷存在的情况下，V_{int} 为有效扩散势能。

$$V_{int} = V_D - \frac{N_{it}^2}{2(\varepsilon_1 N_a + \varepsilon_2 N_a)} \tag{4-38}$$

V_D 是在没有界面电荷时 p-n 结的理想内建势，它可以表示为

$$qV_D = q(V_{D1} + V_{D2}) = E_{g1} + \Delta E_C - (\delta_{v1} + \delta_{c2}) \tag{4-39}$$

式中，δ_{v1} 和 δ_{c1} 分别为 p、n 层各自能带边与费米能级之间的距离；ΔE_C 为 p、n 层电子亲和势之差，且有

$$\Delta E_C = \chi_1 - \chi_2 \tag{4-40}$$

$$\Delta E_C + \Delta E_V = E_{g2} - E_{g1} \tag{4-41}$$

式中，$\chi_1 \approx 2.9 \sim 3.0$ eV、$\chi_2 \approx 4.01$ eV 分别为 Si 和 ta-C:B 的电子亲和势（即 $\Delta E_C \approx 1.0$eV），E_{g1} 和 E_{g2} 分别为 Si 和 ta-C:B 的带隙宽度。

图 4-45 为实验测得的 ta-C:B/n-Si 异质结在不同负偏压下的阻抗谱，其中 B 的含量为 6.04 at%。从图中可以看出，当电压＜1.0 V 时，阻抗谱出现两个圆弧，因此拟合分析时采用两节电容串联电路，其中一个是 p-n 结的总电容，另一个是探针与薄膜表面 Ag 电极接触时产生的接触电容。

根据阻抗谱分析的结果，我们绘制 $1/C^2$-$|V_{rev}|$曲线，如图 4-46 所示。从图中可以看出，当$|V_{rev}|<1.4$ eV 时，$1/C^2$ 与$|V_{rev}|$保持很好的线性关系，表明 p-n 结两端的掺杂能级在空间上是统一的。

将图中数据进行线性拟合，可得到 $1/C^2$ 与$|V_{rev}|$之间的函数关系为

$$\frac{1}{C^2} = 0.58 \times |V_{rev}| + 4.1 \tag{4-42}$$

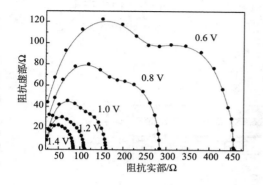

图 4-45　不同电压下典型 ta-C:B/n-Si 异质结电
化学阻抗谱(6.04at% B)

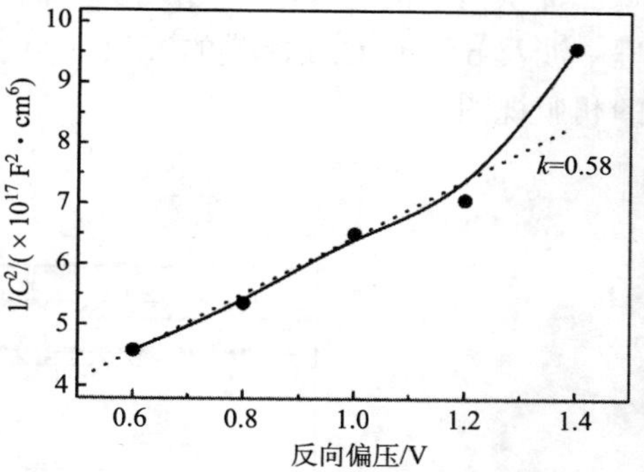

图 4-46　ta-C:B/Si 异质结二极管在负偏压下
电容特性

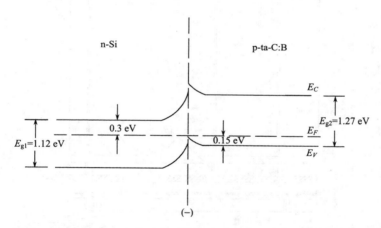

图 4-47　界面存在负电荷时典型 p-ta-C:B/n-Si 异质结平衡能带示意图

将式(4-42)与式(4-37)进行比较，计算得到 $N_d \approx 1.09 \times 10^{15}\ \mathrm{cm^{-3}}$，$V_D \approx 1.70\ \mathrm{V}$，$N_{it} = 1.02 \times 10^{11}\ \mathrm{cm^{-2}}$。值得提及的是，以上参数是以界面态密度为最小值时进行估算的，而在实际情况下由于偶极子的作用，界面态密度可能会更大。根据以上参数，我们可以直接画出 p-ta-C:B/n-Si 异质结的能带结构图，如图 4-47 所示。

4.5　非晶金刚石薄膜的光伏应用

4.5.1　电池制备工艺流程

传统制备 a-Si:H 太阳电池主要步骤包括清洗透明导电玻璃、红外激光刻导电膜、等离子体增强化学气机沉积(PECVD)法沉积非晶硅薄膜、绿激光刻非晶硅薄膜、沉积铝电极、绿激光刻电极、测试和封装等。在本书中，由于在电池制备过程中涉及 p 型 ta-C:B 薄膜的沉积，因此相应步骤有所不同。图 4-48 为电池的主视图和俯视图。

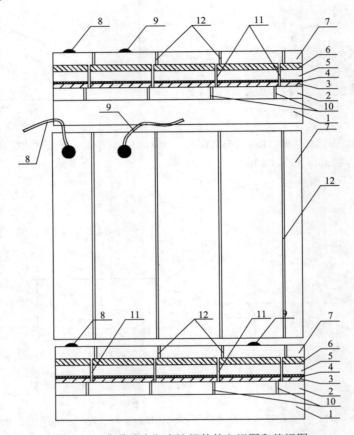

图 4-48　非晶硅太阳电池组件的主视图和俯视图

1. 浮法玻璃；2. SnO$_2$:F 导电薄膜；3. p-ta-C:B 薄膜；4. p-a-Si:H(C)薄膜；5. i-a-Si:H 薄膜；6. n-a-Si:H 薄膜；
7. 铝膜；8、9. 激光刻电极；10. 激光刻划线；11、12. 硅刻线

4.5.2　掺硼非晶金刚石为窗口层的非晶硅太阳电池性能

太阳电池可以把光能(通常是可见光)转换为电能。当入射光中光子的能量大于半导体带隙时，电池中就会产生电子-空穴对，从而实现能量的转换。电学上具有非对称的 p-n 结会使产生的光生载流子按一定的方向流动。由此形成的电流叠加在 p-n 结的正常整流电流上，使 *I-V* 特性曲线整体移动，其移动的大小依赖于光强，其中曲线的一部分被推入第 4 象限。和普通的电化学电池一样，太阳电池

的两端可提供电能，太阳电池最重要的参数是它的成本及光电转换效率。

　　太阳电池的转换效率取决于太阳光中的光子，只要光子具有足够的能量，能够把一个电子从价带激发到导带产生一个电子-空穴对，那么无论该光子的能量究竟是对应于长波段的红光，还是对应于短波段的蓝光并不重要。因此太阳电池的输出功率取决于入射光中的光子数，而非入射光中的功率部分。为了便于比较，通常采用标准照度和特定谱线特性来描述太阳电池的性能。由于二极管暗态时的 I-V 特性与温度有关，太阳电池的性能会随温度发生变化，因此温度是一个需要给定的参数。

　　太阳电池性能的测量还需要标准的太阳光谱。早在 20 世纪 80 年代初期，人们就制定了用于测量太阳电池的标准太阳光谱，现已被世界各地所接受。太阳在地球的大气层外，在地球绕太阳的平均距离上，太阳光的强度变化非常小，可以将其视为定值。目前公认的太阳光垂直截面上的标准值为 1367 W/cm²。在地面上除了夜晚的太阳被遮住外，即使在晴天，由于大气层的散射和吸收，太阳光的强度也是有变化的。这种强度的变化与光传播路径上通过的大气厚度或经过的大气质量有关。大气质量定义为 $1/\cos\Phi$，其中 Φ 为太阳光线与法向的夹角。晴朗的天空下，太阳光辐照强度的最大值对应于太阳正好过头顶上的时候（大气质量为 1 的条件下），其对应的峰值照度约为 1 kW/m²。地面上，太阳电池的性能是以更具有代表性的大气质量为 1.5（AM$_{1.5}$）时的光谱为参照确定的。

　　太阳电池的能量转化效率可以通过直接计算亮态时 p-n 结二极管的输出功率得到，如图 4-49 所示。短路电流（I_{sc}）时的电流上限可由入射太阳光中光子能量能够产生的电子-空穴对的对数确定。

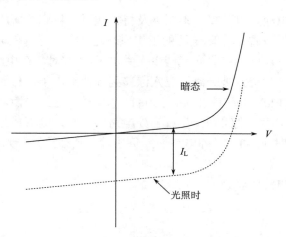

图 4-49　p-n 结二极管在暗态（实线）和光照时（虚线）的电流-电压特性

这些光子中的一部分在有效集电区内产生电子-空穴对,于是构成 I_{sc}。在辐照条件下,开路电压 V_{oc} 可以通过修正二极管方程得到。

$$I = I_0(e^{qV/nkT} - 1) - I_L \tag{4-43}$$

式中,I_0 为二极管的暗态饱和电流;kT/q 为热电压;n 为品质因子(理想晶体管为1);I_L 为光产生电流,也就是使 I-V 曲线向第 4 象限移动的部分,大部分情况下它等于 I_{sc}。I_0 由二极管的几何尺寸和其他设计与材料参数决定,如掺杂水平、表面复合率等。由式(4-43)可得 V_{oc}

$$V_{oc} = \frac{nkT}{q}\ln(\frac{I_L}{I_0} + 1) \tag{4-44}$$

尽管式(4-44)从表面上看,品质因子 n 越大,温度 T 越高时开路电压也越高。但式中 I_0 是至关重要的一项,并且与上述关系正好相反。由图 4-49 可见,电池的输出功率总是小于 $V_{oc}I_{sc}$ 的乘积。这一特性可通过引入第 3 个参数填充因子(FF)加以描述,FF 值始终小于 1,电池的输出功率为 $V_{oc}I_{sc}$(FF),通过寻找 IV 乘积的最大值再除以 $V_{oc}I_{sc}$ 求得,尽管不存在显式的解析公式,FF 可由式(4-45)经验公式给出。

$$FF = \frac{v_{oc} - \ln(v_{oc} + 0.72)}{v_{oc} + 1} \tag{4-45}$$

式中,v_{oc} 为归一化的开路电压,即 $V_{oc}/(nkT/q)$。当 $v_{oc} > 15$ 时,该公式的精度可达到 4 位有效数字。实际上,由于受串联和并联电阻的影响,FF 值要低于理想值。

1. 非晶硅太阳电池的工作原理

非晶硅太阳电池是以玻璃、不锈钢及特种塑料为衬底的薄膜太阳电池,其结构如图 4-50 所示。非晶硅太阳电池的工作原理是基于半导体的光伏效应。当太阳光照射到电池上时,电池吸收光能产生光生电子-空穴对,在电池内建电势 V_b 的作用下,光生电子和空穴被分离,空穴漂移到 p 边,电子漂移到 n 边,形成光生电动势 V_L,V_L 与内建电势 V_b 相反,当 $|V_L| = |V_b|$ 时,达到平衡,光生电流 $I_L = 0$,V_L 达到最大值,称为开路电压 V_{oc};当外电路接通时,则形成最大光电流,称为短路电流 I_{sc},此时 $V_L = 0$;当外电路加入负载时,则维持某一光电压 V_L 和光电流 I_L。

非晶硅太阳电池的转换效率定义为

$$\eta = \frac{FF \cdot J_{sc} \cdot V_{oc}}{P_i} = \frac{J_m \cdot V_m}{P_i} \tag{4-46}$$

式中,P_i 为光入射到电池上的总功率密度;J_{sc} 为短路电流密度;FF 为电池的填充因子;V_{oc} 为开路电压;J_m、V_m 分别为电池在最大输出功率密度下工作的电流密度和电压，如图 4-51 所示。

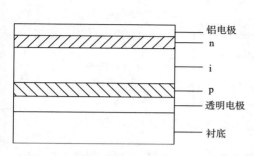

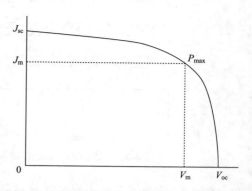

图 4-50　典型非晶硅太阳电池结构示意图　　图 4-51　典型的非晶硅太阳电池 *I-V* 特性曲线

在太阳电池领域，光谱响应是一项能够反映电池吸收太阳光各波段情况的重要指标，对指导太阳电池的研究和生产都有非常重要的意义。光谱响应就是光电器件在入射光的确定波长处所产生的光电流大小的定量度量。光谱响应测试分为相对光谱响应测试和绝对光谱响应测试。在用各种波长不同的单色光分别照射太阳电池时，由于光子能量不同及太阳电池对光的反射、吸收、光生载流子的收集效率等因素，在辐照度相同的条件下会产生不同的短路电流。以所得的短路电流密度与辐照度之比即单位辐照度所产生的短路电流密度与波长的函数关系来测绝对光谱响应，以光谱响应的最大值进行归一化的光谱响应来测相对光谱响应[92]。

光谱响应特性包含太阳电池的许多重要信息，同时又与测试条件有密切关系。当用单色光测量太阳电池的光谱响应时一般都要在模拟阳光的偏置光照射下进行测量，利用给定的阳光光谱辐照度和按照规定正确测得的绝对光谱响应数据，能够计算出标准条件下太阳电池的短路电流密度。

$$J_{sc}(AMN) = \int P_{AMN}(\lambda) \cdot S_a(\lambda) d\lambda \qquad (4-47)$$

式中，$P_{AMN}(\lambda)$ 为给定标准条件下大气质量为 N 的太阳光谱辐照度[W/(m²·μm)]；$S_a(\lambda)$ 为太阳电池绝对光谱响应 (A/W)。

2. p-ta-C:B/i-a-Si:H/n-a-Si:H 结构电池

图 4-52 为典型 p-ta-C:B/i-a-Si:H/n-a-Si:H 异质结太阳电池结构，其中 SnO₂:F 导电膜层、p-ta-C:B 层、i-a-Si:H 和 n-a-Si:H 层的厚度分别为 720 nm、12 nm、400 nm 和 50 nm。众所周知，对于 p-i-n 结构的 a-Si:H 太阳电池，其 p 层的厚度和掺杂浓度对电池的性能有着较大的影响。

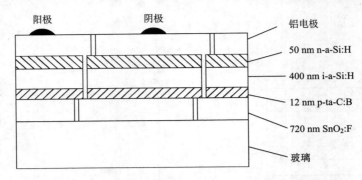

图 4-52　采用单层 ta-C:B 薄膜作为窗口层的电池结构示意图

图 4-53 给出了三种不同厚度 ta-C 薄膜窗口层 a-Si:H 太阳电池组件 (305 mm×
305 mm) 在 $AM_{1.5}$ 光照条件下测试的 $I\text{-}V$ 曲线，相应的电池参数如表 4-3 所示。从
表中可以看出，采用单一的 ta-C 薄膜作为电池的窗口层，其填充因子和转化效率
都非常低，仅为 27% 和 0.3% 左右。当 p 层厚度从 8 nm 增加到 12 nm 和 15 nm 时，
V_{oc} 先从 4.7 V 上升到 5.8 V，随即又下降至 4.4 V，相应的 I_{sc} 也先从 0.069 A 上升
至 0.169 A，然后又下降至 0.101 A。p 层太薄时，容易被 SnO_2:F 的突出颗粒穿透，
使电池短路，严重影响了电池的性能；p 层太厚时，会增加对太阳光的吸收，从
而减少在 i 层起作用的有效光子数，降低电池的输出效率。因此在本节中，我们
选择 12 nm 作为 p 层的最佳膜厚。

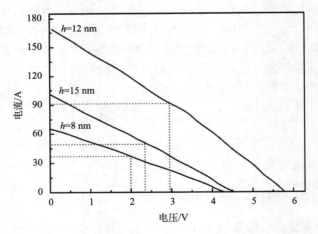

图 4-53　不同厚度 ta-C 薄膜窗口层非晶硅太阳
电池组件 (305 mm×305 mm) 的 $I\text{-}V$ 曲线

表 4-3　不同厚度 ta-C 薄膜窗口层太阳电池组件(305 mm×305 mm)的性能参数

ta-C 层厚/nm	V_{oc}/V	I_{sc}/A	FF/%	η /%
8	4.7	0.069	25.2	0.105
12	5.8	0.169	27.7	0.355
15	4.4	0.101	27.6	0.30

从表 4-4 中可以看出，电池的填充因子和转化效率仍然非常低，B 的掺入并没有使电池的填充因子和转化效率发生明显改变。当 B 含量由 0at%增加至3.51at%时，V_{oc} 基本保持在 5.8 V 左右，而 I_{sc} 迅速从 0.169 A 下降至 0.014 A。I_{sc}在高掺杂浓度时较低的原因主要是 B 的掺入降低了 ta-C:B 薄膜的带隙宽度，从而使电池的光谱相应向长波区域偏移。

表 4-4　不同 B 含量 ta-C:B 薄膜窗口层太阳电池组件(305 mm×305 mm)的性能参数

B 含量/at%	V_{oc}/V	I_{sc}/A	FF/%	η /%
0	5.8	0.169	27.7	0.30
1.65	5.6	0.124	27	0.30
3.51	5.8	0.014	22.2	0.03

3. p-ta-C:B/p-a-Si:H(C)/i-a-Si:H/n-a-Si:H 结构电池

从上面的研究分析可知，由于 p-ta-C:B 与 i-a-Si:H 之间存在着大量的界面态，因此采用单一的 ta-C:B 薄膜作为电池的窗口层，电池的转化效率大幅降低。基于此，我们在 p-ta-C:B 与 i-a-Si:H 之间引入 3 nm 厚的界面层 p-a-Si:H(C)，即在通入 SiH$_4$ 和 B$_2$H$_6$ 时，同时掺入少量的 CH$_4$ 气体。p-a-Si:H(C)的引入主要是用作p-ta-C:B 与 i-a-Si:H 之间的缓冲层，如图 4-54 所示。

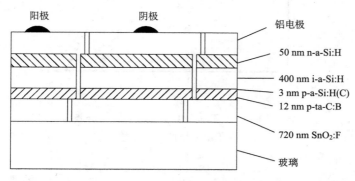

图 4-54　采用 ta-C:B/p-a-Si:H(C)复合膜作为窗口层的电池结构示意图

考虑到 ta-C:B 薄膜在 B 含量达到 3.51at%时，带隙宽度仅为 1.56 eV，不适合作为电池的窗口层，因此本节中只研究低 B 含量（<2.13at%）对电池性能的影响。图 4-55 给出了三种不同掺杂浓度的 p-ta-C:B 薄膜窗口层太阳电池组件（305 mm×305 mm）的 *I-V* 曲线，相应的电池组件的性能参数如图 4-56 所示。从图中可以看出，随着 B 含量的增加，电池组件的电压、填充因子和转化效率也在逐渐增大，这主要是因为 B 的掺入提高了 ta-C:B 的电导率，降低了组件的串联电阻。与本征 ta-C 相比，当 ta-C:B 薄膜的 B 含量为 2.13at%时，电池组件的电压升高了 5.6 V，填充因子和转化效率分别提高了 13.3%和 2.77%。而短路电流在 B 含量由 0at%增加到 1.65at%时，其值由 0.29 A 上升到 0.32 A，继续将 B 含量增加至 2.13at%时，电流又略微下降至 0.31 A，这可能是因为 ta-C:B 薄膜的带隙宽度在 2.13at%时略有降低。

为了便于比较，表 4-5 给出了最佳 ta-C:B 薄膜（2.13at%）窗口层太阳电池（1 cm×1 cm）和普通 a-Si:H 太阳电池（1 cm×1 cm）的性能参数。从表中可以看出，尽管两种电池的电压都为 0.80 V，但是与普通 a-Si:H 太阳电池相比，采用 ta-C:B 薄膜作为电池的窗口层，其电池的电流密度、填充因子和转化效率分别从 15.6 mA/cm^2、56.6%和 5.1%上升至 17.6 mA/cm^2、58.7%和 5.6%，*I-V* 曲线如图 4-57 所示。电池填充因子的提高是因为采用 ta-C:B 薄膜作为窗口层，电池的串联电阻明显降低。而电池电流密度的提高主要是因为电池在短波区域的光谱响应明显增强。

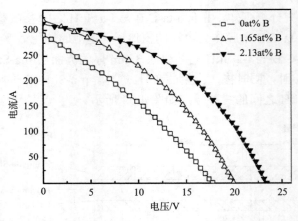

图 4-55　不同 B 含量 ta-C:B/ p-a-Si:H（C）复合膜窗口层
太阳电池组件 *I-V* 曲线

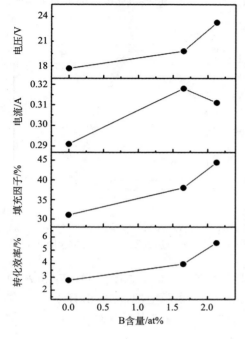

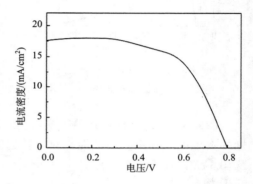

图 4-56　不同 B 含量 ta-C:B/ p-a-Si:H（C）复合膜窗口层太阳电池组件性能参数

图 4-57　典型 ta-C:B 薄膜（2.13at%）窗口层太阳电池（1 cm×1 cm）电流密度-电压曲线

表 4-5　典型 ta-C:B 薄膜（2.13at%）窗口层与普通 a-Si:H 太阳电池性能参数（1 cm×1 cm）

性能参数	p-ta-C:B	p-a-Si:H
V_{oc} /V	0.80	0.80
J_{sc} /(mA/cm^2)	17.6	15.6
填充因子/%	58.7	56.6
转化效率/%	5.6	5.1

　　图 4-58 为太阳光谱在不同波段的能量分布曲线。从图中可以看出，太阳光谱中心主要集中于 400～500 nm 的可见光区域，因此提高太阳电池在蓝光区域的光谱响应势必会提高电池的转化效率。

　　图 4-59 为普通 a-Si:H 太阳电池与典型 ta-C:B 薄膜窗口层太阳电池的光谱响应曲线。从图中可以看出，采用 ta-C:B 薄膜作为窗口层，电池的量子效率在短波区域，特别是在接近于太阳光谱的中心区域有了很大的提高，光谱响应出现了明显的蓝移现象。另外，从 600～400 nm 的短波长区域，普通 a-Si:H 太阳电池光谱

响应下降的趋势明显比 ta-C:B 薄膜窗口层太阳电池要陡峭，因此电池的短路电流
密度明显偏低。

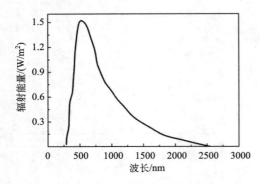

图 4-58　太阳光谱在不同波段的
能量分布曲线

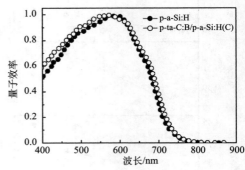

图 4-59　普通 a-Si:H 太阳电池与典型 ta-C:B
薄膜窗口层太阳电池光谱响应曲线

　　图 4-60 为典型 ta-C:B 薄膜窗口层太阳电池能带结构示意图，其中 E_F 和 E_a 分
别为费米能级和空穴激活能。对于普通的 a-Si:H 太阳电池，p-a-Si:H 的激活能
$E_a \approx 0.3$ eV，在不加外偏压时，内建势约为 1.2 V[93]。在非光照条件下，V_{oc} 可以表
示为[94]

$$V_{oc} = (nkT / q)\ln[(J_{sc} / J_0) + 1] \tag{4-48}$$

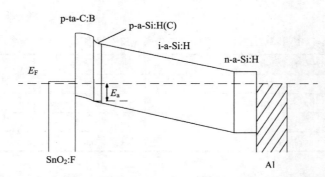

图 4-60　典型 ta-C:B/p-a-Si:H（C）复合窗口层 a-Si:H 太阳电池能带结构示意图

式中，J_0 为暗反向饱和电流密度；n 为二极管品质因子；q 为电荷大小；k 为玻尔
兹曼常量；T 是绝对温度。随着反向电荷密度 J_0 的增加，V_{oc} 逐渐减小。因此当正
向电流流过电池器件时，V_{oc} 变为 0.8 V。对于 ta-C:B 薄膜窗口层，其激活能 E_a
为 0.1~0.23 eV，低于 p-a-Si:H 激活能（0.3 eV）的大小，因此 V_{oc} 可能会比普通
a-Si:H 太阳电池高。但是，ta-C 薄膜中大量存在的缺陷会形成连续的带尾态，这
些缺陷态可能会成为光生载流子的复合中心，减少有效载流子的产率，因此当 B

含量为 2.13at%时，ta-C:B 薄膜窗口层太阳电池与普通 a-Si:H 太阳电池的电压都为 0.8 V。

4.6　小　　结

本章主要概述了掺硼非晶金刚石薄膜的制备，详细介绍了掺硼非晶金刚石薄膜的性能。首先，介绍了 B 含量对 ta-C:B 薄膜价键结构的热稳定性和内应力的影响，给出了薄膜内应力随 B 含量的变化规律，并提出微观解释；对 ta-C:B/n-Si 异质结 *C-V* 特性及典型 ta-C:B/n-Si 异质结能带结构示意图进行介绍；其次，将 ta-C:B 薄膜用作 p-i-n 结构非晶硅太阳电池的 p 型窗口层，并给出了 B 含量对电池性能的影响规律；在 ta-C:B 薄膜和非晶硅薄膜之间引入了 p-a-Si:H(C)界面层，可以改善电池的界面特性，提高电池的转化效率。

参 考 文 献

[1] Zhu H, Wei J, Wang K, Wu D. Applications of carbon materials in photovoltaic solar cells. Solar Energy Materials and Solar Cells, 2009, 93(9): 1461-1470.

[2] Ssen Z. Solar energy in progress and future research trends. Prog Energ Combust Sci, 2004, 30(4): 367-416.

[3] 郭志球, 沈辉, 刘正义, 闻立时. 太阳电池研究进展. 材料导报, 2006, 20(3): 41-51.

[4] 邓志杰, 王雁. 非晶硅太阳电池和全球太阳电池发电网. 稀土金属, 1999, 23(2): 142-146.

[5] 耿新华, 孙云, 王宗畔, 李长键. 薄膜太阳电池的研究进展. 物理, 1999, 28: 96-102.

[6] Amaratunga G A J, Segal D E, Mckenzie D R. Amorphous diamond-Si semiconductor heterojunctions. Appl Phys Lett, 1991, 59(1): 69-71.

[7] Veerasamy V S, Amaratunga G A J, Davis C A, Timbs A E, Milne W I, McKenzie D R. N-type doping of highly tetrahedral diamond-like amorphous-carbon. J Phys-Condens Mater, 1993, 5(13): 169-174.

[8] Amaratunga G A J, Veerasamy V S, Davis C A, Milne W I, McKenzie D R, Yuan J, Weiler M. Doping of highly tetrahedral amorphous-carbon. J Non-Cryst Solids, 1993, 166: 1119-1122.

[9] Ronning C, Griesmeier U, Gross M, Hofsass H C, Downing R G, Lamaze G P. Conduction processes in boron-and nitrogen-doped diamond-like carbon films prepared by mass-separated ion beam deposition. Diam Relat Mater, 1995, 4: 666-672.

[10] Chhowalla M, Yin Y, Amaratunga G A J, McKenzie D R, Frauenheim T. Highly tetrahedral amorphous carbon films with low stress. Appl Phys Lett, 1996, 69(16): 2344-2346.

[11] Sitch P K, Kohler T, Jungnickel G, Porezag D, Frauenheim T. A theoretical study of boron and nitrogen doping in tetrahedral amorphous carbon. Solid State Commun, 1996, 100(8): 549-553.

[12] Gambirasio A, Bernasconi M. *Ab initio* study of boron doping in tetrahedral amorphous carbon. Phys Rev B, 1999, 60(17): 12007-12014.

[13] Kleinsorge B, Ilie A, Chhowalla M, Fukarek W, Milne W I, Robertson J. Electrical and optical properties of boronated tetrahedrally bonded amorphous carbon(ta-C: B). Diam Relat Mater, 1998, 7(2-5): 472-476.

[14] 潘承璜, 赵良仲. 电子能谱基础. 北京: 科学出版社, 1981: 164-170.

[15] Zhao J P, Chen Z Y, Yu Y H, Wang X, Shi T S, Wong S P, Wilson I H, Yano T. Patterning of sp^3- and sp^2-bonded

carbon by atomic-force microscopy. J Appl Phys, 2001, 89(7): 3619-3621.

[16] Liu D P, Benstetter G, Frammelsberger W. Nanoscale electron field emissions from the bare, hydrogenated, and graphitelike-layer-covered tetrahedral amorphous carbon films. J Appl Phys, 2006, 99(4): 044303.

[17] Friedbacher G, Bfriedbacher G, Bouveresse E, Fuchs G, Schwarzbach D, Haubner R, Lux B. Pretreatment of silicon substrates for CVD diamond deposition studied by atomic-force microscopy. Appl Surf Sci, 1995, 84(2): 133-143.

[18] Ali K, Hirakuri K, Friedbacher G. Roughness and deposition mechanism of DLC films prepared by r. f. plasma glow discharge. Vacuum, 1998, 51(3): 363-368.

[19] Lifshitz Y. Diamond-like carbon-present status. Diam Relat Mater, 1999, 8(8-9): 1659-1676.

[20] Diaz J, Paolicelli G, Ferrer S, Comin F. Separation of the sp^3 and sp^2 components in the C1s photoemission spectra of amorphous carbon films. Phys Rev B, 1996, 54(11): 8064-8069.

[21] Sette F, Wertheim G K, Ma Y, Meigs G, Modesti S, Chen C T. Lifetime and screening of the C1s photoemission in graphite. Phys Rev B, 1990, 41(14): 9766-9770.

[22] Mizokawa Y, Miyasato T, Nakamura S, Geib K M, Wilmsen C W. The C KLL first-derivative x-ray photoelectron spectroscopy spectra as a fingerprint of the carbon state and the characterization of diamondlike carbon films. J Vac Sci Technol, 1987, 5(5): 2819-2822.

[23] Oñate J I, García A, Bellido V, Viviente J L. Deposition of hydrogenated B-C thin films and their mechanical and chemical characterization. Surf Coat Technol, 1991, 49(1-3): 548-553.

[24] Tay B K, Shi X, Tan H S, Chua D H C. Investigation of tetrahedral amorphous carbon films using x-ray photoelectron and Raman spectroscopy. Surf Interface Anal, 1999, 28: 231-234.

[25] Deshpande S V, Gulari E, Harris S J, Weiner A M. Filament activated chemical vapor deposition of boron carbide coatings. Appl Phys Lett, 1994, 65(14): 1757-1759.

[26] Kaner R B, Kouvetakis J, Warble C E, Sattler M L, Bartlett N. Boron-carbon-nitrogen materials of graphite-like structure. Mater Res Bull, 1987, 22(3): 399-404.

[27] Cermignani W, Paulson T E, Onneby C, Pantano C G. Synthesis and characterization of boron-doped carbons. Carbon, 1995, 33(4): 367-374.

[28] Jacobsohn L G, Schulze R K, da Costa M E H M, Nastasi M. X-ray photoelectron spectroscopy investigation of boron carbide films deposited by sputtering. Surf Sci, 2004, 572(2-3): 418-424.

[29] Zhu J Q, Han J C, Meng S H, Wang J H, Zheng W T. Correlations between substrate bias, microstructure and surface morphology of tetrahedral amorphous carbon films. Vacuum, 2003, 72(3): 285-290.

[30] Yan X Q, Li W J, Goto T, Chen M W. Raman spectroscopy of pressure-induced amorphous boron carbide. Appl Phys Lett, 2006, 88: 131905.

[31] Schwan J, Ulrich S, Batori V, Ehrhardt H, Silva S R P. Raman spectroscopy on amorphous carbon films. J Appl Phys, 1996, 80(1): 440-447.

[32] Papadimitriou D, Roupakas G, Dimitriadis C A, Logothetidis S. Raman scattering and photoluminescence of nitrogenated amorphous carbon films. J Appl Phys, 2002, 92(2): 870-875.

[33] Liu E, Shi X, Tay B K, Cheah L K, Tan H S, Shi J R, Sun Z. Micro-Raman spectroscopic analysis of tetrahedral amorphous carbon films deposited under varying conditions. J Appl Phys, 1999, 86(11): 6078-6083.

[34] Ager J W, Anders S, Anders A, Brown I G. Effect of intrinsic growth stress on the Raman spectra of vacuum-arc-deposited amorphous carbon films. Appl Phys Lett, 1995, 66(25): 3444-3446.

[35] Ferrari C, Kleinsorge B, Morrison N A, Hart A, Stolojan V, Robertson J. Stress reduction and bond stability during thermal annealing of tetrahedral amorphous carbon. J Appl Phys, 1999, 85(10): 7191-7197.

[36] Irmer G, Dorner-Reisel A. Micro-Raman studies on DLC coatings. Adv Eng Mater, 2005, 7(8): 694-705.

[37] Tamor M A, Vassell W C. Raman "fingerprinting" of amorphous carbon films. J Appl Phys, 1994, 76(6): 3823-3830.

[38] Pimenta M A, Dresselhaus G, Dresselhaus M S, Cancado L G, Jorio A, Saito R. Studying disorder in graphite-based systems by Raman spectroscopy. Phys Chem Chem Phys, 2007, 9(11): 1276-1290.

[39] Robertson J. Diamond-like amorphous carbon. Mater Sci Eng R, 2002, 37(4-6): 129-281.

[40] 黄昆, 韩汝琦. 固体物理学. 北京: 高等教育出版社, 1988: 153-228.

[41] Robertson J. Amorphous carbon. Adv Phys, 1986, 35(4): 317-374.

[42] Zhao J P, Chen Z Y, Yano T, Ooie T, Yoneda M, Sakakibara J. Core-level and valence-band characteristics of carbon nitride films with high nitrogen content. Applied Physics A: Materials Science & Processing, 2001, 73(1): 97-101.

[43] McFeely F R, Kowalczyk S P, Ley L, Cavell R G, Pollak R A, Shirley D A. X-ray photoemission studies of diamond, graphite, and glassy carbon valence bands. Phys Rev B, 1974, 9(12): 5268-5278.

[44] Seo S C, Ingram D C. Fine structures of valence-band, x-ray-excited Auger electron, and plasmon energy loss spectra of diamondlike carbon films obtained using x-ray photoelectron spectroscopy. J Vac Sci Technol A: Vacuum, Surfaces, and Films, 1997, 15(5): 2463-2824.

[45] Lascovich J C, Giorgi R, Scaglione S. Evaluation of the sp^2/sp^3 ratio in amorphous carbon structure by XPS and XAES. Appl Surf Sci, 1991, 47(1): 17-21.

[46] Bhattacharyya S, Cardinaud C, Turban G. Spectroscopic determination of the structure of amorphous nitrogenated carbon films. J Appl Phys, 1998, 83(8): 4491-4500.

[47] Painter G S, Ellis D E. Electronic band structure and optical properties of graphite from a variational approach. Phys Rev B, 1970, 1(12): 4747-4752.

[48] Wesner D, Krummacher S, Carr R, Sham T K, Strongin M, Eberhardt W, Weng S L, Williams G, Howells M, Kampas F, Heald S, Smith F W. Synchrotron-radiation studies of the transition of hydrogenated amorphous carbon to graphitic carbon. Phys Rev B, 1983, 28(4): 2152-2156.

[49] Speranza G, Calliari L, Laidani N, Anderle M. Semi-quantitative description of C hybridization via s- and p-partial density of states probing: an electron spectroscopy study. Diam Relat Mater, 2000, 9(11): 1856-1861.

[50] Ronning C, Schwen D, Eyhusen S, Vetter U, Hofsäss H. Ion beam synthesis of boron carbide thin films. Surf Coat Technol, 2002, 158-159: 382-387.

[51] Lascovich J C, Rosato V. Analysis of the electronic structure of hydrogenated amorphous carbon via auger spectroscopy. Appl Surf Sci, 1999, 152(1-2): 10-18.

[52] Savitzky A, Golay M J E. Smoothing and differentiation of data by simplified least squares procedures. Anal Chem, 1964, 36(8): 1627-1639.

[53] Alvarez F, Victoria N M, Hammer P, Freire F L, Santos M C. Infrared analysis of deuterated carbon-nitrogen films obtained by dual-ion-beam-assisted-deposition. Appl Phys Lett, 1998, 73(8): 1065-1067.

[54] Annen A, Saß M, Beckmann R, von Keudell A, Jacob W. Structure of plasma-deposited amorphous hydrogenated boron-carbon thin films. Thin Solid Films, 1998, 312(1-2): 147-155.

[55] Shirai K, Emura S, Gonda S. Infrared study of amorphous $B_{1-x}C_x$ films. J Appl Phys, 1995, 78(5): 3392-3400.

[56] Kaufman J H, Metin S, Saperstein D D. Symmetry breaking in nitrogen-doped amorphous carbon: Infrared observation of the Raman-active G and D bands. Phys Rev B, 1989, 39(18): 13053-13060.

[57] Rodil S E. Infrared spectra of amorphous carbon based materials. Diam Relat Mater, 2005, 14(8): 1262-1269.

[58] Lucovsky G, Martin R M, Burstein E. Localized effective charges in diatomic crystals. Phys Rev B, 1971, 4(4): 1367-1374.

[59] Ferrari C, Rodil S E, Robertson J. Interpretation of infrared and Raman spectra of amorphous carbon nitrides. Phys Rev B, 2003, 67(15): 155306.

[60] Kim J G, Yu J. A study on the residual stress measurement methods on chemical vapor deposition diamond films. J Mater Res, 1998, 13(11): 3027-3033 .

[61] 钱劲. 一种新型微流量计的设计、制备及力学分析. 北京: 中国科学院研究生院, 2003: 56-57.

[62] Zhang Y B, Lau S P, Sheeja D, Tay B K. Study of mechanical properties and stress of tetrahedral amorphous carbon films prepared by pulse biasing. Surf Coat Technol, 2005, 195(2-3): 338-343.

[63] Sheeja D, Tay B K, Leong K W, Lee C H. Effect of film thickness on the stress and adhesion of diamond-like carbon

coatings. Diam Relat Mater, 2002, 11(9): 1643-1647.

[64] Chhowalla M, Yin Y, Amaratunga G A J, McKenzie D R, Frauenheim T. Boronated tetrahedral amorphous carbon(ta-C: B). Diam Relat Mater, 1997, 6(2-4): 207-211.

[65] McKenzie R, Muller D, Pailthorpe B A. Compressive-stress-induced formation of thin-film tetrahedral amorphous carbon. Phys Rev Lett, 1991, 67(6): 773-776.

[66] McCulloch G, Gerstner E G, McKenzie D R, Prawer S, Kalish R. Ion implantation in tetrahedral amorphous carbon. Phys Rev B, 1995, 52(2): 850-857.

[67] Schwan J, Ulrich S, Theel T, Roth H, Ehrhardt H, Becker P, Silva S R P. Stress-induced formation of high-density amorphous carbon thin films. J Appl Phys, 1997, 82(12): 6024-6030.

[68] Siegal M P, Barbour J C, Provencio P N, Tallant D R, Friedmann T A. Amorphous-tetrahedral diamondlike carbon layered structures resulting from film growth energetics. Appl Phys Lett, 1998, 73(6): 759-761.

[69] Ferrari C, Libassi A, Tanner B K, Stolojan V, Yuan J, Brown L M, Rodil S E, Kleinsorge B, Robertson J. Density, sp^3 fraction, and cross-sectional structure of amorphous carbon films determined by x-ray reflectivity and electron energy-loss spectroscopy. Phys Rev B, 2000, 62(16): 11089-11103.

[70] Sullivan J P, Friedmann T A, Baca A G. Stress relaxation and thermal evolution of film properties in amorphous carbon. J Electron Mater, 1997, 26: 1021-1024.

[71] Ferrari C, Rodil S E, Robertson J, Milne W I. Is stress necessary to stabilise sp^3 bonding in diamond-like carbon. Diam Relat Mater. 2002, 11(3-6): 994-999.

[72] 黎明, 温诗铸. 纳米压痕技术及其应用. 中国机械工程, 2002, 13(16): 1437-1440.

[73] Malzbender J, den Toonder J M J, Balkenende A R, de With G. Measuring mechanical properties of coatings: a methodology applied to nano-particle-filled sol-gel coatings on glass. Mater Sci Eng R, 2002, 36(2-3): 47-103.

[74] Sattel S, Robertson J, Ehrhardt H. Effects of deposition temperature on the properties of hydrogenated tetrahedral amorphous carbon. J Appl Phys, 1997, 82(9): 4566-4576.

[75] Phillips J C. Topology of covalent non-crystalline solids I: short-range order in chalcogenide alloys. J Non-Cryst Solids, 1979, 34(2): 153-181.

[76] Thorpe M F. Continuous deformations in random networks. J Non-Cryst Solids, 1983, 57(3): 355-370.

[77] Ferrari C, Robertson J. Interpretation of Raman spectra of disordered and amorphous carbon. Phys Rev B, 2000, 61(20): 14095-14107.

[78] Vasilets V N, Hirose A, Yang Q, Singh A, Sammynaiken R, Foursa M, Shulga Y M. Characterization of doped diamond-like carbon films deposited by hot wire plasma sputtering of graphite. Appl Phys A-Mater Sci Proc, 2004, 79(8): 2079-2084.

[79] Tay K, Shi X, Cheah L K, Flynn D I. Optical properties of tetrahedral amorphous carbon films determined by spectroscopic ellipsometry. Thin Solid Films, 1997, 308-309: 268-272.

[80] Canillas A, Polo M C, Andújar J L, Sancho J, Bosch S, Robertson J, Milne W I. Spectroscopic ellipsometric study of tetrahedral amorphous carbon films: optical properties and modeling. Diam Relat Mater, 2001, 10(3-7): 1132-1136.

[81] Lossy R, Pappas D L, Roy R A, Doyle J P, Bruley J. Properties of amorphous diamond films prepared by a filtered cathodic arc. J Appl Phys, 1995, 77(9): 4750-4756.

[82] Chen Z Y, Zhao J P. Optical constants of tetrahedral amorphous carbon films in the infrared region and at a wavelength of 633 nm. J Appl Phys, 2000, 87(9): 4268-4273.

[83] Su Q F, Xia Y B, Wang L J, Liu J M, Shi W M. Optical and electrical properties of different oriented CVD diamond films. Appl Surf Sci, 2006, 252(23): 8239-8242.

[84] 汪贵华, 杨伟毅, 常本康. 高增透的类金刚石碳膜的红外吸收特性研究. 光学学报, 2000, 20(5): 638-641.

[85] Dasgupta D, Demichelis F, Pirri C F, Tagliaferro A. π bands and gap states from optical absorption and electron-spin-resonance studies on amorphous carbon and amorphous hydrogenated carbon films. Phys Rev B, 1991, 43(3): 2131-2135.

[86] Wei A I, Chen D H, Peng S Q, Ke N, Wong S P. Optical and electrical characteristics of amorphous diamond films.

Diam Relat Mater, 1997, 6(8): 983-986.

[87] Shi X, Cheah L K, Tay B K. Spectroscopic ellipsometry studies of tetrahedral amorphous carbon prepared by filtered cathodic vacuum arc technique. Thin Solid Films, 1998, 312(1-2): 160-169.

[88] 刘恩科, 朱秉升, 罗晋生, 等. 半导体物理学. 6 版. 北京: 国防工业出版社, 2003: 153-159.

[89] Robertson J. Defects in diamond-like carbon. Physica Status Solidi A, 2001, 186(2): 177-185.

[90] Veerasamy V S, Amaratunga G A J, Park J S, Mackenzie H S, Milne W I. Properties of n-type tetrahedral amorphous-carbon(ta-C)p-type crystalline silicon heterojunction diodes. IEEE T Electron Dev, 1995, 42(4): 577-585.

[91] Donnelly J P, Milnes A G. The capacitance of p-n heterojunctions including the effects of interface states. IEEE T Electron Dev, 1967, 14(2): 63.

[92] 机械电子工业部. 太阳电池光谱响应测试方法. GB 11009-89, 1990.

[93] Khan R U A, Silva S R P, van Swaaij R A C M M. Polymeric amorphous carbon as p-type window within amorphous silicon solar cells. Appl Phys Lett, 2003, 82(22): 3979-3981.

[94] Dutta U, Chatterjee P. The open circuit voltage in amorphous silicon p-i-n solar cells and its relationship to material, device and dark diode parameters. J Appl Phys, 2004, 96(4): 2261-2271.

第5章

非晶金刚石生物电极

生命科学相关领域的研究通常要借助生物传感器测定生命活动中物质含量及变化规律，探索生命活动的机理。生物传感器是利用具有分子识别功能的生物物质对特定物质进行选择性提取，将生化反应转换为电信号，并通过信号转换部分(转换器/电极/载体)转化为可接收的特征检测信号，以获取复杂体系的组成信息。因此，选择性能优良的检测元件——生物电极是生物传感技术成功应用的关键问题之一，生物化学学者和材料学者一直在不遗余力地寻找性能优良的生物电极材料。

生物电极通常要具备以下的特点：导电性、生物相容性良好，耐溶液及生物环境腐蚀，有一定的力学强度、可修饰性、长期稳定性，表面易处理，经济耐用等。最早使用的电极材料为汞电极，它具有许多突出的优点，如易极化、重现性好、能与许多金属生成汞齐，因而得到了广泛的应用。但是汞有毒且不能在正电位区使用，因此无法对正电位下发生氧化反应的生物分子进行分析检测[1]。此后，以金和铂为代表的贵金属电极也被用作分析电极，然而这些电极容易被检测液污染，生物相容性差，难以实现体内的在线检测。相比之下，碳素电极以其良好的生物相容性被沿用至今。然而传统的碳素电极(石墨电极、玻碳电极、活性碳电极等)在使用中存在着许多缺陷，例如，石墨电极耐溶液侵蚀和腐蚀性能差；玻碳电极的表面不能随时更新，电极信号重现性较差，必须在每次使用前进行仔细的机械、化学和电化学等处理以获得光滑清新的表面；高孔隙率的活性碳电极容易吸附生物活性物质而使电极钝化和毒化；碳纤维和碳纳米管虽然具有良好的催化活性，但是力学强度低，所以通常被用在其他电极的表面而实现表面的功能化。

1997年，Schlesinger等提出将非晶金刚石薄膜作为电极材料，并有望用于电分析领域[2]。非晶金刚石薄膜具有类似于金刚石的四面体结构和许多优良的物理化学特性，如良好的化学稳定性、较高的硬度和优异的抗磨损性能，良好的生物力学性能和生物相容性[3]。非晶金刚石薄膜优良的化学稳定性和抗腐蚀能力表明其可以用作电极材料并抵御化学溶液的腐蚀[4]。此外，非晶金刚石薄膜具有不同于金刚石薄膜的低成膜温度(可在室温下沉积)、原子光滑的表面及易于均匀而大面积沉积的特点，成为有望取代金刚石电极的新型碳电极材料[5]。但是未掺杂的非晶金刚石薄膜电阻率高，可达 $10^7 \sim 10^8 \, \Omega \cdot cm$，导电性能差，因此必须对其掺杂以改善电学性能。目前，俄罗斯科学院、美国天主教大学、法国国家科研中心、新加坡南洋理工大学等几个研究机构都对非晶金刚石薄膜电极的性能和应用进行了初步的研究[6,7]。与国外相比，国内对非晶金刚石薄膜电极的研究更为有限，只有北京师范大学的汪正浩对掺氮非晶金刚石薄膜电极的光电化学基本性质进行了初步的探讨[8]。因此，需要投入更多的精力研制出高稳定性、高催化性、具有良好的动力学行为、强耐腐蚀、生物相容、可重复利用和长期使用而又满足经济、制备简单、易于工业化和商业化的非晶金刚石生物电极材料，从而最终实现原位检测生物分子，研究其生命活动过程和代谢机理。本章将主要围绕掺磷非晶金刚石的制备、性能及其在生物电极方面应用等进行介绍。

5.1　掺磷非晶金刚石概述

5.1.1　掺磷非晶金刚石的研究进展

目前，国外有许多关于掺磷非晶金刚石(ta-C:P)薄膜的报道，掺杂方式有气相掺杂和固相掺杂两种，各种方法的比较列于表 5-1 中。1993 年，Veerasamy 等将石墨和红磷粉末混合，压制成靶材，通过 FCVA 技术首次制备 ta-C:P 薄膜[9]。他们研究发现，石墨靶中掺入 1%的红磷粉末得到的 ta-C:P 薄膜电阻率由 $10^7 \, \Omega \cdot cm$ 下降到 $5 \, \Omega \cdot cm$，激活能减小。霍尔效应和 $I\text{-}V$ 曲线测试证明实现了有效的 n 型掺杂。

表 5-1　不同方法制备/模拟的掺磷非晶金刚石薄膜的基本信息

研究者	沉积方法	原材料	主要结论	应用
V. S. Veerasamy	FCVA	石墨/红磷	电阻率降低 6 个数量级 形成有效 n 型掺杂	—
M. M. Golzan	FCVA	石墨/红磷	自旋密度降低	—
K. M. Krishna	热解和离子束溅射	樟脑/红磷	光伏特性	太阳电池
C. L. Tsai	PECVD	CH_4+H_2/$P(OCH_3)_3$	场发射电压减小 场发射电流增加	场发射阵列
S. R. J. Pearce	PECVD	CH_4/PH_3	P/C＝3∶1 形成碳磷化合物	—
F. Claeyssens	第一性原理计算	—	有周期性排列的晶体结构，良导体材料	—
M. Rusop	PLD	石墨/红磷	最高能量转化效率 1.14%，填充因子 0.41	太阳电池

续表

研究者	沉积方法	原材料	主要结论	应用
S. C. H. Kwok	PIII	C_2H_2/红磷	表面亲水，血小板吸附和激活降低	生物涂层
王进	PIII	C_2H_2/红磷	表面亲水，血小板吸附和激活降低	生物涂层
万山红	电化学沉积	三苯基膦/甲醇	石墨化，sp^2 杂化含量增加，粗糙度增加	—
高巍	第一性原理计算	—	磷有四配位存在，比氮更易形成有效 n 型掺杂	—

1995 年，Golzan 采用 FCVA 技术得到 ta-C:P 薄膜，并发现磷的掺入破坏了 ta-C 薄膜高 sp^3 杂化含量的结构，而明显增加 sp^2 杂化键。薄膜中含有 3at%磷元素时，自旋密度降低两个数量级[10]。

Krishna 以樟脑为碳源，红磷为杂质源，通过热解和离子束溅射技术在 p 型硅基底上交替沉积 p 型 ta-C:B 和 n 型 ta-C:P，并用于太阳光伏电池的研究[11]。Tsai 用亚磷酸三甲酯[$P(OCH_3)_3$]和硼酸三甲酯[$B(OCH_3)_3$]作掺杂源与 CH_4 和 H_2 气体源混合，通过等离子体增强化学气相沉积(PECVD)制备出 ta-C:B 和 ta-C:P 薄膜。结果发现 ta-C:B 和 ta-C:P 薄膜的场发射电压由非掺杂的 15 V 分别降低到 5 V 和 8 V，场发射电流分别提高 80 倍和 20 倍，场发射性能得到很大提高，表明 ta-C:B 和 ta-C:P 适合于作为场发射阵列材料[12]。掺入其他元素可以在 ta-C 薄膜中引入施主能级或受主能级，引起材料能带结构的变化，增加总的电导率和载流子净流量，从而使 ta-C 薄膜的电学性能得到提高。二者相比，ta-C:P 比 ta-C:B 有更优良的场发射性能，这是由于掺磷可以更有效地提高电导率。

英国的 Pearce 以 CH_4 和磷烷(PH_3)为反应气，利用 PECVD 制备的薄膜中磷/碳原子比可达 3：1，形成碳磷化合物[13]。该研究组的 Claeyssens 利用第一性原理的密度泛函理论模拟了这些碳磷化合物的可能晶体结构，发现这些化合物可能是立方闪锌矿型结构，也可能是类似石墨的层间环状结构。C—P 键比 C—C 键更弱，C—P 键长和键角是随周围原子环境的变化而有区别的，但所有碳磷化合物都表现出稳定的周期结构，被认为是具有良好导电性的导体材料[14]。

Rusop 分别用脉冲激光沉积(PLD)方法和 PECVD 方法在 p 型硅基底上制备了 n 型 ta-C:P 薄膜[15,16]，以此制备的太阳电池最高能量转化效率可以达到 1.14%，填充因子为 0.41。

Kwok 和王进采用等离子体浸没离子注入与沉积技术制备出 ta-C:P 薄膜并对其生物相容性进行研究。结果发现磷的掺入改善了 ta-C 薄膜的润湿性，薄膜表面更加亲水，表面能提高，表面能中极化分量的比例增加。血小板黏附和激活的实验表明，血小板在 ta-C:P 表面的吸附数量减小，激活程度降低，发生凝血的概率减小。这归功于 ta-C:P 薄膜更高的极化/色散分量比值和更接近于生物介质的界面张力[17,18]。

中国科学院化学物理研究所的万山红以三苯基膦和甲醇为反应物，采用电化学沉积方法制备了 ta-C:P 薄膜，并分析了碳磷间的可能键合情况。磷的掺入引起薄膜的石墨化，薄膜表面粗糙度从 5 nm 增大到 16 nm[19]。

高巍利用分子动力学的第一性原理对不同磷含量、不同密度的 ta-C:P 薄膜进行了结构建模，计算其电子结构和光学吸收系数，分析磷掺杂对 ta-C 显微结构、电子结构及光学性质的影响，研究磷掺杂的机理。计算结果表明，磷原子有四种配位，随着薄膜中磷含量的增加，磷原子逐渐从两配位向五配位过渡。掺磷后费米能级明显从价带向导带移动，这表明掺磷有利于形成 n 型 ta-C:P 半导体材料。磷的电子态在碳原子的 π 和 π^* 之间都有较多的电子态分布，从而有利于电导率的提高。另外，磷掺入后，光学带隙有所降低。高巍也对掺氮非晶金刚石薄膜(ta-C:N)进行了模拟计算，结果显示氮在非晶金刚石的网络中主要以三配位形态存在，四配位比例很小。掺氮后碳网络中的 sp^3 杂化含量大大降低，费米能级未发生明显移动，因此不易形成有效 n 型掺杂。掺氮使导电性增强的主要原因是氮促使碳网络中的 sp^2 杂化含量增加，大大减小了光学带隙[20]。

通过以上对制备和模拟 ta-C:P 薄膜方法的比较可以总结得出：FCVA 技术具有极好的优越性，与化学气相法相比，其最大的优点是可在室温条件下进行，从而成本降低。通过此方法制备的 ta-C 具有很高的 sp^3 杂化含量(可达 80%以上)，薄膜致密，有良好的力学性能和化学稳定性。采用磷元素作为掺杂元素改善 ta-C 的导电行为，力求实现有效掺杂，提高掺杂效率。选用单晶硅或非晶硅制造业上常用的磷烷(PH_3)作为磷源，通过气体流量计控制沉积过程中磷元素的含量，避免不同比例的红磷/石墨混合粉末制作靶材的烦琐过程。因此本章主要介绍采用 FCVA 技术和 PH_3 掺杂源制备 ta-C:P 薄膜材料。

5.1.2　掺磷非晶金刚石的制备工艺

1. 薄膜制备和性能表征所需材料

制备薄膜的原材料：高纯石墨靶(纯度 99.999 %，直径 70 mm)、高纯磷烷气体(PH_3，纯度 99.9999 %)。采用的基底材料：p 型(100)硅片(厚度 725 μm，电阻率 50 Ω·cm)、p 型(111)导电硅片(厚度 380 μm，电阻率 0.01～0.02 Ω·cm)、高阻玻璃片、石英(10 mm×10 mm)、钛合金(TiAl₄V)(直径 10 mm)。所需化学药品(AR)：丙酮、乙醇、盐酸、硫酸、草酸钾、戊二醛、铁氰化钾、氯化钾、氯化钠、金氯酸、硼酸、磷酸氢二钠、磷酸二氢钠、硫酸铜、乙酸铅、硝酸镉、过氧化氢、盐酸多巴胺、抗坏血酸。

2. 沉积系统

薄膜制备采用 CS-2121 FCVA 沉积系统，设备外观及工作原理如图 5-1 和图 5-2 所示。沉积时，通过机械引弧装置敲击石墨靶（阴极），与接地的阳极间引燃真空电弧，产生碳的等离子体。在电磁场的作用下，利用离面双弯过滤管道滤掉宏观颗粒和中性粒子，纯的 C^+ 轰击真空仓内的 PH_3 气体使其电离。最后包含 C^+、P^- 和 H^+ 的等离子体沉积在固定于旋转卡盘的衬底上。为了确保电弧的稳定燃烧，需要定期切削阴极外缘，保持靶面平整。同时在过滤管道出口安置电磁线圈和驱动电路，用于聚焦离子束，并控制离子束在不同位置的停留时间，确保在直径为 250 mm 的沉积区域内膜厚均匀。

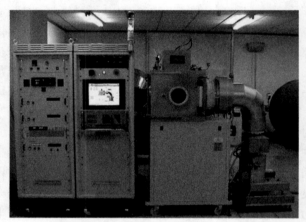

图 5-1 CS-2121 FCVA 沉积系统外观图

3. 样品制备

通过控制磷烷气体的流量和基底偏压，共制备 13 种 ta-C 和 ta-C:P 薄膜样品，具体工艺参数如表 5-2 所示。

表 5-2 制备 ta-C 和 ta-C:P 薄膜的工艺参数

样品	基底偏压/V	PH_3 流量/sccm	沉积时间/s	PH_3 分压/Torr
ta-C	−80	0	100~300	2.0×10^{-6}
ta-C:P-3sccm	−80	3	100~300	2.4×10^{-5}
ta-C:P-6sccm	−80	6	100~300	4.0×10^{-5}

续表

样品	基底偏压/V	PH₃流量/sccm	沉积时间/s	PH₃分压/Torr
ta-C:P-10sccm （ta-C:P-80V）	−80	10	100～300	8.6×10^{-5}
ta-C:P-15sccm	−80	15	100～300	1.2×10^{-4}
ta-C:P-20sccm	−80	20	100～300	1.7×10^{-4}
ta-C:P-30sccm	−80	30	100～300	2.7×10^{-4}
ta-C:P-0V	0	10	100～300	8.6×10^{-5}
ta-C:P-50V	−50	10	100～300	8.6×10^{-5}
ta-C:P-100V	−100	10	100～300	8.6×10^{-5}
ta-C:P-150V	−150	10	100～300	8.6×10^{-5}
ta-C:P-200V	−200	10	100～300	8.6×10^{-5}
ta-C:P-2000V	−2000	10	100～300	8.6×10^{-5}

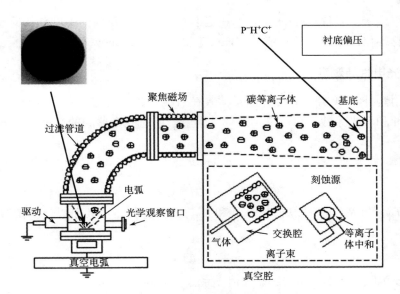

图 5-2 FCVA 沉积系统工作原理示意图

制备好的薄膜用于制作薄膜电极，用环氧树脂包覆硅片四周和背面，预留的薄膜表面为所研究的电极表面。在电极表面蒸发金点电极引线，便于采集测量的电信号。

5.1.3 掺磷非晶金刚石的实验表征

1. 结构表征

对于结构表征通常用到的手段有椭圆偏振分析测量薄膜厚度；激光拉曼光谱仪测定薄膜的微观结构；X 射线光电子谱仪(XPS)测定薄膜成分和键合结构；傅里叶红外光谱仪(FTIR)测定薄膜键合/振动情况。

2. 表面形貌分析

采用原子力显微镜(AFM)观察薄膜的表面形貌并测定表面均方根粗糙度(RMS)值。采用场发射扫描电子显微镜(SEM)观察薄膜表面在试验前后的形貌和表面物质的分布情况。利用 X 射线能谱(EDS)分析薄膜表面成分和元素分布。

3. 力学性能表征

采用纳米压入仪(nanoindenter)和连续刚度法测定薄膜的硬度和杨氏模量，采用表面轮廓仪测量硅片镀膜前后的曲率半径，采用 Stoney 方程计算薄膜应力。

4. 光电性能测定

采用紫外-可见分光光度计测量薄膜在石英衬底上的透射和反射光谱。薄膜的折射率 n 和消光系数 k 可以采用迭代法求解透明衬底上薄膜的光谱吸收方程进行确定。

$$T_{计算}(n,k,\lambda) - T_{实验}(\lambda) = 0 \tag{5-1}$$

$$R_{计算}(n,k,\lambda) - R_{实验}(\lambda) = 0 \tag{5-2}$$

式中，$T_{计算}$ 和 $R_{计算}$ 为计算值；$T_{实验}$ 和 $R_{实验}$ 为实验值。由此可以计算薄膜的吸收系数为

$$\alpha = 4\pi k / \lambda \tag{5-3}$$

式中，α 为吸收系数(cm^{-1})；k 为消光系数；λ 为波长(nm)。

通过绘制吸收系数-光子能量曲线，取 $\alpha = 10^{-4}\ cm^{-1}$ 时所对应的光子能量值为光学带隙(E_{04})的值。

采用数字源表和数字控温仪组成的高温电阻测试系统测试薄膜电阻率，采用阻抗分析仪和电化学界面测定 I-V 曲线。

5. 生物相容性测定

采用静态接触角测定仪测定蒸馏水和乙二醇在钛合金和薄膜表面的疏水性

能，计算表面能、表面能极化分量和色散分量及薄膜与液体间的界面能。水和乙二醇的表面能数据列于表 5-3 中。

表 5-3　水和乙二醇的表面能参数（dyn/cm）

试剂	表面能	色散分量	极化分量
水	72.8	21.8	51.0
乙二醇	48.3	29.3	19.0

溶血率试验中每种材料先取平行样品 3 份，清洗后置于硅化玻璃中，加入生理盐水（0.89% NaCl 溶液）10 mL，置于 37℃恒温水浴箱保温 30 min。取新鲜人血 20 mL，用 2%草酸钾抗凝，用 0.89% NaCl 溶液以 4：5（血液：稀释液）进行稀释。将 0.2 mL 稀释的血液加到装有样品的容器中，轻轻混匀，在 37℃水浴中继续保温 60 min。然后用高速离心机离心分离 5 min。在相同温度条件下，阳性对照用 10 mL 蒸馏水+0.2 mL 稀释血，阴性对照用 10 mL 生理盐水+0.2 mL 稀释血。吸取离心后的上清液，移入比色皿中，用 721 可见分光光度计在 545 nm 波长处测试各自的吸光度，根据式(5-4)计算溶血率。

$$\alpha = (D_t - D_{nc}) / (D_{pc} - D_{nc}) \tag{5-4}$$

式中，α 为溶血率(%)；D_t 为试验样品吸光度；D_{nc} 为阴性对照吸光度；D_{pc} 为阳性对照吸光度。

血小板黏附试验中先将新鲜人血离心，取离心后上部富含血小板的血浆（PRP），将每种材料 3 个平行样品置于其中，在 37℃恒温水浴保温 1 h。取出样品用生理盐水漂洗，然后用戊二醛固定，脱水脱醇，干燥后喷金，在 SEM 上观察血小板的形态和数量，每个样品任意选取 10 个视场（1.21 mm×10^{-2} mm）进行统计分析。借助图像处理软件获得血小板的参数，包括血小板黏附总数量、独立血小板数量、血小板面积和周长。不同材料之间结果的比较采用方差统计分析（ANOVA）方法，统计误差为 $p < 0.05$ 或 $p < 0.01$。

6. 耐腐蚀性能测定

采用电化学测试系统对钛合金和表面沉积薄膜的钛合金进行动电位极化测试，扫描速率为 1 mV/s。参比电极为饱和甘汞电极（SCE），辅助电极为铂片。样品应该在 0.89% NaCl 溶液中在开路状态下放置 6 h 后开始测量。腐蚀实验后样品的腐蚀形貌用 SEM 观察。

7. 电化学性能测定

利用电化学工作站测定薄膜电化学性能。采用循环伏安法测定薄膜电极在酸溶液中的电势窗口和背景电流；测定其对铁氰化钾的催化作用。在不同浓度的硫酸溶液中循环处理电极表面，测定电化学预处理后电极性能的变化。

采用循环伏安法在电极表面电镀金纳米粒子，镀液为含有 0.5 mmol/L HAuCl$_4$ 的 0.1 mol/L H$_3$BO$_4$ 和 H$_2$SO$_4$ 混合溶液(pH 1.4)。电镀时电极电势从 0.85 V 扫到 –0.05 V 再回扫至 0.85 V，扫描速率为 0.02 V/s。镀金后得到的 ta-C:P/Au 电极保存在氮环境下备用。利用暂态电流法研究金的沉积过程和成核生长机理。

采用差分脉冲伏安法测定薄膜电极对铜、铅、镉三种重金属离子共存体系的电化学响应，分析溶液中金属离子浓度与电极响应电流间的线性关系。测定多巴胺和抗坏血酸共存条件下二者在电极表面的竞争吸附过程，分析电极的有效工作范围。接下来将对掺磷非晶金刚石的各种性能进行详细的介绍。

5.2   掺磷非晶金刚石的结构和力学性能

5.2.1   掺磷非晶金刚石的结构

1. 成分分析

ta-C:P 薄膜的物理性质在很大程度上取决于薄膜中磷的含量，因此对磷含量进行定量分析是十分重要的。X 射线光电子谱线的强度变化反映了材料中各元素含量或浓度的变化，这里的含量一般是指样品中各元素的相对含量[21]。样品成分分析的原理在本书 4.2 节中已进行了详细的介绍。

图 5-3 为 ta-C 和 ta-C:P 薄膜的 XPS 光谱。比较图中 (a) 和 (b) 两条曲线，ta-C:P 薄膜的 XPS 在 (132.4±0.2) eV 和 (189.5±0.2) eV 位置出现两个新峰，分别代表磷的 2p 和 2s 谱线，表明 ta-C:P 薄膜中确实存在磷元素。在 (285.4±0.2) eV 的峰为 C1s 峰，磷的掺入使 C1s 峰向低结合能方向有略微的偏移，表明磷的掺入可能增加了薄膜中 sp^2 杂化碳原子的含量。在 (533.2±0.2) eV 的峰为 O1s 峰，当 ta-C:P 薄膜表面用氩离子溅射 1 min 后，ta-C:P 薄膜 XPS 谱线上 O1s 峰的强度明显降低甚至消失[图 5-3 (c)]，表明这些氧主要是空气和水蒸气中的氧吸附于薄膜表面的结果。

令碳元素的灵敏度因子为 1，则本实验中磷元素的灵敏度因子为 1.61，氧元素的灵敏度因子为 2.49。对 C、P、O 的对应峰积分并利用式 (5-8) 就可以计算薄膜近表面 C、P、O 元素的相对含量。表 5-4 和表 5-5 分别给出了不同磷烷流量和不同基底偏压下制备的 ta-C:P 薄膜的近表面成分。从表 5-4 看到，随沉积过程中 PH$_3$ 流量的增加，薄膜中磷的含量也随之增加。另外氧的含量也随薄膜中磷含量的增加而表现出增加的趋势。这可能是由于活性的磷元素增强了对空气中氧的吸附作用或可能在 ta-C:P 薄膜表面形成某种磷氧的化合物。表 5-5 的结果表明，在 –80 V 基底偏压下制备的 ta-C:P-80 V 薄膜具有最高的磷含量。偏压小于或大于

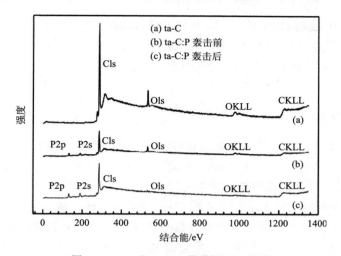

图 5-3　ta-C 和 ta-C:P 薄膜的 XPS 光谱

表 5-4　不同磷烷流量下制备的 ta-C 和 ta-C:P 薄膜的近表面成分

样品	C/at%	P/at%	O/at%	P/(C+P)
ta-C	91.0	0.00	9.0	0.0
ta-C:P-3sccm	86.6	3.1	10.3	3.5
ta-C:P-6sccm	83.5	5.2	11.3	5.8
ta-C:P-10sccm	82.2	6.0	11.8	6.8
ta-C:P-15sccm	81.5	7.1	11.4	8.1
ta-C:P-20sccm	80.5	7.3	12.2	8.4
ta-C:P-30sccm	68.8	13.9	17.3	16.8

表 5-5　不同基底偏压下制备的 ta-C:P 薄膜的近表面成分

样品	C/at%	P/at%	O/at%	P/(C+P)
ta-C:P-0V	84.8	4.4	10.8	4.9
ta-C:P-50V	82.84	5.07	12.09	5.77
ta-C:P-80V	82.2	6.0	11.8	6.8
ta-C:P-100V	82.91	5.42	11.67	6.14
ta-C:P-150V	84.0	4.1	11.9	4.6
ta-C:P-200V	84.1	4.0	11.9	4.5
ta-C:P-2000V	84.8	3.0	12.2	3.4

–80 V 时，薄膜中磷的含量减小。这说明–80 V 的偏压最有利于磷原子进入碳的网络。Pearce 研究也发现，当基底偏压为–130 V 时 a-C:P 薄膜中磷的含量达到峰值。这可能是由于过高能量的等离子体倾向于将薄膜中的磷溅射出去，从而减小薄膜中磷的含量[22]。

2. 表面形貌

图 5-4 为不同磷烷流量下制备的 ta-C 和 ta-C:P 薄膜的表面形貌。未掺杂的 ta-C 薄膜的 RMS 表面粗糙度为 0.29 nm，随着磷的掺入，薄膜表面出现一些不均匀的细小突起，且随磷含量的增加，突起的尺寸增大，表面粗糙度从 0.43 nm 增加到 1.45 nm。这表明磷的掺入增加了薄膜中 sp^2 杂化碳原子团簇，从而薄膜表面更加粗糙。图 5-5 中不同基底偏压下制备的 ta-C:P 薄膜的表面形貌也证实了这个结论。在 0 V 偏压下 ta-C:P-0V 薄膜的表面粗糙度为 0.94 nm，当偏压增加到 80 V 时 ta-C:P-80sccm 薄膜的表面粗糙度又略微减小。随着偏压继续增加，薄膜表面变得更加粗糙，且出现了一些纳米孔，表明薄膜更加疏松多孔，薄膜密度降低。

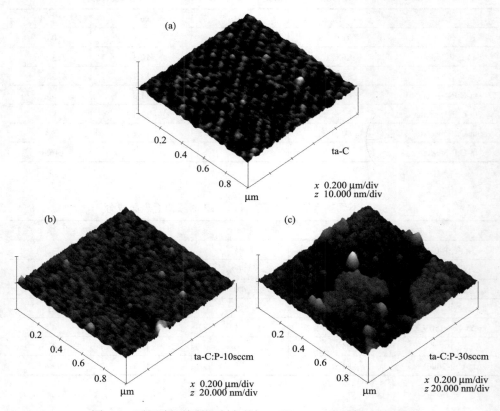

图 5-4　不同磷烷流量下制备的 ta-C 和 ta-C:P 薄膜的表面形貌

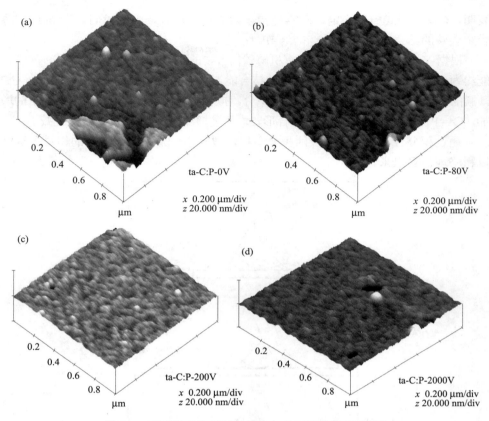

图 5-5 不同基底偏压下制备的 ta-C:P 薄膜的表面形貌

3. 微观结构

图 5-6 给出了不同磷烷流量下制备的 ta-C:P 薄膜的 C1s 核心谱。ta-C 薄膜的 C1s 核心谱位于 (285.5 ± 0.1) eV，半高宽约为 1.67 eV（图 5-7）。一般认为非晶金刚石薄膜的 C1s 核心谱主要源于 sp^2 和 sp^3 杂化的碳两个分量，这两个峰有相同的半高宽且能量相差 0.8～0.9 eV。由于薄膜表面吸附的氧会影响光谱曲线高能端的轮廓，因此我们用 4 个峰拟合 ta-C 薄膜的 C1s 核心谱，即 (284.6 ± 0.1) eV 为 C=C 峰（峰 B）、(285.5 ± 0.1) eV 为 C—C 峰（峰 D）、(286.9 ± 0.1) eV 为 C—O 峰（峰 E）、(288.2 ± 0.1) eV 为 C=O 峰（峰 F）。谱峰的线型采用 80% 的高斯峰+20% 的洛伦兹峰，谱峰的半高宽为 1.4 eV 左右。当磷掺入 ta-C 薄膜后，C1s 峰的峰位由 (285.5 ± 0.1) eV 移动到 (285.3 ± 0.1) eV，且 C1s 峰的半高宽从 1.67 eV 增加到 2.05 eV（图 5-7）。这表明磷的掺入改变了碳膜的结构，在碳网络中增加了新的键合形式。与氮元素相似，磷元素核外有 5 个电子，可以与碳形成单键、双键和三键。研究

表明，C≡P 形式极不稳定，很容易转化为 C═P 形式。因此我们认为 ta-C:P 薄膜中碳磷的结合形式以 C—P 和 C═P 为主。

根据 Yamamoto 和 Konno 对有机磷碳化合物的研究[23]，我们认为 C—P 的结合能约为$(285.0\pm0.1)\,\mathrm{eV}$（峰 C），C═P 的结合能为$(283.7\pm0.1)\,\mathrm{eV}$（峰 A）。因此，ta-C:P 薄膜的 C1s 峰可用 6 个峰进行良好的拟合。拟合结果显示，随着薄膜中磷含量的增加，C≡P、C═C 和 C—P 三种键合形式均随之增加，C—C 键的数量随之减小。

通过积分各峰并计算对应的积分面积，薄膜中 sp^2 杂化碳原子的相对含量可以粗略地估算出来。

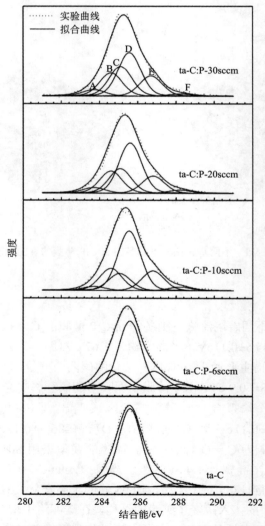

图 5-6　不同磷烷流量下制备的 ta-C 和 ta-C:P 薄膜的 C1s 核心光谱

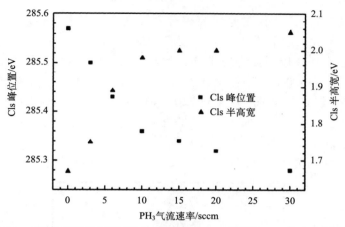

图 5-7　不同磷烷流量下制备的 ta-C 和 ta-C:P 薄膜的 C1s 核心光谱参数

$$sp^2\ C\ (\%) = \frac{sp^2\ C}{sp^2\ C + sp^3\ C} = \frac{Area_{C=P} + Area_{C=C}}{Area_{C=P} + Area_{C=C} + Area_{C-P} + Area_{C-C}} \quad (5\text{-}5)$$

通过对计算结果的分析，磷的掺入确实导致薄膜中 sp^2 杂化碳原子的含量增加，降低了 sp^3 杂化碳原子的含量，即薄膜有石墨化的趋势，这与 Golzan 得到的

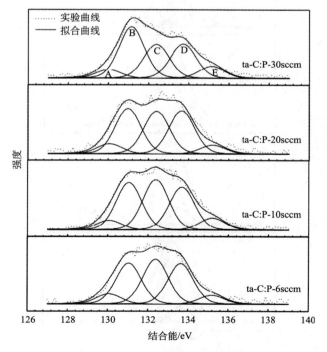

图 5-8　不同磷烷流量下制备的 ta-C 和 ta-C:P 薄膜的 P2p 核心光谱

结果一致。但是 sp^3 杂化碳原子的相对含量最大程度也只是从 85.4% 降低到 21.3%，降幅不大，这主要是形成了 sp^3 杂化的 C—P 结合键的缘故。

接着我们分析采取同样的处理方法分峰拟合的 P2p 核心谱，将其归结为 5 个峰的作用，即 $(130\pm0.1)eV$ 的 P—P（峰 A）、$(131\pm0.1)eV$ 的 C—P（峰 B）、$(132.4\pm0.1)eV$ 的 C=P（峰 C）、$(133.7\pm0.1)eV$ 的 P—O（峰 D）和 $(135.2\pm0.1)eV$ 的 P=O（峰 E）[24,25]。随着磷含量的增加，P2p 核心谱峰中心位置下移，薄膜中 C—P 键和 C=P 键含量明显增加，如图 5-8 所示。

我们进一步研究改变基底偏压对 ta-C:P 薄膜键合结构的影响。图 5-9 表明，

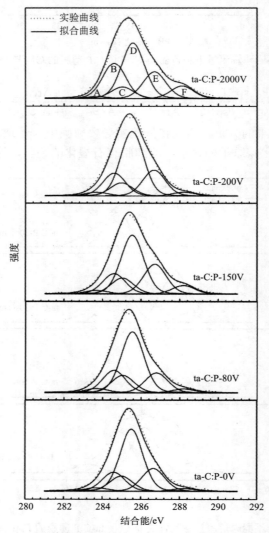

图 5-9　不同基底偏压下制备的 ta-C:P 薄膜的 C1s 核心光谱

随着基底负偏压从 0 V 增加到 200 V，C＝P、C—P 和 C＝C 都表现为先增后减的规律，最大值均在–80 V 偏压下得到。–2000 V 的偏压下制备的 ta-C:P-2000 V 薄膜中磷杂质、C＝P 和 C—P 的含量降到最低值，但是 C＝C 键的含量却明显增加。这可能是由于高入射能量的等离子体克服了薄膜表面的束缚进入亚表层，过剩的热能释放出来使薄膜结构松弛并向石墨化方向转变。图 5-10 中 P2p 核心谱随基底偏压的变化也表明，–80 V 偏压下制备的 ta-C:P-80V 薄膜中 C＝P 键和 C—P 键的含量最大。

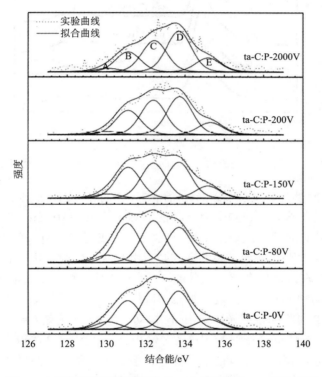

图 5-10　不同基底偏压下制备的 ta-C:P 薄膜的 P2p 核心光谱

　　拉曼光谱是分析 ta-C 近表面微观结构最有效、最直接的方法之一。当入射光与材料骨架交互作用时就会激发共振拉曼信号。对于 ta-C 薄膜而言，π 键反映了 sp^2 杂化的形式，其带隙为 2.25 eV[26]，与波长为 458 nm 的 Ar^+ 激光光子能量 2.21 eV 相当，而 σ 键的带隙为 5.50 eV[27]，与可见光光子能量相差悬殊。因此，可见拉曼光谱研究 ta-C 薄膜的杂化比例是借助 sp^2 杂化的信息来间接反映 sp^3 杂化的　特征。

　　图 5-11 给出了不同磷烷流量下制备的 ta-C 和 ta-C:P 薄膜的拉曼光谱，主要表现出 3 个特征峰：中心在 900～1000 cm^{-1} 的峰为硅的二阶峰；中心在

$(1560\pm5)\,\mathrm{cm}^{-1}$ 的峰是碳的一阶峰；中心在 $2400\sim3400\,\mathrm{cm}^{-1}$ 的峰是碳的二阶峰，其在掺氮类金刚石薄膜中有相关报道[28,29]。

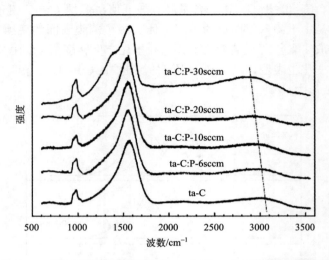

图 5-11　不同磷烷流量下制备的 ta-C 和 ta-C:P 薄膜的拉曼光谱

由于 ta-C 薄膜拉曼光谱中碳的一阶峰是不对称的，因此通常用两个高斯峰对一阶峰进行分峰拟合，即 $(1370\pm5)\,\mathrm{cm}^{-1}$ 的 D 峰和 $(1560\pm10)\,\mathrm{cm}^{-1}$ 的 G 峰。D 峰代表无序环状 sp^2 碳的呼吸振动，G 峰代表环状和/或短链状 sp^2 碳的伸缩振动。由于碳和磷的电负性存在差异，磷的掺入必定引起 sp^2 团簇极化率的改变。然而，C≕C 和 C≕P 在碳点和磷点是离散的，即 sp^2 团簇在整个空间是离散的。C≕C 和 C≕P 的振动频率又十分接近，很难精确地区分 C≕C 和 C≕P 的模式。因此我们认为 ta-C:P 薄膜的拉曼光谱是由 sp^2 振动引起的(无论是 C≕C 或 C≕P 的贡献)，简单地用 D 峰和 G 峰对光谱进行分峰拟合。从图 5-12 的拟合结果看到，磷的掺入没有引起薄膜非晶结构的明显变化，但是随着磷含量的增加，D 峰显著增强，直至出现明显的峰尖。G 峰强度减弱，G 峰峰位向低波数方向移动了约 $20\,\mathrm{cm}^{-1}$，半高宽减小，而 D 峰的位置和半高宽变化不大，D 峰和 G 峰的强度比 $[I(\mathrm{D})/I(\mathrm{G})]$ 从 0.33 ± 0.02 增大到 0.64 ± 0.02，如图 5-13 所示。根据 Ferrari 的研究，G 峰的位置、半高宽及 $I(\mathrm{D})/I(\mathrm{G})$ 都是反映薄膜结构变化的因素。ta-C 薄膜 sp^3 杂化含量较高，$I(\mathrm{D})/I(\mathrm{G})$ 值小。磷的掺入增加了 sp^2 杂化碳原子的含量和 $I(\mathrm{D})/I(\mathrm{G})$ 值，尤其增加了环状 sp^2 碳原子的比例。由于环状 sp^2 团簇的尺寸比链状 sp^2 团簇大，因此有更低的振动频率，从而使 G 峰向低波数方向移动，薄膜的有序程度提高。G 峰半高宽减小可能是由于磷掺入后薄膜中键角和键长变形减弱，薄膜应力释放。

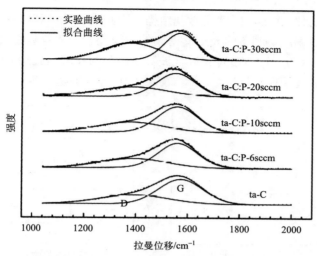

图 5-12　不同磷烷流量下制备的 ta-C 和 ta-C:P 薄膜的碳一阶拉曼光谱

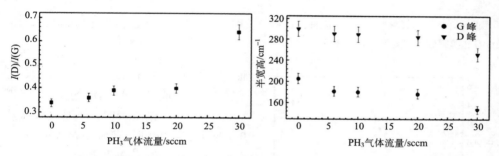

图 5-13　不同磷烷流量下制备的 ta-C 和 ta-C:P 薄膜 $I(D)/I(G)$、D 和 G 峰的半高宽

此外，碳的二阶峰也表现出与碳一阶峰相类似的变化趋势。二阶峰是 2 个光子相互作用的结果[30]。有人认为在 3000 cm^{-1} 左右的峰是 CH 振动的结果[31]，但是在该研究中这个峰不可能是 CH 振动峰，因为无氢的 ta-C 薄膜的拉曼光谱也存在这个峰。当 ta-C:P 薄膜在 700℃ 真空退火后，拉曼测试的结果仍然可以明显地看到 3000 cm^{-1} 左右的峰，而在这个温度下 H 已经从薄膜中溢出，因此这个峰只能是碳的二阶峰。Lee[32] 及 Nemanich 和 Solin[33] 认为，碳的二阶峰与薄膜的有序度和薄膜中的石墨微粒有关。二阶峰的扩展表明薄膜中的石墨微晶尺寸增大。我们研究发现，随着磷含量的增加，二阶峰的半高宽增大，表明磷杂质使薄膜结构向石墨化方向转变，薄膜有序度提高。随着薄膜中磷含量的增加，碳的二阶峰中心由 $(3021\pm5)\,cm^{-1}$ 下移到 $(2907\pm5)\,cm^{-1}$，并且二阶峰的积分强度随一阶峰积分强度的增加而增加(图 5-14)。这个递增的关系和 Messina 得到的结果十分相近。

基底偏压变化对 ta-C:P 薄膜微观结构的影响也表现出相似的规律。图 5-15 给出了不同基底偏压下制备的 ta-C:P 薄膜的拉曼光谱，随着基底偏压从 0 V 增加到–80 V 再到–200 V，碳一阶峰移向低波数方向又回移。当施加–2000 V 偏压时，碳一阶峰再次移向更低波数区域。碳二阶峰的积分强度随一阶峰积分强度的变化

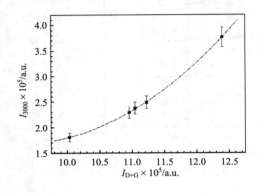

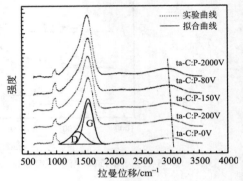

图 5-14　不同磷烷流量下制备的 ta-C 和
ta-C:P 薄膜碳一阶峰和二阶峰积分强度的关系

图 5-15　不同基底偏压下制备的 ta-C:P 薄膜的
拉曼光谱

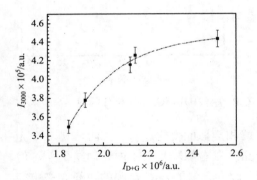

图 5-16　不同基底偏压下制备的 ta-C:P
薄膜碳一阶峰和二阶峰积分强度的关系

而变化且二者满足二次方程关系（图 5-16）。通过对碳一阶峰进行分峰拟合（图 5-17），结果表明，当基底偏压从 0 V 增加到–80 V 时，薄膜中磷含量增加，G 峰峰位减小，sp^2 杂化团簇尤其是环状 sp^2 杂化团簇增加，$I(D)/I(G)$ 值增大。当基底偏压继续增至–200 V 时，磷含量减小，G 峰上移，sp^2 杂化含量和 $I(D)/I(G)$ 值略有降低。在–2000 V 偏压下，薄膜中磷含量进一步降低，然而高能等离子体的轰击使薄膜石墨化程度更为严重，环状 sp^2 杂化团簇进一步增大，薄膜有序程度提高。在偏压改变的整个过程中，所有参数均表现出类似于"N"型或旋转 180° 的"N"型变化规律。

每种分子都有由其组成和结构决定的特有的红外吸收光谱，因此通过红外光谱分析就可以获得样品的原子组成及组成方式的信息。此外，红外吸收光谱还是研究薄膜中 H 存在形式的常用方法。

图 5-18 给出了不同磷烷流量下制备的 ta-C 和 ta-C:P 薄膜的红外吸收光谱。ta-C 薄膜没有显示出明显的红外活性，这是因为 ta-C 薄膜中高含量 sp^3 杂化的 σ

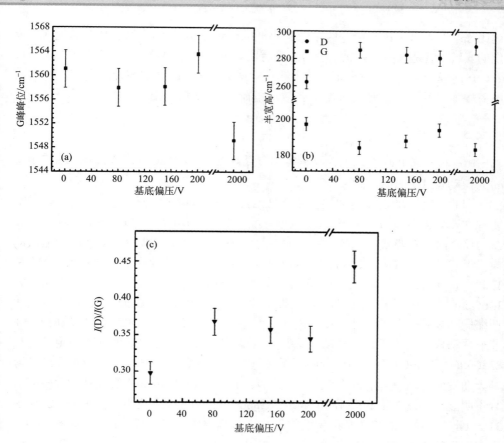

图 5-17　不同基底偏压下制备的 ta-C:P 薄膜碳一阶峰拟合参数

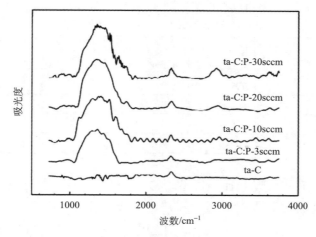

图 5-18　不同磷烷流量下制备的 ta-C 和 ta-C:P 薄膜的红外吸收光谱

键比 sp^2 杂化的 π 键有更宽的带隙和更低的活性。虽然 ta-C 薄膜中也含有 sp^2 杂化的 π 键，但是这些 π 键彼此孤立，没有明显的红外吸收特征峰。磷掺入 ta-C 后，ta-C:P 薄膜中 sp^2 杂化含量和 sp^2 团簇尺寸增大，π 键的非定域程度提高，有效动电荷增加。红外光谱吸收强度与有效动电荷的平方和成正比，即

$$I \propto \sum_i \frac{(e_i^* e)^2}{m\omega_i^2} \tag{5-6}$$

式中，e 为单位电荷；e_i^* 为振动模式 i 的有效电荷；m 为振动模式 i 的约化质量；ω_i 为振动模式 i 的横向频率。

因此，有效动电荷的增加会使红外活性增强。ta-C:P 薄膜的红外吸收光谱主要有 2 个特征峰，在 1000～2000 cm^{-1} 之间的峰是由 CP 或 CC 伸缩振动模式和 C—H 弯曲振动模式引起的；在 2800～3100 cm^{-1} 之间的吸收峰是 C—H 伸缩振动模式引起的。1000～2000 cm^{-1} 之间的峰可认为是以下几种模型共同作用的结果：1300～1400 cm^{-1} 和 1550～1580 cm^{-1} 区域内的 CC 骨架振动模式；1375 cm^{-1} 和 1460 cm^{-1} 的 sp^3 杂化的 $CH_{2,3}$ 弯曲振动模式[34]；1300～1400 cm^{-1} 范围内的 C═P 伸缩振动模式，与 CC 骨架振动模式近似重合[35]；1100～1300 cm^{-1} 区域的 C—P 伸缩振动模式。由于这些振动模式是非定域的，因此很难精确地分辨和定义。在 2330 cm^{-1} 和 3600 cm^{-1} 的信号归因于空气中的 C═O 和 H—O 振动模式，这是薄膜表面受到空气中氧和水蒸气污染的结果。在 2300～2400 cm^{-1} 范围内 P—H 的信号不明显。通过对 1000～1800 cm^{-1} 和 2800～3100 cm^{-1} 区域的面积积分，2800～3100 cm^{-1} 区域的面积和其所占的比例均随薄膜中磷含量的增加而增加（表 5-6），这表明磷的掺入确实增加了薄膜中 sp^2 杂化碳原子的含量。

表5-6   不同磷烷流量下制备的 ta-C:P 薄膜在 1000～1800 cm^{-1} 和 2800～3100 cm^{-1} 吸收带的积分面积及与氢结合的 sp^2 和 sp^3 碳原子含量

样品	积分面积 (1000～1800 cm^{-1})	积分面积 (2800～3100 cm^{-1})	sp^3 C /%	sp^2 C/%	
				链状	环状
ta-C:P-3sccm	40126.6	1000.7	86.4	7.6	6.0
ta-C:P-10sccm	60708.1	1899.6	83.7	8.6	7.7
ta-C:P-20sccm	64241.1	2353.9	84.1	7.1	8.8
ta-C:P-30sccm	21423.2	4761.4	85.9	4.3	9.8

为了进一步研究薄膜中 H 的作用，我们研究了 2800～3100 cm^{-1} 区域 CH 的振动吸收谱。H 的含量可以通过该峰的积分面积近似计算出来[3]。

$$N_H = A \int \frac{\alpha(\omega)}{\omega} d\omega \tag{5-7}$$

式中，N_H 为 H 原子的含量；A 为比例因子；$\alpha(\omega)$ 为在频率 ω 时的吸收系数。

计算结果证明，H 的含量是随着 PH_3 流量的增加而增加的，这与拉曼的分析结果一致。

图 5-19 给出了不同磷烷流量下制备的 ta-C 和 ta-C:P 薄膜的 CH 伸缩振动光谱，它可以用 6 个高斯峰进行拟合：在 $(2850\pm10)\,cm^{-1}$、$(2882\pm10)\,cm^{-1}$、$(2923\pm10)\,cm^{-1}$ 和 $(2964\pm10)\,cm^{-1}$ 处的峰分别对应于 sp^3-CH_2 对称伸缩振动模式、sp^3-CH_3 对称伸缩振动模式、sp^3-CH_2 非对称伸缩振动模式和 sp^3-CH_3 非对称伸缩振动模式。在 $(3020\pm5)\,cm^{-1}$ 和 $(3045\pm5)\,cm^{-1}$ 处的两个峰分别对应于 sp^2-CH 链状振动模式和环状振动模式[36]。对每个峰积分可以得到对应的振动模式的比例，并列于表 5-6 中。与 H 相结合的 sp^3-C 的含量先减后增，这表明过量的 H 可能增加薄膜中 sp^3-C 的含量。与 H 相结合的链状和环状的 sp^2-C 点依赖于薄膜中磷的含量。对于低磷的 ta-C:P-3sccm 薄膜，链状 sp^2-C 点占优势，而高磷含量的 ta-C:P-30sccm 薄膜环状 sp^2-C 点占优势，表现为在 $3045\,cm^{-1}$ 位置的峰强度明显增加。因此 H 在 ta-C:P 薄膜中的主要作用是饱和碳网络中孤立的 sp^3 杂化悬挂键和饱和 =C 键变为 =CH_x 基团。这个过程可能减少了薄膜中奇数 sp^2 点团簇的缺陷，从而增强了荧光效率。

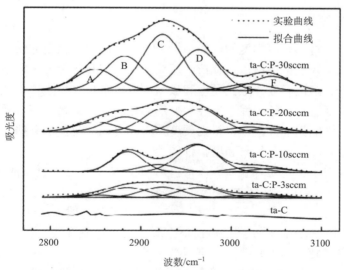

图 5-19　不同磷烷流量下制备的 ta-C 和 ta-C:P 薄膜的 CH 伸缩振动光谱

不同基底偏压下制备的 ta-C:P 薄膜的红外光谱也表现出相似的线型，如图 5-20 所示。但是随着偏压的增加，$1100\sim1300\,cm^{-1}$ 区域的 C—P 伸缩振动模式比例降低，$1300\sim1400\,cm^{-1}$ 和 $1550\sim1580\,cm^{-1}$ 区域内的 CC 骨架振动模式增强，这与薄膜中磷含量随基底偏压的增加而降低的规律是相符的。在 $3000\,cm^{-1}$

附近的 CH 振动信号不明显，表明薄膜中 H 的含量不大。

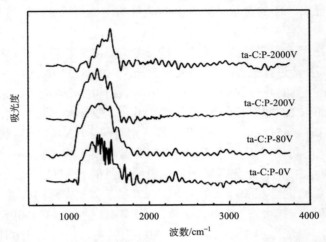

图 5-20　不同基底偏压下制备的 ta-C:P 薄膜的红外吸收光谱

5.2.2　掺磷非晶金刚石的机械性能及应力

1. 机械性能

硬度是衡量材料软硬程度的性能指标[37]，常用的硬度试验方法有压入法和刻划法两类。在压入法中根据压入载荷、压头几何形状和表示方法的不同，硬度又分为布氏硬度、洛氏硬度、维氏硬度和显微硬度等多种。硬度值不是一个单纯的物理量，它表征着材料的弹性、塑性、变形强化、强度和韧性等一系列不同物理量组合的综合性能指标。根据材料的硬度，人们可以对材料的某些力学性能进行评定，如抗拉强度、疲劳极限和磨损性能等。

硬度通常被定义为压入载荷与压痕投影面积的比值。在体材料的硬度试验中，当压入载荷＞10 N 时所得到的硬度值称为宏观硬度。对微小精密构件的微观硬度、涂层或薄膜的机械性能等问题的研究中，压入载荷一般为几百毫牛或数牛，压入深度为微米级，此时的硬度称为纳米硬度。通过连续刚度法的测量，借助多点压入深度与模量和硬度的关系曲线，可以得到薄膜平均的弹性模量 E 和硬度值 H。

图 5-21 为 ta-C 薄膜的杨氏模量和硬度随压入深度的变化曲线。为了尽量减小基底对薄膜机械性能的影响，我们取从薄膜表面算起、压入深度为薄膜厚度 10%～15%处的模量和硬度值为 ta-C:P 薄膜的杨氏模量和硬度。根据 Vlassak 和 Nix 的定义，模量可表示为[38]

$$E_r = \frac{\sqrt{\pi}}{2\beta}\frac{S}{\sqrt{A}} \tag{5-8}$$

式中，S 为仪器测定的接触刚度；A 为载荷点压头与材料接触部分的投影面积；对于 Berkovich 压头，$\beta = 1.034$。

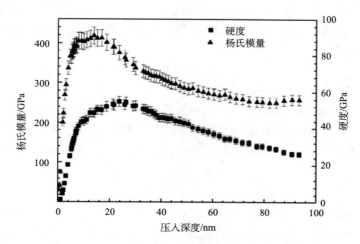

图 5-21 ta-C 薄膜的杨氏模量和硬度随压入深度的变化曲线

薄膜的硬度 H 直接定义为载荷 P 与投影面积 A 的比值。

$$H = \frac{P}{A} \tag{5-9}$$

图 5-22 为实验测得的 ta-C 和 ta-C:P 薄膜的硬度和杨氏模量。ta-C 薄膜的硬度约为 50 GPa，当磷含量增加至 3.5at%时，ta-C:P 薄膜的硬度迅速从初始的 50 GPa 下降为 35 GPa。随着薄膜中磷的含量继续增加至 6.8at%时，薄膜的硬度下降为 22 GPa，这主要是由于磷的引入减小了薄膜中 sp^3 杂化含量的结果。对于高磷的 ta-C:P-30sccm 薄膜其硬度降低到 12 GPa。ta-C:P 的杨氏模量随磷含量的变化与硬

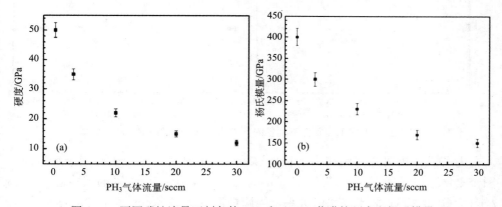

图 5-22 不同磷烷流量下制备的 ta-C 和 ta-C:P 薄膜的硬度和杨氏模量

度的变化趋势相同。ta-C 薄膜的杨氏模量高达 400 GPa，当薄膜中磷含量为 6.8at%时，ta-C:P-10sccm 薄膜的杨氏模量保持在 230 GPa 左右，与 ta-C:H 薄膜的模量值接近（约 300 GPa）[39]。根据 Phillips-Thorpe[40,41]的自由度模型，随机骨架结构的弹性性能与其配位数有关，因此 ta-C:P 薄膜杨氏模量降低的主要原因是磷的引入降低了碳的配位数。

2. 残余应力

沉积在基底表面的薄膜在残余应力的作用下会使基底发生挠曲，这种变形尽管很微小，也可以通过激光干涉仪或者表面轮廓仪测量到挠曲的曲率半径。基底挠曲的程度反映了薄膜残余应力的大小，二者的关系满足 Stoney 公式[42]。

$$\sigma_f = \frac{E_S}{6(1-\nu_S)}\frac{t_S^2}{t_f}\left(\frac{1}{R_2}-\frac{1}{R_1}\right) \tag{5-10}$$

式中，σ_f 为薄膜的残余应力；E_S 为基底的杨氏模量；t_S 为基底的厚度；t_f 为薄膜的厚度；R_1 为沉积薄膜前基底的曲率半径；R_2 为沉积薄膜后基底的曲率半径；ν_S 为基底的泊松比。

图 5-23 给出了不同工艺条件下制备的 ta-C 和 ta-C:P 薄膜的残余压应力。从图中看到，当磷烷流量从 0 sccm 增加到 10 sccm 时，ta-C:P 薄膜的压应力从 7.8 GPa 急剧降低到 3.5 GPa，随后这种降低的趋势趋于平缓。当磷烷流量超过 20 sccm 后，压应力又以很快的速率减小。随着基底偏压的增大，ta-C:P 薄膜中的压应力也表现出迅速降低的趋势。

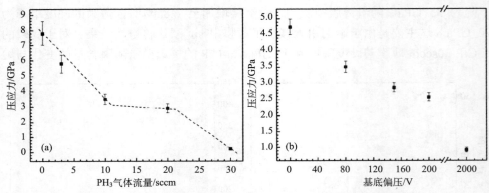

图 5-23　不同工艺条件下制备的 ta-C 和 ta-C:P 薄膜的残余压应力

为了进一步研究薄膜应力的释放过程，我们结合拉曼分析数据进行讨论。图 5-24 给出了不同工艺条件下制备的 ta-C 和 ta-C:P 薄膜的残余压应力与 $I(D)/I(G)$ 值和 G 峰半高宽的关系。当磷烷流量从 0 sccm 增至 20 sccm 时，$I(D)/I(G)$ 值从 0.31 略微增至 0.38，然而应力却表现出强烈的降低。从微观角度解释可能是磷的掺入改变了薄膜的局部微观结构。与碳相比磷的 1 个杂化轨道是填满的，因此磷的掺入在某种程度上降低了体系的配位数，局部的变形减小，压缩应力降低[43]。对于高磷烷流量制备的 ta-C:P-30sccm 薄膜而言，$I(D)/I(G)$ 值高达 0.64，表明薄膜中 sp² 杂化含量和 sp² 团簇的尺寸大大增加，sp³ 杂化含量减少。通常认为 sp³ 是产生薄膜压应力的主要原因，sp² 键比 sp³ 杂化键短，因此 sp² 杂化含量的增加和 sp³ 杂化含量的减小使得局部应力得到释放[44]。通过拉曼的光谱分析也可以反映出薄膜应力变化与微观结构的关系。由于 G 峰的半高宽反映了局部键长和键角的变形特点，G 峰的窄化过程是薄膜中局部价键结构变形减小的过程，这与宏观残余应力的降低过程是一致的。对于不同基底偏压下得到的 ta-C:P 薄膜也反映出相似的变化规律。特别考虑高基底偏压下制备的 ta-C:P-2000V 薄膜，薄膜中 sp² 杂化含量的增加主要是高能撞击和热能释放的结果。而当薄膜中 sp²-C 的含量增加到一定值时，孤立的链状 sp²-C 开始聚合，形成环状结构。分散的环状结构又逐渐向彼此平行的方向聚集，形成更大的碳环结构。碳环尺寸的增大使得薄膜拉曼光谱的 D 峰强度增加，相应 $I(D)/I(G)$ 值增大，G 峰变窄，薄膜压应力在很大程度上降低。

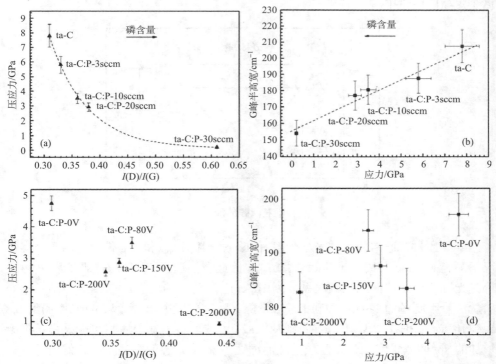

图 5-24　不同工艺条件下制备的 ta-C 和 ta-C:P 薄膜的残余压应力与 $I(D)/I(G)$ 和 G 峰半高宽的关系

5.3　掺磷非晶金刚石的电学和电化学性能

5.3.1　掺磷非晶金刚石的电学性能

1. 光学带隙

对于晶体材料而言，光学带隙被定义为电子占据态和空态之间的最小能量间隔。而对于非晶材料而言，没有确定的光学带隙存在。通常认为 ta-C 薄膜的力学性质是由 sp^3 杂化（键）决定的，而电学性质是由 sp^2 杂化（π 键）决定的。ta-C 薄膜的光学带隙取决于 sp^2 点上 π 和 π^* 键的空间分布。图 5-25 给出了类金刚石薄膜可能的能带分布图，它综合了 Mott-CFO 模型和 Mott-Davis 模型。Mott-CFO 模型认为，在非晶材料中能带的边缘受到无序势场的干扰后形成定域态并延伸出来形成带尾结构。价带和导带的带尾甚至可以交叠。Mott-Davis 模型认为，非晶态半导体中存在大量的缺陷，这些缺陷在能级深处可以形成缺陷定域态。如果无序网络中的缺陷、悬挂键和空位在能隙中央引起未填满的定域能带时，费米能级就处于这个定域的能带中。

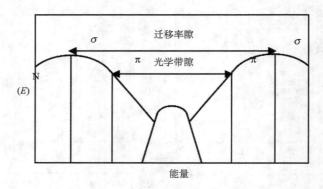

图 5-25　类金刚石薄膜的能带结构示意图

半导体材料通常使用的光学带隙有 Tauc 带隙（E_{opt}）和 E_{04} 带隙。由于许多情况下测定的 Tauc 曲线很难精确计算 E_{opt}，因此我们选择 E_{04} 带隙，即在紫外-可见分光光度计测定的曲线上吸收系数为 $10^4\ cm^{-1}$ 所对应的能量。图 5-26 给出了不同磷烷流量下制备的 ta-C:P 薄膜的 E_{04} 带隙。随着薄膜中磷含量从 0at% 增加到 6.8 at%（10 sccm PH_3），薄膜的 E_{04} 带隙从 1.82 eV 减小到 1.31 eV。这可能是由于不断增加的 sp^2 团簇扩宽了带尾区域，从而缩短了 π 和 π^* 态的空间距离。然而随着磷烷流量的进一步增加，薄膜中 H 的含量也随之增加，过量的 H 饱和了部分孤立的 sp^2 点，从而使带隙略有增加。

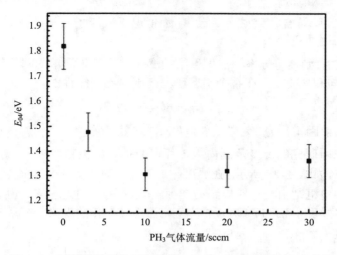

图 5-26　不同磷烷流量下制备的 ta-C 和 ta-C:P 薄膜的 E_{04} 带隙

2. 电导率

为了进一步研究 ta-C:P 薄膜的导电机制，我们分析了薄膜在变温条件下的电导率。图 5-27 给出了不同磷烷流量的 ta-C:P 薄膜的电导率随温度的变化曲线。从图中看到，ta-C 薄膜的电导率很低。磷的掺入大大提高了薄膜的电导率并以 ta-C:P-10sccm 薄膜的导电性最好。

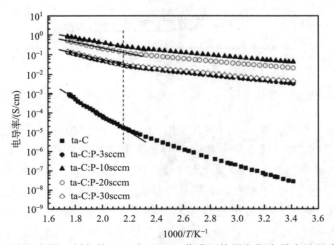

图 5-27　不同磷烷流量下制备的 ta-C 和 ta-C:P 薄膜阿伦尼乌斯电导率随温度倒数的变化

非晶半导体材料通常有 3 种导电机制：高温段在扩展态的传导、室温范围内在带尾态的传导和低温段在费米能级附近定域态的传导[45]。在高温下载流子是热激发到扩展态的，符合阿伦尼乌斯定律。而低温下载流子的传导是变程跳跃传导，符合 Mott 定律[46]。

从图 5-27 看到，电导率随温度倒数的变化并不满足简单的阿伦尼乌斯规律，因为 $\lg\sigma(T)$ 与 $1/T$ 的关系在整个温度研究范围内不是线性的。

$$\sigma(T) = \sigma_0 \exp(-E_{\text{act}}/kT) \qquad (5\text{-}11)$$

式中，σ_0 为指前因子；E_{act} 为激活能；k 为玻尔兹曼常量。

这表明在所研究的温度范围内应该存在两种导电机制。E_{act} 随温度的变化也证实了这一点，如图 5-28 所示，在温度超过 463 K 时 E_{act} 表现出强烈的增长趋势，表明薄膜的导电机制由一种转换到另一种。Koos 等通过对 ta-C 薄膜热激活传导性能的研究也发现了 $\lg\sigma(T)$ 随 $1/T$ 的变化而连续变化的现象，并认为是 sp^2 点的增加导致带尾态不断扩宽的结果[47]。

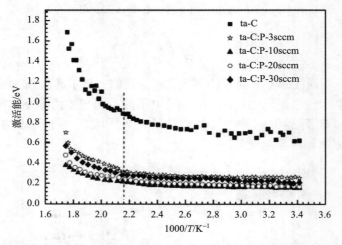

图 5-28　不同磷烷流量下制备的 ta-C 和 ta-C:P 薄膜的激活能随温度倒数的变化

利用阿伦尼乌斯定律，我们得到温度为 463 K 时薄膜的 σ_0 和 E_{act} 值，并列于表 5-7 中。从图 5-28 和表 5-7 中看到，当薄膜中磷含量从 0at% 增加到 6.8at% 时，E_{act} 从 0.78 eV 减小到 0.24 eV。随着磷含量的进一步增加 E_{act} 又略有增大。前指数 σ_0 的变化趋势与 E_{act} 刚好相反。σ_0 随磷含量的增加呈现先增加后减小的趋势，通常认为 σ_0 与掺杂薄膜的传导机制有关，当 $\sigma_0 < 10$ S/cm 时，薄膜的传导是在定域态的跳跃传导。而当 $\sigma_0 > 10$ S/cm 时，薄膜的传导机制是在扩展态的热激活传导[48]。由于所有的薄膜在温度高于 463 K 的范围内都满足 $\sigma_0 > 10$ S/cm，因此这些薄膜中的载流子都是热激活到扩展态并进行传导的。

表 5-7　不同磷烷流量下制备的 **ta-C** 和 **ta-C:P** 薄膜的 σ_0 和 E_{act} 拟合参数

样品	因子 $\sigma_0/(S/cm)$	激活能 E_{act} /eV
ta-C	7×10^4	0.78
ta-C:P-3sccm	121	0.32
ta-C:P-10sccm	120	0.24
ta-C:P-20sccm	133	0.26
ta-C:P-30sccm	45	0.30

如果我们利用阿伦尼乌斯规律对温度低于 463 K 的曲线拟合，得到的 σ_0 在 0.5～5.4 S/cm 之间，表明薄膜符合定域态的跳跃传导。此时，我们用 Mott 公式对该温度范围的曲线进行拟合，如图 5-29 所示，结果列于表 5-8 中。

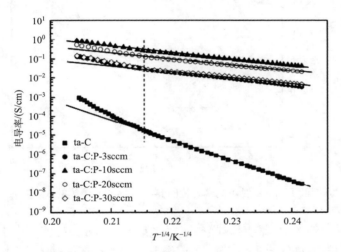

图 5-29　不同磷烷流量下制备的 ta-C 和 ta-C:P 薄膜 Mott 电导率随 $T^{-1/4}$ 的变化

$$\sigma(T) = \sigma_{00} \exp\left[-(T_0 / T)^{1/4}\right] \tag{5-12}$$

式中，σ_{00} 为指数因子；$T_0^{1/4}$ 为斜率。

从图 5-29 可见，在温度低于 463 K 时，曲线表现出良好的线性关系。如前面所述，定域态的跳跃传导有两种，一种是在费米能级附近的定域态跳跃传导，一种是在带尾态的定域态跳跃传导。为了区分二者，探究 ta-C:P 薄膜在低于 463 K 温度范围内的导电机制，我们将 σ_{00} 随 $T_0^{1/4}$ 的变化作图（图 5-30 及表 5-8）。σ_{00} 随 $T_0^{1/4}$ 呈现正向变化趋势，即 σ_{00} 随 $T_0^{1/4}$ 的增加而增加，这不符合 Mott 提出的变程跳跃传导而符合带尾态的跳跃传导[49]。因此，ta-C:P 薄膜在 293～463 K 的温度范围内载流子是在带尾态上进行跳跃传导的。许多关于类金刚石薄膜导电行为的研究也证实了这一点[50]。

表 5-8　不同磷烷流量下制备的 ta-C 和 ta-C:P 薄膜的 σ_{00} 和 $T_0^{1/4}$ 拟合参数

样品	因子 σ_{00}/(S/cm)	斜率 $T_0^{1/4}$ (K$^{1/4}$)
ta-C	2.4×10^{17}	238.5
ta-C:P-3sccm	6.5×10^5	79.7
ta-C:P-10sccm	2.8×10^5	66.3
ta-C:P-20sccm	3.6×10^5	70.0
ta-C:P-30sccm	4.1×10^5	75.2

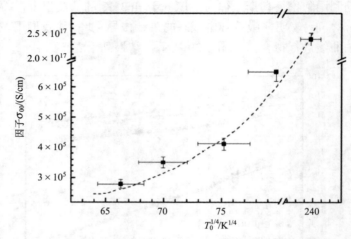

图 5-30　温度低于 463 K 时不同磷含量的 ta-C 和 ta-C:P 薄膜的 σ_{00} 随 $T_0^{1/4}$ 的变化

跳跃传导中的参数 σ_{00} 对薄膜态密度的变化是十分敏感的，由于结构的石墨化能够提供大量定域的 π 和 π^* 态，因此磷含量的增加在提高 sp^2 杂化含量的同时也减小了定域半径[51]。π 电子能更好地在跳跃点之间跳跃传导，从而大大提高薄膜的电导率。然而过量的 H 饱和了一些跳跃点，增加了跳跃距离从而降低了薄膜的导电能力[52]。因此，具有适量的 sp^2 杂化含量和 H 含量的 ta-C:P-10sccm 薄膜表现出最好的导电特性。

3. 整流特性

为了研究薄膜的 I-V 特性，我们设计了 Au/ta-C/p-Si/Al 和 Au/ta-C:P/p-Si/Al 异质结构。当一种金属沉积在一个半导体材料表面时，在金属和半导体材料之间可能形成欧姆接触或肖特基（Schottky）接触，这取决于半导体的掺杂水平、界面特性及金属和半导体材料之间功函数的差[53]。从图 5-31 中的 I-V 曲线可以看出，在 Au 和 ta-C:P 薄膜之间形成了 Schottky 接触，因为曲线表现出明显的整流特性，即正向电流是负向电流的 1～2 倍。当 Au/ta-C:P/p-Si/Al 异质结构在 400℃退火后仍然保持这种整流特性，这说明在 Au 和 ta-C:P 的界面处没有化合物形成，即界面是非活性的。当在 ta-C/p-Si 和 ta-C:P/p-Si 结构上施加相同的负偏压时得到极性不同的信号。由于 ta-C 薄膜是弱 p 型的半导体，因此证实 ta-C:P 是 n 型的半导体材料。对于 ta-C:P-10sccm 薄膜而言，在一个给定的电压下正向电流和负向电流的比值比 ta-C:P-3sccm 和 ta-C:P-30sccm 薄膜在相同条件下测定的值大，因此具有突出整流能力的 ta-C:P-10sccm 薄膜确实表现出最出色的导电特性。

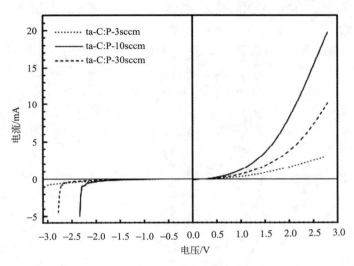

图 5-31　Au/ta-C:P/p-Si/Al 异质结构的 *I-V* 曲线

4. 传导机制

通过以上对 ta-C 和 ta-C:P 薄膜电学性能的研究，我们总体描述了薄膜的传导过程：当磷掺入 ta-C 的网络中，sp² 杂化点的含量增加，在带尾的态密度也随之增加，光学带隙变窄，定域半径减小。此时，在室温到 463 K 的温度范围内，载流子很容易被激发到导带的定域态，通过跳跃的传导进而极大增加薄膜的电导率。因此 ta-C:P 薄膜表现为具有大量 n 型带尾态的电子结构。随着温度的进一步升高，载流子被热激发到扩展态，并通过热激活传导增强薄膜的导电能力。

5.3.2　掺磷非晶金刚石的电化学性能

目前，ta-C 薄膜作为电极材料在电化学领域的研究日益增多，这主要是因为它独一无二的优良特性。大量研究表明，良导电的掺杂 ta-C 薄膜是一种极佳的电极材料，它有很宽的电势窗口、很小的背景电流、很高的化学稳定性，有机物和生物化合物不易吸附于表面，其电化学响应在很长的时间内保持稳定，耐溶液腐蚀等。

1. 电极在酸溶液中的电势窗口和背景电流

作为电极材料而言，电势窗口是评价电极基本性能的重要参数之一。在水溶液中，电极电势窗口的大小是由氢气和氧气的生成过电位决定的，而电极反应是通过电极表面微弱吸附反应中间体经过多步电子的转移得以实现的。掺杂的 ta-C 薄膜表面光滑，对反应中间体的吸附能力较弱，这可能是由于掺杂 ta-C 电极在水溶液中有宽的电势窗。利用掺杂 ta-C 薄膜的这一性质，可以在该电极上研究高氧化还原电位下才能发生的电化学反应，从而对多种物质进行分析检测。

图 5-32 给出了不同磷烷流量的 ta-C:P 薄膜电极在硫酸溶液中的电势窗口。从图中看到，由于 ta-C 薄膜的电导率低，没有表现出明显的催化分解水的能力。ta-C:P-3sccm、ta-C:P-10sccm 和 ta-C:P-20sccm 有更宽的电势窗口，分别为 1.67 V、2.02 V 和 1.76 V。同时，ta-C:P 薄膜电极的背景电流密度很小，约为 $(1\pm0.2)\,\mu A/cm^2$，利用这一特性可大大提高电极的信噪比(S/B)，在获得高灵敏度和良好重现性的电化学传感器以检测微量物质上有重要的应用价值。

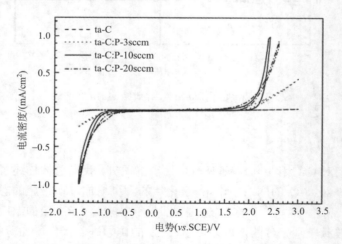

图 5-32   ta-C 和 ta-C:P 电极在硫酸溶液中的电势窗口

然而在盐酸溶液中 ta-C:P 电极表现出不同的电化学行为，如图 5-33 所示，ta-C:P 电极上发生氧化反应的电位约为 1.2 V，表明电极表面首先发生了 Cl^- 的氧化反应，电极对 Cl^-/Cl_2 有催化活性。Yoo 等也证实了 ta-C:N 电极对 Cl^-/Cl_2 的催化活性，而 BDD 电极没有表现出相应的活性。

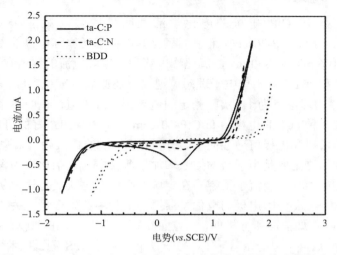

图 5-33　ta-C:P、ta-C:N 和 BDD 电极在盐酸溶液中的电化学响应

2. 电极在铁氰化钾体系中的可逆性

表征电极性能的另一个重要参数是电极的可逆性。通常选择的可逆体系为铁氰化钾（$K_3[Fe(CN)_6]$）的氧化还原体系。

$$[Fe(CN)_6]^{3-} \xrightleftharpoons{e^-} [Fe(CN)_6]^{4-} \tag{5-13}$$

图 5-34 为$[Fe(CN)_6]^{3-/4-}$氧化还原对在不同磷烷流量的 ta-C:P 电极表面的伏安响应。当扫描速率为 0.1 V/s 时，ta-C 电极表现出轻微的活性，电流信号几乎在背景

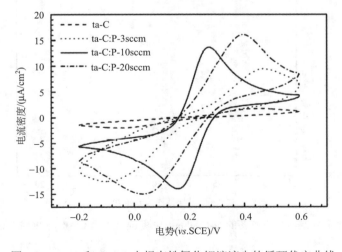

图 5-34　ta-C 和 ta-C:P 电极在铁氰化钾溶液中的循环伏安曲线

电流的数量级。ta-C:P 电极的电化学活性明显增强，对于 ta-C:P-3sccm、ta-C:P-10sccm 和 ta-C:P-20sccm 而言，氧化峰电位和还原峰电位的差（ΔE_p）分别为 555 mV、106 mV 和 360 mV，氧化峰电流和还原峰电流的比值（I_p^{ox}/I_p^{red}）分别为 0.766、0.933 和 1.1。对于单电子理想可逆氧化还原反应来说，ΔE_p 的理论值为 58 mV，I_p^{ox}/I_p^{red} 的理论值为 1。实验测定的值越接近理论值，说明体系的可逆性越好。因此，在 3 种 ta-C:P 电极中 ta-C:P-10sccm 电极表现出最好的可逆性。

通过电势窗口和电极可逆性的实验分析发现，磷的掺入确实增强了 ta-C 薄膜的电化学活性。这主要是由于磷的掺入增加了薄膜中 sp^2 杂化点的含量，减小了光学带隙和定域半径，载流子很容易在定域态间进行跳跃式传导，从而增加薄膜的电导率。另外，ta-C:P 电极的电化学活性与薄膜中的磷含量有关，但并不是单一方向变化的。正如前面所分析的，一方面高磷含量的 ta-C:P 薄膜含有过多的 H，部分补偿了 sp^2 点，引起电导率下降。另一方面，利用 XPS 测试技术分析电极的近表面（图 5-6～图 5-8），通过积分 C=P、C—P、P=O 和 P—O 的对应峰得到各种化学键的相对含量，CP 结合键的含量与 PO 结合键的含量的比值（$N_{C=P+C-P}/N_{P=O+P-O}$）随不同磷烷流量下制备的 ta-C:P 薄膜的变化如图 5-35 所示。当磷烷流量从 0 sccm 增加到 10 sccm 时，$N_{C=P+C-P}/N_{P=O+P-O}$ 从 0 增加到 1.87。更大的磷烷流量进一步增加了薄膜近表面的磷含量，由于磷的活性很强，容易被空气氧化从而在薄膜表面形成绝缘的磷氧化合物，导致 $N_{C=P+C-P}/N_{P=O+P-O}$ 值减小。因此，相对磷含量较高的 ta-C:P-10sccm 电极表现出更好的电化学活性。

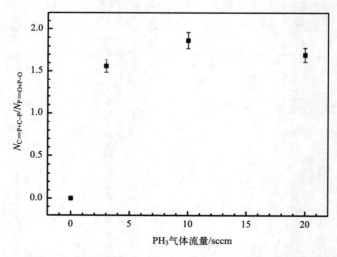

图 5-35　不同磷烷流量下制备的 ta-C 和 ta-C:P 薄膜近表面 CP 键与 PO 键含量的比值

3. 酸预处理对电极电化学性能的影响

在电极活性较低的情况下，通常可采取物理或化学预处理的方法来改变电极表面终端的官能团，赋予电极某些特殊的活性。阳极处理、阴极处理、等离子体处理等许多方法都被用于处理掺硼金刚石（BDD）电极和 ta-C 电极以增加其表面的活性点[54,55]。为了提高 ta-C:P 电极的电化学活性，我们采用酸预处理的办法，将刚制备好的 ta-C:P-10sccm 薄膜分别放入 0.2 mol/L、0.5 mol/L、2.0 mol/L 和 4.0 mol/L 的硫酸溶液中，循环处理 3 min，控制最大电流为±2 mA。酸处理后的 ta-C:P-10sccm 电极在不同浓度硫酸溶液中的电势窗口如图 5-36 所示。结果表明，经过 0.5 mol/L 硫酸预处理后，ta-C:P-10sccm 电极的电势窗口从 2.02 V 发展为 3.5 V，比 ta-C:N 电极和 BDD 电极还宽，如图 5-37 所示。其他浓度的硫酸预处理的 ta-C:P-10sccm 电极的电势窗口也在 2.2 V 左右。

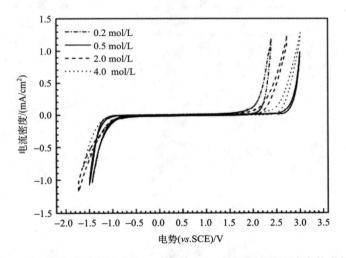

图 5-36　不同浓度硫酸预处理的 ta-C:P-10sccm 电极在硫酸溶液中的电势窗口

硫酸预处理后，ta-C:P-10sccm 电极的可逆性也明显增强（图 5-38）。0.2 mol/L、0.5 mol/L、2.0 mol/L 和 4.0 mol/L 硫酸的预处理使 ΔE_p 从 106 mV 分别减小到 87 mV、67 mV、75 mV 和 95 mV，I_p^{ox} / I_p^{red} 值从 0.933 增加到 0.967、1.003、0.995 和 0.96。由于预处理增加了电极表面的活性点，电极表面电子的传输速度加快，电极可逆性提高，电极表面的氧化还原电流密度是处理前的 1.1～1.5 倍，电极的信噪比增大。

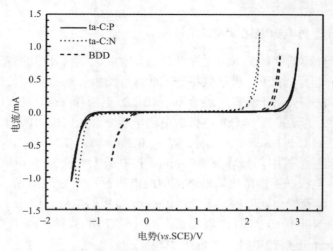

图 5-37   0.5 mol/L 硫酸预处理的 ta-C:P-10sccm、ta-C:N 和 BDD 电极在硫酸溶液中的电势窗口

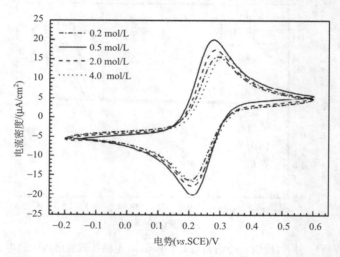

图 5-38   不同浓度硫酸预处理的 ta-C:P-10sccm 电极在铁氰化钾溶液中的循环伏安曲线

　　为了进一步探究预处理提高电极电化学活性的原因，我们采用拉曼和 XPS 手段分析预处理后 ta-C:P-10sccm 电极表面的结构。拉曼分析表明，预处理没有明显改变 ta-C:P-10sccm 电极的微观结构和 sp^2/sp^3 值，因此预处理只能是改变了 ta-C:P-10sccm 电极表面终端的情况。图 5-39 给出了预处理后 ta-C:P-10sccm 电极表面的 XPS 谱。从图中可见，预处理明显增加了 C=P 键和 C—P 键的比例，减小了 P=O 键和 P—O 键的含量，即预处理去除了电极表面的惰性 PO 点而暴露了 CP 活性点。经过不同浓度硫酸处理后 $N_{C=P+C-P}/N_{P=O+P-O}$ 值从 1.87 分别增加到 4.1、4.4、3.6 和 3.5（图 5-40）。相比之下，0.5 mol/L 硫酸的处理过程更能有效提

高电极的活性，因而是优选的处理方法。

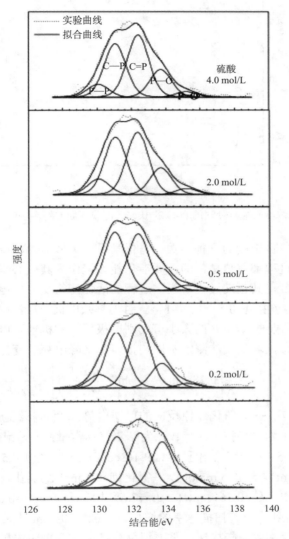

图 5-39 　不同浓度硫酸预处理后 ta-C:P-10sccm 电极表面的 P2p 核心谱

4. 电极动力学参数的确定

电极反应的基本动力学参数包括阳极传递系数 β、阴极传递系数 α 和电极反应速率常数 k^0。k^0 是电极电势为反应体系的标准平衡电势及反应离子为单位浓度时电极反应的进行速度。传递系数是反映电极电势对电极反应的正向反应速率、

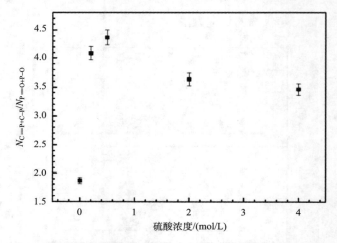

图 5-40   不同浓度硫酸预处理的 ta-C:P-10sccm 薄膜表面 CP 键与 PO 键含量的比值

逆向反应速率（电流）影响的一种参数。与化学反应类似，电极反应的各个步骤的正向过程、逆向过程都有势垒，即需要活化能。但作为其核心步骤的电荷迁越相界过程（活化步骤），其正向过程、逆向过程的活化能将受电极电势的影响。对于简单的电极反应，β 接近 0.5，且 $\beta=1-\alpha$。对于复杂电极反应，α 和 β 可偏离 0.5，甚至大于 1，因此根据 α 和 β 的大小可判别电极反应的机理。电极反应的基本动力学参数可以通过循环伏安法测定不同扫描速率下峰电势的变化计算出来。

$$E_{\mathrm{p}} = E^0 - \frac{RT}{\alpha nF}\left[0.78 - \ln k^0 + \frac{1}{2}\ln\left(\frac{D_0 \alpha nF}{RT}\right)\right] - \frac{RT}{2\alpha nF}\ln v \qquad (5\text{-}14)$$

式中，E_{p} 为峰电势；E^0 为氧化还原反应的可逆电势；n 为电极反应中电子转移数；D_0 为扩散系数；v 为电势扫描速率；R 为摩尔气体常量；T 为绝对温度（298 K）。

图 5-41 和图 5-42 分别给出了 ta-C:P-10sccm 电极和经过 0.5 mol/L 硫酸预处理的 ta-C:P-10sccm 电极在 5 mmol/L 铁氰化钾和 1 mol/L 氯化钾溶液中的伏安响应。在这个体系中，$E^0=0.36$，$n=1$，$D_0=7.6\times10^{-6}$ cm^2/s，$v=0.005\sim0.2$ V/s。

从图 5-41 看到，随着扫描速率的增加，ta-C:P-10sccm 上峰电流密度和 ΔE_{p} 随之增大，峰电流密度与扫描速率平方根呈线性关系，表明电极表面的反应速率很快，电极反应的整个过程主要受扩散控制，电极表现为不完全可逆行为。利用 E_{p} 与 $\ln v$ 的线性关系，不可逆电极反应的基本动力学参数可以计算出来，并列于表 5-9 中。ta-C:P-10sccm 电极的传递系数大于其他 ta-C:P 薄膜，说明其传输电子的能力更强，ta-C:P-10sccm 电极的反应速率常数也最大，证明在该电极表面的电化学反应最快，电极活性最强。

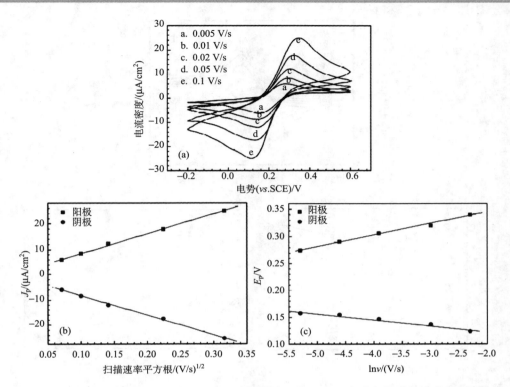

图 5-41　(a) ta-C:P-10sccm 电极在 5 mmol/L 铁氰化钾 和 1 mol/L 氯化钾混合溶液中的循环伏安曲线; (b) 峰电流密度与扫描速率平方根的关系; (c) 峰电势与扫描速率自然对数的关系

表 5-9　ta-C 和 ta-C:P 薄膜的 β、α 和 k^0 拟合参数

样品	β	α	k^0/(cm/s)
ta-C	0.1	0.2	7.2×10^{-6}
ta-C:P-3sccm	0.3	0.4	3.5×10^{-3}
ta-C:P-10sccm	0.6	1.2	5.4×10^{-2}
ta-C:P-20sccm	0.5	0.9	1.9×10^{-2}

图 5-42 中经过 0.5 mol/L 硫酸预处理的 ta-C:P-10sccm 电极的循环伏安曲线显示，扫描速率的增大只是增加了电流密度的值并没有明显移动氧化峰和还原峰的峰位，即峰位几乎不受扫描速率的影响，因此经过 0.5 mol/L 硫酸预处理的 ta-C:P-10sccm 电极在此体系中表现出更好的可逆性和电化学动力学行为，扫描速率平方根与电流密度的线性关系也说明电极表面的反应是十分迅速的，电极反应受扩散控制，与 Zeng 制备的 ta-C:N 电极相似。

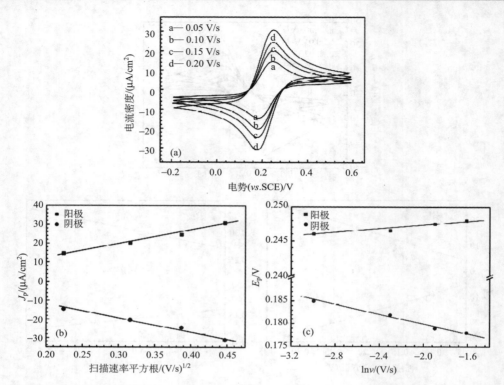

图 5-42 （a）0.5 mol/L 硫酸预处理的 ta-C:P-10sccm 电极在 5 mmol/L 铁氰化钾和 1 mol/L 氯化钾混合溶液中的循环伏安曲线；（b）峰电流密度与扫描速率平方根的关系；（c）峰电势与扫描速率自然对数的关系

5.4　掺磷非晶金刚石的生物相容性及耐腐蚀行为

5.4.1　掺磷非晶金刚石的生物相容性

1. 表面润湿性

当一滴液体滴于材料表面时，它将在材料表面铺展或形成液滴。液滴与固体表面所形成的角度 θ 称为接触角，其大小由液体和固体的性质决定并满足杨氏方程。

$$\gamma_S = \gamma_{SL} + \gamma_L \cos\theta \tag{5-15}$$

式中，γ_S 为固体表面张力；γ_L 为液体表面张力；γ_{SL} 为固液界面张力。

两种凝聚态相之间的界面张力通常可用 Young[56] 和 van Oss[57] 公式定义。

$$W_a = \gamma_L(\cos\theta + 1) = 2\sqrt{\gamma_S^d \gamma_L^d} + 2\sqrt{\gamma_S^p \gamma_L^p} \tag{5-16}$$

式中，W_a 为功函数；θ 为接触角；γ_L、γ_L^p、γ_L^d 分别为液体相的表面张力和它的极化分量、色散分量；γ_S、γ_S^p、γ_S^d 分别为固体相的表面张力和它的极化分量、色散分量。

通过测定两种不同液体在材料表面的接触角，γ_S、γ_S^p 和 γ_S^d 就可以计算出来。该材料与某液体的界面能就可以通过式 (5-17) 进一步得到

$$\gamma_{SL} = \gamma_L + \gamma_S - 2\sqrt{\gamma_S^d \gamma_L^d} - 2\sqrt{\gamma_S^p \gamma_L^p} \tag{5-17}$$

我们选择水和乙二醇两种液体测定它们在钛合金、ta-C 和 ta-C:P 薄膜表面的接触角并计算表面能和界面能数据，结果列于表 5-10 中。磷的掺入使 ta-C:P 薄膜表面更加亲水，润湿性改善。ta-C:P 薄膜和水的界面能为 4~11 mJ/m^2(dyn/cm)，与生物体细胞介质的界面能 (1~3 mJ/m^2) 更为接近，说明 ta-C:P 薄膜的界面性能更好，这与 Kwok 等[58]得到的结果是一致的。另外，磷也增加了薄膜的表面能和极化分量与色散分量的比值 γ_S^p / γ_S^d。一般认为，生物材料的界面张力越小，γ_S^p / γ_S^d 值越大，说明其生物相容性越好。因此，我们认为磷的掺入改善了 ta-C 薄膜的生物相容性，且以 ta-C:P-10sccm 薄膜的性能最好。

表 5-10　不同材料的接触角、表面能和界面能参数

样品	接触角/(°)		表面能/(mJ/m^2)			γ_S^p / γ_S^d	γ_{SL} /(mJ/m^2)
	水	乙二醇	γ_S^d	γ_S^p	γ_S		
Ti6Al4V	65.79	53.43	7.93	28.54	36.47	3.60	6.68
ta-C	78.45	52.02	23.25	8.77	32.02	0.38	17.50
ta-C:P-3sccm	63.84	36.53	20.33	19.29	39.62	0.95	7.59
ta-C:P-10sccm	57.07	26.39	20.13	24.30	44.44	1.21	4.93
ta-C:P-20sccm	73.81	52.87	16.23	15.06	31.29	0.93	11.05

2. 血液相容性

判断材料的血液相容性通常要从抗凝血能力和不损伤血液成分功能两方面来考虑。前者即为材料表面抑制血管内血液形成血栓的能力，后者即为材料对血液的溶血现象（红细胞破坏）、血小板机能降低、白细胞暂时性减少、白细胞功能下降及补体激活等血液生理功能的影响。生物医学材料与血液接触导致凝血及血栓形成的主要途径是血液的凝固系统和细胞系统（主要是血小板）发生激活。图 5-43 给出了生物医学材料与血液接触形成血栓的过程。蛋白质的竞争吸附，尤其是纤维蛋白原易使血小板黏附于材料表面，血小板受到刺激后被激活并发生变形，继而凝集并从其内部释放出大量的 5-羟色胺(5-HT)、三磷酸腺苷(ATP)、二磷酸腺

苷（ADP）、肾上腺素等。释放的 ADP 又使更多的血小板变形、黏附、凝聚并再次释放上述物质，进而形成血栓导致凝血。蛋白质表面也可以引起红细胞黏附，出现溶血，红细胞释放出红细胞素（凝血促进因子）和 ADP 并促使血小板凝聚。

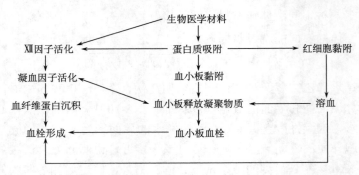

图 5-43　生物医学材料与血液接触导致凝血的过程

目前对材料血液相容性的评测可从血栓形成、凝血、血小板及血液学等几个方面进行，我们选择溶血率实验、蛋白质的竞争吸附实验和血小板吸附实验对 ta-C 和 ta-C:P 薄膜的血液相容性进行评测，并与临床广泛使用的钛合金（Ti₆Al₄V）进行对比研究，探讨血液与薄膜相互作用的机理。

1）溶血率

图 5-44 给出了钛合金、ta-C 和 ta-C:P 薄膜的溶血率，溶血率值均小于 5%，符合国家标准对生物医学材料溶血实验的要求。这说明这些材料均无急性毒性，对红细胞基本无破坏作用。相对于钛合金，ta-C 和 ta-C:P 薄膜都有更小的溶血率，说明这些薄膜对红细胞的破坏作用更小。

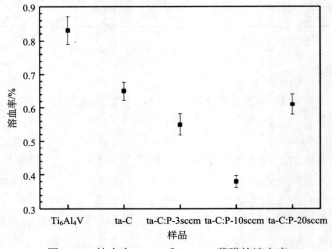

图 5-44　钛合金、ta-C 和 ta-C:P 薄膜的溶血率

2) 蛋白质竞争吸附

生物医学材料与血液接触后，第 1 个过程是材料表面迅速吸附一层蛋白质，吸附蛋白质层将决定材料的抗凝血特性。因此，对植入的生物材料与蛋白质间相互作用的深入研究将有助于评价植入材料能否成功应用。血液中对凝血影响较大的蛋白质有两种，即纤维蛋白原（HFG）和白蛋白（HSA）。研究证明，纤维蛋白原的吸附会增加血小板的黏附并激活，导致凝血。纤维蛋白原本身也参与凝血反应，它的分解将导致凝血。白蛋白是血液中的主要成分，它在血液中的含量超过其他蛋白质，占 40% 以上。白蛋白在材料表面的吸附会减少血小板的黏附。因此具有良好血液相容性的材料必须有良好的白蛋白吸附特性，最好能择优吸附白蛋白。通过了解两种蛋白质在材料表面的竞争吸附特性，就可以对生物医学材料进行预测。

蛋白质与不同类型的材料表面间具有不同的亲和力，因此，对不同的表面而言，竞争吸附的结果也不同。也就是说，材料表面具有选择吸附某种蛋白质的性能。材料表面的色散分量和极化分量在界面交互作用中起着很重要的作用，人工材料表面与蛋白质之间的界面力可由式(5-18)计算。

$$\gamma_{ij} = (\alpha_i - \alpha_j)^2 + (\beta_i - \beta_j)^2 + \Delta_{ij} \tag{5-18}$$

式中，i、j 为不同物质；Δ_{ij} 为相互扩散或离子-共价反应相，可以忽略。

生物医学材料与蛋白质作用的界面力越大，材料表面吸附的蛋白质越多，吸附的蛋白质越稳定。白蛋白和纤维蛋白原的色散和极化分量列于表 5-11 中。利用表 5-10 中计算的各种材料的表面能数据和式(5-18)，材料与蛋白质之间的界面力就可以计算出来，结果列于表 5-12 中。计算结果表明，磷掺入降低了蛋白质与 ta-C:P 薄膜之间的界面力，说明蛋白质在 ta-C:P 薄膜表面的吸附减弱。由于所有

表 5-11　蛋白质的表面能参数 $[(\text{dyn/cm})^{1/2}]$

蛋白质	色散分量 α_i	极化分量 β_i
纤维蛋白原	4.972	6.346
白蛋白	5.602	5.798

表 5-12　不同材料与蛋白质的界面力参数

样品	$\alpha_i/(\text{dyn/cm})^{1/2}$	$\beta_i/(\text{dyn/cm})^{1/2}$	$\gamma_{HSA}/(\text{dyn/cm})$	$\gamma_{HFG}/(\text{dyn/cm})$	$\gamma_{HSA}/\gamma_{HFG}$
Ti$_6$Al$_4$V	2.8	5.3	5.81	8.10	0.72
ta-C	4.8	3.0	11.22	8.47	1.32
ta-C:P-3sccm	4.5	4.4	4.01	3.17	1.27
ta-C:P-10sccm	4.5	4.9	2.31	2.02	1.15
ta-C:P-20sccm	4.0	3.9	6.93	6.17	1.12

的 ta-C:P 都有 $\gamma_{HSA} > \gamma_{HFG}$，说明白蛋白比纤维蛋白原更易吸附于薄膜表面。综合比较来看，ta-C:P-10sccm 的 γ_{HSA}、γ_{HFG} 最小，分别为 2.31dyn/cm 和 202 dyn/cm，表明 ta-C:P-10sccm 薄膜表面蛋白质的吸附量最少，而吸附的蛋白质以白蛋白为主。

3）血小板吸附和激活

血小板是由红骨髓中巨核细胞破碎后形成的一种无色、体积小而形态不规则的小体，直径为 $2 \sim 4$ μm。血小板的主要功能是参与血液凝固和止血。当生物医学材料与血液接触时血小板发生黏附、变形、聚积等一系列变化，继而形成血栓。良好的抗凝材料表面应尽量少吸附血小板且不激活血小板。因此，测定血小板在材料上的黏附和激活特性是评价生物医学材料血液相容性的一个重要手段。评价血小板分布和形态的参数很多，我们选择血小板面积（A）和血小板环状因子（C）两个指标来表征血小板在各种材料表面的变形情况。血小板的面积可用式(5-19)估算。

$$A = A_p / N_a \tag{5-19}$$

式中，A_p 为选取区域内血小板的覆盖面积；N_a 为选取区域内黏附血小板的数量。

血小板的环状因子定义为

$$C = P^2 / (4\pi A) \tag{5-20}$$

式中，P 为血小板的周长。

图 5-45 给出了不同放大倍数下不同材料表面血小板的吸附情况。吸附在钛合金表面的血小板的数量约为 1.7×10^4 个/mm²，血小板发生明显的变形。ta-C 薄膜表面吸附的血小板数量明显减小，约为 4.9×10^3 个/mm²，血小板也表现出明显的变形特性。相比之下，ta-C:P 薄膜表面血小板的吸附量和激活程度进一步减小，说明 ta-C:P 薄膜的相容性增强。

根据 Goodman 等[59]的观点，血小板在生物材料表面的变化分为 5 个阶段，即未激活、早期激活、伸展、铺展和完全铺展，表 5-13 列出了这 5 个阶段血小板的形态和定义。为了更好地区分血小板的激活状态，我们用血小板铺展度（血小板面积）分析血小板激活程度。通常认为，未激活的血小板的直径约为 2 μm[60]。在高激活状态下，其直径可达约 5 μm。因此，血小板的面积是一个可靠的估计血小板激活状态的指标。根据 Park 等的观点[61]，血小板的环状因子和生物医学材料表面的血液相容性有关。未激活的血小板是圆形的，环状因子等于 1。环状因子的增加表明血小板发生变形，材料的血液相容性降低。图 5-46 给出了不同材料表面黏附的血小板的平均面积和环状因子，对于钛合金而言，由于血小板吸附数量多，覆盖面积大，血小板平均面积约为 3.8 μm²。血小板伸出许多伪足且彼此相连，环状因子达到 3.4，表明黏附于钛合金上的血小板有较高的分布程度和激活程度。ta-C 表面的血小板黏附的数量虽然减少，但是血小板的面积依然较大，血小板间

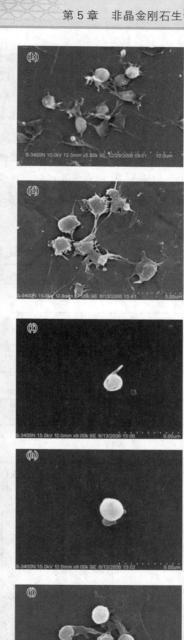

图 5-45　钛合金、ta-C 和 ta-C:P 薄膜表面黏附的血小板表面形貌

(a) 和 (b) 钛合金表面；(c) 和 (d) ta-C 表面；(e) 和 (f) ta-C:P-3sccm 表面；(g) 和 (h) ta-C:P-10sccm 表面；
(i) 和 (j) ta-C:P-20sccm　表面

的伪足相互连接，表明 ta-C 薄膜对血小板也存在明显的激活作用。ta-C:P-3sccm 和 ta-C:P-10sccm 薄膜表面黏附的血小板的面积更小，因此其铺展和激活程度更低。在 ta-C:P-3sccm 表面的血小板有较少的长伪足，表面血小板处于早期激活状态。而 ta-C:P-10sccm 表面的血小板几乎是圆形的，血小板形状保持良好，环状因子接近 1，证实 ta-C:P-10sccm 薄膜有良好的血液相容性。然而，磷含量较多的 ta-C:P-20sccm 薄膜的生物相容性有所降低，血小板黏附的数量增加，变形程度加大。由于血小板的黏附和聚集是血栓形成的重要步骤，因此，我们的结果表明，ta-C:P-3sccm 和 ta-C:P-10sccm 薄膜表面血小板数量少、伪足发展和聚集程度低，因此具有更为优越的生物相容性。

表 5-13　与血小板激活程度相关的 5 种形态

类型	血小板形状	形态和定义
	圆形	没有伪足
	树枝状	早期伪足，伪足非扁平
	伸展的树枝	超过一个伪足变得扁平，伪足之间没有透明质
	铺展	后期伪足，伪足间有透明质
	完全铺展	透明质铺展，没有明显伪足

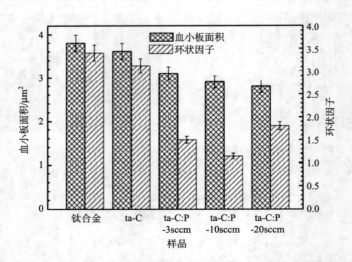

图 5-46　钛合金、ta-C 和 ta-C:P 薄膜表面黏附的血小板面积和环状因子

4) 血液相容性机理

生物医学材料与血液接触以后，第一个过程是血浆蛋白在材料表面的吸附，吸附蛋白层决定了材料的血液相容性。由于血液中的血小板、红细胞等吸附于蛋白层之上，其黏附与激活和吸附的蛋白质直接相关。白蛋白在血液中含量最多，它在生物材料表面的大量吸附，可以减少血小板在表面的吸附，从而延长材料的凝血时间。纤维蛋白原在血液中的含量虽然较少，但它在生物医学材料表面吸附后，不仅自身会参加凝血过程，而且会增加血小板在材料表面的黏附和激活，导致凝血。纤维蛋白原在材料表面吸附后，向材料表面转移电子，分解成纤维蛋白单体和纤维蛋白原，纤维蛋白单体之间可以相互结合成中间聚合物，并激活凝血过程，导致血栓。所以，一种好的生物医学材料需要良好的蛋白质吸附特性，即最好只吸附白蛋白而不吸附纤维蛋白原。一般来说，这两种蛋白质总是同时吸附于生物医学材料表面。所以，少吸附纤维蛋白原是生物医学材料的首要目标。纤维蛋白原吸附后，如何延长它的分解时间也是延长凝血时间的有效手段。这些都与材料本身的性质有关，包括化学成分、形貌、结晶度、亲水性、疏水性、表面能、表面电荷和导电性等。

对材料的表面性质与血液相容性之间的关系已经提出了多种解释，这些解释主要从材料的两个基本特性出发，即表面能和表面电荷。通过前面的研究，磷的掺入改善了薄膜的亲水能力，增大了表面能，尤其是增加了极化色散分量的比例。由于 ta-C:P-10sccm 的 γ_S^p / γ_S^d 值最大，与水的界面张力最小，蛋白质在其表面的吸附最弱，因此表现出突出的生物相容性。这和杨平等的研究结果是一致的[62]。然而，磷含量的进一步增加也增加了薄膜的石墨化程度，极化分量比例降低，使得生物相容性反而降低。

从表面电荷特性出发也可以对生物材料的血液相容性作出解释。通过细胞电泳实验的测定可知血细胞，如红细胞、白细胞、血小板等在泳场中均向阳极移动，表明它们表面均带负电荷。由于血小板表面含有唾液酸而带负电荷，因此，血小板及红细胞、白细胞在带有适当负电荷的材料表面上的黏附较为困难，而容易黏附在表面带有正电荷的材料表面上，进而激发凝血与血栓。据此可以认为负电荷的生物医学材料可以减少血小板的黏附，提高材料的抗凝血性能。对于蛋白质的吸附，如图 5-47 所示，纤维蛋白原的变性必须向材料表面转移电子，生物医学材料如果具有电负性和较低的功函数，则可以有效地抑制纤维蛋白原的电荷转移，从而抑制纤维蛋白原的变性。

根据前面对 ta-C:P 薄膜导电性能的研究介绍，磷的掺入提高了 ta-C:P 薄膜的电导率，而具有适中磷含量、sp^2/sp^3 值和 H 含量的 ta-C:P-10sccm 薄膜的导电能力最强，如图 5-48 所示。Okpalugo 等[63]的研究也证明，具有优良导电性的掺杂氢化非晶金刚石薄膜表现出突出的抵抗蛋白质吸附和血小板变形的能力。可见，磷的掺入改善了 ta-C 薄膜在生物环境中的相容性，这与其化学成分、微观结构、亲水性、表面能、导电性的变化是息息相关的。

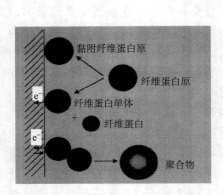

图 5-47　纤维蛋白原的激活过程

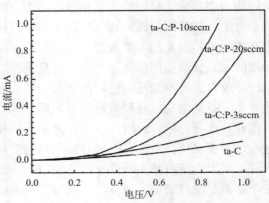

图 5-48　Au/ta-C:P/p-Si/Al 异质结构的 *I-V* 曲线

5.4.2　掺磷非晶金刚石的耐腐蚀行为

　　生物电极材料除了需具备生物相容性外，还需要有良好的化学稳定性和耐腐蚀能力。腐蚀是材料在环境的作用下引起的破坏或变质。金属和合金的腐蚀主要是由于化学或电化学作用引起的破坏，有时还伴有机械作用、物理作用或生物作用。由于腐蚀总是从材料的表面开始，所以金属材料表面层的种类、结构、成分和表面状态都与腐蚀密切相关，因此人们采用各种手段和方法来改变金属材料的表面成分、结构和表面状态，以达到保护材料表面的效果。目前，评价植入物抗腐蚀性能的方法可以分为两大类：体外实验和动物体内植入实验。体外实验主要是模拟体内腐蚀环境，研究材料的抗蚀性能，如采用电化学测试法、原子吸收光谱法测定离子释放速度。体外实验具有周期短、直观及方便等特点，但是不能够准确反映材料在体内的抗蚀性能，只能作为一种参考。动物体内植入实验是直接将器件植入特定的组织部位一段时间后观察表面状态，测定器官内各种离子浓度的变化，对器件的抗腐蚀性能进行评价。这种方法虽然可以真实反映材料在体内的复杂变化过程及在动物体内的反应分布和反应产物等，但是由于其周期长、实验困难、实验费用高，研究得相对较少。本节主要介绍如何利用电化学实验来评价钛合金及 ta-C 和 ta-C:P 改性钛合金的抗腐蚀性能。

1. 腐蚀极化曲线

　　极化曲线是表示电极电位和电流之间关系的曲线，是研究电极过程动力学的重要方法。图 5-49 为钛合金和表面沉积 ta-C 和 ta-C:P 薄膜的钛合金样品在

0.89wt% NaCl 溶液中的极化曲线。腐蚀电位(E_{corr})、材料破坏电位(E_{brk})和腐蚀电流密度(I_{corr})可以从图中得到并列于表 5-14 中。可以看到，ta-C 薄膜的腐蚀电位和破坏电位比钛合金的值高，而腐蚀电流密度比钛合金的值低 1 个数量级。对ta-C:P 薄膜而言，这 3 个参数的变化更为明显，ta-C:P 薄膜的极化曲线向更高电位和更低电流密度的区域移动。ta-C:P-3sccm 薄膜在很宽的电势范围(223～1800 mV)内处于钝化状态，然后到达破坏电位(E_{brk})，此时阳极电流密度迅速增加，表明 ta-C:P-3sccm 钝化薄膜已经破坏。相比之下，ta-C:P-10sccm 的钝化区域更窄，在大约 1300 mV 时 ta-C:P-10sccm 发生局部破坏。ta-C:P-20sccm 是三个 ta-C:P薄膜中破坏最快的。一般认为，材料的腐蚀电流密度越低、腐蚀电位越高表明其耐腐蚀能力越强。因此，上述的分析表明，这 5 个实验样品的耐腐蚀能力由强到弱依次为 ta-C:P-3sccm > ta-C:P-10sccm > ta-C:P-20sccm > ta-C >钛合金。这意味着ta-C:P 钝化层的存在可以有效地提高钛合金抵抗溶液腐蚀的能力。

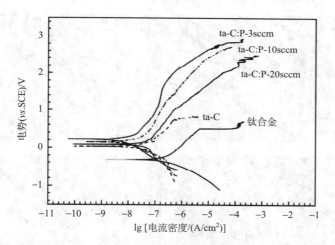

图 5-49 钛合金和表面沉积 ta-C 和 ta-C:P 薄膜的钛合金在 0.89wt% NaCl 溶液中的极化曲线

表 5-14 从钛合金和表面沉积 **ta-C** 和 **ta-C:P** 薄膜的钛合金极化曲线上获得的参数

样品	E_{corr} /mV	E_{brk} /mV	I_{corr} /(A/cm²)	R_p	P_i /%	P_i /%
钛合金	−326	504	2.19×10^{-7}	0.33	—	—
ta-C	31	733	4.68×10^{-8}	2.16	0.47600	78.63
ta-C:P-3sccm	223	>1800	1.15×10^{-8}	9.73	0.00437	94.75
ta-C:P-10sccm	150	>1300	2.24×10^{-8}	4.79	0.01177	89.77
ta-C:P-20sccm	82	>980	3.89×10^{-8}	2.42	0.07595	82.24

利用 Matthes 等[64]和 Kim 等[65]提供的方法，ta-C:P 薄膜的极化电阻（R_p）、总孔隙率（P_t）和对钛合金的保护效率（P_i）可以通过式（5-21）和式（5-22）计算出来，并列于表 5-14 中。

$$P_t = \frac{R_s}{R_p} \times 10^{-(\Delta E_{corr}/b_a)} \qquad (5\text{-}21)$$

$$P_i = 100 \times (1 - \frac{I_{corr}}{I_{corr}^0}) \qquad (5\text{-}22)$$

式中，R_s 为钛合金的极化电阻；ΔE_{corr} 为表面沉积薄膜的钛合金和未沉积薄膜钛合金的自由腐蚀电势差；b_a 为钛合金阳极极化曲线斜率；I_{corr} 为表面沉积薄膜的钛合金的腐蚀电流密度；I_{corr}^0 为钛合金的腐蚀电流密度。

表 5-14 中数据显示，与 ta-C 薄膜相比，ta-C:P 薄膜的腐蚀电阻更大，说明其抵抗腐蚀的能力更强，薄膜孔隙率更低，对钛合金的保护效率更高。

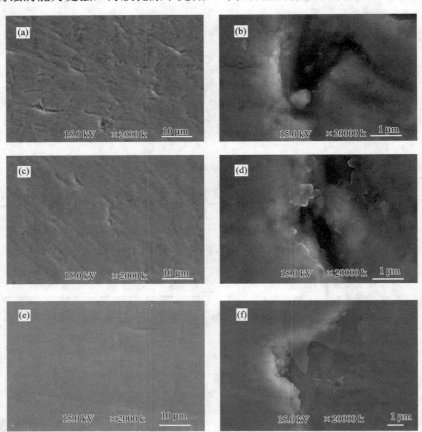

图 5-50　腐蚀实验后各种样品的表面形貌

(a)和(b)钛合金;(c)和(d)ta-C;(e)和(f)ta-C:P-3sccm 薄膜

2. 腐蚀形貌

图 5-50 给出了腐蚀实验后各种样品的表面形貌。钛合金腐蚀严重，表面有许多腐蚀裂纹和腐蚀孔洞。当 ta-C 薄膜沉积在钛合金表面后，由于 ta-C 薄膜高的 sp^3 杂化含量和低的导电能力，腐蚀电阻提高，孔隙率减小，溶液中的氯离子渗入薄膜内部的概率减小。然而 ta-C 薄膜表面仍然存在纳米孔，在长时间浸泡于生理盐水溶液后，薄膜表面的开孔为氯离子的进入提供了通道。当氯离子到达薄膜与钛合金基体界面时，在二者电势差的作用下电流腐蚀建立起来。对于低磷的 ta-C:P-3sccm 薄膜，其孔隙率很低，极化电阻很高。另外由于磷的掺入降低了薄膜压应力，薄膜与钛合金之间的黏结强度增加，因此薄膜表面和界面的纳米孔减少[66]，从而很好地阻碍了溶液的渗入。ta-C:P-3sccm 的表面呈现出更少而更大的腐蚀孔，这可能是因为阳极面积的减少使得溶液对存在的纳米孔的腐蚀更加严重[67]。然而随着磷含量的进一步增加，薄膜中 sp^2 杂化含量也明显增加。结构的石墨化又会降低薄膜密度，增加孔隙率和发生点蚀的概率。因此 ta-C:P-3sccm 表现出更为有效的保护钛合金的能力。

5.5 掺磷非晶金刚石的表面金纳米粒子修饰

5.5.1 金纳米粒子的电化学沉积

图 5-51 给出了 ta-C:P-10sccm 电极在含有 0.5 mmol/L $HAuCl_4$ 的溶液中的电镀伏安曲线，其形状与 Schmidt 等[68]和 Huang 等[69]得到的曲线相近。在第 1 个循环

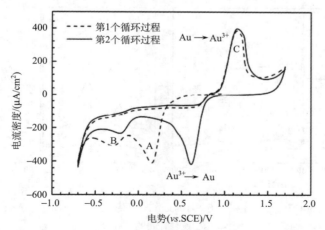

图 5-51 ta-C:P-10sccm 电极在含有 0.5 mmol/L $HAuCl_4$ 的 0.1 mol/L H_3BO_4 和 H_2SO_4 混合溶液中的循环伏安曲线

扫描速率为 0.02 V/s

过程中负向扫描曲线上 0.16 V 处的峰(峰 A)为金的还原峰，在–0.30 V 处的峰为溶液中的氢离子还原为氢原子的峰(峰 B)[70]。当电势继续负向扫描，氢原子结合成氢分子，并从电极表面溢出。第 1 个循环过程的正向扫描曲线上在–0.06 V 的峰对应于电极表面吸附的氢的氧化峰。当电势扫描至 1.14 V 出现的峰(峰 C)为沉积在 ta-C:P-10sccm 表面金的氧化峰。向前电流和向后电流在 0.81 V 处交叉，表明该电位是 Au/Au^{3+} 反应的平衡电位。在第 2 个循环过程中金的还原峰正向移动到 0.61 V，这说明电极表面存在的金核使得金的沉积更加容易。氢的还原峰也向正向移动，表明其过电位减小。改变扫描速率重新测试，金的还原峰随扫描速率的增加负移，氧化峰随扫描速率的增加正移，峰电流密度和扫描速率的平方根满足线性关系，说明金离子的还原和金的氧化过程都是受扩散控制的。

利用 XPS 分析手段，我们进一步分析了金纳米粒子与薄膜表面的结合情况。图 5-52(a)为 ta-C、ta-C:P-10sccm 和在金溶液中沉积 90 s 得到的 ta-C:P-10sccm/Au 薄膜的近表面 XPS 光谱。在(285.4±0.2) eV、(132.4±0.2) eV、(189.5±0.2) eV 和 (533.2±0.2) eV 的峰分别对应于 C1s、P2p、P2s 和 O1s 核心谱。在(335.3±0.2) eV 和(353.5±0.2) eV 出现的新峰为 Au3d 和 Au4d 核心谱。在(83.9±0.1) eV 和 (87.6±0.1) eV 的峰为 Au4f$_{7/2}$ 和 Au4f$_{5/2}$ 峰，该峰与金箔的对应峰是一致的[71]。当用 3 keV 的氩离子溅射薄膜表面时，Au4f 峰的强度先增加后减小，如图 5-52(b)所示，这说明 ta-C:P-10sccm 薄膜表面的金是三维结构的。由于溅射过程中 Au4f 没有移动，说明金和 ta-C:P-10sccm 薄膜没有反应，即没有碳金化合物形成，因此金是物理吸附于 ta-C:P 薄膜表面的。氩离子溅射 60 s 后，C1s 峰向低结合能方向有略微的偏移，这是溅射作用使得薄膜表面石墨化的结果[图 5-52(c)]。

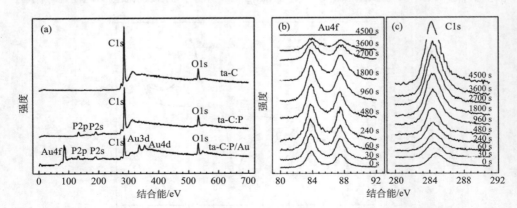

图 5-52　(a) ta-C、ta-C:P-10sccm 和 ta-C:P-10sccm/Au 薄膜的 XPS 光谱；(b) Au4f 和 (c) C1s 核心谱随溅射时间的变化

为了有效控制金纳米粒子的尺寸和分布，我们改变沉积时间或循环次数。沉积在薄膜表面的金量可以通过对金离子还原峰进行积分，得到伏安电荷并利用法拉第公式计算出来[72]

$$N = Q / (nF) \qquad (5\text{-}23)$$

式中，N 为金的沉积量；Q 为反应过程的电荷量；n 为电极反应涉及的电子数，对金的还原反应为 3；F 为法拉第常量。

图 5-53 给出了 ta-C:P-10sccm/Au 薄膜近表面各种元素含量随溅射时间的变化情况，溅射 60 s 后氧的含量急剧降至 0 左右说明这些氧是空气中的氧吸附于薄膜表面的结果。磷的含量几乎保持平衡水平，说明薄膜中磷的分布是非常均匀的。金的含量在溅射 240 s 时达到最大值，随后又降低，这也是金粒子三维结构分布的良好证明。

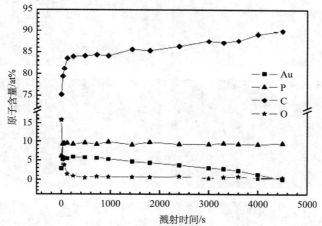

图 5-53　ta-C:P-10sccm/Au 薄膜的近表面成分随溅射时间的变化

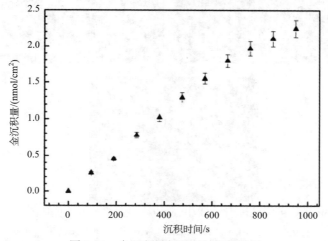

图 5-54　金沉积量与沉积时间的关系

图 5-54 给出了 ta-C:P-10sccm 薄膜表面金的沉积量随沉积时间的变化关系，直到沉积 720 s 时，金沉积量与沉积时间满足很好的线性关系，当沉积时间超过 800 s 时，这个增长的趋势变得缓和。研究表明，得到 Au(111) 单层薄膜所需的金量约为 2.5 nmol/cm^2。这说明 800 s 的沉积时间不能得到连续的 Au 薄膜，在我们的时间范围内 ta-C:P-10sccm 薄膜表面金纳米粒子的密度为 $10^{14} \sim 10^{15}$ 个/cm^2。

图 5-55 给出了 ta-C:P-10sccm 和 ta-C:P-10sccm/Au 电极表面的 SEM 形貌，证实 ta-C:P-10sccm 电极表面确实是光滑平整的[图 5-55(a)]，而 ta-C:P-10sccm 表面的金纳米粒子确实是均一分布的[图 5-55(b)～(f)]。通过 SEM，我们可以估计出

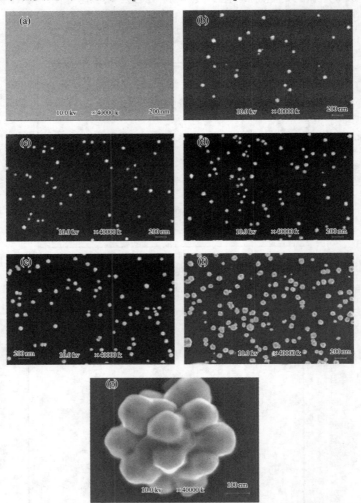

图 5-55　ta-C:P-10sccm、ta-C:P-10sccm/Au 电极和金纳米团簇的 SEM 形貌

(a) ta-C:P-10sccm 电极；　(b)～(f) ta-C:P-10sccm/Au 电极；(b) 沉积 20s；　(c) 90 s；　(d) 180 s；　(e) 270 s；
(f) 450 s；　(g) 金纳米团簇

单位几何表面金纳米粒子的尺寸分布和平均数量，在约 20 s 的沉积后，金纳米粒子是圆球状的，直径从 13.5 nm 到 75.7 nm 不等，平均直径约为 50.3 nm，密度为 4.2×10^8 个/cm^2[图 5-55（b）]。由于直径是分布在一定区域内的，说明这些金纳米粒子实际是金纳米团簇，这是由于金种子的存在使一些金在这些存在的金点上继续生长，表现为尺寸的进一步增大。经过 180 s 的沉积后，金纳米粒子的直径分布从 13.0 nm 到 78.3 nm，平均直径为 56.9 nm，密度为 1.2×10^9 个/cm^2[图 5-55（d）]。金团簇尺寸分布范围的进一步扩大也证明一些新的小尺寸的金成核点出现，现存的金成核点进一步长大。表 5-15 列出了不同沉积时间后 ta-C:P-10sccm 电极表面金纳米粒子的分布情况。

表 5-15　不同沉积时间下 ta-C:P-10sccm/Au 电极表面金纳米团簇的分布参数

电极	沉积时间 /s	金粒子尺寸分布 /nm	金团簇密度 /（个/cm^2）
ta-C:P-10sccm	0	0	0
ta-C:P/Au$_1$	20	13.5～75.7	4.2×10^8
ta-C:P/Au$_2$	90	13.4～76.9	6.6×10^8
ta-C:P/Au$_3$	180	13.0～78.3	1.2×10^9
ta-C:P/Au$_4$	270	12.6～83.3	1.4×10^9
ta-C:P/Au$_5$	450	12.2～98.7	2.1×10^9
ta-C:P/Au$_6$	720	11.9～115.3	2.5×10^9

5.5.2　金纳米粒子的成核机理

物质在电极表面的电沉积包括成核和生长两个过程，首先在特殊的活性点出现该物质的核，其次电镀离子进一步与核合并使核长大。通过前面的分析，金在 ta-C:P 电极表面的成核符合扩散控制的三维成核过程，即电极表面电荷传输的速率是很快的，核生长的速率取决于电沉积离子扩散到生长中心的速率。目前有许多理论用于描述三维成核-生长过程[73]，根据 Scharifker 和 Hills 的模型，成核过程可分为两类：瞬时成核（instantaneous nucleation）和渐近成核（progressive nucleation）。瞬时成核是指在很短的时间内，所有活性点同时快速成核，然后这些孤立的核以相同的速度长大，成核点总数保持不变。渐近成核过程是指成核点是随时间的增加而增加的。对于瞬时成核过程，电流密度满足式（5-24）。

$$I = \frac{nFD^{1/2}c}{\pi^{1/2}t^{1/2}}\left[1 - \exp(-N\pi kDt)\right] \tag{5-24}$$

式中，I 为电流密度；D 为扩散系数；c 为金属离子的体浓度；n 为电沉积过程中转移的电荷数；k 为与电沉积金属的摩尔质量 (M) 和密度 (ρ) 有关，$k=(8\pi c M/\rho)^{1/2}$；t 为时间；N 为电极表面活性点密度。

对于渐近成核过程，电流密度满足式 (5-25)。

$$I = \frac{nFD^{1/2}c}{\pi^{1/2}t^{1/2}}\left[1 - \exp(-AN_0\pi k'Dt^2 / 2)\right] \tag{5-25}$$

式中，k' 为 $k'=(4/3)\cdot(8\pi c M/\rho)^{1/2}$；$N_0$ 为电极表面活性点密度；A 为每个点的成核速率。

计时安培法是研究物质成核过程的有效手段，通过测定电流-时间暂态曲线，可以得到电极表面的成核密度、成核速率等重要参数并判断成核机理。图 5-56 给出了 ta-C:P-10sccm 电极表面金电沉积过程的典型电流密度-时间曲线，它可以分为 4 个阶段，在阶段 A 电流急剧增大随后快速减弱，对应于双层充电电流和最初的成核过程。在阶段 B 彼此独立的核的生长或者一些互不重叠的新核的形成使得电流再一次增加。阶段 C 可能有两个相对的过程发生：独立核的长大和核间的重叠。在这个阶段当电流达到最大值 (I_m) 时表明核间的重叠已经开始。在阶段 D 电流又一次降低，这是不同核之间不同区域相互重叠及生长中心合并的结果。一旦时间大于 t_m，粒子的尺寸就要增大，表面积减小，从而引起电流的降低，溶液中的金属离子扩散到核表面的过程是由半球扩散转变为线性质量扩散的过程。

为了便于分析，我们将 I/I_m 对 t/t_m 作图，式 (5-24) 和式 (5-25) 可分别简化为

$$(I/I_m)^2 = 1.9542(t/t_m)^{-1}\{1-\exp[-1.2564(t/t_m)]\}^2 \tag{5-26}$$

$$(I/I_m)^2 = 1.2254(t/t_m)^{-1}\{1-\exp[-2.3367(t/t_m)^2]\}^2 \tag{5-27}$$

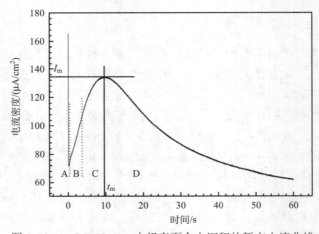

图 5-56 ta-C:P-10sccm 电极表面金电沉积的暂态电流曲线

因此，瞬时成核和渐近成核过程中的相关参数可以通过下面两组公式计算得到。

对于瞬时成核过程有

$$t_m = \frac{1.2564}{N\pi kD} \tag{5-28}$$

$$I_m = 0.6382nFDc(kN)^{1/2} \tag{5-29}$$

$$I_m^2 t_m = 0.1629(nFc)^2 D \tag{5-30}$$

对于渐近成核过程有

$$t_m = (\frac{4.6733}{AN_0\pi k'D})^{1/2} \tag{5-31}$$

$$I_m = 0.4615nFD^{3/4}c(k'AN_0)^{1/4} \tag{5-32}$$

$$I_m^2 t_m = 0.2598(nFc)^2 D \tag{5-33}$$

图 5-57 给出在 0.15～0.85 V 和 0.45～0.85 V 下测定的 ta-C:P-10sccm 电极的暂态电流曲线，与两个模型相比，更接近于渐近成核过程，即金核在不同时间出现且以不同的速率长大，这与金纳米粒子在很宽的尺寸范围内分布是一致的。Trejo 等研究了金在玻碳电极表面的成核过程[74]，Oskam 和 Searson 研究了金在 n 型硅基底上的成核过程[75]，结果都表明金纳米粒子的沉积符合扩散控制的渐近成核机理。

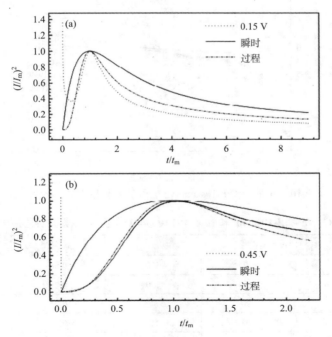

图 5-57　在 0.15～0.85V (a) 和 0.45～0.85V (b) 电位下 ta-C:P-10sccm 电极表面金电沉积的暂态电流曲线

5.5.3 金纳米粒子修饰的掺磷非晶金刚石电极的电化学行为

图 5-58 为 ta-C、ta-C:P-10sccm 和不同金沉积量的 ta-C:P-10sccm/Au 电极在 5 mmol/L 铁氰化钾和 1 mol/L 氯化钾溶液中的循环伏安曲线,扫描速率为 0.02 V/s。相关的伏安参数,如峰电势差 ΔE_p、氧化峰和还原峰电流比 I_p^{ox}/I_p^{red} 及氧化峰电流 I_p^{ox} 的值总结于表 5-16 中。由于 ta-C 薄膜高的电阻率,其对铁氰化钾的氧化还原反应只表现出轻微的响应。磷掺入后,ta-C:P-10sccm 电极的导电性提高,由于 CP 活性点的存在,电极催化能力提高,ΔE_p 减小,I_p^{ox}/I_p^{red} 增大。当 ta-C:P-10sccm 电极在金溶液中沉积 90 s 后,电极的可逆性进一步改善,ΔE_p 减小到 87 mV,I_p^{ox}/I_p^{red} 增大到 0.94,这是由于纳米尺寸的金有优越的导电能力和催化能力,加快了电极和溶液间电荷的传输速度。沉积 180 s 后,ΔE_p 减小到 62 mV,I_p^{ox}/I_p^{red} 增大到 0.99,电极表现出可逆/准可逆行为,电极活性增强。随后更长时间的沉积并没有明显减小 ΔE_p 和增大 I_p^{ox}/I_p^{red},但是电流响应却明显增强。

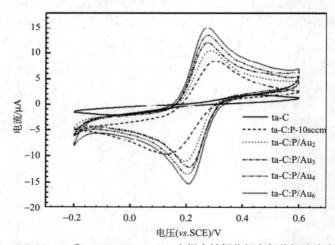

图 5-58   ta-C、ta-C:P-10sccm 和 ta-C:P-10sccm/Au 电极在铁氰化钾和氯化钾溶液中的循环伏安曲线

表 5-16   ta-C、ta-C:P-10sccm 和 ta-C:P-10sccm/Au 电极在铁氰化钾溶液中的伏安参数

电极	沉积时间/s	ΔE_p /mV	I_p^{ox}/I_p^{red}	I_p^{ox} /μA
ta-C	0	510	0.86	1.8
ta-C:P-10sccm	0	170	0.88	8.4
ta-C:P/Au$_2$	90	87	0.94	10.5
ta-C:P/Au$_3$	180	62	0.99	12.1
ta-C:P/Au$_4$	270	63	0.98	13.7
ta-C:P/Au$_6$	720	61	0.99	15.1

根据 Randles-Sevcik 公式，完全可逆反应的电流可以通过式(5-34)计算出来。

$$I_{\mathrm{p}} = \left(2.69 \times 10^5\right) n^{3/2} A D_0^{1/2} C_0^* v^{1/2} \tag{5-34}$$

式中，I_{p} 为峰电流；n 为电化学反应电子数；A 为电极面积；D_0 为铁氰化钾在氯化钾中的扩散系数[76]；C_0^* 为铁氰化钾的本体浓度；v 为扫描速率。

计算结果表明，实验值小于理论值，说明电极表面的活性点数量是有限的。因此通过控制 ta-C:P-10sccm 电极在金溶液中的沉积时间，可以有效地调节金纳米粒子的尺寸和分布，从而调节 ta-C:P-10sccm/Au 电极的催化行为。

5.6　掺磷非晶金刚石为生物电极材料的研究

5.6.1　对重金属离子的检测

目前检测重金属离子的技术主要有原子吸收光谱法、原子发射光谱法、原子荧光分光光度法、电化学分析法、质谱法和毛细管电泳法等。电化学分析法主要分为电导分析法、电位分析法和极谱伏安法等。其中极谱伏安法是根据电解过程中的 I-V 曲线即极化曲线来进行物质的定性及定量分析的。作为定量分析参数一般是取有限电流值，电压波形可以是线性、脉冲、正弦或方波等各种复合形式。我们采用差分脉冲伏安法对铜、铅、镉重金属离子共存体系进行检测。图 5-59 给出了 ta-C:P-10sccm 电极在含有 13 μmol/L 铜离子的 0.2 mol/L PBS 溶液中的循环伏安曲线。大约在 −0.16 V 电势下铜离子还原为金属铜，在−0.05 V 电势下还原的铜再一次被氧化而重新进入溶液。

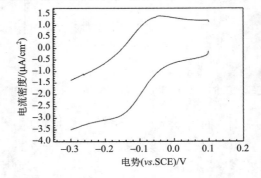

图 5-59　ta-C:P-10sccm 电极在含有 13 μmol/L 铜离子的 0.2 mol/L PBS 溶液中的循环伏安曲线

为了进一步研究 ta-C:P-10sccm 电极对铜离子的检测灵敏度，电极在−1.2 V 下富集 10 min 后测定铜离子在 ta-C:P-10sccm 电极上的溶出伏安曲线，如图 5-60(a)所示。从图中看到，当电势从负向向正向扫描时，在−0.13 V 左右出现了铜的溶出峰。随着溶液中铜离子浓度的增加，溶出峰的电流密度也随之增大。在研究的浓度范围内，标准溶液中铜离子的浓度与电流密度呈现良好的线性关系，如图 5-60(b)所示，因此可以利用此关系估计此类溶液中铜离子的浓度。

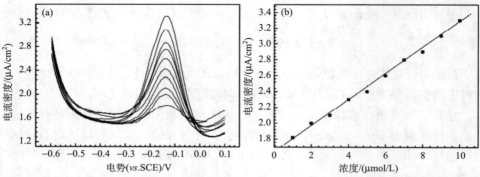

图 5-60 (a) 含有铜离子的 0.2 mol/L PBS 溶液在 ta-C:P-10sccm 电极上的溶出伏安曲线;(b)铜离子浓度与峰电流密度的线性关系

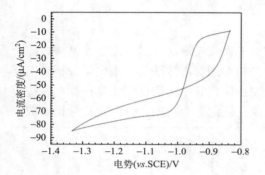

图 5-61 ta-C:P-10sccm 电极在含有 13 μmol/L 镉离子的 0.2 mol/L PBS 溶液中的循环伏安曲线

图 5-61 给出了含有 13 μmol/L 镉离子的 0.2 mol/L PBS 溶液在 ta-C:P-10sccm 电极上的循环伏安曲线。大约在-1.03 V 电势下镉离子还原为金属镉,在-0.94 V 下还原的镉再一次被氧化而重新进入溶液。

图 5-62 给出了镉离子在 ta-C:P-10sccm 电极上的电流响应,电极先在-1.2 V 下富集 10 min,然后测定依次递增镉离子浓度后溶液的差分伏安响应。从图中看到,当电势从负向向正向扫描时,在-0.9 V 左右出现了镉的溶出峰。随着溶液中镉离子浓度的增加,溶出峰的电流密度也随之增大。在研究的浓度范围内,标准溶液中镉离子浓度与电流密度呈现良好的线性关系,因此可以利用此关系估计类似溶液中镉离子的浓度。

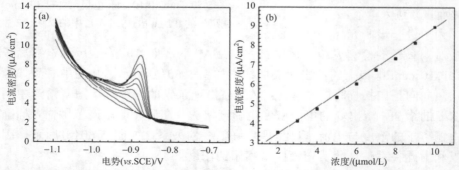

图 5-62 (a) 含有镉离子的 0.2 mol/L PBS 溶液在 ta-C:P-10sccm 电极上的溶出伏安曲线;(b)镉离子浓度与峰电流密度的线性关系

　　实际中通常多种重金属离子是共同存在的，因此我们选择铜、铅、镉 3 种重金属离子共存体系进行研究。图 5-63 给出了逐渐递增溶液中铜、铅、镉 3 种离子浓度（2 μmol/L 铜离子、1.5 μmol/L 铅离子、1 μmol/L 镉离子）时金属离子在 ta-C:P-10sccm 电极上的溶出伏安曲线。在 –1.1～0.1 V 的范围内做阳极扫描，记录的溶出曲线在约 –0.9 V、–0.6 V 和 –0.2 V 处先后出现镉、铅和铜的溶出峰，3 个峰彼此分开且不互相干扰。测试后电极在 0.5 V 电位处保持 2 min 除去残留在电极表面的金属，再用去离子水清洗后可重复测试。铜离子峰电流与其浓度在 2～15 μmol/L（0.128～0.96 mg/L）的范围内有良好的线性关系，线性回归方程为 $I_p=0.78C+2.5969$（I_p 单位为 μA，C 单位为 μmol/L），线性相关系数为 0.9994。铅离子峰电流与其浓度在 2.2～13.6 μmol/L（0.456～2.818 mg/L）的范围内有良好的线性关系，线性回归方程为 $I_p=0.185C+9.1023$（I_p 单位为 μA，C 单位为 μmol/L），线性相关系数为 0.9997。镉离子峰电流与其浓度在 0.5～6.4 μmol/L（0.056～0.219 mg/L）的范围内有良好的线性关系，线性回归方程为 $I_p=0.444C+7.0661$（I_p 单位为 μA，C 单位为 μmol/L），线性相关系数为 0.9999。因此，ta-C:P-10sccm 电极可以在 μmol/L 的浓度范围内有效地监测重金属离子的含量，控制其在合理的范围内，降低这些重金属离子对人体的危害。

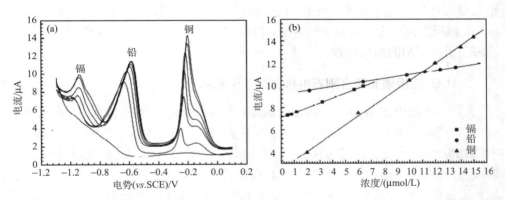

图 5-63　（a）含有铜、铅、镉 3 种重金属离子的 0.2 mol/L PBS 溶液在 ta-C:P-10sccm 电极上的溶出伏安曲线；（b）铜、铅、镉离子浓度与峰电流的线性关系

5.6.2　对过氧化氢的检测

1. 过氧化氢传感器简介

　　过氧化氢（H_2O_2）是临床化学中的重要物质，是过氧化酶参与的酶促反应的产物，其含量对食品、药物和环境分析等具有重要意义[77,78]。目前测量 H_2O_2 的方法有滴定法、分光光度法、化学发光法和电化学法。前 3 种方法由于耗时较长、费

用昂贵、不利于实际应用。而电化学法操作简单、价格低廉，便于制作 H_2O_2 生物传感器[79]。根据酶与电极间的机理可将电流式 H_2O_2 生物传感器分为 3 代：第 1 代电流型 H_2O_2 生物传感器是利用酶的天然电子传递体——氧来传递电子，通过直接检测酶反应底物的减少或产物的生成，从而确定 H_2O_2 的含量。这种方法响应时间较长且难以进行活体分析，其灵敏度也不高。第 2 代电流型过氧化物酶生物传感器克服了第 1 代传感器的缺点，用小分子的电子传递媒介体作为酶的活性中心与电极之间的电子通道，通过检测媒介体的电流变化来反映底物浓度的变化。第 3 代电流型 H_2O_2 生物传感器是基于酶自身与电极间的直接电子转移，无须借媒介体完成信号转换的生物传感器。这种生物传感器的固定化方法相对简单，并且有利于保持酶的活性。电化学固定酶的主要缺点之一是选择性较差，某些底物和酶与测定的化学环境不相容。因此 H_2O_2 传感器的稳定性和电化学特性由酶的固定和酶的活性决定。

由于 H_2O_2 是葡萄糖催化氧化的产物，因此许多葡萄糖传感器也发展起来从而间接反映 H_2O_2 的浓度[80]。通常认为，低维纳米结构的材料，如硅纳米线、硅纳米粒子、ZnO 纳米棒、碳纳米管等都可以用于葡萄糖/ H_2O_2 传感器的研制[81,82]。许多碳膜电极也可以作为换能器并用于传感器的构建[83,84]。此外，纳米金属粒子也被引入生物电化学传感器中以改善传感器的响应性能[85]。本节中我们采用在 ta-C:P 电极上沉积金纳米粒子的方法，得到的生物电极直接用于 H_2O_2 的检测，从而避免了固定酶的烦琐过程。

2. H_2O_2 在掺磷非晶金刚石电极上的催化氧化

图 5-64 给出了 H_2O_2 在 ta-C:P-10sccm 和 ta-C:P/Au$_3$ 电极表面的循环伏安曲线，扫描速率为 0.1 V/s。可以看到，在所研究的电势范围内 ta-C:P-10sccm 在 pH＝7.4 的 PBS 溶液中没有明显的电化学响应（曲线 a），当 1 mmol/L H_2O_2 加入 PBS 溶液后，ta-C:P-10sccm 对 H_2O_2 的氧化反应表现出轻微的活性（曲线 b），H_2O_2 的氧化电位（峰 A）约为 0.77 V，这是由于 ta-C:P-10sccm 电极表面的 CP 活性点对 H_2O_2 催化氧化。对于 ta-C:P/Au$_3$ 电极而言，其在 PBS 溶液中得到的曲线 c 在 0.28 V 和 0.96 V 显示出的峰 B 和峰 C 分别代表金的还原峰和氧化峰。ta-C:P/Au$_3$ 电极对 H_2O_2 的氧化反应也表现出很高的催化活性（曲线 d），峰 A 移动到 0.67 V，比 ta-C:P-10sccm 电极上的氧化电位低 100 mV，峰电流增加 6～7 倍。低的氧化电位和高的氧化电流都表明 ta-C:P/Au$_3$ 电极对 H_2O_2 的氧化反应表现出更高的催化能力，这是由于三维金纳米粒子加速了 ta-C:P 电极和 H_2O_2 溶液间的电荷传输，多次测量的结果满足误差要求，表明了 ta-C:P/Au$_3$ 电极的稳定性。当改变扫描速率时，ta-C:P-10sccm 电极上得到的 H_2O_2 氧化峰电流与扫描速率呈线性关系，说明 H_2O_2 在 ta-C:P-10sccm 电极上的氧化过程受催化反应和质量扩散双重控制，电极

反应速率相对较慢。相比之下，ta-C:P/Au$_3$ 电极上 H$_2$O$_2$ 氧化峰电流与扫描速率平方根呈线性关系，表明 H$_2$O$_2$ 在 ta-C:P/Au$_3$ 电极上的氧化过程受扩散控制，电极表面电化学反应速率相对较快。

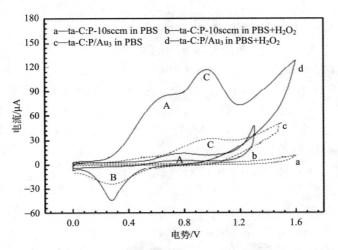

图 5-64   ta-C:P-10sccm 和 ta-C:P/Au$_3$ 电极在 PBS 和含有 1 mmol/L H$_2$O$_2$ 的 PBS 溶液中（pH=7.4）的循环伏安曲线

我们进一步研究溶液的 pH 对 H$_2$O$_2$ 氧化反应的影响，如图 5-65 所示。当溶液 pH 从 5.0 增加到 7.0 时，ta-C:P-10sccm 和 ta-C:P/Au$_3$ 电极上 H$_2$O$_2$ 氧化峰的电

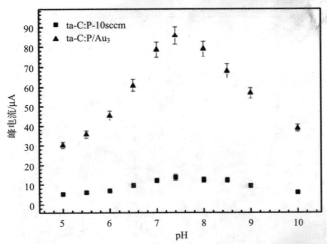

图 5-65   溶液 pH 对 1 mmol/L H$_2$O$_2$ 氧化峰电流的影响

流随之增加，在 pH 为 7.0～8.0 时 H_2O_2 氧化峰电流变化不大，当 pH 大于 8.0 时，H_2O_2 氧化峰电流反而减小。因此，ta-C:P-10sccm 和 ta-C:P/Au₃ 电极确实适于在生物环境的 pH 范围内对 H_2O_2 进行检测。

为了确定 ta-C:P-10sccm 和 ta-C:P/Au₃ 电极的响应范围，我们测定了不同浓度的 H_2O_2 氧化反应时电流随时间的变化曲线，如图 5-66 所示。对于 ta-C:P-10sccm 电极而言，工作电位选择为 0.77 V，对于 ta-C:P/Au₃ 电极，工作电位选择为 0.67 V。然后在 PBS 溶液中逐步加入 1 mmol/L H_2O_2 溶液，ta-C:P-10sccm 和 ta-C:P/Au₃ 电极工作时溶液中 H_2O_2 的浓度分别增加 2 μmol/L 和 1 μmol/L。从图中看到，两种电极均可以在 5 s 内获得稳定的信号，说明这两种电极的响应很迅速。在研究的浓度范围内，电流与 H_2O_2 浓度符合线性关系，ta-C:P-10sccm 电极的敏感度为 4.5 nA·L/μmol，ta-C:P/Au₃ 电极的敏感度为 20 nA·L/μmol。改变加入的 H_2O_2 的浓度和体积，ta-C:P-10sccm 电极表面 H_2O_2 的氧化信号和 H_2O_2 的浓度在 2～200 μmol/L 满足线性关系，线性相关系数为 0.994，信噪比为 3 时的检测限为 (0.5±0.1) μmol/L。金纳米粒子修饰后，ta-C:P/Au₃ 电极表面 H_2O_2 氧化信号和 H_2O_2 浓度在 0.2～1 mmol/L 范围满足线性关系，信噪比为 3 时的检测限为 (0.08±0.01) μmol/L，这比相同条件下 ta-C:P-10sccm 电极的检测限低 1 个数量级，比类金刚石薄膜电极的检测限低 3 个数量级 (20～30 μmol/L)[86]。当溶液中 H_2O_2 浓度超过 1 mmol/L 时，ta-C:P/Au₃ 电极表面的 H_2O_2 氧化电流不再与 H_2O_2 浓度呈比例关系 (图 5-67)，这可能是由于电极表面被 H_2O_2 和 H_2O_2 的氧化产物 O_2 所饱和，因此电极表面电子传输的速率减慢。

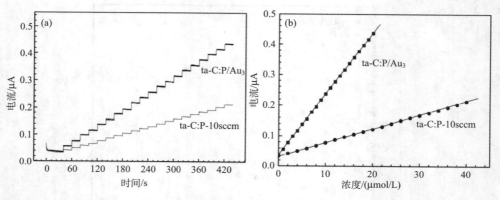

图 5-66　(a) ta-C:P-10sccm 和 ta-C:P/Au₃ 电极表面 H_2O_2 氧化电流-时间曲线；(b) ta-C:P-10sccm 和 ta-C:P/Au₃ 电极表面 H_2O_2 氧化电流与 H_2O_2 浓度的关系

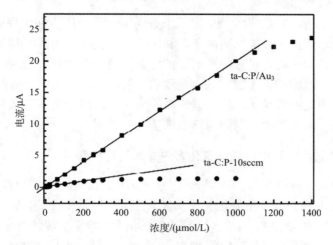

图 5-67　ta-C:P-10sccm 和 ta-C:P/Au$_3$ 电极表面 H$_2$O$_2$ 氧化电流与 H$_2$O$_2$ 浓度的关系

3. 电极的重现性和稳定性

ta-C:P-10sccm 和 ta-C:P/Au$_3$ 电极的重现性被反复测定了。100 次注入 10 μL、1 mmol/L H$_2$O$_2$ 的电流响应标准偏差约为 4.5%。两种电极在相同的测试条件下使用 2 个月后，信号减小了 10%～15%，表明该电极确实具有长期的稳定性。

5.6.3　对多巴胺的检测

1. 多巴胺的简介

大脑神经中枢活动机理的研究是生命科学领域的重大课题，神经元之间或神经元与肌细胞等可兴奋细胞之间的信息传递是靠神经末梢释放某些化学物质并进入突触间隙实现的，这些物质称为神经递质(neurotransmitters)。神经递质直接影响人体的行为和活动，参与体内环境的调控，并与多种功能性疾病(精神分裂症、抑郁症等)和器质性病变(帕金森综合征)有密切的关系。因此，神经递质的检测对于神经生理学、临床医学、制药学等多学科都具有十分重要的意义[87]。

多巴胺(DA)是哺乳动物体内重要的神经递质，属于儿茶酚胺类化合物。自 1950 年发现多巴胺以来，它就引起了广大神经学家的极大关注，对其含量的测定通常可采用的方法有分光光度法、分光荧光法、化学发光法、高效液相色谱法等。多巴胺具有电化学活性，因而能用电化学方法检测[88]。但是生物体内许多组分都具有电活性，如抗坏血酸(AA)与多巴胺有相近的氧化电位，它不仅在细胞间液中存在，而且其浓度要高出多巴胺 100～1000 倍，对多巴胺的测定产生严重干扰[89]。目前最常用的方法是在电极表面修饰一层具有阳离子交换功能的聚合物薄膜，如

nafion 膜[90]、聚四乙烯吡啶膜[91]、聚丁子香酚膜[92]等，因为在生理 pH 条件下多巴胺为阳离子，而抗坏血酸为阴离子，利用阳离子交换膜阴离子基团与抗坏血酸阴离子的静电排斥作用，可较好地消除抗坏血酸的干扰。此方法的缺陷是神经递质在这些膜中的扩散相当缓慢，从而导致响应灵敏度降低、响应时间增加。我们的研究中只选用金纳米粒子，利用其较高的电负性达到分离多巴胺和抗坏血酸氧化信号的目的，而又避免了表面修饰活性基团的过程。

2. 掺磷非晶金刚石电极催化氧化多巴胺和抗坏血酸

图 5-68 为在 pH=7.4 的 PBS 溶液中逐渐滴加 1 mmol/L 多巴胺时，多巴胺在 ta-C:P-10sccm 电极表面发生催化氧化反应的差分脉冲伏安曲线，在 0.63 V 左右出现的峰为多巴胺的氧化峰。随着多巴胺浓度的增加，响应电流的强度也随之增大。溶液中多巴胺的浓度与氧化峰电流在 5～60 μmol/L 范围内呈现线性关系，电极敏感度为 19.9 nA·L/μmol。图 5-69 为在 pH=7.4 的 PBS 溶液中逐渐滴加 1 μmol/L 抗坏血酸时其在 ta-C:P-10sccm 电极表面发生催化氧化反应的差分脉冲伏安曲线，在 0.74 V 左右出现的峰为抗坏血酸的氧化峰。随着抗坏血酸浓度的增加，响应电流的强度也随之增大。溶液中抗坏血酸的浓度与氧化峰电流在 5～50 μmol/L 范围内呈现线性关系，电极敏感度为 5.5 nA·L/μmol。与多巴胺的氧化电流信号相比，相同浓度的抗坏血酸氧化电流的强度低于多巴胺氧化电流强度，这表明 ta-C:P-10sccm 电极对多巴胺的催化氧化能力更强。

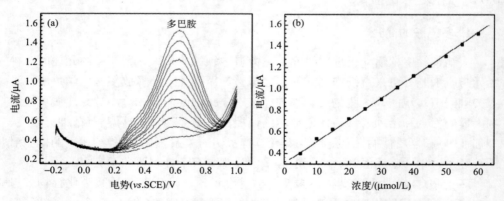

图 5-68　(a) ta-C:P-10sccm 电极在逐渐滴加 1 mmol/L 多巴胺的磷酸缓冲溶液 (pH=7.4) 中的差分脉冲伏安曲线；(b) 多巴胺浓度和氧化峰电流的关系

当金纳米粒子修饰在 ta-C:P-10sccm 表面后，多巴胺和抗坏血酸在 ta-C:P/Au₃ 电极上的氧化过程表现出不同程度的变化。从图 5-70 可以看到，多巴胺在 ta-C:P/Au₃ 电极的氧化峰移动到 0.13 V，即多巴胺的氧化电位负移约 0.5 V，这说明多巴胺在 ta-C:P/Au₃ 电极上的氧化更加容易。当溶液中含有相同量的多巴胺时，ta-C:P/Au₃ 电极上多巴胺的氧化峰电流比 ta-C:P-10sccm 电极上多巴胺的氧化峰电流相对提高 4～5 倍，电极敏感度为 100 nA·L/μmol。抗坏血酸在 ta-C:P/Au₃ 电极的氧化峰也负移到 0.33 V，如图 5-71 所示，说明抗坏血酸在 ta-C:P/Au₃ 电极上的氧化也变得容易。当溶液中含有相同量的抗坏血酸时，ta-C:P/Au₃ 电极上抗坏血酸的氧化峰电流比 ta-C:P-10sccm 电极上抗坏血酸的氧化峰电流提高，电极敏感度为 66.5 nA·L/μmol，ta-C:P/Au₃ 电极对多巴胺的催化氧化能力更强。

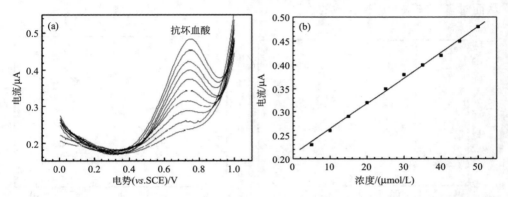

图 5-69　(a) ta-C:P-10sccm 电极在逐渐滴加 1 mmol/L 抗坏血酸的磷酸缓冲溶液 (pH=7.4) 中的差分脉冲伏安曲线; (b) 抗坏血酸浓度和氧化峰电流的关系

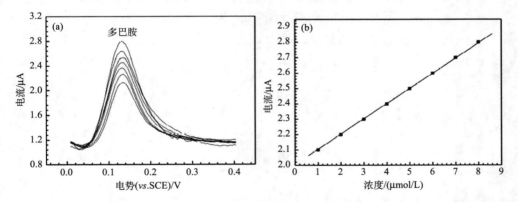

图 5-70　(a) ta-C:P/Au₃ 电极在逐渐滴加 1 mmol/L 多巴胺的磷酸缓冲溶液 (pH=7.4) 中的差分脉冲伏安曲线; (b) 多巴胺浓度和氧化峰电流的关系

3. 掺磷非晶金刚石电极对多巴胺和抗坏血酸共存体系测定

对多巴胺和抗坏血酸共存体系采用同样的方法进行检测，图 5-72 显示了 ta-C:P-10sccm 电极在含有 50 μmol/L 多巴胺和 50μmol/L 抗坏血酸的 PBS 溶液中的伏安响应。如前面所述，多巴胺和抗坏血酸在 ta-C:P-10sccm 电极上的氧化电位分别为 0.63 V 和 0.74 V，二者的电位分离约 0.11 V。由于两个峰较宽，在多巴胺和抗坏血酸共存情况下其氧化峰信号重叠，无法清晰地判断二者的峰值，因而无法准确确定二者的含量。而在 ta-C:P/Au$_3$ 电极上，多巴胺和抗坏血酸的氧化电位分别为 0.13 V 和 0.33 V，二者的电位分离约 0.2 V，两个氧化峰可以很明显地分开。逐渐增加溶液中多巴胺的含量时，多巴胺氧化峰信号增强，而抗坏血酸氧化峰信号变化不大，如图 5-73 所示，因此 ta-C:P/Au$_3$ 电极可以很好地分离二者信号，从而对多巴胺浓度进行有效的检测。

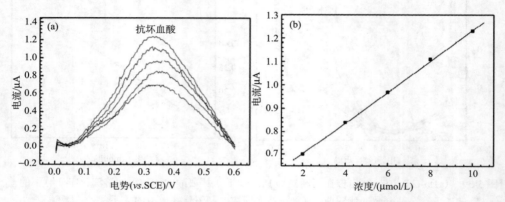

图 5-71　(a) ta-C:P/Au$_3$ 电极在逐渐滴加 1 mmol/L 抗坏血酸的磷酸缓冲溶液 (pH=7.4) 中的差分脉冲伏安曲线;(b)抗坏血酸浓度和氧化峰电流的关系

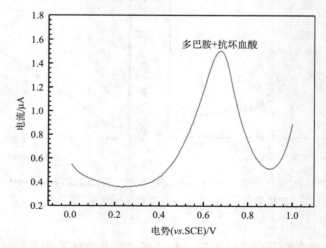

图 5-72　ta-C:P-10sccm 电极在含有 50 μmol/L 多巴胺和 50 μmol/L 抗坏血酸的磷酸缓冲溶液 (pH=7.4) 中的差分脉冲伏安曲线

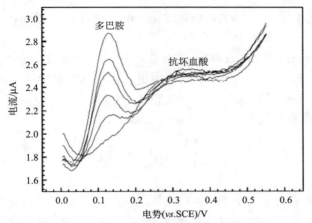

图 5-73　ta-C:P/Au₃ 电极在含有 50 μmol/L 抗坏血酸的磷酸缓冲溶液(pH=7.4)中逐渐滴加多巴胺的差分脉冲伏安曲线

通过前面的分析，我们认为由于磷的掺入提高了 ta-C 薄膜的导电性，ta-C:P-10sccm 电极表面的 CP 活性点促进了带正电的多巴胺的氧化而限制了带负电的抗坏血酸的氧化，因而多巴胺在 ta-C:P-10sccm 电极上的响应信号高于抗坏血酸的响应信号。当纳米尺寸的金修饰到 ta-C:P-10sccm 电极后，一方面三维金粒子良好的导电性能加快了电极与溶液中多巴胺间电荷的传输，增大多巴胺的氧化电流强度；另一方面由于金的存在电极表面电负性进一步降低，因此 ta-C:P/Au₃ 电极更促进了多巴胺的氧化而限制了抗坏血酸的氧化。

改变溶液的 pH 测定的结果表明，ta-C:P-10sccm 和 ta-C:P/Au₃ 电极在 pH 为 6.0～8.0 范围内响应稳定而强烈，因此我们选择 pH=7.4 的体系，测定多巴胺和抗坏血酸共存溶液的暂态电流曲线，测试电势为 0.13 V。首先在 PBS 溶液中加入 30 μmol/L 抗坏血酸，然后依次滴加多巴胺，使得每次溶液中多巴胺的浓度分别增

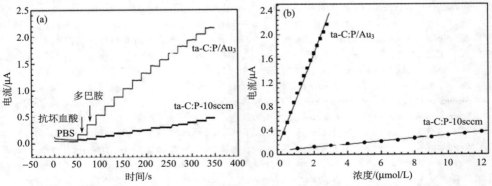

图 5-74　(a) ta-C:P-10sccm 和 ta-C:P/Au₃ 电极表面多巴胺氧化的电流-时间曲线；
(b) ta-C:P-10sccm 和 ta-C:P/Au₃ 电极表面多巴胺氧化电流与多巴胺浓度的关系

加 1 μmol/L（使用 ta-C:P-10sccm）和 0.2 μmol/L（使用 ta-C:P/Au₃），测定每一步电流随时间的响应，如图 5-74 所示。可以看到，在溶液中存在大量抗坏血酸的情况下，ta-C:P-10sccm 和 ta-C:P/Au₃ 电极都对多巴胺有明显的电化学响应，并且 ta-C:P/Au₃ 电极对多巴胺的催化氧化作用更强。溶液中多巴胺的浓度与氧化电流在研究范围内呈现良好的线性关系，ta-C:P/Au₃ 电极的敏感度为 484.6 nA·L/μmol，ta-C:P-10sccm 电极的敏感度为 26.7 nA·L/μmol。

5.7 小　结

本章主要介绍的是采用 FCVA 技术以磷烷为掺杂源制备的掺磷非晶金刚石薄膜性质及应用前景。这种薄膜具有光滑的表面、良好的力学性能和导电能力，耐生物和化学环境腐蚀，与血液相容性好，在化学溶液中有较宽的电势窗口和较低的背景电流，有突出的催化氧化能力和良好的可逆性，性能工艺可调且表面易修饰，能够实现对重金属离子及生物分子/产物的在线检测，在生物电极方面有很好的应用价值及前景。

参 考 文 献

[1] Agra-Gutierrez C, Hardcastle J L, Ball J C, Compton R G. Anodic stripping voltammetry of copper at insonated glassy carbon-based electrodes: application to the determination of copper in beer. Analyst, 1999, 124(7): 1053-1057.

[2] Schlesinger R, Bruns M, Ache H J. Development of thin film electrodes based on sputtered amorphous carbon. J Electrochem Soc, 1997, 144(1): 6-15.

[3] Robertson J. Diamond-like amorphous carbon. Mater Sci Eng R, 2002, 37(4-6): 129-281.

[4] Zeng A, Liu E, Annergren I F, Tan S N, Zhang S, Hing R, Gao J. EIS capacitance diagnosis of nanoporosity effect on the corrosion protection of ta-C films. Diam Relat Mater, 2002, 11(2): 160-168.

[5] Yoo K S, Miller B, Kalish R, Shi X. Electrodes of nitrogen-incorporated tetrahedral amorphous carbon-a novel thin-film electrocatalytic material with diamond-like stability. Electrochem Solid-State Lett, 1999, 2(5): 233-235.

[6] Zeng A, Liu E, Tan S N, Zhang S, Gao J. Cyclic voltammetry studies of sputtered nitrogen doped diamond-like carbon film electrodes. Electroanalysis, 2002, 14(15-16): 1110-1115.

[7] Zeng A, Samper V, Tan S N, Poenar D P, Lim T M, Heng C K. Potentiostatic deposition and detection of DNA on conductive nitrogen doped diamond-like carbon film electrode. The 12th International Conference on Solid State Sensors, Actuators and Microsystem, Boston, 2003: 222-225.

[8] 刘姝, 王广甫, 汪正浩. taC: N 电极的制备及其电化学行为初步研究. 电化学, 2006, 12(3): 338-340.

[9] Veerasamy V S, Amaratunga G A J, Davis C A, Timbs A E, Milne W I, McKenzie D R. N-type doping of highly tetrahedral diamond-like amorphous carbon. J Phys Condens Mater, 1993, 5(13): Ll69-L174.

[10] Golzan M M, McKenzie D R, Miller D J, Collocott S J, Amaratunga G A J. Magnetic and spin properties of tetrahedral amorphous-carbon. Diam Relat Mater, 1995, 4(7): 912-916.

[11] Krishna K M, Umeno M, Nukaya Y, Soga T, Jimbo T. Photovoltaic and spectral photoresponse characteristics of

n-C/p-C solar cell on a p-silicon substrate. Appl Phys Lett, 2000, 77(10): 1472-1474.

[12] Tsai C L, Chen C F, Lin C L. Characterization of phosphorus-doped and boron-doped diamond-like carbon emitter arrays. J Appl Phys, 2001, 90(9): 4847-4851.

[13] Pearce S R J, May P W, Wild R K, Hallam K R, Heard P J. Deposition and properties of amorphous carbon phosphide films. Diam Relat Mater, 2002, 11(3-6): 1041-1046.

[14] Claeyssens F, Fuge G M, Allan N L, May P W, Ashfold M N R. Phosphorus carbides: theory and experiment. Dalton T, 2004, 19: 3085-3092.

[15] Rusop M, Soga T, Jimbo T. The physical properties of xecl excimer pulsed laser deposited n-C: P/p-Si photovoltaic solar cells. Surf Rev Lett, 2005, 12(2): 167-172.

[16] Rusop M, Soga T, Jimbo T. Properties of an n-C: P/p-Si carbon-based photovoltaic cell grown by radio frequency plasma-enhanced chemical vapor deposition at room temperature. Sol Energ Mat Sol C, 2006, 90(3): 291-300.

[17] Kwok S C H, Ha P C T, McKenzie D R, Bilek M M M, Chu P K. Biocompatibility of calcium and phosphorus doped diamond-like carbon thin films synthesized by plasma immersion ion implantation and deposition. Diam Relat Mater, 2006, 15(4-8): 893-897.

[18] Kwok S C H, Wan G J, Ho J P Y, Chu P K, Bilek M M M, McKenzie D R. Characteristics of phosphorus-doped diamond-like carbon films synthesized by plasma immersion ion implantation and deposition (PIII and D). Surf Coat Technol, 2007, 201(15): 6643-6646.

[19] Wan S H, Hu H Y, Chen G, Zhang J Y. Synthesis and characterization of high voltage electrodeposited phosphorus doped ta-C films. Electrochem Commun, 2008, 10(3): 461-465.

[20] 高巍. 四面体非晶碳及其掺杂结构的第一性原理研究. 哈尔滨: 哈尔滨工业大学, 2008: 98-99.

[21] 潘承璜, 赵良仲. 电子能谱基础. 北京: 科学出版社, 1981: 164-170.

[22] Pearce S R J, Filik J, May P W, Wild R K, Hallam K R, Heard P J. The effect of ion energy on the deposition of amorphous carbon phosphide films. Diam Relat Mater, 2003, 12(3-7): 979-982.

[23] Yamamoto Y, Konno H. Ylide-metal complexes. X. An X-ray photoelectron spectroscopic study of triphenylmethylenephosphorane and gold- and copper-phosphorane complexes. Bull Chem Soc Jpn, 1986, 59(5): 1327-1330.

[24] Han J C, Liu A P, Zhu J Q, Tan M L, Wu H P. Effect of phosphorus content on structural properties of phosphorus incorporated tetrahedral amorphous carbon films. Appl Phys A, 2007, 88(2): 341-345.

[25] Battistoni C, Mattogno G, Zanoni R, Naldini L. Characterisation of some gold clusters by X-ray photoelectron spectroscopy. J Electron Spectrosc Relat Phenom, 1982, 28(1): 23-31.

[26] Dasgupta D, Demichellis F, Pirri C F, Tagliaferro A. π bands and gap states from optical absorption and electron-spin-resonance studies on amorphous carbon and amorphous hydrogenated carbon films. Phys Rev B, 1991, 43(3): 2131-2135.

[27] Ferrari A C, Robertson J. Interpretation of Raman spectra of disordered and amorphous carbon. Phys Rev B, 2000, 61(20): 14095-14107.

[28] Messina G, Paoletti A, Santangelo S, Tagliaferro A, Tucciarone A. Nature of non-D and non-G bands in Raman spectra of ta-C: H(N) films grown by reactive sputtering. J Appl Phys, 2001, 89(2): 1053-1058.

[29] Tabbal M, Christidis T, Isber S, Merel P, El Khakani M A, Chaker M, Amassian A, Martinu L. Correlation between the sp(2)-phase nanostructure and the physical properties of unhydrogenated carbon nitride. J Appl Phys, 2005, 98(4): 044310.

[30] Loudon R. The Raman effect in crystals. Adv Phys, 2001, 50(7): 813-864.

[31] Fung M K, Chan W C, Gao Z Q, Bello I, Lee C S, Lee S T. Effect of nitrogen incorporation into diamond-like carbon films by ECR-CVD. Diam Relat Mater, 1999, 8(2-5): 472-476.

[32] Lee Y J. The second order Raman spectroscopy in carbon crystallinity. J Nucl Mater, 2004, 325(2-3): 174-179.

[33] Nemanich R J, Solin S A. First- and second-order Raman scattering from finite-size crystals of graphite. Phys Rev B, 1979, 20(2): 392-401.

[34] Ferrari A C, Rodil S E, Robertson J. Interpretation of infrared and Raman spectra of amorphous carbon nitrides. Phys Rev B, 2003, 67(15): 155306.

[35] Kurita E, Tomonaga Y, Matsumoto S, Ohno K, Matsuura H. Quantum chemical calculations and vibrational analysis of compounds containing carbon-phosphorus multiple and single bonds. J Mol Struc Theochem, 2003, 639: 53-67.

[36] Ristein J, Stief R T, Ley L, Beyer W. A comparative analysis of ta-C: H by infrared spectroscopy and mass selected thermal effusion. J Appl Phys, 1998, 84(7): 3836-3847.

[37] Lifshitz Y, Kasi S R, Rabalais J W, Eckstein W. Subplantation model for film growth from hyperthermal species. Phys Rev B, 1990, 41(15): 10468-10480.

[38] McElhaney K W, Vlassak J J, Nix W D. Determination of indenter tip geometry and indentation contact area for depth-sensing indentation experiments. J Mater Res, 1998, 13(5): 1300-1306.

[39] Sattel S, Robertson J, Ehrhardt H. Effects of deposition temperature on the properties of hydrogenated tetrahedral amorphous carbon. J Appl Phys, 1997, 82(9): 4566-4576.

[40] Phillips J C. Topology of covalent non-crystalline solids I: short-range order in chalcogenide alloys. J Non Crysta Solids, 1979, 34(2): 153-181.

[41] Thorpe M F. Continuous deformations in Random networks. J Non Crysta Solids, 1983, 57(3): 355-370.

[42] Argon A S, Gupta V, Landis H S, Cronie J A. Intrinsic toughness of interfaces. Mater Sci Eng A, 1989, 107: 41-47.

[43] Freire F L, Franceschini D F. Structure and mechanical properties of hard amorphous carbon-nitrogen films obtained by plasma decomposition of methane-ammonia mixtures. Thin Solid Films, 1997, 293(1-2): 236-243.

[44] Ferrari A C, Rodil S E, Robertson J, Milne W I. Is stress necessary to stabilise sp(3) bonding in diamond-like carbon? Diam Relat Mater, 2002, 11(3-6): 994-999.

[45] Shi X, Fu H, Shi J R, Cheah L K, Tay B K, Hui P. Electronic transport properties of nitrogen doped amorphous carbon films deposited by the filtered cathodic vacuum are technique. J Phys Condens Matter, 1998, 10(41): 9293-9302.

[46] Mott N F. Conduction in non-crystalline materials: III. Localized states in a pseudogap and near extremities of conduction and valence bands. Philosophical Magazine, 1969, 19(160): 835-852.

[47] Koos M, Moustafa S H S, Szilagyi E, Pocsik I. Non-arrhenius temperature dependence of direct-current conductivity in amorphous carbon (ta-C: H) above room temperature. Diam Relat Mater, 1999, 8(10): 1919-1926.

[48] Lazar G, Zellama K, Clin M, Godet C. Band tail hopping conduction mechanism in highly conductive amorphous carbon nitride thin films. Appl Phys Lett, 2004, 85(25): 6176-6178.

[49] Godet C. Physics of bandtail hopping in disordered carbons. Diam Relat Mater, 2003, 12(2): 159-165.

[50] Hauser J J, Patel J R. Hopping conductivity in C-implanted amorphous diamond, or how to ruin a perfectly good diamond. Solid State Commun, 1976, 18(7): 789-790.

[51] Kumar S, Godet C, Goudovskikh A, Kleider J P, Adamopoulos G, Chu V. High-field transport in amorphous carbon and carbon nitride films. J Non-Cryst Solids, 2004, 338-340: 349-352.

[52] Zhang W L, Xia Y B, Ju J H, Wang L J, Fang Z J, Zhang M L. Electrical conductivity of nitride carbon films with different nitrogen content. Solid State Commun, 2003, 126(3): 163-166.

[53] Freeouf J L, Woodall J M. Schottky barriers: an effective work function model. Appl Phys Lett, 1981, 39(9): 727-729.

[54] Salazar-Banda G R, Andrade L S, Nascente P A P, Pizani P S, Rocha R C, Avaca L A. On the changing electrochemical behaviour of doron-doped diamond surfaces with time after cathodic pre-treatments. Electrochim Acta, 2006, 51(22): 4612-4619.

[55] Hauert R. A review of modified ta-C coatings for biological applications. Diam Relat Mater, 2003, 12(3-7): 583-589.

[56] Young T. An essay on the cohesion of fluids. Phil Trans R Soc Lond, 1805, 95: 65.

[57] van Oss C J, Chaudhury M K, Good R J. Interfacial lifshitz-van der waals and polar interactions in macroscopic systems. Chem Rev, 1988, 88(6): 927-941.

[58] Kwok S C H, Jin W, Chu P K. Surface energy, wettability, and blood compatibility phosphorus doped diamond-like carbon films. Diam Relat Mater, 2005, 14 (1)：78-85.

[59] Goodman S L, Lelah M D, Lambrecht L K, Cooper S L, Albrecht R M. *In vitro vs. ex vivo* platelet deposition on polymer surfaces. Scan Electron Microsc, 1984, 1：279.

[60] Zhang S, Du H J, Ong S E, Aung K N, Too H C, Miao X G. Bonding structure and haemocompatibility of silicon-incorporated amorphous carbon. Thin Solid Films, 2006, 515 (1)：66-72.

[61] Park K, Mao F W, Park H. Morphological characterization of surface-induced platelet activation. Biomaterials, 1989, 11 (1)：24-31.

[62] Yang P, Huang N, Leng Y X, Chen J Y, Fu R K Y, Kwok S C H, Leng Y, Chu P K. Activation of platelets adhered on amorphous hydrogenated carbon (ta-C:H) films synthesized by plasma immersion ion implantation-deposition (PIII-D). Biomaterials, 2003, 24 (17)：2821-2829.

[63] Okpalugo T I T, Ogwu A A, Maguire P D, McLaughlin J A D. Platelet adhesion on silicon modified hydrogenated amorphous carbon films. Biomaterials, 2004, 25 (2)：239-245.

[64] Matthes B, Brozeit E, Aromaa J, Ronkainen H, Hannula S P, Leyland A, Matthews A. Corrosion performance of some titanium-based hard coatings. Surf Coat Technol, 1991, 49 (1-3)：489-495.

[65] Kim H G, Ahn S H, Kim J G, Park S J, Lee K R. Corrosion performance of diamond-like carbon (ta-C)-coated Ti alloy in the simulated body fluid environment. Diam Relat Mater, 2005, 14 (1)：35-41.

[66] Ostrovskaya L Y. Studies of diamond and diamond-like film surfaces using XAES, AFM and wetting. Vacuum, 2003, 68 (3)：219-238.

[67] Reisel A D, Schurer C, Irmer G, Muller E. Electrochemical corrosion behaviour of uncoated and ta-C coated medical grade $Co_{28}Cr_6Mo$. Surf Coat Tech, 2004, 177-178：830-837.

[68] Schmidt U, Donten M, Osteryoung J G. Gold electrocrystallization on carbon and highly oriented pyrolytic graphite from concentrated solutions of LiCl. J Electrochem Soc, 1997, 144 (6)：2013-2021.

[69] Huang S X, Ma H Y, Zhang X K, Yong F F, Feng X L, Pan W, Wang X N, Wang Y, Chen S H. Electrochemical synthesis of gold nanocrystals and their 1D and 2D organization. J Phys Chem B, 2005, 109 (42)：19823-19830.

[70] Hill A C, Patterson R E, Sefton J P, Columbia M R. Effect of Pb (II) on the morphology of platinum electrodeposited on highly oriented pyrolytic graphite. Langmuir, 1999, 15 (11)：4005-4010.

[71] Zhao L Y, Siu A C L, Petrus J A, He Z H, Leung K T. Interfacial bonding of gold nanoparticles on a H-terminated Si (100) substrate obtained by electro- and electroless deposition. J Am Chem Soc, 2007, 129 (17)：5730-5734.

[72] Bard A J, Faulkner L R. Electrochemical methods: fundamentals and application. 2nd ed. New York: John Wiley and Sons, 2000.

[73] Scharifker B R, Mostany J. Three-dimensional nucleation with diffusion controlled growth: part I. Number density of active sites and nucleation rates per site. J Electroanal Chem, 1984, 177 (1-2)：13-23.

[74] Trejo G, Gil A F, Gonzalez I. Temperature effect on the electrocrystallization processes of gold in ammoniacal medium. J Electrochem Soc, 1995, 142 (10)：3404-3408.

[75] Oskam G, Searson P C. Electrochemistry of gold deposition on N-Si (100). J Electrochem Soc, 2000, 147 (6)：2199-2205.

[76] Granger M C, Witek M, Xu J S, Wang J, Hupert M, Hanks A, Koppang M D, Butler J E, Lucazeau G, Mermoux M, Strojek J W, Swain G M. Standard electrochemical behavior of high-quality, boron-doped polycrystalline diamond thin-film electrodes. Anal Chem, 2000, 72 (16)：3793-3804.

[77] Wang G, Yau S T. Enzyme-immobilized SiO_2-Si electrode: fast interfacial electron transfer with preserved enzymatic activity. Appl Phys Lett, 2005, 87 (25)：253901.

[78] Wang X H, Chen Y, Gibney K A, Eramilli S, Mohanty P. Silicon-based nanochannel glucose sensor. Appl Phys Lett, 2008, 92 (1)：013903.

[79] Labat-Allietta N, Thevenot D R. Influence of calcium on glucose biosensor response and on hydrogen peroxide detection. Biosens Bioelectron, 1998, 13 (1)：19-29.

[80] Chen W W, Yao H, Tzang C H, Zhu J J, Yang M S, Lee S T. Silicon nanowires for high-sensitivity glucose detection. Appl Phys Lett, 2006, 88(21): 213104.

[81] Wang G, Mantey K, Nayfeh M H, Yau S T. Enhanced amperometric detection of glucose using Si_{29} particles. Appl Phys Lett, 2006, 89(24): 243901.

[82] Kang B S, Wang H T, Ren F, Pearton S J, Morey T E, Dennis D M, Johnson J W, Rajagopal P, Roberts J C, Piner E L, Linthicum K J. Enzymatic glucose detection using ZnO nanorods on the gate region of AlGaN/GaN high electron mobility transistors. Appl Phys Lett, 2007, 91(25): 252103 .

[83] Gao X L, Xue Q Z, Hao L Z, Zheng Q B, Li Q. Ammonia sensitivity of amorphous carbon film/silicon heterojunctions. Appl Phys Lett, 2007, 91(12): 122110.

[84] Maalouf R, Chebib H, Saikali Y, Vittori O, Sigaud M, Garrelie F, Donnet C, Jaffrezic-Renault N. Characterization of different diamond-like carbon electrodes for biosensor design. Talanta, 2007, 72(1): 310-314.

[85] Selvaraju T, Ramaraj R. Simultaneous determination of ascorbic acid, dopamine and serotonin at poly(phenosafranine) modified electrode. Electrochem Commun, 2003, 5(8): 667-672.

[86] Martins R, Baptista P, Raniero L, Doria G, Silva L, Franco R, Fortunato E. Amorphous/nanocrystalline silicon biosensor for the specific identification of unamplified nucleic acid sequences using gold nanoparticle probes. Appl Phys Lett, 2007, 90(2): 023903.

[87] Li Y X, Lin X Q. Simultaneous electroanalysis of dopamine, ascorbic acid and uric acid by poly(vinyl alcohol) covalently modified glassy carbon electrode. Sens Actuat B, 2006, 115(1): 134-139.

[88] Chen S M, Chzo W Y. Simultaneous voltammetric detection of dopamine and ascorbic acid using didodecyldimethylammonium bromide(DDAB) film-modified electrodes. J Electroanal Chem, 2006, 587(2): 226-234.

[89] Arrigoni O, Tullio M. Ascorbic acid: much more than just an antioxidant. Biochim Biophys Acta, 2002, 1569: 1-9.

[90] Gerhardt G A, Oke A F, Nagy F, Moghaddam B, Adams R N. Nafion-coated electrodes with high selectivity for CNS electrochemistry. Brain Res, 1894, 290(2): 390-395.

[91] Zen J M, Chen Y J, Hsu C T, Ting Y S. Poly(4-vinylpyridine)-coated chemically modified electrode for the detecion of uric acid in the presemce of a high concentration of ascorbic acid. Electroanalysis, 1997, 9(13): 1009-1012.

[92] Aleksander C, Grzegorz M. Polyeugenol-modified platinum electrode for selective detecetion of dopamine in the presence of ascorbic acid. Anal Chem, 1997, 71: 1055-1061.

第6章

非晶金刚石的声波器件应用

近年来，随着信息和通信技术的高速发展，对声波器件的要求越来越高。在现代无线通信技术的推进中，高频微波元件的相关发展始终扮演着关键的角色。其中，薄膜体声波谐振器（FBAR）由于其频率高、品质因子（Q）值高、体积小、承受功率大、换能效率高、与超大规模集成电路工艺兼容等突出的优点得到了科研工作者的广泛关注[1]。而声表面波器件逐步向高频化、小型化、轻质化方向发展。为了满足声波器件的发展需要，人们提出了薄膜体声波谐振器及薄膜声表面波器件的概念。本章将分别介绍非晶金刚石薄膜在体声波及声表面波器件中的应用，并重点介绍不同膜厚的非晶金刚石薄膜对组成的器件性能的影响。

6.1 非晶金刚石用作体声波器件的高声阻抗材料

薄膜体声波谐振器的研发实际上经历了漫长的摸索过程。追溯到 1965 年，Nevell 制成了布拉格反射层结构的薄膜体声波谐振器[2]；1980 年，Lakin 和 Wang 制成了体硅背面刻蚀结构的基波频率为 435 MHz 的薄膜体声波谐振器[3]；1985 年，Lakin 等再次强调了薄膜体声波谐振器的巨大应用潜力，并指出氮化铝（AlN）是最适宜的薄膜体声波谐振器压电材料[4]。此后又经过近 20 年的摸索，2001 年，安捷伦科技（Agilent）公司首次将薄膜体声波谐振器技术以双工器的形式应用在个人通信业务（PCS）中的蜂窝电话中[5]。2002 年，Agilent 公司开始大规模生产薄膜体声波谐振器，此后逐步迈向产业化。另外值得一提的是，德国的英飞凌（Infneon）公司在 2003 年推出了具有布拉格反射层结构的固贴式（又称固态装配型）薄膜体声波谐振器（SMR-FBAR）[6]。

固贴式薄膜体声波谐振器作为薄膜体声波谐振器的一种，与其他类型的薄膜体声波谐振器的最大区别是在结构上具有一个由高/低声阻抗材料叠加而成的布拉格反射栅，其作用是将声波能量最大化地限制在由上下电极及压电薄膜组成的压电振荡堆中，并具备其他类型的薄膜体声波谐振器无法比拟的结构稳定性能，在封装后期的划片和装配所需的各种标准工序中，不存在机械损坏的风险[7]。但是，固贴式薄膜体声波谐振器的商用研发却经历了长时间的摸索过程。直到世纪交替，在 GPS 等现代通信技术的牵引下，以 Agilent、LG Innotek、TER Technologies 等公司为代表的研发单位才推出了性能稳定的固贴式结构的商用产品[8]。同时，多层复合谐振结构声传输特性的理论分析和数值模拟工作也取得了长足的进步[9]。

SMR 的压电振荡堆结构由上下电极夹压电薄膜的三明治结构组成，下电极和衬底之间为高低声阻抗反射层交叠而成的布拉格反射栅。向上传播的声波在上电极的介质/空气界面反射，向下传播的声波穿过下电极进入布拉格反射栅，在压电膜和反射层内形成驻波，使能量局限在共振腔中不至于损失。SMR 的工作原理可简述为：利用压电薄膜材料的压电性能，将电能转化成声能，声波在布拉格反射栅的作用下被限制在压电振荡堆内，在压电振荡堆内形成谐振，谐振频率上的声波损耗最小，并由逆压电效应再转化为电能。固贴式薄膜体声波谐振器最重要的性能指标是有效机电耦合系数 (k_{eff}) 和 Q。压电薄膜的性能是决定器件有效机电耦合系数的关键因素，而布拉格反射栅的品质决定着 Q 值的高低，同时也对 k_{eff} 有一定的影响。可见，只有提高压电薄膜层和布拉格反射栅所用材料的各自性能，才能提高器件的实用性能指标。研究固贴式薄膜体声波谐振器材料体系，实质上就是研究压电材料如何最大限度地换能，同时研究高/低声阻抗材料如何最大限度地"隔能"，减少压电效应转换的损失，从而提高能量利用效率。采用 FCVA 技术，制备非晶金刚石与低声阻抗薄膜组成的多层叠层体系，并用作固贴式薄膜体声波谐振器的布拉格反射栅，是极有价值的研究工作。有关这方面的研究在国内外尚属一个较新的领域，仍存在许多亟待解决的问题。本节主要介绍非晶金刚石作为体声波器件的高声阻抗材料，并从对固贴式薄膜体声波谐振器的仿真和实验两方面介绍非晶金刚石在声波器件应用进展。

6.1.1 固贴式体声波器件仿真分析

1. 以 ta-C 作为高声阻抗材料的 SMR 谐振特性分析

本节将介绍利用 MathCAD 软件对器件进行仿真分析，初步估计器件的性能、材料成分及厚度偏差产生的影响。对于模型给定的参数：谐振面积 60 μm×60 μm，压电薄膜 AlN 厚度 420 nm，上/下 Mo 电极厚度 50 nm，高声阻抗材料 ta-C 厚度 475 nm，低声阻抗材料 SiO_2 厚度 128 nm，衬底材料为 Si。仿真得到仅有压电堆及布拉格反射栅层数不断增加时的输入阻抗图像如图 6-1 所示。

从图 6-1 可见，随着布拉格反射栅层数 n 的增加，谐振点的位置并没有产生偏移，但输入阻抗在并联谐振点的峰值和串联谐振点的谷值变得越来越尖锐，幅度也越来越大。这说明随着布拉格反射栅层数的增加，对于声波能量的反射效越好，声波在衬底中的损耗越小，SMR 的 Q 值得到了大大的提高。得到的结论与文献[10]一致。

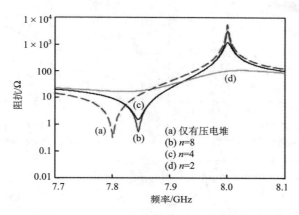

图 6-1　不同布拉格反射栅层数的 SMR 阻抗曲线

同仅有压电堆的谐振曲线相对比，可见增加了布拉格反射栅以后，并联谐振点并没有产生偏移，但串联谐振点向右产生了很大的偏移。这是由于布拉格反射栅的层厚设计为并联谐振频率下声波在相应薄膜中传播的波长的 1/4，但显然在串联谐振频率附近已经不能满足声波波长 1/4 的要求了。

图 6-2 为分别以 ta-C 和 AlN 作为布拉格反射栅高声阻抗材料的 SMR 器件的谐振特性对比，图 6-2(a)～(d)分别为 1～4 对布拉格反射栅层情况下的器件谐振曲线。可见，两种材料作为高声阻抗材料，器件谐振曲线在并联谐振点的峰值和串联谐振点的谷值均随着布拉格反射栅层对数的增加而变得越来越尖锐；在相同的布拉格反射栅层对数下，ta-C 作为高声阻抗材料的 SMR 器件比 AlN 作为高声阻抗材料的 SMR 器件的谐振曲线在峰值和谷值处幅度更大、更尖锐，即器件的品质更好。ta-C 相比于 AlN 对于器件品质的优势在高/低声阻抗层为 1～3 对时尤为明显，在高/低声阻抗层为 4 对时已经相差不大。

由此体现了 ta-C 相比于 AlN 作为高声阻抗材料，对于器件的谐振特性有很大的改善，其应用具有实际价值。

2. SMR 器件主要参数的仿真结果对比

前面建模的过程中对于一般采用的简化算法进行了一定的改进，这里对于两种算法所得到的器件 Q 值进行了比较，并与 Milyutin 等[11]的实验值进行比对。图 6-3 是压电薄膜为 1.55 μm 的 AlN，上/下电极为 150 nm 的 Al，高低声阻抗材料厚度分别为 1/4 波长的 AlN 和 SiO_2，衬底为 Si 情况下，随着布拉格反射栅层对数的增加，SMR 器件两种算法 Q 值的对比。

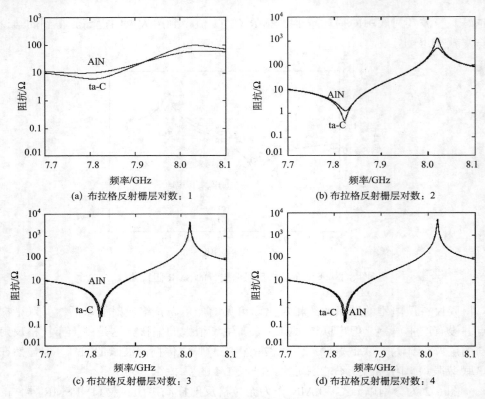

图 6-2 ta-C 和 AlN 作为高声阻抗材料的不同结构 SMR 谐振特性对比

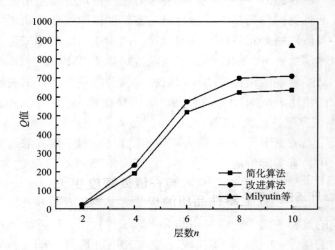

图 6-3 简化算法与改进算法的比较

由图可见，两种算法对于 Q 值随高/低声阻抗层增加时变化的规律没有影响，均为随着层数的增加，Q 值逐渐增大，达到一定的层数后 Q 值饱和。但是，改进算法对应层数下的 Q 值比简化算法求得的偏高，与实验中在布拉格反射栅层数为 10 下的 Q 值 870 显然更为接近。因此，算法的改进是可行的。

为了验证 ta-C 作为高声阻抗材料对于器件品质的提高，对于 ta-C/SiO$_2$、AlN/SiO$_2$、Si$_3$N$_4$/SiO$_2$ 和 CVD 金刚石/SiO$_2$ 4 种不同布拉格反射栅体系下的 SMR 器件在不同布拉格反射栅层数下的 Q 值进行了对比，如图 6-4 所示。可以看出在不考虑布拉格反射栅机械损耗的情况下，随着布拉格反射栅层数的增加，SMR 的 Q 值不断提高，最后达到一个区域稳定的饱和点。

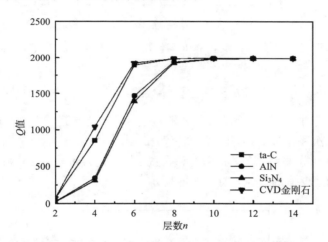

图 6-4　不同布拉格反射栅体系下 SMR 器件在不同布拉格反射栅层数下的 Q 值对比

同时可见，在高/低声阻抗层数为 10 层以内时，以 ta-C 作为高声阻抗材料相比 AlN 和 Si$_3$N$_4$ 在相同层数下有更大的 Q 值，并且 ta-C 在 6 层时已可以达到器件的最优 Q，而其余两种材料则至少需要 8 层以上。CVD 金刚石在理论上计算得到的 Q 值比 ta-C 要略高，但是考虑到 CVD 金刚石存在制备温度高、表面粗糙、沉积面积小等缺点，造成无法与 SMR 其他组成材料制备工艺兼容等问题，不作为高声阻抗材料的优质选择。

图 6-5 是对于 SMR 器件的另一重要参数 k_{eff} 在不同高声阻抗材料，不同布拉格反射栅层数下的对比图。可见，对于 CVD 金刚石、ta-C、AlN、Si$_3$N$_4$ 分别为高声阻抗材料的 SMR 器件，高/低声阻抗层在 4~14 层成对变化时，其 k_{eff} 数值基本不变。在精度一定的前提下，CVD 金刚石和 ta-C 体系下的 k_{eff} 一致，AlN 和 Si$_3$N$_4$ 体系下的 k_{eff} 一致，并且比前者的值偏小。也就是说，SMR 器件的 Q 的优值和 k_{eff} 的优值是在相同的高声阻抗材料（ta-C）下得到的。

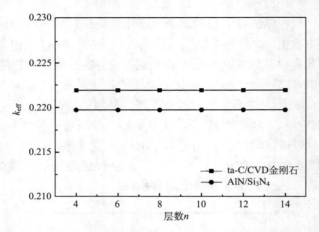

图 6-5 不同布拉格反射栅体系下 SMR 器件在不同布拉格反射栅层数下的 k_{eff} 值对比

3. ta-C 中 sp^3 杂化含量对器件主要参数的影响

对于 ta-C 薄膜，其杨氏模量主要取决于 sp^3 杂化含量[12]，而 sp^3 杂化含量与离子束特征、沉积温度、沉积设备等密切相关[13]。在沉积 ta-C 薄膜时，sp^3 杂化含量一定会有部分偏差，这里我们讨论了高 sp^3 杂化含量与低 sp^3 杂化含量的 ta-C 薄膜对 SMR 的 Q 值的影响，如图 6-6 所示。

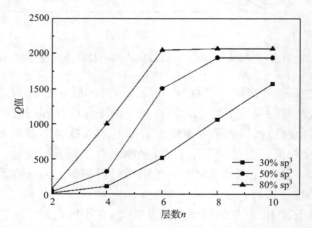

图 6-6 不同 sp^3 杂化含量下 SMR 的 Q 值与布拉格反射栅层数 n 的关系

从图 6-6 中可见，与低 sp^3 杂化含量的 ta-C 薄膜比较，高 sp^3 杂化含量的 ta-C 薄膜的 Q 值显然更为优异。对于 sp^3 杂化含量为 80% 的 ta-C 薄膜为布拉格反射栅高声阻抗材料，6 层（3 对）就可以达到最优的设计，而对于 sp^3 杂化含量为 50% 的 ta-C 薄膜，则至少需要 8 层，显然成本增加了，工艺复杂。因此，我们在设计 SMR

时选用高 sp^3 杂化含量(80%)的 ta-C 薄膜作为高声阻抗层。

ta-C 薄膜中 sp^3 杂化含量越高,其杨氏模量越大,因而材料的特征声阻抗越大。对于 SMR 的布拉格反射栅,其高/低声阻抗的差距越大,达到理想 Q 值所需的层数越少,这与图中得到的结论恰好吻合。

同时,仿真分析了 ta-C 薄膜中 sp^3 杂化含量对 SMR 的 k_{eff} 的影响。如图 6-7 所示,为不同 sp^3 杂化含量下器件的 k_{eff} 随高/低声阻抗层对数增加时的变化。可见,ta-C 的 sp^3 杂化含量越高,其相同布拉格反射栅层数下的 k_{eff} 值越大;对于 sp^3 杂化含量为 80%和 50%的 ta-C,其 k_{eff} 值基本不随布拉格反射栅层数的变化而发生改变,而对于 sp^3 杂化含量为 30%的金刚石薄膜,在 4~6 层高/低声阻抗层间,k_{eff} 值有一个明显的下降,其后继续保持不变。

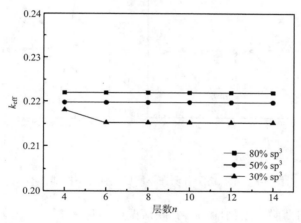

图 6-7　不同 sp^3 杂化含量下 SMR 的 k_{eff} 值与布拉格反射栅层数 n 的关系

4. 各层厚度误差对器件性能的影响

在沉积布拉格反射栅的过程中,受工艺水平的影响,各层的厚度不可能理想地恰为并联谐振频率下声波在相应薄膜中传播的波长的 1/4,因而对于 SMR 的阻抗及 Q 值会产生一定的影响。

图 6-8 显示了从硅基底向压电堆方向 1~6 层高/低叠层声阻抗材料(ta-C/SiO$_2$)厚度误差在±5%范围内 Q 值的变化。第 1 层、第 3 层、第 5 层为 ta-C,第 2 层、第 4 层、第 6 层为 SiO$_2$。距离压电堆越近的布拉格反射栅高/低声阻抗层的厚度误差对 Q 值的影响越大。对于靠近基底的第 1 层、第 2 层高/低声阻抗薄膜,其厚度误差对 Q 值的影响很微小,随着厚度的增加,Q 值略微降低;随厚度的减小,Q 值略微升高。第 4~6 层薄膜的厚度在±5%的误差使得 Q 值产生了波浪形的变化:对于高声阻抗材料,Q 值逐渐开始随偏差产生先减小再增大,甚至再减小的趋势,

而对于低声阻抗材料则正好相反。在高/低声阻抗叠层中，低声阻抗材料(SiO_2)相较于高声阻抗材料(ta-C)，其 Q 值受厚度误差影响更为敏感，对于 SiO_2 薄膜的最后 1 层(布拉格层的第 6 层)，厚度的微小偏差都将对 Q 值产生极大的影响。得出的结果与文献[14]中的从反射率的角度看，厚度误差对 Q 值影响不大的结论有所不同。这是由于本书是从理论出发，对布拉格反射栅进行了局部的分析，利用建立的模型逐层考虑厚度误差的影响，并利用数据对其进行具体的表征，但并不代表各层误差随机耦合后的结果。

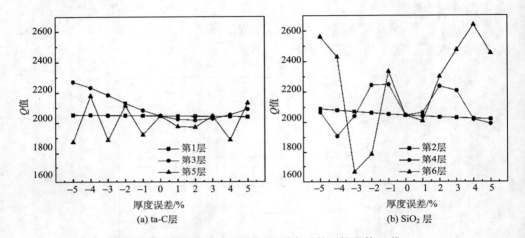

图 6-8   布拉格层各层在不同厚度误差下的器件 Q 值

同时，随着薄膜厚度的增加，并联谐振点略向左移动；随着厚度的降低，并联谐振点略向右移动。这是由于 $\lambda = v/f$，厚度增加，则 f 降低，反之同理。

在实际的实验过程中，高/低声阻抗薄膜的制备由于实验条件和设备会使材料的参数有一定的改变，一般来说其会在一定的范围内浮动而不是确定为某个值。因此，图 6-9 中为改变了低声阻抗材料的部分参数(纵波声速)后，高/低声阻抗层的厚度误差对器件 Q 的影响。

由图 6-9 中可见，改变了材料的部分参数后，高/低声阻层厚度误差对器件 Q 的影响规律基本没有变化。在 3 对布拉格反射层的情况下，靠近衬底的一对高/低声阻抗层厚度的误差几乎对 Q 值没有影响，中间 1 对中，低声阻抗薄膜(SiO_2)的影响要大于高声阻抗薄膜(ta-C)的影响，厚度的误差导致 Q 值先增大再减小甚至再增大的折线形变化，变化规律与图 6-8 中基本一致。对于最靠近下电极的一对高/低声阻抗层，低声阻抗层使得 Q 值向两侧误差依然产生先增大后减小再增大的波浪形变化，与图 6-8 中一致，但是高声阻抗层则使 Q 值向两侧误差先增大后减小再增大，与图 6-8 中相反，但是整体图形规律不变，依然为锯齿形。

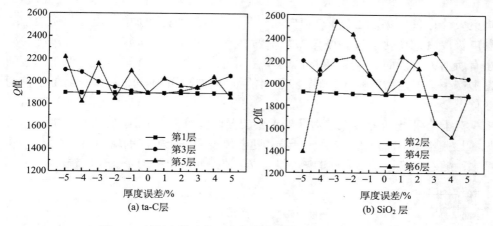

图 6-9　材料参数改变后布拉格层厚度误差对 Q 值的影响

压电薄膜是 SMR 器件的核心部分，其厚度影响着器件的谐振频率和器件品质。压电薄膜制备中的厚度误差对器件 Q 值的影响如图 6-10 所示。可见，在压电薄膜厚度误差在 $-5\%\sim5\%$ 变化的过程中，Q 值向正负误差产生先增大后减小甚至再增大的折线形变化。这主要是因为压电薄膜厚度的误差使得串/并联谐振频率发生了变化，从而使得理论上求得的高/低声阻抗层厚度不再满足 1/4 波长的条件，因而对声波的反射效果产生了一定的偏差，使得 Q 值也随之产生偏移。

图 6-11 为压电薄膜厚度在 $-5\%\sim5\%$ 误差下 k_{eff} 的变化。可见，SMR 器件 k_{eff} 值向正负误差两侧产生先减小后增大再减小等重复的锯齿形变化，但是两侧压电薄膜具有一定厚度误差下的器件机电耦合系数始终小于原始值。

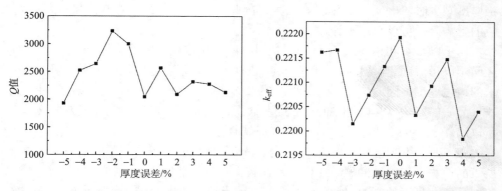

图 6-10　压电薄膜厚度误差对器件 Q 值的影响　图 6-11　压电薄膜厚度误差对器件 k_{eff} 值的影响

对于上/下电极厚度误差对器件 Q 值的影响如图 6-12 所示。当厚度误差向正方向增加时（从 -5% 开始），上电极的厚度误差对 Q 值的影响比下电极的厚度误差要大；反之，当厚度误差向负方向发展时（从 5% 开始），下电极的厚度误差则影响更大。上下电极误差使得 Q 值向左右两侧有先减小后增加的趋势。这是由于随着电极厚度的变化，串并联谐振频率随着厚度的增加有所减小，随着厚度的减小有所增大，因而高/低声阻抗层的厚度不再严格的满足 1/4 波长，对于声波的谐振产生了一定的影响，从而导致了对能量反射效果的不同，具体表现在 Q 值的变化上。

对于上/下电极厚度误差对另一重要的器件参数 k_{eff} 的影响如图 6-13 所示。可见，上/下电极对 k_{eff} 的影响完全一样，随着厚度误差正方向的增加，其 k_{eff} 值不断增大；随着厚度误差负方向的减少，其 k_{eff} 值不断减小；但是变化的幅度很小。

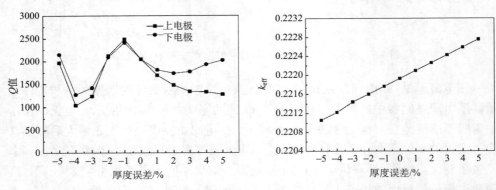

图 6-12　上/下电极厚度误差对 Q 值的影响　　图 6-13　上/下电极厚度误差对 k_{eff} 的影响

实际上在电极厚度变化的过程中，器件的串/并联谐振点间的距离几乎没有变化，k_{eff} 值的变化主要是由于：在电极厚度增加时，串/并联谐振频率减小；在电极厚度减少时，串/并联谐振频率增大。因此，可以认为上/下电极厚度误差对 k_{eff} 值的影响几乎可以忽略不计。

对于以 ta-C 和 SiO$_2$ 为高/低声阻抗材料的布拉格反射栅叠层，由于 ta-C 与 SiO$_2$ 之间难以形成强化学键合，ta-C 在 SiO$_2$ 表面的有效附着厚度往往小于反射栅所要求的声学厚度。因此，考虑采用缓冲层来弥补这一缺憾，并初步模拟了缓冲层对器件品质的影响。ta-C 和 SiO$_2$ 在 Si 基底上的制备是实验室中已经成熟的技术，所以选择 Si 为缓冲层的材料来改善界面结合。

表 6-1 为缓冲层 Si 分别为 2 nm、5 nm 和 10 nm 下器件在不同高低声阻抗叠层下的 Q 与不引入缓冲层下的器件 Q 比较。由表可见随着缓冲层厚度的不断增加，相同叠层数量下的 SMR 器件 Q 略有降低。对于使器件 Q 值达到饱和点的 6 层布拉格层条件下，缓冲层厚度的影响更小，从 2 nm 到 10 nm，Q 值仅降低了 6.5%。对于缓冲层厚度为 2 nm，由于溅射速率的问题，该较小厚度很难控制；对于缓冲层厚度为 10 nm，则浪费了靶材，因而综合设备条件和实验成本考虑，初步估计最佳缓冲层厚度为 5 nm。

表 6-1　不同厚度的 Si 缓冲层下的器件 Q 值比较

缓冲层厚度 叠层层数	2 nm	5 nm	10 nm	无缓冲层
2	69	69	69	69
4	985.555	979.645	953.62	1005.46
6	2095	1961.235	1958.75	2046

6.1.2　布拉格反射栅的制备及表征

1. 多层薄膜结构的制备

在上一节的理论研究之后,本节对类似于布拉格反射栅的多层薄膜结构的性质进行相应的研究。

在这里使用氧化硅作为低声阻抗材料,使用非晶碳和钨作为高声阻抗材料,分别用磁控溅射制备了非晶碳/氧化硅多层薄膜结构和钨/氧化硅多层薄膜结构,其中非晶碳薄膜和金属钨薄膜分别与硅衬底相接触,多层薄膜结构最表层均为氧化硅薄膜,以便于对多层薄膜结构相应的性能进行研究。为了能对多层薄膜结构进行较好的观察,对其断面进行了 SEM 观察。图 6-14 和图 6-15 分别给出了非晶碳/氧化硅多层薄膜结构和钨/氧化硅多层薄膜结构与衬底界面的 SEM 图,n 是高

图 6-14　非晶碳/氧化硅多层薄膜结构 SEM 图
(a) n=2; (b) n=3; (c) n=4

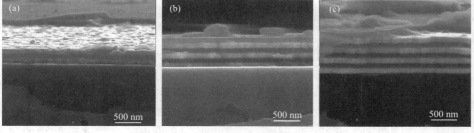

图 6-15　钨/氧化硅多层薄膜结构 SEM 图
(a) n=2; (b) n=3; (c) n=4

低声阻抗材料的层数，从图中可以明显地看到所制得的试样呈现出多层结构。从中可以看出，整个多层薄膜结构结合状态良好，没有较严重的缺陷出现，可以说明使用磁控溅射能够制备出具有较好质量的多层薄膜结构。

2. 多层薄膜结构表面形貌测试

为了使得体声波谐振器有最好的使用性能，我们希望能够得到理想的布拉格反射栅结构，理想的交替式结构在两种材料的界面上呈现出镜面状态，这样就会使得由上方的压电堆所产生的声波能量最大程度上反射回压电堆，因此器件获得最好的使用性能，但由于工艺上的限制，所以不可能制备出绝对理想的界面结构，而所制备出的多层结构往往呈现出犬牙交错的状态，从而造成声波能量在界面上发生散射，造成一定程序的声波能量损失，因此有必要对多层薄膜结构的表面粗糙度进行相应的研究，从而对相应的工艺进行改进，以对布拉格反射栅的制备提出指导。

图 6-16 给出了由非晶碳和氧化硅薄膜所组成的多层薄膜结构的表面形貌 AFM 图，同时图 6-17 给出了多层薄膜结构的表面粗糙度的变化情况。n 是多层

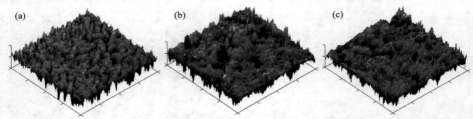

图 6-16 氧化硅/非晶碳多层薄膜结构 AFM 图
(a) $n=2$；(b) $n=3$；(c) $n=4$

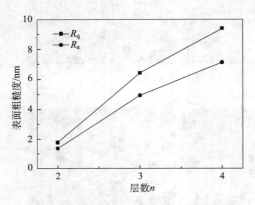

图 6-17 氧化硅/非晶碳多层薄膜结构的表面粗糙度

薄膜结构中高低声阻抗材料的层数，从中可以明显地看出随着多层薄膜结构 n 数目的增加，多层薄膜结构的表面粗糙度呈现出逐渐上升的趋势，这是由于薄膜的表面粗糙度与薄膜的厚度有关，薄膜越厚，其表面粗糙度就越大，对于多层薄膜结构来说，每层薄膜的表面都要受到上一层薄膜的表面形态的影响，表面粗糙度出现积累，从而呈现出逐渐变大的趋势。

图 6-18 给出了由钨和氧化硅薄膜所组成的多层薄膜结构的 AFM 图，同时图 6-19 给出了多层薄膜结构的表面

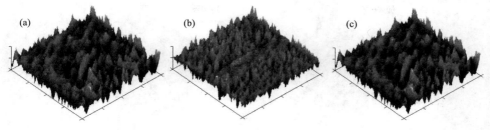

图 6-18　钨/氧化硅多层薄膜结构 AFM 图

(a)$n=2$；(b)$n=3$；(c)$n=4$

粗糙度的变化情况。从中可以明显地看出，随着多层薄膜结构 n 数目的变化，多层薄膜结构的表面粗糙度呈现出先减小后增加的趋势，但与非晶碳/氧化硅多层薄膜结构相比，表面粗糙度较低，表面也较为光滑。

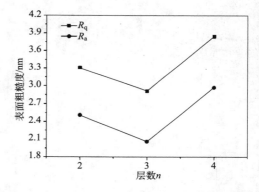

图 6-19　钨/氧化硅多层薄膜结构的表面粗糙度

从上面的实验和分析可以看出，对于多层薄膜结构来说，其表面粗糙度与高低声阻抗材料层数有关，在一定范围内会出现表面粗糙度逐层增加的状况，如果在上面制备压电堆，表面粗糙度就可能进一步向上传递，这就会对体声波器件的使用性能造成不利的影响，同时随着布拉格反射栅层数的增加，压电堆中的声波能量能够更好地被反射，从而提高器件的性能，这两种效应对器件性能的影响是相反的。因此，想要得到较好的器件性能就必须对其进行折中，从而达到优化器件性能的目的。这同时也指出对于体声波谐振器来说，布拉格反射栅的层数不是越多越好，而是有一个最优值。

3. 多层薄膜结构的热稳定性研究

对于大多数薄膜材料来说，退火处理可以在一定程度上改善薄膜的晶体结构，对于半导体器件来说，适当的退火可以钝化材料，提高使用性能，但对于体声波谐振器来说，退火并不能改善其性能，有时还会有负面影响，但如果将体声波谐振器与半导体器件集成在一起，由于半导体器件要经过退火处理，体声波器件同时经过退火，所以有必要对多层薄膜结构的热稳定性进行相应的研究。退火气氛为氩气气氛，退火温度为 $100\sim800℃$，退火时间均为 1 h，随炉冷却至室温。

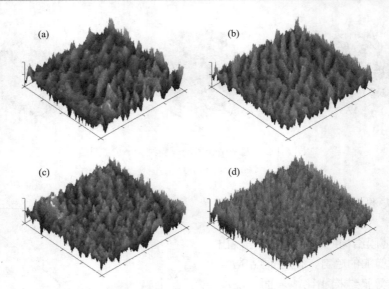

图 6-20 钨/氧化硅多层薄膜结构 AFM 图

(a) 室温；(b) 200℃；(c) 400℃；(d) 600℃

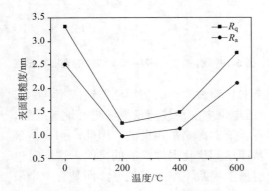

图 6-21 钨/氧化硅多层薄膜结构的表面粗糙度

图 6-20 给出了 $n=4$ 时在不同退火温度条件下，钨/氧化硅多层薄膜结构的 AFM 图谱，其中 n 是多层薄膜结构中两种不同材料的对数。图 6-21 给出 $n=4$ 时在不同退火温度条件下多层薄膜结构表面粗糙度的变化情况。

从图中可以明显地看出，多层薄膜结构的表面粗糙度呈现出先减小后增加的趋势，退火温度由室温增加到 200℃时，薄膜的表面粗糙度呈现出逐渐减小的趋势，这与氧化硅薄膜在高温度退火的条件下表面粗糙度的变化趋势相同，都呈现出下降的趋势，这是由于氧化硅薄膜在高温退火的条件下组成薄膜的原子获得了一定的能量从而在薄膜的表面发生扩散，这会使得薄膜的表面粗糙度出现一定程度的下降，当退火温度达到 600℃后多层薄膜结构的表面粗糙度出现比较大的上升，这是由于过高的退火温度使得薄膜的内应力出现了比较大的释放，从而使得薄膜的微观结构出现一定程度上的失稳，从而导致多层薄膜结构的表面粗糙度出现了上升，当退火温度达到 800℃时，多层薄膜结构已经出现严重的破坏，表面粗糙度已经无法测量，多层薄膜结构已经无法使用。

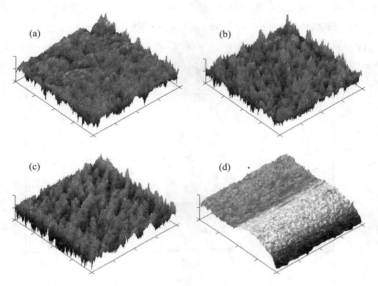

图 6-22   氧化硅/非晶碳多层薄膜结构 AFM 图

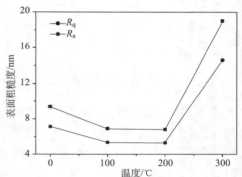

图 6-23   氧化硅/非晶碳多层薄膜
结构的表面粗糙度

图 6-22 给出了 $n=4$ 时在不同退火温度条件下，氧化硅/非晶碳多层薄膜结构的 AFM 图谱。图 6-23 给出 $n=4$ 时在不同退火温度条件下多层薄膜结构表面粗糙度的变化情况，与氧化硅/金属钨薄膜的表面粗糙度的变化趋势相似，表面粗糙度呈现出先减小后增加的趋势，退火温度由室温增加到 200℃时，薄膜的表面粗糙度出现了一定程度的减小，这同样是由于氧化硅薄膜在退火后组成薄膜的原子在表面发生扩散，从而使得薄膜的表面粗糙度出现下降，当退火温度从 200℃上升到 300℃时，此时的多层薄膜结构已经出现部分结构破坏，表面出现了鼓包现象，这从 AFM 图中可以看出，表面粗糙度呈现出上升趋势，这是由于退火使得薄膜的内应力出现了释放，从而使得薄膜的微观结构出现一定程度上的失稳，因此当退火温度达到 300℃时，薄膜就已经出现一定的破坏，已经不具有很好的使用性能。

图 6-24 给出了经过不同温度退火后，由 4 组氧化硅/非晶碳薄膜组成的多层薄膜结构掠入射 X 射线衍射（GIXRD）图谱，从图中可以看出对于氧化硅/非晶碳

组成的多层薄膜结构经过退火后薄膜的结晶结构前后没有变化，多层薄膜结构仍然是非晶态结构，也就是说退火并不能影响氧化硅/非晶碳薄膜的结晶结构。在对氧化硅/非晶碳多层薄膜结构进行退火时，本节同时进行了更高温度的实验，当温度达到 600℃时，多层薄膜结构出现了严重的剥落，这说明薄膜在退火时出现了内应力的释放，这就使得多层薄膜结构出现了破坏。

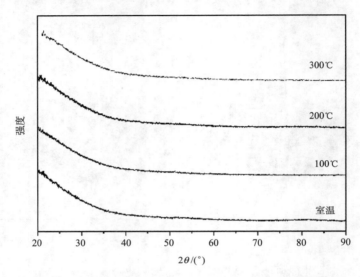

图 6-24　不同温度条件下氧化硅/非晶碳多层薄膜 GIXRD 图谱

　　多层薄膜结构表面粗糙度的变化与薄膜内部结构的变化密切相关，图 6-25 给出了经过不同温度退火后，由 4 组钨/氧化硅薄膜组成的多层薄膜结构 GIXRD 图谱，从图中可以看出与未经过退火处理的多层薄膜结构相比，钨薄膜的结晶状态发生了一定的变化，图谱中所呈现出的是金属钨的衍射峰，没有出现氧化硅的衍射峰，与前面制备单层薄膜时的结构相似，在室温的条件下，钨片层是由呈现稳态的 α-W 和呈现亚稳态的 β-W 混合而成，在经过 200℃退火后，钨薄膜的结晶结构发生了一定的变化，从 GIXRD 图谱可以清楚地看出，亚稳态 β-W 的衍射峰出现了明显的减小，可以认为薄膜中出现了一定程度的相变，在退火温度达到 400℃时，GIXRD 衍射图谱中已经观察不到有明显的亚稳态 β-W 的存在，在退火温度达到 600℃和 800℃时，可以认为钨薄膜已经完全由稳态的 α-W 组成。

　　除了薄膜的晶态结构发生了比较明显的变化之处，图谱中衍射峰的位置和半高宽都发生了一定的变化，表 6-2 给出了薄膜晶粒的平均尺寸，从表中的数据可以看出，薄膜晶粒的尺寸基本呈现出逐渐变化的趋势，这是由于薄膜在较高的温度条件下进行退火，薄膜中的原子获得一定的能量从而再次发生迁移，这会使得晶粒再次长大，从 GIXRD 图谱中还可以看出，衍射峰的位置有向小角度平移的

现象，可以从布拉格方程中看出，衍射峰的整体平移与晶粒的畸变程度有关，向小

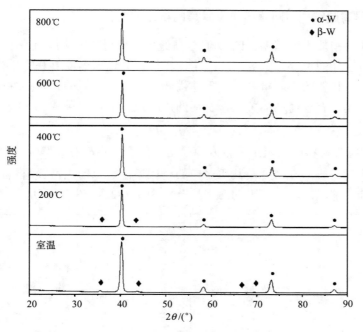

图 6-25　不同温度条件下钨/氧化硅多层薄膜 GIXRD 图谱

角度平移说明晶格常数变大，随着退火温度的升高，衍射峰的平移程度降低，这也说明晶格的畸变程度降低，由于所制备的薄膜没有掺杂，因此晶格畸变主要是由薄膜中的内应力造成的，偏移程度的降低说明薄膜中的内应力出现下降。同时在经过高温退火后从 GIXRD 图谱中没有发现明显其他相物质的生成，没有发生化学反应的迹象，在实验的过程中，经过 800℃退火后，薄膜出现了一定程度的崩裂，这说明多层薄膜结构中由于薄膜内应力的释放和钨薄膜的晶粒长大造成了多薄膜结构的破坏，无法再次使用。

表 6-2　不同温度条件下钨/氧化硅薄膜结构的平均晶粒尺寸

样品温度/℃	晶粒尺寸/nm	样品温度/℃	晶粒尺寸/nm
室温	14.3	600	18.2
200	16.9	800	19.6
400	20.8		

经过以上的分析可以发现，由钨和氧化硅所形成的多层薄膜结构较为稳定，可以承受较高的温度，而非晶碳和氧化硅所组成的多层薄膜结构的稳定性较差，

因此不能承受太高的温度。

4. 多层薄膜结构材料声阻抗及其声阻抗比的变化

固贴式薄膜体声波谐振器的 Q 值与高低声阻抗材料的声阻抗有密切的关系，是评价材料性能的重要参数之一。为了使得体声波谐振器能够获得更好的使用性能，我们希望材料的声阻抗能够合乎使用要求，薄膜材料的声阻抗性能与材料的密度和杨氏模量有着密切的关系，材料的声阻抗性能可以用式(6-1)表示。

$$Z = \sqrt{\rho \cdot E} \tag{6-1}$$

式中，Z 为薄膜材料的声阻抗；ρ 为薄膜材料的密度；E 为薄膜材料的杨氏模量。

根据不同物质薄膜密度及其所对应的杨氏模量可以得出薄膜材料声阻抗的大小，氧化硅、非晶碳和钨薄膜的声阻抗分别如图 6-26～图 6-28 所示。

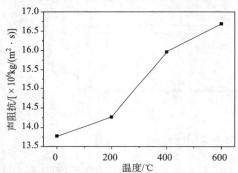

图 6-26 不同温度条件下氧化硅薄膜的声阻抗

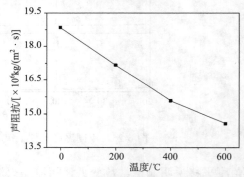

图 6-27 不同温度条件下非晶碳薄膜的声阻抗

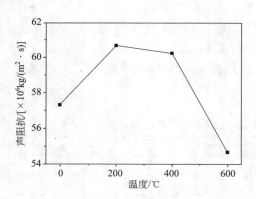

图 6-28 不同温度条件下钨薄膜的声阻抗

从图中可以看出氧化硅薄膜的声阻抗值随温度的上升呈现出逐渐上升的趋势，这是由于在温度逐渐升高的过程中，氧化硅的密度和杨氏模量都呈现出上升的状态，而非晶碳薄膜的声阻抗呈现出逐渐下降的状态，这是由于温度的上升，其杨氏模量和密度都出现下降，钨薄膜的声阻抗先上升后下降，而钨薄膜的密度随温度逐渐上升，但其杨氏模量却是先上升后下降，可见钨薄膜的杨氏模量对其声阻抗值的影响占主导地位。

表 6-3 给出了非晶碳/氧化硅和钨/氧化硅多层薄膜结构高低声阻抗比与温度的关系。从表中的数据可以看出，随着温度的逐渐上升，非晶碳/氧化硅的声阻抗

比逐渐下降，而此时由钨和氧化硅组成的多层薄膜结构的高低声阻抗比呈现出先
上升后下降的趋势，从这样的趋势中可以得出非晶碳/氧化硅多层薄膜结构对温度
较为敏感，当温度超过 400℃时，其声阻抗比就小于 1，已经无法起到反射声波能
量的作用，因此其处理温度不可过高。对于钨/氧化硅多层薄膜结构，在较低温度
下进行一定的处理可以在一定程度上改善其使用性能，但从表格中也可以发现当
温度达到 400℃时，其声阻抗比已经出现较大的下降，因此对于钨/氧化硅多层薄
膜结构处理温度不能过高。

表 6-3   不同温度条件下非晶碳/氧化硅和钨/氧化硅多层薄膜结构声阻抗比

样品	室温	200℃	400℃	600℃
非晶碳/氧化硅	1.3688	1.2036	0.9754	0.8734
钨/氧化硅	4.1627	4.2525	3.7736	3.2761

本节选用非晶金刚石材料作为固贴式薄膜体声波谐振器布拉格反射栅的高声
阻抗部分，并利用 FCVA 技术制备出具有高杨氏模量、大密度、高声阻抗值的非
晶金刚石薄膜。由于固贴式薄膜体声波谐振器性能受到非晶金刚石薄膜材料本身
影响，因此必须通过对非晶金刚石薄膜的结构进行充分和全面的研究才能对其性
能有深入的认识。非晶金刚石薄膜的沉积工艺条件对微观结构有直接影响，通过
调节工艺参数控制薄膜的结构以获得具有优异性能的薄膜材料是制备高性能固贴
式薄膜体声波谐振器关键问题之一。通过本节的介绍，可以得到具有最佳性能的
用于固贴式薄膜体声波谐振器的非晶金刚石薄膜材料。

6.1.3   固贴式体声波器件压电堆的制备及表征

1. Mo 及 AlN 薄膜的制备

本节主要介绍利用磁控溅射镀膜系统来沉积 Mo 及 AlN 薄膜，由于薄膜沉积
过程中的制备工艺条件不同会决定沉积得到的薄膜的结构不同，而薄膜的结构不
同会决定材料的性能不同，所以需要采用不同的工艺参数来制备 Mo 及 AlN 薄膜，
研究工艺参数对薄膜性能的影响，从而优化工艺参数，制备出性能符合本节要求
的高性能的薄膜材料。

本节采用射频磁控溅射方法制备 Mo 薄膜，所选用的原材料如下：衬底为单
晶 Si(100)薄片，溅射靶材选用纯度为 99.999%的金属 Mo 靶，靶材直径 ϕ49 mm，
厚度 3 mm，工作气体为纯度为 99.9999%的氩气。

由于众多工艺条件中衬底温度和溅射气压对于 Mo 薄膜的结构和表面形貌等
性能有着很重要的影响，所以本节通过变化不同的衬底温度及不同的溅射气压来
对 Mo 薄膜材料进行制备。制备的工艺参数如表 6-4 所示。

表 6-4　磁控溅射制备 Mo 薄膜的工艺参数

溅射功率 /W	衬底温度 /℃	溅射气压 /Pa	氩气流速 /sccm	靶基距 /mm
50	室温	0.5	150	80
50	300	0.5	150	80
50	600	0.5	150	80
50	室温	1.0	150	80
50	室温	2.0	150	80

　　射频磁控溅射方法制备 AlN 薄膜，所选用的原材料如下：衬底为单晶 Si(100) 薄片，溅射靶材选用纯度为 99.9995% 的金属 Al 靶，靶材直径 ϕ49 mm，厚度 3 mm，工作气体为氩气和氮气，纯度均为 99.9999%。

　　同样由于众多工艺条件中衬底温度、溅射功率、靶基距及氮气与氩气流量比对于 AlN 薄膜的成分、结构和表面形貌等性能有着很重要的影响，所以本节通过变化不同的衬底温度、溅射功率、靶基距及氮气与氩气流量比来对 AlN 薄膜材料进行制备。制备的工艺参数如表 6-5 所示。

表 6-5　反应磁控溅射制备 AlN 薄膜的工艺参数

溅射功率/W	衬底温度/℃	溅射气压/Pa	氩气流速 /sccm	氮气流速 /sccm	靶基距/mm
100	600	0.5	30	45	65
150	600	0.5	30	45	65
200	600	0.5	30	45	65
200	300	0.5	30	45	65
200	室温	0.5	30	45	65
200	600	0.5	35	35	65
200	600	0.5	50	25	65
200	600	0.5	30	45	50
200	600	0.5	30	45	80

2. Mo 电极薄膜的结构及性能研究

　　电极薄膜材料作为 SMR-FBAR 的重要组成部分，对器件的性能有着重要的影响。影响器件性能的电极材料的物理特性有薄膜的电阻率、密度和声阻抗[15]。电极薄膜的结晶程度、表面形貌将影响 AlN 压电薄膜材料的结晶性能。此外，Mo 薄膜的厚度也是影响器件性能的因素之一。材料的性能是由其微观结构决定的，通过调节沉积工艺参数控制薄膜的结构以获得优异的薄膜材料性能是制备高性能的 SMR-FBAR 的关键问题之一。影响 Mo 电极薄膜结构及性能的主要因素是溅射气压和衬底温度。本节分别研究了不同溅射气压和不同衬底温度下沉积 Mo 薄膜的表面形貌、结构、厚度，进而对 Mo 膜的电学性能及声阻抗进行了分析，通过优化工艺参数，达到提高材料性能的目的。

　　表面形貌分析可以反映出薄膜的致密程度，Mo 电极薄膜的表面形貌将影响生长在其上的 AlN 压电薄膜的结晶性能[16]。因此对 Mo 薄膜的表面形貌分析将对整体器件的性能有着重要的影响。

　　图 6-29 和图 6-30 分别是不同溅射气压和不同衬底温度下 Mo 薄膜的 SEM 图。从图像可以看出，在所选用的制备工艺条件下所制得的 Mo 薄膜表面形貌比较光滑，在溅射气压为 0.5Pa 时，薄膜表面未观察到明显的颗粒存在，整体上颗粒尺寸比较小，膜层连续、表面致密度比较大，当溅射气压升高到 1.0 Pa 时，颗粒比 0.5 Pa 时制备的薄膜的大，到 2.0 Pa 时，颗粒继续增大，这表明在溅射气压为 0.5～2.0 Pa 范围内，随着气压增大，薄膜的致密度减小。并且随着衬底温度的升高，薄膜的致密度变化并不明显。

图 6-29　不同溅射气压下沉积的 Mo 薄膜的 SEM 图
(a) 0.5 Pa；(b) 1.0 Pa；(c) 2.0 Pa

图 6-30　不同衬底温度下沉积的 Mo 薄膜的 SEM 图
(a) 室温；(b) 300℃；(c) 600℃

　　图 6-31 和图 6-32 分别为不同溅射气压和不同衬底温度下制备的 Mo 薄膜的 AFM 图。所有图片的扫描范围均为 5 mm×5 mm。从图片上看，薄膜表面

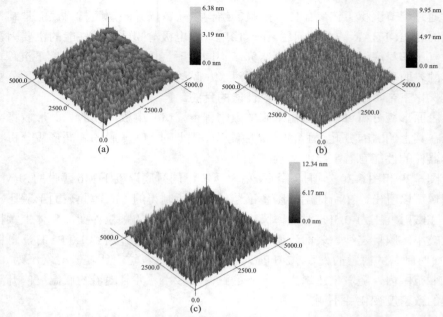

图 6-31 不同溅射气压下制备的 Mo 薄膜的 AFM 图

(a) 0.5 Pa; (b) 1.0 Pa; (c) 2.0 Pa

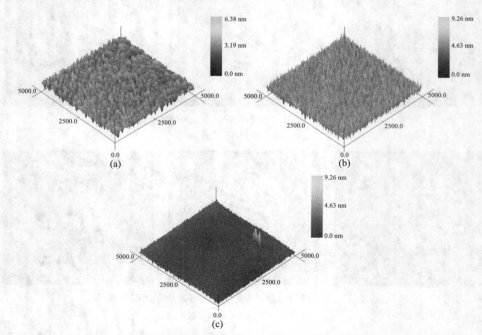

图 6-32 不同衬底温度下制备的 Mo 薄膜的 AFM 图

(a) 室温; (b) 300℃; (c) 600℃

较为光滑致密，表面粗糙度低。当衬底温度为 300℃时，薄膜表面出现了岛状团聚现象，团簇数量多且整体上颗粒尺寸较大，故其表面粗糙大。当温度升高到 600℃时，颗粒大小均匀，间隙较少，薄膜表面比较平整，因此表面粗糙度减小。图 6-33 和图 6-34 分别为不同溅射气压和不同衬底温度下制备的 Mo 薄膜的表面粗糙度变化曲线。

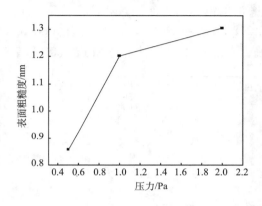

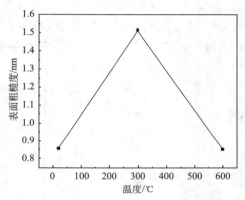

图 6-33 不同溅射气压下沉积的 Mo 薄膜的表面粗糙度

图 6-34 不同衬底温度下沉积的 Mo 薄膜的表面粗糙度

从测得的结果可以得出，薄膜的整体上较小，溅射气压和衬底温度的变化将使薄膜粗糙度发生改变，这也表明薄膜表面存在不同尺寸的颗粒。当其他沉积条件不变，溅射气压为 0.5 Pa 时，薄膜的表面粗糙度为 0.856 nm，当溅射气压升高到 2.0 Pa 时，薄膜的表面粗糙度增大到 1.303 nm。氩气压强不同，则溅射粒子到达衬底表面的能量不同，这样会导致 Mo 薄膜表面粗糙度发生变化。当氩气压强增大时，Mo 粒子在飞向基底的过程中会与大量的氩粒子发生碰撞，这一过程会导致粒子能量相对气压低时有所降低，导致粒子达到基片上时能量降低，吸附在基片上的原子迁移比较困难，气体压强大也会有更多的氩离子轰击靶材产生更多的 Mo 原子，薄膜沉积速率加快，这样会有越来越多的原子堆积到迁移困难的原子所在的位置，这就是薄膜材料的柱状和岛状生长过程。岛状团簇会影响原子沉积到基片表面被团簇遮盖的位置，溅射粒子在团簇的位置堆积越来越严重，使薄膜表面形成的晶粒有明显的晶界，这样导致薄膜表面不平整，表面粗糙度升高[17]。当其他沉积条件不变，衬底温度变化时，薄膜的表面粗糙度也将发生改变。室温时制备薄膜的表面粗糙度为 0.856 nm，当衬底温度升高到 300℃时，表面粗糙度增大到 1.515 nm，温度继续升高到 600℃时，表面粗糙度减小为 0.850 nm。因为温度较低时，吸附在衬底表面上的原子能力较低，迁移比较困难，随着温度的升高，溅射到衬底上的原子的动能提高，使吸附原子的迁移能力增强，此时会有一部分尺寸较大的晶粒生成，但是此时薄膜中晶粒并没有一致地长大，晶粒的大小并不均匀，所以表面粗糙度会有所上升；当温度进一步升高时，薄膜的结晶性能得到改善，薄膜表面均匀平整，晶粒大小均匀，晶粒间隙变少，结构变得更加致密，所以表面粗糙度会变小。

图 6-35 和图 6-36 分别给出了在不同溅射气压和衬底温度下沉积得到的 Mo 薄膜的 GIXRD 图谱。由 GIXRD 图谱可以得到两方面的重要信息。第 1 个重要信息是，从两个图谱中可以看出，在衍射角 2θ 分别为 40.472°、58.488°、73.574°、87.445° 处存在明显的衍射峰，上述的 4 个衍射角与 Mo 的 (110) 晶

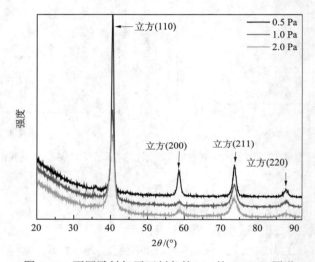

图 6-35　不同溅射气压下制备的 Mo 的 GIXRD 图谱

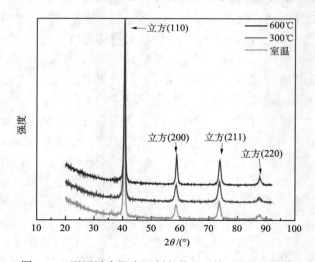

图 6-36　不同衬底温度下制备的 Mo 的 GIXRD 图谱

面、(200)晶面、(211)晶面和(220)晶面的衍射峰位置匹配得非常好，说明沉积得到的薄膜为 Mo，并且由此可以得出用此实验方案制备的 Mo 薄膜具有良好的质量和结晶性。

由图 6-35 和图 6-36 可以看出，溅射气压和衬底温度对所制备的 Mo 薄膜的结晶程度有着重要影响。由 GIXRD 图谱可以得到的第 2 个重要信息是衍射峰的强度及半高宽。衍射峰的半高宽随着薄膜材料的结晶程度而变化，结晶性稍差的材料具有细小的晶粒，对应于 GIXRD 图谱中的衍射峰的半高宽较大；结晶性比较好的材料具有较大的晶粒，对应着 GIXRD 图谱中的衍射峰的半高宽较小。两个图谱都显示了所制得的 Mo 薄膜在(110)晶面上有择优取向现象，通过 Scherrer 公式的计算[18]，图 6-37 和图 6-38 分别是不同溅射气压和不同衬底温度下 Mo 薄膜的(110)晶面衍射峰的半高宽和晶粒大小的变化曲线图。Scherrer 的表达式为

$$L=K\lambda/(\beta\cos\theta) \tag{6-2}$$

式中，L 为晶粒尺寸(nm)；λ 为入射线波长(0.154 nm)；K 为常数，一般取 $K=0.89$；θ 为 X 射线衍射角(°)；β 为衍射峰的半高宽(°)。

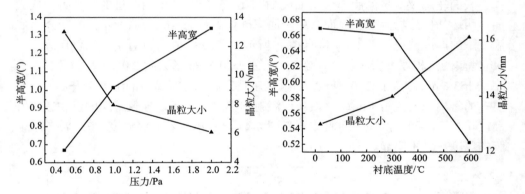

图 6-37　不同溅射气压下 Mo 薄膜的半高宽和　　图 6-38　不同衬底温度下 Mo 薄膜的半高宽和
　　　　　　晶粒大小　　　　　　　　　　　　　　　　　　晶粒大小

图 6-35 显示出随着溅射气压的增大，薄膜的结晶程度有所下降，衍射峰的强度减小，由图 6-37 可以看出衍射峰的半高宽由溅射气压为 0.5 Pa 时的 0.669° 增大到溅射气压为 2.0 Pa 时的 1.339°，晶粒大小由溅射气压为 0.5 Pa 时的 13.0 nm 减小为溅射气压为 2.0 Pa 时的 6.1 nm。当溅射气压增大时，原子的平均自由程减小，Mo 原子与 Ar 分子碰撞加剧，粒子动能减小，沉积到衬底上的 Mo 的原子或者原子团的能量较小，不利于 Mo 原子或者原子团在衬底表面的横向移动，不利于晶粒的长大，导致晶粒细化[19]。反之，当溅射气压较小时，溅射粒子的平均自由程较大，溅射粒子与气体分子碰撞机会减小，粒子动能增大，沉积到衬底上的

Mo 的原子或者原子团的能量较大，有利于 Mo 原子或者原子团在衬底表面的横向移动，从而有利于晶粒的长大，衍射峰的半高宽较小。图 6-36 显示出随着衬底温度的升高。由图 6-38 可以得出衍射峰的半高宽由衬底温度为常温时的 0.669°减小到衬底温度 600℃时的 0.522°，晶粒大小由衬底温度为常温时的 13.0 nm 增大到衬底温度为 600℃时的 16.1 nm。在薄膜的溅射沉积过程中，沉积在衬底表面的原子扩散的自由能由两部分组成，一部分能量是沉积原子本身的动能，另一部分能量来源于衬底温度，实验中溅射功率选取为 50 W，当溅射功率一定时，沉积原子本身的动能一定，因此衬底温度的不同将导致原子扩散的自由能不同。随着衬底温度的升高，吸附在衬底表面的 Mo 原子的扩散能增加，迁移能力增强，晶面的形核密度增大，晶粒长大，有利于晶面的形成，从而形成结晶性比较好的薄膜。

Mo 薄膜材料的厚度对所制得的体声波谐振器有重要的影响，上海交通大学的张亚非和陈达已经对电极的厚度进行了研究，结果表明，随着电极薄膜的厚度减小薄膜体声波谐振器的串联谐振频率和等效机电耦合系数增加[20]。

表面轮廓仪测量的膜厚台阶曲线如图 6-39 所示，中间凹进的部分为衬底表面，两边凸出边缘为薄膜表面。由表面轮廓仪测得的 Mo 薄膜在不同气压及衬底温度下的厚度情况如图 6-40 和图 6-41 所示。由图 6-40 可以看出，氩气压强对于 Mo 薄膜的沉积厚度影响较大，当氩气压强从 0.5 Pa 增大到 2.0 Pa 时，薄膜的厚度从 153.6 nm 增大到 290.7 nm。当氩气压强升高时，氩离子的浓度会升高，会有更多的氩离子去轰击 Mo 靶材，从而溅射出更多的粒子，导致薄膜的沉积速率升高，在相同时间内沉积的薄膜较厚。图 6-41 显示出随着衬底温度的升高，Mo 薄膜的厚度变化不明显。

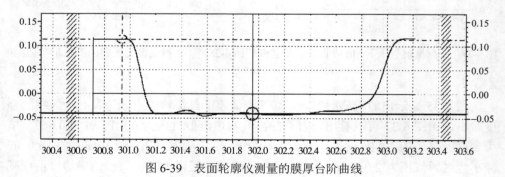

图 6-39　表面轮廓仪测量的膜厚台阶曲线

电极材料的电阻率对整个器件也有重要影响，因为低电阻率高对应着低的电学损耗。本实验采用四探针方法测量薄膜的方块电阻，再由公式 $\rho = R \cdot d$ 算出薄膜的电阻率，式中，R 为薄膜的方块电阻，d 为薄膜的厚度。测试薄膜方块电阻数据如表 6-6 所示。

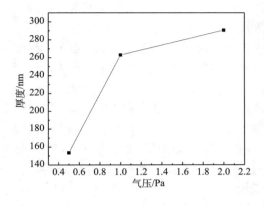

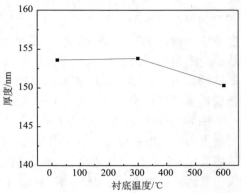

图 6-40　不同溅射气压下沉积的 Mo 薄膜的厚　　图 6-41　不同衬底温度下沉积的 Mo 薄膜的厚
　　　　　度曲线　　　　　　　　　　　　　　　　　　　　度曲线

从表 6-6 可以看出，随着溅射气压的增大，Mo 膜的电阻率逐渐增大，电阻率随溅射气压的变化而变化的原因可以从两个方面来解释，其一，通过前面的分析可知，当气压增大时，薄膜的厚度增大，沉积速率加快，这样会使薄膜中产生很多缺陷；其二，当溅射气压较小时，由前面的分析可知溅射粒子到达基片上时能量较大，薄膜的结晶性比较好，表面粗糙度也比较低，电阻率低。当溅射气压较大时，被电离的氩离子的浓度会升高，溅射粒子会增大与氩离子碰撞的概率，使 Mo 原子到达基片上时能量降低，薄膜的结晶性较差，薄膜中会含有较多的缺陷，使电阻率增大。另外，气压降低有助于薄膜晶粒长大，有助于薄膜的载流子浓度的增大，使晶粒间的势垒降低，电子的迁移能力增强，导致电阻率的下降[21]。并且随着温度的升高，Mo 薄膜材料的电阻率降低，这一现象可以解释为当衬底温度升高时，Mo 原子在衬底表面上迁移能力和扩散能力增强，有助于薄膜结晶，衬底温度的升高也会导致薄膜中存在的间隙原子能量升高，可以迁移到空隙的位置，使薄膜中的缺陷含量大为减少，因此使薄膜的电阻率下降[22]。

表 6-6　不同溅射气压和衬底温度下 Mo 的电阻率

序号	电阻/Ω	膜厚/nm	电阻率/(Ω·cm)
1 (0.5 Pa)	1.128025	153.6	1.732646×10^{-7}
2 (1.0 Pa)	3.367812	263.1	8.860713×10^{-7}
3 (2.0 Pa)	9.847777	290.7	2.862749×10^{-6}
4 (300℃)	0.86025	153.8	1.323065×10^{-7}
5 (600℃)	0.46169	150.3	6.939201×10^{-8}

对于获取薄膜的杨氏模量和密度，进而计算声阻抗，可以通过纳米压痕测量薄膜的模量。薄膜在厚度方向的尺寸仅为微米甚至纳米量级的几何特性，使得尺度效应在薄膜的杨氏模量测量中成为一个突出的问题。尺度效应是指当压入深度达到一定值时，薄膜杨氏模量的测量值不再是常数，而是与压入深度有关，受到基体的影响。许多文献的实验结果表明，当压入深度从膜厚的 10%变到 100%，杨氏模量测量值会有一半以上的变化，压入深度越大则测量值越小。

图 6-42 是在衬底温度为 600℃、溅射气压为 0.5 Pa 时，Si 衬底上镀 Mo 薄膜后测得的杨氏模量曲线。从图中看出，曲线在压头压入初期迅速上升到达峰值，然后随着压入深度的增加逐渐下降，最后趋于定值，当压入深度为 7.32674 nm 时，杨氏模量达到最大值，趋于稳定时薄膜的杨氏模量约为 210 GPa，在薄膜上选取 6 个不同的点分别测量其杨氏模量，最后取平均值，最终得到杨氏模量为 211.356 GPa。

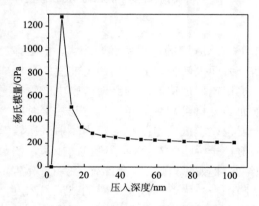

图 6-42　Mo 薄膜的杨氏模量曲线

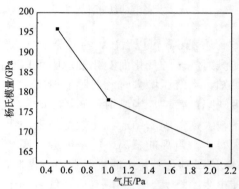

图 6-43　不同溅射气压下 Mo 薄膜的杨氏模量

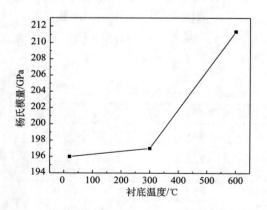

图 6-44　不同衬底温度下 Mo 薄膜的杨氏模量

图 6-43 和图 6-44 分别是不同的溅射气压和不同的衬底温度下薄膜的杨氏模量变化图，当溅射气压为 0.5 Pa 时，测得杨氏模量为 196.006 GPa，当气压升高到 2.0 Pa 时，模量下降到 167.013 GPa，下降原因是当气压升高时，溅射粒子能量下降，速率下降，薄膜的结晶性能变差，杨氏模量亦随之降低。保持溅射气压为 0.5 Pa，升高衬底温度，可以看到薄膜的杨氏模量升高，因为衬底温度升高，薄膜结晶性能变好，模量增大。

　　X 射线反射(XRR)法是一种测量薄膜密度的有效手段。它是采用较低的角度进行 $\theta\sim2\theta$ 扫描的[23]。薄膜材料的密度可以从反射曲线上发生全反射时的临界角来计算得到[24]。图 6-45 和图 6-46 显示的分别是不同溅射气压和不同衬底温度下制得的 Mo 薄膜的 XRR 谱图。

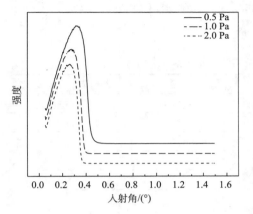
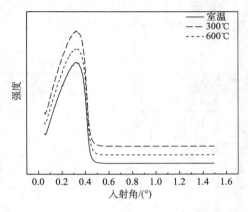

图 6-45　不同溅射气压下 Mo 薄膜的 XRR 图谱　　图 6-46　不同衬底温度下 Mo 薄膜的 XRR 图谱

　　从图中可以看出 X 射线的反射强度随着入射角的增大出现先增大后减小的趋势。其临界角为最大反射强度对应的入射角，研究表明，对于同一种材料，临界角大时，密度也大，所以通过测量临界角的变化就能测得密度的变化。

　　利用 XRR 来测试 Mo 薄膜的密度，得到的 XRR 曲线用 X'pert reflectivity 软件进行拟合分析，得到的 Mo 膜密度曲线形式如图 6-47 和图 6-48 所示。

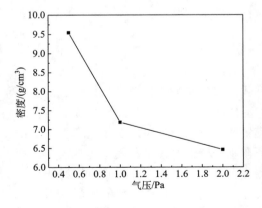
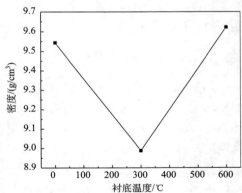

图 6-47　不同溅射气压下 Mo 薄膜的密度　　图 6-48　不同衬底温度下 Mo 薄膜的密度

由图可以看出，随着溅射气压的增大，薄膜密度下降，原因是当气压增大时，沉积到衬底上的粒子的能量降低，使得形成的薄膜表面粗糙度变大，结晶性能变差，密度变小。当衬底温度升高时，由图 6-34 可以看出薄膜的粗糙度先增大后减小，所以密度相应地先减小后增大。

根据式(6-1)，利用上述测得的薄膜的杨氏模量和密度数据，可以得到不同沉积条件下薄膜材料的声阻抗，如表 6-7 所示。

表 6-7　不同沉积条件下制得的 Mo 薄膜的声阻抗

序号	$\rho/(\times 10^3 \text{kg/m}^3)$	$E/(\times 10^9 \text{Pa})$	$Z/[\times 10^6 \text{kg}/(\text{m}^2 \cdot \text{s})]$
1 (0.5 Pa)	9.5434	196.006	43.25
2 (1.0 Pa)	7.1874	178.363	35.804
3 (2.0 Pa)	6.4605	167.013	32.848
4 (300℃)	8.9884	197.007	42.081
5 (600℃)	9.6223	211.356	45.097

在计算 Mo 薄膜的声阻抗时，需要注意薄膜的密度和杨氏模量的单位选取，密度应该选择 kg/m^3 作为单位，杨氏模量应该选择 Pa 作为单位，这样计算出来的声阻抗的单位才是 kg/(m$^2 \cdot$ s)，与文献中所给出的单位相同。日本富士通公司对电极薄膜的声阻抗进行了深入研究，Satoh 等[25]经过电极的声阻抗与压电薄膜(文献中采用的是 AlN)的声阻抗之间的比值 Z_E/Z_{AlN} 存在一个关键值 1.5，当 Z_E/Z_{AlN} <1.5 时，电极薄膜声阻抗越大，机电耦合系数越高；Z_E/Z_{AlN}>1.5 时，机电耦合系数趋于稳定。另外，电极薄膜声阻抗越大，器件的 Q 越高。所以本节需要制备高声阻抗的 Mo 电极薄膜。当沉积条件为衬底温度 600℃、溅射气压 0.5 Pa 时，制得材料的声阻抗最大。

3. AlN 薄膜结构及性能研究

AlN 薄膜的结构及性能研究作为固贴式薄膜体声波谐振器的重要组成部分，AlN 薄膜需要满足力学性能与电学性能方面的要求。首先要求 AlN 薄膜满足其应该具有较高的硬度和杨氏模量，一方面模量增加可以增加声波在压电薄膜中的传播速度，另一方面好的力学性能可以保证在制作器件过程中薄膜不容易损坏，稳定性能提高。对于应用在薄膜体声波谐振器上的压电薄膜，要求具有较好的介电性能，高的介电常数可以减小谐振器的尺寸，有利于器件微型化的发展。压电薄膜最重要的性能指标之一是 k_{eff}，而这一指标受压电薄膜的压电系数(d_{33})的影响，较高的 d_{33} 对于提高 k_{eff} 有重要的意义。材料的性能又是由其结构决定的，此外材料的组分、表面状态也会影响材料的性能，对于薄膜材料来说厚度很小，必须考虑膜厚对性能的影响。所以本节针对 AlN 薄膜材料的结构、沉积速率、表面形貌、力学性能、介电和压电性能分别进行了分析，采取不同的工艺条件来制备 AlN，研究不同的工艺条件对薄膜性能的影响，从而优化工艺条件以制备出高性能的 AlN 薄膜。

　　由于薄膜材料的厚度很小，尺寸很多都是纳米数量级的，其性质会受到表面状态和形貌的影响，对于薄膜体声波谐振器来说，对其所用的材料表面的光滑程度要求较高，而沉积工艺条件对薄膜材料的表面形貌会产生影响，所以针对不同工艺条件对薄膜表面形貌的影响进行研究对制备出高质量高性能的薄膜体声波谐振器有重要的意义。

　　应用于电子通信领域的薄膜体声波谐振器，不仅要求 AlN 薄膜具有高的结晶性能，也要求其具有较好的表面平整度[26]。图 6-49 为不同溅射功率下沉积得到的 AlN 薄膜的 SEM 图。

图 6-49　不同溅射功率下沉积的 AlN 薄膜的 SEM 图

(a) 100W；(b) 150W；(c) 200W

　　可以看出，AlN 薄膜的表面形貌随着溅射功率的不同而不同，当功率为 100 W 时，薄膜表面有一些细小的颗粒，比较粗糙，随着功率的增大，材料的表面形貌的光滑程度增加，因为当溅射功率增大时，薄膜的沉积速率加快，衬底原子的迁移能力增加，可以填充表面的空位等位置，这样可以使薄膜表面的缺陷减少，表面变得光滑。但是总的说来薄膜都是比较光滑的，说明采用 3 种功率制备 AlN 薄膜均得到表面形貌比较好的材料。

退火可以改变薄膜材料的微观组织结构，同时退火也将影响薄膜材料的表面形貌。图 6-50 为不同退火条件下 AlN 薄膜的 SEM 图。

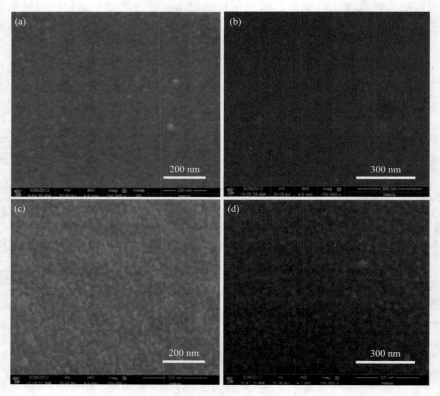

图 6-50　不同退火条件下 AlN 薄膜的 SEM 图
(a) 未退火；(b) 700℃退火；(c) 800℃退火；(d) 900℃退火

由图 6-50 可知，当 AlN 薄膜未退火时，薄膜表面并无明显的颗粒存在；当退火温度达到 700℃时，薄膜表面变得光滑，同样无明显颗粒；当退火温度达到 800℃时，从图中可以看到薄膜表面出现了一些连续均匀的细小颗粒，薄膜表面比较致密，说明此时薄膜的结晶性能变好，当退火温度进一步升高到 900℃时，薄膜表面的颗粒变大，这说明 AlN 薄膜在 900℃退火条件下结晶性进一步提高。

将 AlN 薄膜材料应用于薄膜体声波谐振器中，要求其具有低的表面粗糙度[27]，粗糙的压电薄膜会使声波发生散射，使器件的 Q 值降低，所以 AlN 的表面粗糙度对于整个器件的质量影响很大。薄膜的表面形貌和粗糙度一直是研究人员关注的问题，其重要性不仅体现在它影响着制得的薄膜体声波器件性能与质量的好坏，还体现在与统计学的一些问题相关[28]。SEM 虽然能看出薄膜表面的初步形貌，但是图中所显示的形貌特征并不是非常直观，而且未能对薄膜表面粗糙度进行定量的表示，而 AFM 可以非常直观地显示出薄膜表面粗糙度的变化情况。

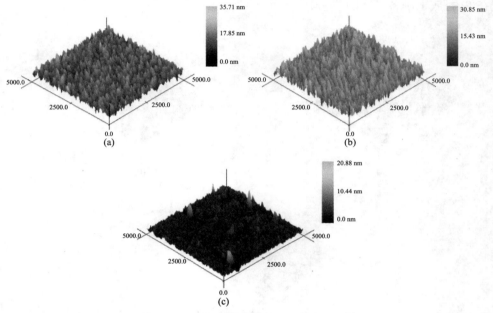

图 6-51　不同溅射功率下 AlN 的 AFM 图

(a) 100 W；　(b) 150 W；　(c) 200 W

图 6-51 为不同溅射功率下沉积得到的 AlN 薄膜的 AFM 图。图 6-52 为不同溅射功率下沉积的 AlN 薄膜的表面粗糙度。当溅射功率为 100 W 时，沉积的 AlN 薄膜表面粗糙度为 7.390 nm，当溅射功率为 150 W 时，沉积的 AlN 薄膜表面粗糙度为 5.754 nm，当溅射功率增加到 200 W 时，AlN 薄膜的表面粗糙度减小为 4.294 nm。

为了实现在实验中对薄膜表面粗糙度有效控制，以便于研制出高质量的 AlN 薄膜，对薄膜表面粗糙化机理的研

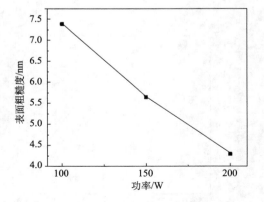

图 6-52　不同溅射功率下 AlN 薄膜的表面粗糙度

究是十分必要的。在薄膜的生长过程中如果其沉积速率比较快，那么沉积得到的粗糙化表面为动力学粗糙化表面。

目前关于靶基距对薄膜表面粗糙度的影响的报道比较少，本节采用 5.0 cm、6.5 cm 和 8.0 cm 3 个不同的靶基距，其他工艺条件定为溅射功率 200 W、氩流量 30 sccm、氮气流量 45 sccm、衬底温度 600℃、溅射气压 0.5 Pa、沉积时间 60 min，在 Si 衬底上制备了 AlN 薄膜。

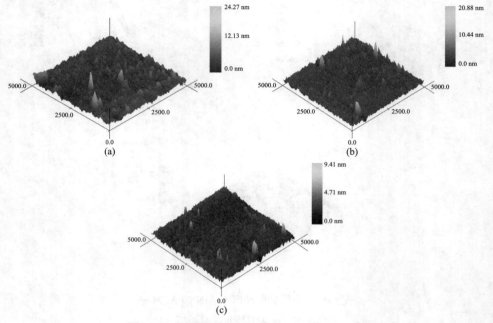

图 6-53　不同靶基距下沉积的 AlN 的 AFM 图

(a) 5.0 cm；(b) 6.5 cm；(c) 8.0 cm

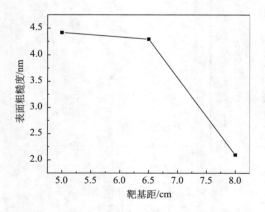

图 6-54　不同靶基距下 AlN 薄膜的表面粗糙度

图 6-53 为不同靶基距条件下沉积得到的 AlN 薄膜的 AFM 图。图 6-54 为不同靶基距下沉积的 AlN 的表面粗糙度变化曲线，从图中可以得到当靶基距增大时，薄膜的表面粗糙度减小，当靶基距为 5.0 cm 时，薄膜的表面粗糙度为 4.417 nm，靶基距为 6.5 cm 时，RMS 值为 4.294，当靶基距增加到 8.0 cm 时，薄膜的表面粗糙度减小到 2.098 nm。溅射粒子的平均自由程与

舱体内气体浓度有一定的关系[29]，当反应气体的压强固定时，粒子的平均自由程就固定。溅射粒子在飞向衬底的过程中会因为靶基距增大而与舱内气体碰撞概率增大，有一部分溅射粒子被散射，导致达到衬底的粒子减少，沉积速率下降，这样 Al 原子和 N 原子就有足够长的时间在衬底表面扩散，增加了二者的扩散长度，从而使薄膜表面变得光滑，即表面粗糙度下降。

接下来介绍退火条件对 AlN 薄膜的表面粗糙度的影响。退火之前先在管式炉中通入氮气，目的是把石英管中的氧气排出，因为如果有氧气存在，氧会渗透到 AlN 薄膜中，使薄膜中富含氧，形成一定的缺陷，降低薄膜的质量，在高温退火过程中这种渗透过程会更加严重，所以应该在有保护气体的环境下进行退火。在氮气的环境下退火，也可以使 N 沿着晶界扩散进入 AlN 薄膜之中，与没有参与反应的 Al 结合，重新形成 AlN 薄膜，既可以提高 Al—N 键的含量，又能使原子重新排列实现 AlN 薄膜的再结晶[30]。

图 6-55 为未退火、退火温度分别为 700℃、800℃、900℃条件下 AlN 薄膜的 AFM 图。扫描区域为 5 μm×5 μm，薄膜的表面粗糙度均方根值 RMS、颗粒的平均粒径尺寸 d、区域内的最大颗粒高度 h 如表 6-8 所示。

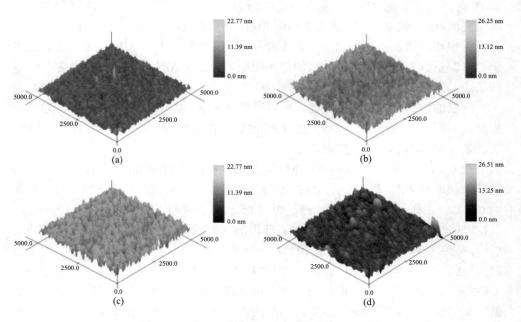

图 6-55　不同退火条件下 AlN 薄膜的 AFM 图
(a) 未退火；(b) 700℃退火；(c) 800℃退火；(d) 900℃退火

表 6-8   不同退火条件下 AlN 薄膜的表面粗糙度及颗粒平均直径

退火条件	RMS/nm	区域内最大颗粒高度 h/nm	颗粒平均直径 d/nm
未退火	5.735	29.686	55.01
退火 700℃	4.834	17.128	31.74
退火 800℃	4.322	12.542	23.24
退火 900℃	5.557	21.603	40.03

从表 6-8 中，可以得出薄膜样品在不同退火热处理的条件下得到的表面粗糙度均方根值 RMS、颗粒的平均粒径尺寸 d、区域内的最大颗粒高度 h 都有先减小后增大的趋势。可以看到未退火时，薄膜表面无明显的晶粒，呈现出非晶态，薄膜表面的 RMS 值为 5.735 nm，有较大的表面起伏。退火温度为 700℃时，薄膜表面比未退火时致密，RMS 值减小为 4.834 nm，改善了 AlN 薄膜的表面形貌。在高温退火条件下，薄膜表面的原子扩散能力增强，减弱了薄膜表面的凸凹不平，也可以使薄膜材料的晶体结构发生部分重组，AlN 薄膜表面晶粒的松弛程度得到了减弱，从而改善了薄膜表面的形貌，薄膜质量也得到了提高。当退火温度达到 800℃时，薄膜表面 RMS 值减小为 4.322 nm。但是，当退火温度达到 900℃时，薄膜表面 RMS 值增加到了 5.557 nm，颗粒的平均粒径尺寸 d、区域内的最大颗粒高度 h 也相应增加，这是由于当温度升高到一定的数值时，AlN 与衬底之间会由于热膨胀系数不同而产生比较大的热错配应力，造成 AlN 薄膜中可能会含有较多的缺陷，致使表面粗糙度变大。

薄膜的结构影响薄膜的性能，所以需要对 AlN 薄膜的结构进行分析。通过分析测试不同工艺条件下沉积得到的 AlN 薄膜的微观组织结构的 XRD 图谱来分析工艺条件对 AlN 薄膜结构的影响。

图 6-56 为不同功率条件下在 Mo 薄膜上沉积的 AlN 薄膜的 XRD 图谱。在研究溅射功率对 AlN 薄膜的结晶状态影响时，其他工艺参数设置为定值，衬底温度为 600℃，工作气压为 0.5 Pa，靶基距为 65 mm，N_2/Ar 定为 45 sccm：30 sccm，沉积时间为 60 min。由图 6-56 可知，薄膜的 XRD 图谱中无明显的 AlN 薄膜的衍射峰，说明在此工艺条件下沉积得到的 AlN 薄膜是非晶态的，由于 X 射线的穿透能力较强，而本实验中已经在 Si(100) 衬底上沉积的金属 Mo，其结晶性能较好，X 射线的衍射强度较大，所以图谱中会出现较强的 Mo 的 4 个晶面的衍射峰。根据薄膜生长的热力学理论，晶体是系统的稳定状态，而非晶态是亚稳定状态。动力学理论认为非晶态结构的形成基于体系内能量的迅速变化，当形成晶体和非晶体的驱动力相当时，只要体系的能量足以使亚稳相形核并且快速生长，那么在形核的初始阶段将引起体系自由能较大的变化从而导致非晶态的形成，而沉积 AlN 薄膜时所用的溅射功率较高，体系的能量较大，容易形成非晶的 AlN 薄膜。

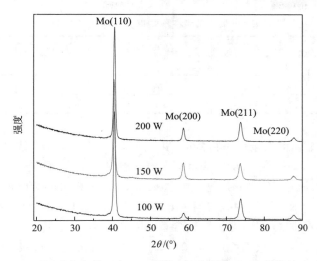

图 6-56 不同功率条件下在 Mo 薄膜上沉积的 AlN 薄膜的 XRD 图谱

　　热处理是材料科学与工程领域及半导体工艺中很重要的一项工艺。退火又是热处理中非常重要的一部分,由于薄膜材料在形成过程中会产生很多的缺陷及残余应力,而退火可以消除薄膜材料中应力及缺陷,所以退火可以使薄膜材料的很多性能趋于稳定[31]。退火作为热处理的一种,可以很好地改变材料的表面状态和性能,特别是在薄膜材料的结构改变方面有着非常广泛的应用[32]。利用反应磁控溅射沉积的 AlN 薄膜中常常会含有很多缺陷和杂质,可以利用退火来改变薄膜材料的晶体结构以使材料的性能得到完善。非晶态结构是一种亚稳定的结构,通常在室温下是稳定的。但是在适当的条件下,非晶态会向稳定的状态——晶态发生转变,这一转变需要克服一定的势垒,需要外界对体系提供能量来促进转变,而加热就是一种给体系提供能量的很好的办法,高温退火可以增加薄膜材料中的原子动能及重排,使原子趋向于有序的结构,有利于薄膜材料的再结晶。

　　对于薄膜材料来说,在高温退火过程中会受到外界气体的影响从而改变薄膜的结构和成分,特别是 AlN 薄膜材料很容易被氧化,所以需要利用保护气体来保护 AlN 薄膜材料使其与氧气脱离,保护气体为氮气,在氮气保护气氛中进行。退火的工艺参数有加热的最高温度、保温时间、升温速度、降温速度,升温速度控制在 10℃/min,考虑到如果降温过快,由于膜层与基底的热膨胀系数差异可能会使薄膜发生开裂,降低薄膜的质量,所以采取的退火冷却速度为 5℃/min。表 6-9 为在不同退火温度下的参数设置情况。

表 6-9　AlN 薄膜在不同退火温度下的参数

退火温度/℃	起始温度/℃	升温时间/min	保温时间/min	降温时间/min
700	20	68	60	136
800	20	78	60	156
900	20	88	60	176

图 6-57 为不同退火条件下得到的 AlN 薄膜的 XRD 图谱。选择进行退火的薄膜制备工艺参数如下：溅射功率 200 W，衬底温度 600℃，工作气压 0.5 Pa，靶基距 65 mm，氩气流量 30 sccm，氮气流量 45 sccm，沉积时间 60 min。从图中可以得出，未退火时 XRD 图谱中只含有 Mo 的衍射峰，说明此时 AlN 薄膜呈非晶态，退火温度为 700℃时，图谱中仍然只含有 Mo 的衍射峰，说明在低温退火时薄膜并未发生再结晶，当退火温度达到 800℃时，图谱中除了出现 Mo 的衍射峰之外，在衍射角 $2\theta=37.784°$ 处还出现了衍射峰，此衍射峰与 AlN(111) 晶面的衍射峰位置对应得很好，当退火温度升高到 900℃时，发现图谱中的 AlN(111) 衍射峰强度变大，衍射峰的半高宽由退火 800℃时的 0.532° 减小到 900℃时的 0.473°，结晶性变得更好，这说明薄膜中的原子在高温退火时表面迁移能力增强，晶粒不断长大，薄膜中的缺陷减少，薄膜的质量提高。此外，当退火温度上高到 900℃时，在衍射角为 43.173° 处出现了衍射峰，此峰的位置与 Al_2O_3(402) 晶面的衍射峰位置对应得很好。薄膜中含有氧，是因为在利用磁控溅射制备薄膜过程中装置可能出现漏气现象而混入氧气，此外，当沉积完薄膜后将薄膜样品暴露于空气中也会使表面吸附一些氧，薄膜在高温退火时出现了 Al_2O_3 的衍射峰，说明在高温退火时不但出现了晶态的 AlN 薄膜，同时也发生非晶的 Al_2O_3 向晶态的转变。

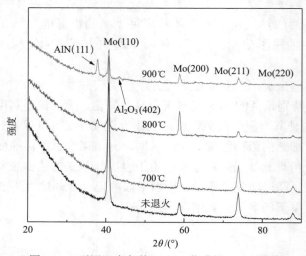

图 6-57　不同退火条件下 AlN 薄膜的 XRD 图谱

　　为了研究 Mo 电极薄膜材料对 AlN 薄膜生长的影响, 对在 Si 上沉积 AlN 薄膜和在 Mo 电极薄膜上沉积 AlN 薄膜的结构进行研究。

　　图 6-58 为相同工艺条件下分别在 Si 基片和 Mo 薄膜上沉积的 AlN 的 XRD 图谱, 图 6-59 为退火 900℃时在不同衬底上沉积的 AlN 薄膜的 XRD 图谱。从图 6-58 可以看出, 未对薄膜进行退火时, 在 Si 基片和 Mo 薄膜上沉积的 AlN 都呈现非晶态, 但是, 当对薄膜施加退火工艺时, 由图 6-59 可知, 沉积在 Mo 电极上的 AlN 薄膜呈现出结晶状态, 而直接沉积在 Si 上的 AlN 薄膜则无明显衍射峰、无结晶现象, 所以不同的衬底对于反应磁控制备的 AlN 薄膜的结构有着重要的影响。表 6-10 是 AlN、Mo 及 Si 的晶格常数、热膨胀系数的对比情况[33,34]。

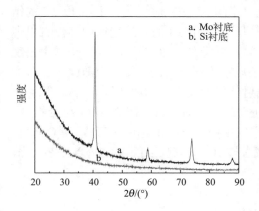

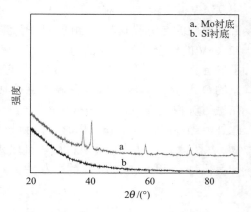

图 6-58　不同衬底上沉积的 AlN 薄膜的 XRD 图谱 　　图 6-59　退火 900℃不同衬底上沉积的 AlN 薄膜的 XRD 图谱

　　由表 6-10 可知, AlN 的热膨胀系数为 $4.2 \times 10^{-6}/℃$, Mo 的热膨胀系数为 $4.8 \times 10^{-6}/℃$, 而 Si 的热膨胀系数为 $2.5 \times 10^{-6}/℃$, 由此可得出 AlN 与 Mo 的热膨胀系数失配度较小, 而 Si 的热膨胀系数失配度较大, 这样在高温时, 沉积在 Si 上的 AlN 薄膜与 Si 产生的热残余应力就大于沉积在 Mo 薄膜衬底上 AlN 与 Mo 薄膜产生的热残余应力, 此残余应力的存在会使薄膜中产生缺陷, 不利于薄膜的结晶。

表 6-10　AlN、Mo 和 Si 的物理参数

参数	AlN	Mo	Si
晶格常数/nm	0.314	0.315	0.540
热膨胀系数/($\times 10^{-6}/℃$)	4.2	4.8	2.5

　　将 AlN 薄膜应用于固贴式薄膜体声波谐振器中, 对于其结构和组成要求同样重要, 两者都影响器件的性能。目前, 测量薄膜材料表面成分的方法主要有 X 射

线能谱分析(EDS)和 X 射线光电子能谱分析(XPS),利用 EDS 来测试薄膜表面的元素含量时对于 C 元素等低原子量的元素无法准确地表征,而 C 元素可以利用 XPS 很准确地测量,并且在分析材料中元素的芯能级谱时能利用 C 的标准峰位来校正其他元素的峰位。

图 6-60 是在功率为 200 W 时沉积的 AlN 薄膜表面的 XPS 全谱图,从图中可以看出薄膜中除了含有 Al 元素和 N 元素的特征峰以外,还有 F 元素、C 元素和 O 元素的特征峰。薄膜中的 Al2p 的芯级能谱如图 6-61 所示。对 Al2p 的芯级能谱进行拟合,其中 Al2p 分了 3 个拟合峰,峰位对应的电子结合能分别是 73.85 eV、74.95 eV、76.49 eV,Al2p 的 73.85 eV 电子结合能对应的是 AlN 中的 Al—N 键[35,36]、74.95 eV 电子结合能对应的是 Al 的氧化物中的 Al—O 键[37,38],而 76.49 eV 的结合能对应的是薄膜材料表面的 Al—O 键[39]。薄膜中 Al 的芯级能谱中并没有出现 72.8 eV 的结合能处对应的峰位,而此峰位是金属态 Al 的特征峰[40]。全谱中出现了 F 元素和 C 元素的峰位,这可能是有杂质吸附在材料的表面,而薄膜中含有大量的O,这是因为制备 AlN 薄膜的磁控溅射装置的真空仓的内壁等处会残留氧气,在溅射沉积过程中 Al 会与残留的氧气反应,在 AlN 的近表面形成 Al_xO_y 化合物[41],此外,当薄膜从真空仓取出时,薄膜与空气中的氧气接触也容易形成 Al_xO_y 化合物。热力学理论认为,金属材料被氧化或者被氮化,其反应的自由能会发生变化,此变化与 O 和 N 的分压关系式为[42]

$$\Delta G_T(Al_2O_3) = RT \ln p(O_2) \tag{6-3}$$

$$\Delta G_T(AlN) = RT \ln p(N_2) \tag{6-4}$$

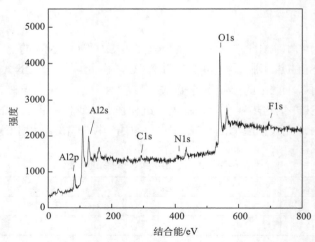

图 6-60　200 W 溅射功率下,AlN 薄膜的 XPS 全谱

式 (6-3) 和式 (6-4) 中的 R 为普适气体常数，由两等式可知，当温度为室温 298 K，O 的分压为 6.71×10^{-178} Pa 和 N 的分压为 3.79×10^{-50} Pa 时，氧气和氮气就能与 Al 反应生成 Al_2O_3 和 AlN，即从热力学角度分析，当体系中氧气和氮气同时存在时，即使氧气的分压很小，那么 Al 也容易先和 O 反应形成 Al_2O_3。此外，由于 Al 的电负性为 1.8，O 的电负性为 3.8，N 的电负性为 3.3[43]，Al 与 O 的电负性差别要大于 Al 与 N 的，它们之间就容易发生电荷之间的转移。所以薄膜的 XPS 全谱中会有 O 的峰，Al2p 芯级能谱中会有 Al 和 O 构成的氧化物的电子结合能对应的峰。

薄膜中的 N1s 的芯级能谱如图 6-62 所示。对 N1s 芯级能谱进行拟合，N1s 分了 4 个峰，峰位对应的电子结合能分别是 396.12 eV、397.38 eV、399.10 eV、403.42 eV，其中 396.12 eV 的电子结合能是 N—Al 的键合，Costales 等[44]认为，氮离子通过逐渐增加它们与表面的 Al 的结合而不断进入薄膜之中，直到氮原子之间的价键被 N 与 Al 的价键所代替才形成 AlN 薄膜。397.38 eV 的结合能是 N—Al—O 的键合，399.10 eV 的电子结合能是薄膜表面的 N—Al—O 的键合，这样的三组元体系常被认为是 AlO_xN_y，包括晶态的 AlON 尖晶石和非晶态的相，在 XPS 中存在着 AlON 的特征峰来源可解释为 AlN 在含有 O 的气氛中被氧化[45]，或者是在有氧气存在的气氛中用 Ar^+ 轰击 AlN 表面而形成的 N—Al—O 键[46]，403.42 eV 的电子结合能是氮氧化物的键合。通过以上对 AlN 的 XPS 分析可知，薄膜中确实形成了 Al—N 键，证明利用此工艺方法成功地制备出 AlN 薄膜。

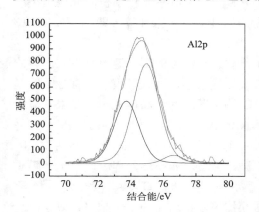

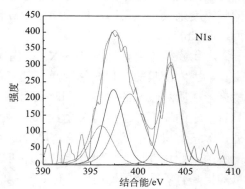

图 6-61　200 W 溅射功率下，AlN 薄膜中 Al2p 芯级能谱

图 6-62　200 W 溅射功率下，AlN 薄膜中 N1s 芯级能谱

为了研究溅射功率对 AlN 薄膜组成的影响，对比了不同功率 100 W 和 200 W，图 6-63 是溅射功率为 100 W 时薄膜中的 Al2p 的芯级能谱图，从图中可以得出，随着溅射功率的减小，薄膜中的 Al—N 键所占的比例是随之减小的，说明在较高

的功率下制备的薄膜的成分更接近于 AlN，因为溅射功率增大，溅射粒子能量增大，在衬底上与气体分子反应比较充分，形成更多的 Al—N 价键。

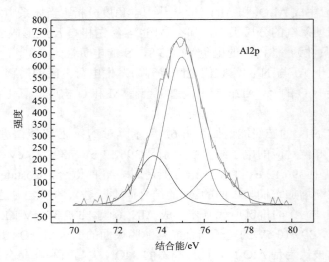

图 6-63　100W 溅射功率下沉积的 AlN 的 Al2p 芯级能谱

　　利用磁控溅射方法制备 AlN 薄膜时，沉积得到的薄膜的厚度将影响薄膜体声波谐振器的性能。由于薄膜的厚度与薄膜的沉积速率有直接的关系，所以可以通过控制薄膜沉积速率来控制薄膜的厚度。薄膜的沉积速率 R 由单位时间内沉积的薄膜厚度来表示，用薄膜的平均厚度 d 除以沉积时间 t 来计算，即 $R=d/t$，单位为 nm/min。

　　利用磁控溅射方法制备 AlN 薄膜中，需要采取适当的沉积速率来控制薄膜的生长，因为薄膜的沉积速率较低，对应着其厚度较小，那么薄膜就没有足够的厚度来形成质量较好的 AlN；同时利用 XRD 测试薄膜的结晶性能时，要求其薄膜具有一定的厚度，这样当 X 射线入射到薄膜样品表面时才能产生足够的信号；另外，薄膜沉积速率低，生长一定厚度的 AlN 薄膜所用的时间就较长，不利于 AlN 薄膜的产业化发展。薄膜厚度的增加可以减小应变分布不均匀程度，对于薄膜质量的提高有着重要的影响[47]。但是薄膜的厚度不能太大，如果 AlN 薄膜应用在薄膜体声波谐振器上，那么其厚度决定了薄膜体声波谐振器的工作频率。薄膜体声波谐振器谐振频率的计算公式为

$$f = \frac{v}{2d} \tag{6-5}$$

式中，f 为谐振频率；v 为谐振器中纵声波的传播速度；d 为压电薄膜和电极材料的厚度。清华大学的于毅针对压电薄膜的厚度对薄膜体声波谐振器的中心频率的

影响进行了研究，其结果如图 6-64 所示，从图中可以看出，压电层厚度较小时，薄膜体声波谐振器的中心频率较高[48]。由此可见，AlN 薄膜材料的厚度对薄膜体声波谐振器的性能有着重要的影响。所以出于考虑器件的工作频率情况，对于溅射沉积 AlN 薄膜的厚度要适当。

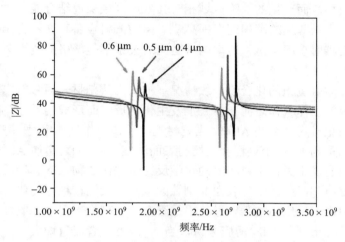

图 6-64　压电材料的厚度变化对薄膜体声波谐振器中心频率影响

　　影响薄膜沉积速率的因素很多，主要有反应气体的浓度、溅射功率和衬底温度，其中溅射功率即溅射电压与溅射电流的乘积对于薄膜沉积速率的影响研究的比较成熟，可以用式 (6-6) 表示[49]。

$$R = k(p)\frac{VI}{d} \tag{6-6}$$

式中，$k(p)$ 为与气压 p 有关的常数；V 为溅射电压；I 为溅射电流；d 为靶基距。

　　溅射功率对于薄膜沉积速率的影响主要体现在其影响从靶材表面上溅射出来的原子数目。本节采用溅射功率分别为 100 W、150 W 和 200 W。图 6-65 为不同溅射功率条件下 AlN 薄膜的沉积速率。

　　由图 6-65 可以看出，当溅射功率从 100 W 增加到 200 W 时，AlN 薄膜的沉积速率从 2.758 nm/min 增加到 6.031 nm/min。由此可知，当溅射功率增大时，AlN 薄

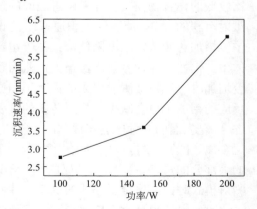

图 6-65　不同溅射功率下沉积得到的 AlN 沉积速率

膜的沉积速率增大，而且几乎呈线性增加，这与式(6-6)相符合，这是因为较高的溅射功率更容易使工作气体 Ar 电离，氩离子的浓度增加，溅射气体的粒子能量也同时增加，因此会有更多的高能量的离子去轰击靶材，使沉积粒子增多，溅射功率增加，能量比较高的 Al 原子会被加速撞击衬底表面，如此高的动能会使衬底产生一定的缺陷，而产生的缺陷区域相对其附近区域来说结合能要高，所以会更容易作为成核点，薄膜的沉积速率提高[50]。磁控溅射设备存在不稳定性，这就使得实际得到的溅射功率与沉积速率两者之间的关系不是严格的线性关系，故出现图 6-65 所示的曲线。

反应磁控溅射沉积的化合物一般情况下被认为从靶材表面溅射出来的金属原子与反应室内的工作气体之间在衬底上发生化学反应而形成的。由于制备 AlN 薄膜材料所用的靶材为高纯的 Al 靶，当靶材被浸没在工作气体中时，靶材表面会被溅射的离子严重刻蚀，这个过程会使靶材表面温度升高，加之金属 Al 的活性很强，故在靶材表面会发生类似于衬底上的化学反应生成化合物 AlN。当反应气体的浓度增加到一定值时，金属靶材表面的刻蚀区域会生成比较稳定的化合物层，这种现象称为靶中毒。反应磁控溅射过程中是否会出现靶中毒现象，取决于反应气体的浓度变化，对于制备 AlN 薄膜来讲，当 N_2 浓度或者流量增大时，容易出现靶中毒现象。

图 6-66 是不同 N_2 浓度比例下溅射沉积得到的 AlN 薄膜的沉积速率曲线。可以看出，随着氮气与氩气的比例增加，沉积得到的 AlN 薄膜的沉积速率减小，当 N_2/Ar 为 0.5 时，沉积速率为 6.798 nm/min，比值为 1.0 时，沉积速率为 6.43 nm/min，比值继续增大到 1.5 时，沉积速率减小为 6.031 nm/min。反应磁控溅射制备 AlN 薄膜过程中，会出现 3 种不同的模式，即沉积速率比较高的金属模式、沉积速率比较低的化合物模式及介于两者之间的过渡模式[51]。氮气与氩气的流量比高时，溅射沉积的 AlN 薄膜的沉积速率比较低的原因可以解释为，当气压一定时，N_2 浓度增加意味着氩浓度降低，致使轰击靶材的氩离子的数目降低，在各种溅射气体中，惰性气体的溅射产额最大，氮离子的溅射产额比氩离子低，所以当氮气浓度增加时，靶材被溅射出来的铝离子和原子就相对较少，在衬底上与氮离子发生反应的铝离子也会减少，导致薄膜的沉积速率降低。另外，当氮气浓度增大时，在 Al 靶表面的刻蚀区会形成 AlN 化合物层，由于 AlN 化合物的二次电子发射要比金属 Al 的二次电子发射大得多，所以靶材表面产生的二次电子会消耗掉氩离子的大部分能量，所以撞击 Al 靶的氩离子能量会有所降低，因此当反应处于化合物溅射模式时，会比金属模式的沉积速率低。

衬底温度也会对反应磁控溅射沉积的 AlN 薄膜的沉积速率产生一定的影响，采取衬底温度为室温、300℃和600℃，分别对在其上生长的薄膜的沉积功率进行研究，结果如图 6-67 所示。

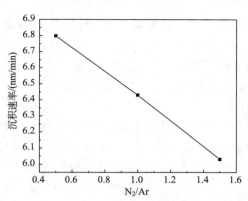

图 6-66　不同 N_2/Ar 条件下沉积得到的 AlN 沉积速率

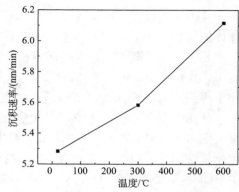

图 6-67　不同衬底温度条件下沉积的 AlN 薄膜的沉积速率

从图 6-67 中可以看出，室温下 AlN 薄膜的沉积速率为 5.283 nm/min，衬底温度为 300℃时沉积速率升高到 5.583 nm/min，当温度上升到 600℃时沉积速率增加到 6.117 nm/min，可以得到 AlN 薄膜的沉积速率随着衬底温度的升高而增加。研究表明吸附原子的迁移率对薄膜的沉积速率有影响[52]，当衬底温度升高时，吸附在衬底上的原子迁移率和扩散能力增大，不断形成薄膜，沉积速率升高。此外，衬底温度升高，会使真空室内的气体膨胀，这样使溅射粒子在飞向衬底过程中会减小与气体分子碰撞概率，使沉积速率增加。

为了制备出性能良好的薄膜体声波谐振器，要求压电薄膜材料应该具有良好的力学性能，以保证整个器件性能的稳定，因为在整个器件的制作过程中会对薄膜材料有所损伤。采用纳米压痕法来测试 AlN 薄膜材料的硬度和杨氏模量，测量的结果如图 6-68 所示。

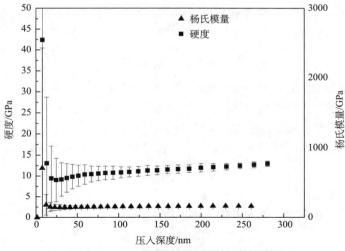

图 6-68　AlN 薄膜材料的硬度和杨氏模量

从图中可以看出硬度曲线在压头压入初期迅速上升至最大值，然后随着压入深度的增加开始下降，最后趋于一数值，杨氏模量的变化情况与硬度相同。

为了研究不同工艺条件对薄膜杨氏模量和硬度的影响情况，选取不同的溅射功率，分别为 100 W、150 W 和 200 W，图 6-69 和图 6-70 分别为不同溅射功率条件下得到的 AlN 薄膜的杨氏模量和硬度的变化情况。

从图 6-69 和图 6-70 中都可以看出，薄膜的杨氏模量和硬度随着溅射功率的增大而增大。AlN 属于分子化合物，Al 和 N 之间形成的是共价键，而杨氏模量和硬度反映的是材料抵抗变形的能力，这种能力与材料本身的原子之间的键能有关，由前面对 AlN 薄膜的 XPS 分析可知，随着溅射功率的增大，薄膜中的 Al—N 键的含量增大，所以薄膜的杨氏模量和硬度相应增加。此外，从前面对薄膜的表面形貌的分析结果可知，当溅射功率大时，薄膜的表面变得致密，因此薄膜的杨氏模量和硬度增大。

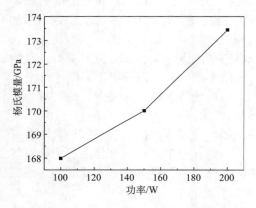
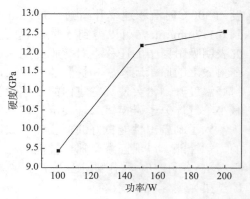

图 6-69　不同功率条件下沉积的 AlN 薄膜杨　　图 6-70　不同溅射功率沉积的 AlN 薄膜的硬
氏模量变化图　　　　　　　　　　　度变化图

接下来介绍 AlN 薄膜的压电性能。将 AlN 薄膜材料应用于薄膜体声波谐振器上，对其压电性能有很高的要求。压电系数是反映压电薄膜压电效应的极化效应相互耦合关系的宏观物理量。通过测量薄膜的压电系数就可以间接表征材料的压电性能。薄膜体声波谐振器一个重要的性能指标是有效机电耦合系数，它能反映出压电材料的机械能和电能之间的转换程度大小，可以用压电振子的谐振频率和反谐振频率表示。

$$k_{\text{eff}}^2 = \frac{\pi^2 (f_{\text{p}} - f_{\text{s}})}{4 f_{\text{s}}} \tag{6-7}$$

式中，f_{p} 为反谐振频率；f_{s} 为谐振频率。随着 d_{33} 增加，反谐振频率不变，谐振频率减小，通过式(6-7)可得 k_{eff} 相应增大，所以 k_{eff} 随着压电系数的增大而增大，所以通过选择工艺参数来制备较高的压电系数的 AlN 薄膜对于制备高质量的薄膜体声波谐振器是非常重要的。

利用扫描探针显微镜中的压电力显微镜(PFM)模块对不同工艺参数制备的 AlN 薄膜的压电性能进行测试。压电力显微镜测量材料压电性能的过程如下，将样品放入带有导电基底的扫描器上，此扫描器是用本身就具有压电性能的压电陶瓷制备而成的，将导电探针置于薄膜样品直径为 200μm 的点电极上，该电极是通过掩膜法得到的，然后利用锁相放大器对探针和底电极之间施加交流电场，由于压电薄膜具有逆压电效应，在交变电场的作用下材料会由于逆压电效应而产生振动出现位移，由微悬臂产生振动信号，此信号由锁相放大器探测，压电系数的大小决定了此信号的大小，并有一定的输出电压显示，通过此电压值就可以间接测试出材料的压电系数。在测试过程中，AlN 薄膜要保持稳定的放置。

利用压电力显微镜测试薄膜的压电系数时，首先应对仪器进行校核，校核方法是先在扫描器上施加一个电压，测量其引起的振动信号在锁相放大器上所探测到的电压值，扫描器的压电系数是一个固定的数值，为 11.158 nm/V，通常在其上施加的电压为 0.5 V，设锁相放大器上显示的电压为 V_0，则由扫描器算出的校正系数为 $k = \dfrac{11.158 \times 0.5}{V_0}$。然后将电压施加在压电薄膜上，测试锁相放大器上的电压，利用式(6-8)就可以计算出。

$$d_{33} = \frac{k \times V_{1,1}}{V_1} \tag{6-8}$$

通过变化施加在压电薄膜上的电压，可以得到一系列的锁相放大器上的输出电压，然后进行拟合，从而确定出材料的真实压电系数，对测得的数据进行线性拟合的结果如图 6-71 所示。

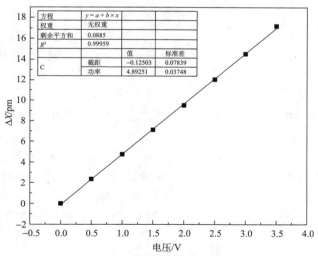

图 6-71　AlN 薄膜压电系数的线性拟合

　　从图 6-71 对所测得结果进行线性拟合的结果中可以得到拟合直线的斜率，图中横坐标为输入的电压值，纵坐标为在压电薄膜上产生的几何尺寸的变化，由于压电材料具有逆压电效应，即在外电场的作用下会产生几何尺寸的变化，此变化又是一一对应的关系，所以通过拟合直线的斜率就可以知道材料的压电系数，分别对不同工艺条件下制备的 AlN 薄膜测试其压电效应，得出的结果分别用线性拟合进行分析，可以得出不同工艺条件下得到的压电系数。

　　尽管在压电材料中晶体取向是压电响应特性的一个重要因素，但是在压电响应和晶体取向之间并没有直接的联系[53]。压电系数的摇摆曲线的半高宽增加时也不会降低很多。测试薄膜材料的压电系数并不依赖于晶体取向，在本节中制备的 AlN 薄膜材料为非晶态的，但是通过 SEM 对 AlN 薄膜的分析可知薄膜中存在纳米量级的晶粒，所以本节得到的是具有纳米尺寸的 AlN 晶粒的非晶薄膜，Cibert 等也通过实验验证了此结构的存在，并称此结构为近非晶结构，也称 n-a 结构。这些结构的薄膜如果在其中掺杂金属或者稀土元素就会在光电器件上有很好的应用。从实验结果中可以看出纳米晶的结构和 AlN 的压电性质有着密切的联系。

　　通过压电力显微镜测试得到的 AlN 薄膜的有着强烈的压电响应信号，压电系数通过线性拟合计算得到的结果为 4.89 pm/V，由于完全非晶的薄膜是没有压电特性的，所以纳米晶粒的出现极大地提高了 AlN 薄膜的压电响应特性。在众多制备 AlN 薄膜的工艺参数中，溅射功率对其压电特性的影响最为明显。图 6-72 为不同溅射功率下制备的 AlN 薄膜的压电系数变化曲线，从图中可以看出，随着功率增大，压电系数增大，当溅射功率为 100 W 时，压电系数为 3.76 pm/V，溅射功率升高到 200 W 时，压电系数增加到 4.89 pm/V，因为溅射功率增大时，薄膜中纳米晶的粒子密度增大，导致薄膜的压电特性增强，压电系数变大。

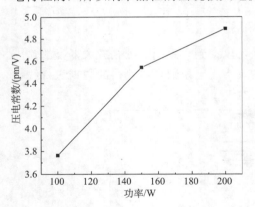

图 6-72　不同溅射功率沉积的 AlN 的 d_{33} 变化图

　　薄膜体声波谐振器的声阻抗水平由谐振器的尺寸、压电层的厚度、介电常数共同决定。高的介电常数可以减小薄膜体声波谐振器的尺寸[54]。所以为了满足集成电路微小型化的要求，往往希望压电薄膜的介电常数大一些。测试材料的介电性能，阻抗仪输出的结果是频率和阻抗的数值，可以利用式(6-7)和式(6-8)得到材料的相对介电常数。

$$C = \frac{\varepsilon_r \varepsilon_0 S}{D} \tag{6-9}$$

$$C = \frac{1}{2\pi f z} \tag{6-10}$$

由式(6-9)和式(6-10)可以得出，相对介电常数表达式为

$$\varepsilon_{\mathrm{r}} = \frac{D}{2\pi S f z \varepsilon_0} \tag{6-11}$$

式中，D 为薄膜的厚度；S 为上电极的面积；f 为外加电场的频率；z 为测得的阻抗值；ε_0 为真空中的介电常数。

图 6-73 为不同外加电场频率下测试得到的 AlN 薄膜的相对介电常数的变化示意图。从图可以看出，当外加电场的频率比较低时，薄膜的相对介电常数比较大，随着外加电场频率的增加，薄膜的相对介电常数变小。介电常数与材料在外电场中的极化程度有关[55]，电介质材料在电场的作用下存在着几种不同的极化形式，主要有电子位移极化、离子位移极化、偶极子转向极化、热离子松弛极化、空间电荷极化[56]。通

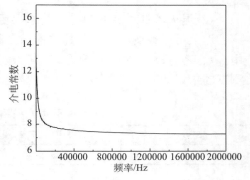

图 6-73　AlN 薄膜的相对介电常数随频率变化图

过前面对 AlN 薄膜的 XPS 全谱分析可知薄膜中存在较多的氧，AlN 薄膜材料在电场作用下产生的空间电荷极化主要是由于氧的空位的存在，起因是空间电荷积累在晶界处和电极的表面。空间电荷的极化机制决定了薄膜的介电性能，当外加电场的频率较低时，类似于直流电场，材料可以有足够的时间来完成极化并达到稳定的状态，所以此时相对介电常数较大。当外加电场频率增大时，会有更多的电荷迁移，在 AlN 薄膜的氧空位和缺陷处积累，载流子在电场的作用下移动很有可能在薄膜与电极之间的界面处会遇到阻碍作用。随着频率变化界面状态也发生变化，而介电常数又是因与界面状态改变而诱发的改变，这种介电常数的变化是由于频率增加使空间电荷的极化减弱，因为由空间电荷产生的偶极子在较高的频率下还来不及完全转向，导致介电常数下降。

(1)溅射功率对 AlN 薄膜的介电常数影响。

为了研究不同工艺条件对 AlN 薄

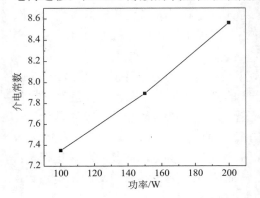

图 6-74　不同溅射功率沉积的
AlN 薄膜的介电常数

膜相对介电常数的影响，选取同一个外加电场频率测得的介电常数作比较。

图 6-74 为不同溅射功率条件下沉积的 AlN 薄膜的在 1 MHz 相对介电常数变化图，从图中可以看到随着溅射功率的增大，AlN 的相对介电常数从功率为 100 W 时的 7.35 增加到功率为 200 W 时的 8.56，溅射功率增大使溅射粒子的能量增大，有利于薄膜的晶化，晶界增多，电场作用下发生迁移的载流子容易在晶界处积累而不断增加，使介电常数增大，此外当晶粒长大时，离子极化时的偶极矩也增大，介电常数增大。

(2) 退火条件对 AlN 薄膜的介电常数影响。

退火可以改变薄膜内部的结构，在研究退火对薄膜的介电常数的影响时，选用一定工艺条件下制备的样品，对其不同退火条件处理的样品用阻抗仪进行测试，测试的结果如表 6-11 所示。

表 6-11 不同退火条件下薄膜介电常数变化

退火条件	未退火	700℃	800℃
ε_r	8.56	8.68	8.72

从表 6-11 可以看出，当退火温度升高时，薄膜的相对介电常数升高，这种现象可以用克劳修斯方程解释。

$$\varepsilon=\varepsilon_0+N\alpha\frac{E_e}{E} \tag{6-12}$$

式中，ε 为介电常数；ε_0 为真空中的介电常数；N 为单位体积内薄膜材料内组成的粒子数；α 为材料的极化率；E_e 为引发电介质产生电偶极矩的有效电场；E 为外加电场。通过式(6-12)可知，增加 N、α 和 E_e 都可以使介电常数增加；相对介电常数 ε_r 也相应增加。α 和 E_e 与材料的自身性质有关，当对薄膜实施退火处理时，通过前面对薄膜的表面形貌分析结果可知，随着退火温度从未退火到 800℃ 退火，薄膜的表面致密度增加，粗糙度减小，所以单位体积内粒子数目增多，介电常数增大。

采用反应磁控溅射方法制备的 AlN 薄膜具有优异的力学性能，包括较高的硬度与模量，从而保证应用在体声波谐振器上的稳定性要求。在此实验条件下制备的 AlN 薄膜是含有纳米晶粒的非晶薄膜，通过退火可以实现非晶薄膜的晶化；较高的衬底温度沉积的 AlN 薄膜具有较高的沉积速率；较高的溅射功率沉积的 AlN 薄膜由于其材料组成中 Al—N 键的含量较多，所以会有更高的硬度和杨氏模量；高的溅射功率可以形成较多的纳米晶粒，从而使 AlN 薄膜具有更高的压电系数；功率和退火温度的提高也有利于薄膜介电常数的提高。

综上所述，通过分析不同工艺条件下制备的 AlN 薄膜材料的性能，可以找出使其性能优异的工艺参数，从而使 AlN 薄膜的性能满足固贴式薄膜体声波谐振器的要求。

6.2　非晶金刚石用作表面波器件的增频衬底

上节中主要介绍了非晶金刚石作体声波器件高声阻抗材料的研究进展，本节将介绍非晶金刚石在薄膜声表面波器件中的应用。

在薄膜声表面波器件中，压电薄膜和非压电衬底形成多层结构，声表面波传播特性由压电薄膜和衬底共同决定。即使采用相同厚度的同种压电薄膜材料，由于衬底材料的不同，声表面波的传播速度也会明显不同。一般来说，声表面波器件的频率 f 正比于材料的声传播速度 v，反比于叉指换能器（IDT）的周期或声表面波的波长 λ，即

$$f = v / \lambda \tag{6-13}$$

在工艺水平一定的前提下，叉指线条不能无限制地微细化，否则将导致器件承受功率能力急剧下降，而且制作工艺难度太大。因此，提高器件工作频率，增强功率承受能力的切实可行的途径就是提高声表面波的传播速度。采用快声速衬底就是制备高频薄膜声表面波器件的最有效方法之一。

所有材料中金刚石晶体具有最快的声传播速度，采用压电薄膜/多晶金刚石/基底的多层结构能够制成中心频率达 GHz 以上的声表面波器件[57,58]。但是多晶金刚石薄膜表面过于粗糙以致难以在其表面制备叉指阵列，而且极高的硬度导致对其表面进行磨削抛光需要耗费高昂的成本。另外，多晶金刚石还会增加声波的损耗，如果器件的工作波长与多晶金刚石的晶粒尺寸相当，那么由多晶金刚石晶界造成的散射将会成为声表面波传播损失的主要来源。还有，多晶金刚石在切割过程中产生的微裂纹将会导致频率失真、插损增大等器件品质下降。再有，CVD 法沉积的多晶金刚石薄膜制备温度高（界面温度一般在 600℃以上）、先驱体离解后对衬底腐蚀性强，且难以制备大面积厚度均匀的金刚石薄膜（目前多晶金刚石薄膜的最大尺寸不超过 $\Phi4$ 英寸），这些因素都制约了多晶金刚石作为薄膜声表面波器件增频衬底的应用[59,60]。

但是非晶金刚石却可以克服 CVD 法沉积金刚石的这些缺点。采用 FCVA 技术能够在室温下获得大面积（$\Phi300$ mm）且具有光滑表面（$R_q<0.5$ nm）的非晶金刚石薄膜。由于高比例的四配位杂化组成，非晶金刚石薄膜具有许多能与金刚石晶体相媲美的优异性能，如高弹性模量使其具有比其他类金刚石更快的声传播速度。另外，由于非晶态特性，也避免了因晶界而产生的散射损失。为此，本节就是要将非晶金刚石薄膜用作薄膜声表面波器件的压电材料衬底，采用 IDT/ZnO/ta-C/Si 形式的层状结构，通过解析声表面波传播状态方程进行结构设计，以期获得增频

效果。其中 IDT 是在压电基片上由相互交叉的电极所组成的元件，通过它可以直接激励和接收 SAW 的换能器。而 IDT/ZnO/ta-C/Si 这种薄膜型复合结构可以代替传统的 IDT 体压电材料传统结构[61]，从而获得新型高频复合薄膜声表面波器件，以满足军事雷达、电子对抗系统、敌我识别器及全球定位系统(GPS)扩频通信等不同领域。

6.2.1   层状结构中的声表面波特性研究

在 IDT/ZnO/ta-C/Si 结构的薄膜声表面波器件中，声波的传播速度依赖于每层薄膜厚度与结构。由于弹性波是声表面波技术的基础，故主要讨论在各向同性、各向异性和压电各向异性固体介质中弹性波的基本特性和传播规律，从而得到薄膜层状结构中声表面波的传播特性，利用计算得到的理论值来具体指导实践中非晶金刚石薄膜和氧化锌薄膜的沉积。

1. 基本原理

ZnO/ta-C/Si 结构中的坐标系和 IDT 的位置如图 6-75 所示。声表面波沿着 x_1 方向传播，并在 x_3 方向衰减，x_2 方向垂直于 x_1 和 x_3 所在平面[62]。利用 Campbell-Jones 模型进行数值计算，为了简便起见，仅考虑对过滤电弧沉积工艺有直接指导意义的膜厚对声波传播速度的影响[63]。描述压电各向异性介质中耦合波状态方程为

$$\rho \frac{\partial^2 u_i}{\partial t^2} - c_{ijkl}^E \frac{\partial^2 u_k}{\partial x_l \partial x_k} - e_{kij} \frac{\partial^2 \Phi}{\partial x_k \partial x_j} = 0 \qquad (6\text{-}14)$$

$$e_{kij} \frac{\partial^2 u_k}{\partial x_i \partial x_j} - \varepsilon_{jk} \frac{\partial^2 \Phi}{\partial x_k \partial x_j} = 0 \qquad (6\text{-}15)$$

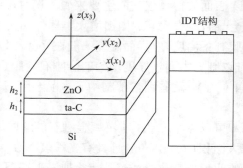

图 6-75   ZnO/ta-C/Si 结构声表面波传播状态的计算模型

式中，ρ、c、e 和 ε 分别代表密度、弹性常数、压电常数和介电常数。表达机械位移 U 和电势 Φ 的通解为

$$U_i = \sum_{n=1}^{6} C_n \alpha_i^{(n)} \exp\left\{ j[\omega t - K(l_1 x_1 + l_2 x_2 + l_3^{(n)} x_3)] \right\} \tag{6-16}$$

$$\Phi = \sum_{n=1}^{6} C_n \alpha_4^{(n)} \exp\left\{ j[\omega t - K(l_1 x_1 + l_2 x_2 + l_3^{(n)} x_3)] \right\} \tag{6-17}$$

式中，C 为弹性刚度常数；$C_n \alpha_4^{(n)}$ 为波的振幅；$l_{1,2,3}$ 为波传播的方向余弦。如式 (6-18)、式 (6-19) 所示，ω 和 K 分别为角频率和波数。

$$\omega = 2\pi f \tag{6-18}$$

$$K = 2\pi / \lambda \tag{6-19}$$

对非晶金刚石增频衬底而言，声表面波传播状态方程如式 (6-20) 和式 (6-21) 所示。

$$U_i^{\text{ta-C}} = \sum_{n=1}^{6} C_n^{\text{ta-C}} \alpha_i^{\text{ta-C}(n)} \exp\left\{ j[\omega t - K(l_1 x_1 + l_2 x_2 + l_3^{(n)} x_3)] \right\} \tag{6-20}$$

$$\Phi^{\text{ta-C}} = \sum_{n=1}^{6} C_n^{\text{ta-C}} \alpha_4^{\text{ta-C}(n)} \exp\left\{ j[\omega t - K(l_1 x_1 + l_2 x_2 + l_3^{(n)} x_3)] \right\} \tag{6-21}$$

对 ZnO 等压电薄膜而言，声表面波传播状态方程如式 (6-22)、式 (6-23) 所示。

$$U_i^{\text{ZnO}} = \sum_{n=1}^{5} C_n^{\text{ZnO}} \alpha_i^{\text{ZnO}(n)} \exp\left\{ j[\omega t - K(l_1 x_1 + l_2 x_2 + l_3^{(n)} x_3)] \right\} \tag{6-22}$$

$$\Phi^{\text{ZnO}} = \sum_{n=1}^{5} C_n^{\text{ZnO}} \alpha_4^{\text{ZnO}(n)} \exp\left\{ j[\omega t - K(l_1 x_1 + l_2 x_2 + l_3^{(n)} x_3)] \right\} \tag{6-23}$$

根据上述 IDT/ZnO/ta-C/Si 层状结构的机械和电学边界条件，代入密度、弹性常数、压电常数、介电常数等材料常数[64,65]解析方程，从而获得声表面波传播速度与膜层参数 (如膜厚) 的关系。

2. 层厚对相速度的影响规律

由图 6-76 可见，无论声表面波器件在基波还是在一次谐波状态下工作，也无论非晶金刚石增频衬底层厚多少，随着 ZnO 压电薄膜厚度的增加，声表面波的传播速度都将下降。从保证声表面波快速传播的角度，压电薄膜不宜过厚，当在一次谐波工作状态下以 $\text{KH}_{\text{ZnO}} < 0.5$ 为宜。

ZnO/ta-C/Si 结构中 $\text{KH}_{\text{ta-C}}$ 与相速度的关系如图 6-77 所示。在压电薄膜厚度相同的情况下，无论在一次谐波还是在基波状态下工作，非晶金刚石增频衬底的厚度越大，声表面波的传播速度就越快。但是由于声表面波的能量大部分集中于近表面区域，随着非晶金刚石厚度超过一定程度，加速声波传播的幅度趋缓。由计算可知，当 $\text{KH}_{\text{ta-C}} > 3$ 以后，几乎可以忽略硅基底的影响。在一次谐波状态下工作，当 $\text{KH}_{\text{ta-C}} < 1$ 时，非晶金刚石厚度的增加对提高声速的贡献明显，而且声速显著高于基波状态。

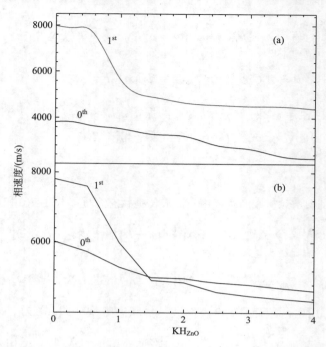

图 6-76　当 $KH_{ta-C}=1$(a) 和 $KH_{ta-C}=3$(b) 时，IDT/ZnO/ta-C/Si 结构中 KH_{ZnO} 与相速度的计算关系

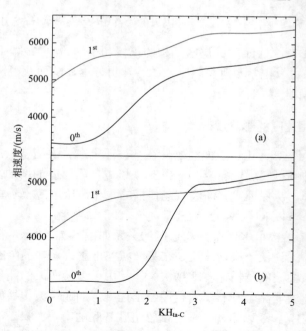

图 6-77　当 $KH_{ZnO}=1$(a) 和 $KH_{ZnO}=2$(b) 时，ZnO/ta-C/Si 结构中 KH_{ta-C} 与相速度的关系

非晶金刚石薄膜的诸多性能都可归因于薄膜的杂化组成。薄膜中四配位原子越多，薄膜的弹性模量就越高，反之亦然。既然非晶金刚石薄膜的弹性常数对杂化比例非常敏感，那么利用声表面波传播状态方程中弹性刚度常数与声速之间的关系也可以近似反映薄膜杂化组成对声速的影响。计算和实验表明，薄膜中四配位原子比例越高，声波的传播速度就越快。但是高的四配位杂化比例往往伴随着高的残余压应力，并对薄膜与基底的结合造成威胁。因此，在制备非晶金刚石增频衬底时，应该在保证薄膜与基底结合良好的前提下，高四配位杂化非晶金刚石膜层尽可能厚。目前我们采用能量梯度下降的沉积工艺，在未经退火处理的条件下将富 sp^3 杂化的置于最外层，已经制备出厚度超过 2 μm 以上且附着良好的非晶金刚石膜。

6.2.2　非晶金刚石对声表面波的增频作用

1. 非晶金刚石薄膜及氧化锌薄膜的制备

对于非晶金刚石的制备内容，在第 2 章已经详细介绍了，本节不再赘述，只简单给出用于增频衬底的非晶金刚石的制备参数，以供读者参考。

利用离面双弯 FCVA 类金刚石薄膜沉积系统制备样品。在相同的沉积时间内，固定脉冲频率 1500 Hz、脉宽 25 μs。利用机械引弧机构每隔 15 s 定时触发电弧，确保高纯（纯度为 99.9999%）石墨阴极的靶面平整和电弧的持续稳定燃烧。沉积前，用丙酮超声清洗 Φ51 mm 的 p(100) 单晶硅衬底 15 min，并用 Kaufman 氩离子枪在相同的电源参数下刻蚀 5 min。电弧电流设置为 60 A，沉积前真空度为 0.3 mPa，沉积时由于阴极放气真空度将有所升高。为了保证沉积和刻蚀的均匀性，衬底卡盘以 30 r/min 的速率旋转。沉积时，对衬底施加相同的直流脉冲负偏压（−80 V），获得厚度分别为 70 nm、140 nm、210 nm 和 350 nm 的 1～4 号的非晶金刚石薄膜样品，5 号样品采用能量梯度下降工艺沉积，最外层采用 80 V 负偏压沉积有 70 nm 的富 sp^3 杂化层。

2. 声表面波滤波器性能测试

图 6-78(a) 显示了 ZnO/ta-C/Si 层状结构的 SEM 截面照片。可见非晶金刚石/ZnO 界面平整，其均方根表面粗糙度只有几埃，这是化学气相沉积多晶金刚石薄膜难以做到的。制成 IDT/ZnO/ta-C/Si 结构声表面波滤波器频率响应测试件的外观见图 6-78(b)。

IDT/ZnO/ta-C/Si 结构声表面波滤波器频率响应特征的测试数据如表 6-12 所示，图 6-79(a) 和 (b) 分别为 IDT/ZnO/ta-C/Si（非晶金刚石膜厚为 350 nm）和 IDT/ZnO/Si 结构声表面波滤波器的频率响应特征曲线。可见非晶金刚石衬底显著提高了器件中声表面波的传播速度，随着膜厚的增加，相对空硅基底的增幅越大。为了更清楚地表示非晶金刚石薄膜的增频作用，将表 6-12 中的数据绘于图 6-79。

图 6-78   (a) ZnO/ta-C/Si 层状结构的 SEM 截面照片；(b) IDT/ZnO/ta-C/Si
声表面波滤波器外观图

表 6-12   具有 ZnO/ta-C/Si 结构声表面波滤波器的频率响应特性

序号	ta-C 膜厚/nm	频率响应/MHz	相速度/(m/s)
	空硅基底	574.00	4592
1	70	596.50	4772
2	140	603.50	4828
3	210	612.00	4896
4	350	617.51	4940
5	550*	605.06	4840

*采用能量梯度下降工艺沉积，最外层富 sp^3 杂化层。

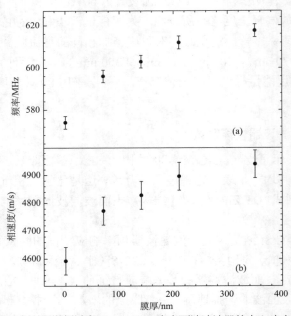

图 6-79   不同厚度非晶金刚石增频衬底 ZnO/ta-C/Si 声表面波滤波器的中心响应频率(a)和相速度(b)

随着非晶金刚石薄膜厚度的增加，声表面波传播速度加快，实验规律与计算结果相符。但遗憾的是，目前尚没有非晶金刚石层厚更高器件的频率响应实验数据，未能验证随着膜厚增加，增频作用趋缓的过程。5 号样件的厚度虽然最高，但是其增频作用还不及 3 号样件和 4 号样件。5 号样件的非晶金刚石增频衬底只有最外层 70 nm 具有与其他样件相同的四配位杂化含量，由外至硅基底四配位杂化含量渐次降低。这说明声表面波的传播速度还与薄膜的杂化组成密切相关，利用声表面波这种特性可以测试超薄非晶金刚石薄膜的微结构[66,67]。

综上所述，非晶金刚石膜层对 IDT/ZnO/Si 结构声表面波滤波器起到了明显的增频作用，膜厚越大，增幅越高，测试规律与计算结果吻合良好，非晶金刚石能够代替化学气相沉积多晶金刚石用作薄膜声表面波器件的增频衬底。

6.3　小　　结

本章主要对非晶金刚石在声波器件方面的应用进行了介绍。非晶金刚石薄膜在体声波器件中作为高声阻抗材料，在声表面波器件中作为增频衬底。高 sp^3 杂化含量的 ta-C 能在较少的层数下得到较为优异的 Q 值且 k_{eff} 值最大，80% sp^3 杂化含量下 6 层（3 对）高/低声阻抗层即可达到设计的优值。在此基础上，进一步研究了每层薄膜沉积时的厚度偏差对器件品质的影响：越靠近压电堆的布拉格反射层的厚度误差对 Q 值的影响越大，在制备时更应精确控制；电极厚度偏差对 k_{eff} 值的影响几乎可以忽略。选用 Si 缓冲层可以提高界面特性，取厚度 5nm 为宜。对于所设计的 SMR 进行仿真分析所得到的器件参数为实际实验制备以 ta-C 为高声阻抗材料的 SMR 器件提供了理论基础。并且，非晶金刚石膜层对 IDT/ZnO/Si 结构声表面波滤波器起到了明显的增频作用，声表面波的传播速度还与薄膜的杂化组成密切相关，利用声表面波这种特性可以测试超薄非晶金刚石薄膜的微结构。

参 考 文 献

[1] 何杰, 刘荣贵, 马晋毅. 薄膜体声波谐振器(FBAR)技术及其应用. 压电与声光, 2007, 29(4): 379-385.

[2] Newell W E. Face-mounted piezoelectric resonators. Proc IEEE, 1965, 53(6): 575-581.

[3] Lakin K M, Wang J S. UHF composite bulk wave resonators. 1980 IEEE Ultrasonics Symposium, 1980: 834-837.

[4] Kline G R, Lakin K M. Acoustic resonator with Al electrodes on an AlN layer and using a GaAs substrate. U S Patent 4556812, 1985-12-03.

[5] Ruby R, Bradley P, Larson J, Oshmyansky Y, Figueredo D. Ultra-Miniature high-Q filters and duplexers using FBAR technology. International Solid-State Circuits Conference, 2001: 120-121.

[6] Aigner R, Ella J, Timme H J, Elbrecht L, Nessler W, Markstciner S. Advancement of MEMS into RF-filter applications. Proc IEEE IEDM, 2002: 897-900.

[7] 刘罡, 朱嘉琦, 王赛, 陆晓欣, 刘远鹏, 霍施宇, 袁欣薇. 固贴式薄膜体声波谐振器用材料体系研究进展. 无机材料学报, 2010, 25(12): 1233-1241.

[8] Lakin K M, McCarron K T, Rose R E. Solidly mounted resonators and filters. 1995 IEEE Ultrasonics Symposium, 1995: 905-908.

[9] Mansfeld G D, Alekseev S G. Theory and numerical analysis of bulk acoustic wave multilayer composite resonator structure. 1997 IEEE Ultrasonics Symposium, 1997: 891-894.

[10] Nakamura K, Kanbara H. Theoretical analysis of a piezoelectric thin film resonator with acoustic quarter-wave mutilayers. IEEE International, 1998: 876-881.

[11] Milyutin E, Gentil S, Muralt P. Shear mode bulk acoustic wave resonator based on c-axis oriented AlN thin film. Appl Phys, 2008, 104(8): 084508.

[12] Dwivedi N, Kumar S, Malik H K, Rauthan C M S, Gowind, Ranwar O S. Correlation of sp^3 and sp^2 fraction of carbon with electrical, optical and nano-mechanical properties of argon-diluted diamond-like carbon films. Appl Surf Sci, 2011, 257(15): 6804-6810.

[13] Chhowalla M, Robertson J, Chen C W, Silva S R P, Davis C A, Amaratunga G A J, Milne W I. Influence of ion energy and substrate temperature on the optical and electronic properties of tetrahedral amorphous carbon(ta-C) films. Appl Phys, 1997, 81(1): 139-145.

[14] 许鸿彬, 刘文. 布拉格反射层对 SMR 性能影响的仿真分析. 压电与声光, 2010, 32(6): 929-932.

[15] Yokoyama T, Nishihara T, Taniguchi S, Iwasi M, Satch Y. New electrode material for low-loss and high-Q FBAR filters. IEEE Ultrasonics Symposium, 2004, 1-3: 429-432.

[16] Jakkaraju R, Henn G, Shearer C, Harris M, Rimmer N, Rich P. Integrated approach to electrode and AlN depositions for bulk acoustic wave(BAW) devices. Microelectron Eng, 2003, 70(2-4): 566-570.

[17] 朱继国. 直流脉冲磁控溅射制备 Mo 薄膜及其性能研究. 大连: 大连理工大学, 2008: 32-34.

[18] Natter H, Schmelzer M, Loffler M S, Krill C E, Fitch A, Hempelmann R. Grain-growth kinetics of nanocrystalline iron studied *in situ* by synchrotron real-time x-ray diffraction. J Phys Chem B, 2000, 104(11): 2467-2476.

[19] 廖国, 王冰, 张玲, 朱忠彩, 张志娇, 何智兵, 杨晓峰, 李俊, 许华, 陈太红, 曾体贤, 诺家军. 工作气压对磁控溅射 Mo 膜的影响. 绵阳: 中国工程物理研究院激光聚变研究中心, 2011, 40(6): 82-84.

[20] 张亚非, 陈达. 薄膜体波谐振器的原理、设计与应用. 上海: 上海交通大学出版社. 2011: 8-122.

[21] 朱继国, 丁万昱, 王华林, 张树旺, 张粲, 张俊计, 柴卫平. Ar 气压强对直流脉冲磁控溅射制备 Mo 薄膜性能的影响. 微细加工技术, 2008, 4: 35-38.

[22] 薛守迪, 杨成韬, 解群眺, 毛世平. 衬底温度对 AlN 薄膜结构及电阻率的影响. 压电与声光, 2011, 33(3): 475-478.

[23] 吴自勤. 一本先进实验技术和深入理论分析相结合的专著——麦振洪等著《薄膜结构 X 射线表征》一书简介. 物理, 2007, (10): 808-809.

[24] 张继成, 唐永建, 吴卫东. X 射线反射法测量 a：CH 薄膜的密度和厚度. 绵阳: 中国工程物理研究院激光聚变中心, 2007, 19(8): 1317-1320.

[25] Satoh Y, Nishihara T, Yokoyama T, Veda M, Miyashita T. Development of piezoelectric thin film resonator and its impact on future wireless communication systems. Jpn J Appl Phys, 2005, 44(5A): 2883-2894.

[26] 胡作启, 王宇辉, 谢子健, 赵旭. 用于FBAR的C轴取向AlN压电薄膜的研制. 华中科技大学学报, 2012, 40(1): 7-9.

[27] Cibert C, Dutheil P, Champeaux C, Masson O. Piezoelectric characteristic of nanocrystalline AlN films obtained by pulsed laser deposition at room temperature. Appl Phys Lett, 2010, 97: 251906.

[28] 许小红, 武海顺. 压电薄膜的制备、结构与应用. 北京: 科学出版社, 2002: 139-147.

[29] 王茂祥, 吴建宁.与等离子体相关的真空沉积技术及其应用. 电子工程师, 1999, (7):1-3.

[30] Kar J, Bose G, Tuli S. Effect of annealing on DC sputtered aluminum nitride films. Surf Coat Technol, 2005, 198(1-3): 64-67.

[31] 熊娟, 顾豪爽, 胡宽, 吴小鹏. Mo 电极上磁控反应溅射 AlN 薄膜. 稀有金属材料与工程, 2009, 38(S2):

230-233.

[32] Peng Y C, Zhao X W, Fu G S, Yingcai P E N G, Zhao X W, Guangsheng F U, Yinglong W A N G. Study and prospect of Si-based optoelectronics. Chinese Journal of Quantum Electronics, 2004, 21(3): 273-285.

[33] Wei C L, Chen Y C, Cheng C C, Kao K S. Solidly mounted resonators consisting of molybdenum and titanium Bragg reflector. Appl Phys A, 2008, 90: 501-506.

[34] 于怀之. 红外光学材料. 北京: 国防工业出版社, 2007: 134-141.

[35] Liesken N, Hezel R. Formation of Al-nitride films at room temperature by nitrogen ion implantation into aluminum. J Appl Phys, 1981, 52: 5806-5810.

[36] Mahmood A, Machorro R, Muhl S, Heiras J, Castillón F F, Faŕas M H, Andrade E. Optical and surface analysis of DC-reactive sputtered AlN films. Diam Relat Mater, 2003, 12: 1315-1321.

[37] Schoser S, Brauchle G, Forget J, Rauschenbach B. XPS investigation of AlN formation in aluminum alloys using plasma source ion implantation. Surf Coat Technol, 1998, 103-104(5): 222-226.

[38] Laidani N, Vanzetti L, Anderle M, Basillais A, Boulmer -Leborgne L, Pemiere J. Chemical structure of films grown by AlN laser ablation: an X-ray photoelectron spectroscopy study. Surf Coat Technol, 1999, 122(2-3): 242-246.

[39] Rosenberger L, Baird R, McCullen E, Auner G, Shreve G. XPS analysis of aluminum nitride films deposited by plasma source molecular beam epitaxy. Surf Interface Anal, 2008, 40: 1254-1261.

[40] Huang J, Wang L, Shen Q W, Lin C L, Östhing M. Preparation of AlN thin films by nitridation of Al-coated Si substrate. Thin Solid Films, 1999, 340(1-2): 137-139.

[41] Garcia-Mendez M, Moarles-Rodriguez S, Machorro R, García-Méndez M, Morales-Rodríguez S, Machorro R, De La Cruz W. Characterition of AlN thin films deposoted by DC reactive magnetron sputtering. Rev Mex Astron Fis, 2008, 54(4): 271-278.

[42] 徐耀祖, 材料热力学. 北京: 科学出版社, 1999: 235.

[43] 刘新华. 原子结构参数与电负性的相关性研究. 德州学院学报, 2002, 18(2): 38-41.

[44] Costales A, Anil K, Kandalam A, Pendás M, Blanco M A. First principles study of polyatomic clusters of AlN, GaN, and inN. 2. chemical bonding. J Phys Chem B, 2000, 104(18): 4368-4374.

[45] Watanabe Y, Hara Y, Tokuda T, Kitazawa N, Nakamura Y. Surface oxidation of aluminium nitride thin films. Surf Eng, 2000, 16(3), 211-214.

[46] Koh S K, Son Y B, Gam J S, Han K S, Choi W K, Jung H J. Formationg of new surface layers on ceramics by ion assisted reaction. J Mater Res, 1998, 13(9): 2560-2564.

[47] Martin F, Muralt P. Thickness dependence of the properties of highly *c*-axis textured AlN thin films. J Vac Sci Technol A: Vacuum, Surfaces, and Films, 2004, 22: 361.

[48] 于毅. RF AlN 薄膜体声波谐振器. 北京: 清华大学, 2004, 77-79.

[49] 唐伟忠. 薄膜材料制备原理、技术及应用. 2 版. 北京: 冶金工业出版社, 2003: 69-173.

[50] 乔保卫. 磁控反应溅射 AlN 薄膜的制备工艺与性能研究. 西安: 西北工业大学, 2003.

[51] 随新, 陈国平. 磁控反应溅射氧化锡膜的工艺研究. 真空科学与技术, 1995, 15(6): 415-419.

[52] Kelly P J, Arnell R D. Magnetron Sputtering: a review of recent developments and applications. Vacuum, 2000, 56: 159-172.

[53] Morito A, Toshihiri K, Nanohiro U, Akiyama M, Kamohara T, Ueno N, Sakamoto M, Kano K, Teshigahara A, Kawahara N. Polarity inversion in aluminum nitride thin films under high sputtering power. Appl Phys Lett, 2007, 90: 151910.

[54] Aigner R. MEMS in RF filter applications: thin-film bulk acoustic wave technology. Sensors Update, 2003, 12(1): 175-210.

[55] Song X F, Fu R L, He H. Frequency effects on the dielectric properties of AlN film deposited by radio frequency reactive magnetron sputtering. Microelecctronic Engineering, 2009, 86: 2217-2221.

[56] 孙目枕. 电介质物理基础. 广州: 华南理工大学出版社, 1999: 15-58.

[57] 李冬梅, 陈菁菁, 李晖, 潘蜂. 高频声表面波材料及器件制备工艺的研究. 材料工程, 2003, (8): 40-42.

[58] Nakahata H, Kitabayashi H, Fujii S, Higaki K, Tanbe K. Fabrication of 2.5GHz SAW retiming filter with SiO$_2$/ZnO/diamond structure. 1996 IEEE ultrasonics symposium, 1996: 285.

[59] Lamara T, Belmahi M, Elmazria O, Brizoual L L, Bougdira J, Remy M, Alnot P. Freestanding CVD diamond elaborated by pulsed-microwave-plasma for ZnO/diamond SAW devices. Diam Relat Mater, 2004, 13(4): 581-584.

[60] Tang I T, Chen H J, Houng M P, Wang Y H. Factor considerations on the novel surface acoustic wave devices by using materials. IEEE, 2002: 457-462.

[61] 杨朝斌, 徐继麟, 黄香馥. SAW-IDT 波传播分析. 电波科学学报, 1998, 13(1): 55-59.

[62] Look D C. Recent advances in ZnO materials and devices. Mat Sci Eng, 2001, 80(1-3): 383-387.

[63] Adler E L. Matrix methods applied to acoustic waves in multilayers. IEEE T Ultrason Ferr and frequency control, 1990, 37(6): 485-490.

[64] Gavignet E, Ballandraqa S, Bigler E. Theoretical analysis of surface transverse waves propagating on a piezoelectric substrate under shallow groove or thin metal strip gratings. J Appl Phys, 1995, 77(12): 6228-6233.

[65] Peach R C. On the existence of surface acoustic waves on piezoelectric substrates. IEEE T Ultrason, Ferr frequency, 2001, 9(48): 5.

[66] Morath H C J, Maris H J. Picosecond optical studies of amorphous diamond and diamond carbon: thermal conductivity and longitudinal sound velocity. J Apply Phys, 1994, 76(5): 2636-2640.

[67] Ferrari A C, Kleinsorge B, Morrison N A, Hart A. Stress reduction and bond stability during thermal annealing of tetrahedral amorphous carbon. J Appl Phys, 1999, 85(10): 7191-7197.

第7章

金刚石色心：性质、合成及应用

7.1　金刚石色心缺陷简介

众所周知，金刚石是一种应用广泛的极端特性材料，具备优异的光学、力学、热学、电学和声学及宝石学性能(图 7-1)。金刚石的光学性能使它成为最耀眼和名贵的珠宝，卓越的硬度和热导率使得它被广泛用作打磨和抛光工具及导热片，另外，金刚石作为宽带隙的半导体，未来可能会在半导体领域发挥重要作用。常见的金刚石分为天然金刚石和合成金刚石，其中合成金刚石以纳米金刚石、薄膜金刚石、块材金刚石等形式存在。

图 7-1　金刚石

然而，极其纯净的金刚石很少存在，大多数都含有杂质或缺陷。即使肉眼看起来无色透明的金刚石，一般也含有微量的杂质或缺陷。如果杂质的含量非常可观，那么金刚石会表现出明显的颜色(黄色、绿色等金刚石)。近年来，由于金刚石中的杂质缺陷在量子信息、生物标记等方面的应用，金刚石受到越来越广泛的关注。

纳米金刚石在作为生物标记材料方面具有良好的应用前景。纳米金刚石比其他碳材料生物相容性更强，与量子点材料相比，它不含任何有毒元素。由金刚石色心发出的荧光非常稳定，不存在光漂白现象，并且发光时间不受限制。

色心是固体晶格缺陷中的一种，属于点缺陷，它可以选择性吸收可见光能量并产生颜色。色心主要由杂质聚合、辐射损伤及辐射损伤和杂质聚合共同作用等方式产生。金刚石中的色心大致有两种：一种是氮、硅等杂质缺陷中心；另一种是辐射损伤中心。

氮是天然金刚石中最常见的杂质。根据金刚石中是否含氮可以把金刚石分为如图 7-2 所示的两类。对于含氮的 I 型金刚石又分为含有氮原子聚合体的 Ia 型金刚石和含有离散氮原子的 Ib 型金刚石。Ia 型金刚石的含氮量很高，可达 0.3%，大多数天然金刚石属于此类。Ib 型金刚石大多是人工合成金刚石（以 HPHT 金刚石为代表），含氮量相对 Ia 型较低，最多高至 500 ppm。对于氮原子聚合体的 Ia 型金刚石，又可根据氮原子聚合状态进行分类。在金刚石刚生成时，晶体内氮元素以单原子的离散形式存在，在漫长的地质年代过程中的高温高压作用下，金刚石晶体内的单原子逐渐聚合在一起形成氮原子的聚合。氮原子聚合体可能是 2 个或多个氮原子的聚合体。

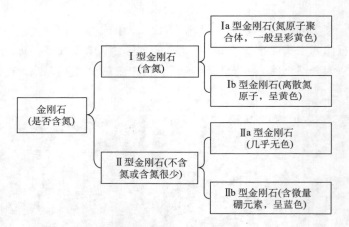

图 7-2   高温高压金刚石分类

由于金刚石中氮含量和原子聚合体不同，不同类型的金刚石具有不同的发光特性。并且，不同类型金刚石中所含的色心种类不同，也可能导致金刚石具有不同的发光特性。金刚石色心的研究已有几十年的历史，目前报道的金刚石色心已有 500 多种。很多种常见色心的组成结构、发光特性和形成机制已经通过紫外-可见近红外吸收光谱、光致发光光谱、拉曼光谱、电子顺磁共振（EPR）谱等实验手段进行了比较深入的研究。

对于常见色心的组成及其特性，我们可以直接通过金刚石的颜色和发光光谱等，大致判断金刚石中色心的类型。事实上，金刚石中除了氮杂质以外，还含有硼、硅、镍等杂质元素，然而这些元素只有在氮含量低时才能被检测出来。

自从首次成功实现单个色心的成像与光探测磁共振（ODMR）谱测量的报道以来，近 10 年科学界掀起了一股金刚石色心研究热潮，如今越来越多的研究组进入这一领域。这不仅是因为色心的稳定优异的光学特性，更重要的是它还是一种室温下的理想的固态量子比特。色心满足优良的量子比特所应具备的特性：在室温下可以实现状态的极化、读取与操纵，并且还能与环境实现较好的隔离从而保持较长的相干时间。基于其良好的光学和自旋等特性，如今色心已经被广泛应用于量子信息、生物荧光标记、纳米尺度高灵敏物理量(磁场、电场、温度等)探测等领域的研究。本章介绍低维金刚石色心——纳米金刚石色心，但没有局限于纳米金刚石中的色心，而是对金刚石中色心的种类、应用领域等进行整体的介绍，并对其未来的发展进行展望。

7.2 NV 色心

在金刚石众多的色心中，氮空位（NV）色心由于其特殊的结构、性质和广泛的应用前景，近年来备受关注。NV 色心是由面心立方金刚石晶格中一个碳空位及邻近的碳原子被氮原子替代形成的，如图 7-3 所示。除此之外，这个色心还能捕获金刚石晶格中的电子，成为带有负电荷的 NV 色心，即 NV⁻。NV 色心的特殊的物理结构及与结构相关的对称性决定了 NV 色心的电子态的性质及态之间允许的偶极跃迁。NV 色心的能级结构决定了 NV 色心具有特殊的性质，进而使得 NV 色心具有一系列的应用。

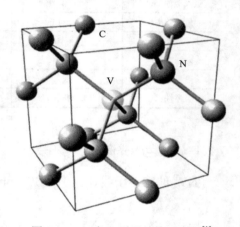

图 7-3　NV 色心原子结构示意图[1]

NV 色心有中性(NV^0)和负电性(NV^-)两种不同的电荷状态，中性的 NV 色心含有 5 个电子，其自旋 $S=1/2$。若色心捕获晶格中的电子，则形成NV^-，其具有 6 个电子，基态自旋 $S=1$。现阶段重点研究的色心通常情况下是 NV^-。因此在不作特殊说明的情况下，NV 色心一般指的是NV^-。因NV^0自旋不能作为量子比特被光学读取，关于它的研究相对较少，因此对其探测多是基于对NV^-的更深入研究的需要。值得说明的是，目前已经可以通过外加电场、激光等手段实现金刚石色心两种电荷状态的可控转化。

近年来备受关注的色心主要有以下几点特质[2]：

（1）NV 色心发光稳定且亮度大，使单个色心的探测和单光子产生非常有效。

（2）低温下，色心的光学的零声子线精细结构和电场、磁场、应力相关，而在常温下，则只受电场、应力影响。

(3)电子自旋态可操控，基态自旋具有非常长的相干时间，并且可与邻近电子自旋或核自旋耦合。

(4)基态电子自旋可光学初始化和读出。

(5)NV 色心的制备方便可靠。

因金刚石具有很好的生物相容性，纳米金刚石粉末是作为生物荧光标记的理想材料，表 7-1 中列举了色心与其他纳米发光体的比较。现在商业化的纳米金刚石颗粒尺寸可以在 50nm 以下，但金刚石粉末中含有 NV 色心的比例较低。由于粉末的含氮量较高，可以通过电子束注入、空气中退火等方法进一步提高色心含量。

表 7-1　NV 色心与染料分子、量子点的发光性能对比[3]

性能	有机染料分子	量子点	NV 色心(纳米金刚石)
尺寸/nm	<1	3~10	>4
荧光谱	IR-UV	IR-UV，受尺寸影响	600~800nm
荧光谱宽度/nm	35~100	30~90	>100
吸收截面/cm²	1×10^{-16}	3×10^{-15}	3×10^{-17}
量子效率	0.5~1.0	0.1~0.8	0.7~0.8
激发态寿命/ns	1~10	10~100	25(纳米金刚石)
光稳定性	低	高	非常高
热稳定性	低	高	非常高
毒性	从低到高都有	—	低

7.2.1　NV 色心光谱

NV^0 的零声子线(ZPL)在 575 nm(2.156 eV)处，NV^- 的零声子线在 637 nm(1.945 eV)处。实验中，我们一般使用波长为 532 nm 的激光对 NV 色心进行激发。图 7-4 为室温下单个 NV 色心的发光光谱：575 nm 处细锐的峰是 NV^0 的零声子线，其声子边带扩展至 750 nm；637 nm 处的谱线是 NV^- 的光谱零声子线，声子边带扩展至 800 nm。由于室温下 NV 色心具有较宽的声子边带，其 Debye-Waller(DW)因子只有 0.04。

图 7-5 为低温下得到的 NV 色心系统

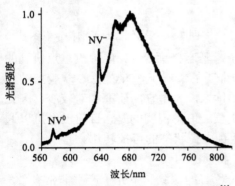

图 7-4　室温下单个 NV 色心的发光光谱[1]

的发光光谱，与室温下的光谱对比可以看出，声子边带在低温下受到抑制，从而使得零声子线更加明显。除了 NV^0 和 NV^- 的零声子线，其他明显的峰如 586 nm 和 598 nm 等对应 NV^0 的声子伴线，而 637 nm 后的峰如 660 nm 等处的峰对应 NV^- 相关的声子伴线。另外，对比图 7-5(b)可以看出，块体金刚石的零声子线宽度比纳米金刚石中 NV 色心的零声子线窄，这应该是纳米金刚石中色心附近应力的存在而导致的。

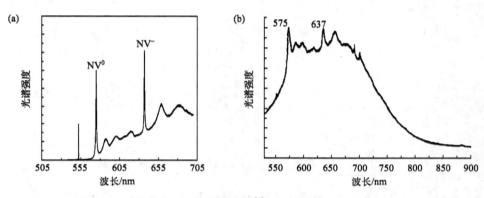

图 7-5　(a)块体金刚石的低温光谱[4]；(b)纳米金刚石的低温光谱

7.2.2　NV 色心能级结构

NV 色心的能级结构可以通过六电子或两空穴模型计算得出，目前关于 NV 色心的能级结构特别是激发态的结构还存在争议。考虑到自旋-轨道相互作用、自旋-自旋相互作用、晶格应力存在而引入的微扰项等因素，目前比较认可的能级结构如图 7-6 所示。其中基态 $^3A_2$ 与激发态 ^3E 之间的 1.945 eV 能量间隔，对应 NV 色心的零声子线跃迁。室温下基态自旋三态之间有 2.87 GHz 的零场分裂，激发态自旋三态之间有 1.42 GHz 的零场分裂。激发态不同条件下能级的结构情况如图 7-6 所示。

7.2.3　NV 色心自旋特性及调控方法

NV 色心的许多研究与应用都是基于对其基态的自旋态极化与读取。NV 色心的自旋 $m_s=0$ 和 $m_s=\pm1$ 态的荧光强度不同使得 NV 色心的光探测磁共振测量可以实现。NV^- 的自旋在激发态和基态之间的跃迁是守恒的，但是通过亚稳态的跃迁则会造成自旋不守恒变化。用激光照射 NV 色心，它的基态不同自旋能级到激发态的跃迁被同时泵浦。然而激发态向亚稳态跃迁中，电子自旋 $m_s=\pm1$ 的激发态能级跃迁速率更大；而在亚稳态到基态的跃迁中，向 $m_s=0$ 的基态能级跃迁的速

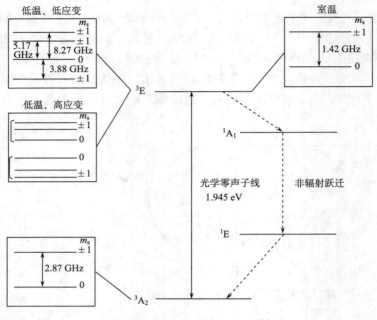

图 7-6　NV 色心的能级结构[1]

率更大。这就使得处于平衡态时，NV 色心的自旋以较大的概率处于 m_s=0 态，这就是光学极化自旋的原理，将这种通过亚稳态的跃迁过程称为系统交叉跃迁[3]。另外，由于亚稳态的跃迁是非辐射的，通过亚稳态跃迁概率越大则荧光越弱。因为无辐射跃迁路径和荧光路径是竞争的关系，所以最弱的无辐射跃迁将会有最强的荧光，即当自旋处于 m_s=0 时，荧光强度会比 m_s=±1 强。通过这种现象，便可以判断自旋所处状态。跃迁路径如图 7-7 所示，NV 色心的读取与自旋极化是实现色心自旋态操控的基础，实验过程中，我们一般将波长为 532 nm 激光脉冲用于 NV 色心的激发，以实现 NV 色心到 m_s=0 态的极化。

　　如前面所述，色心的基态是自旋三态，其中 m_s=0 和 m_s=±1 态之间有 2.87 GHz 的能量间隔。其基态哈密顿量可以表示为

$$H_0 = D\left[S_z^2 - \frac{1}{3}S(S+1) \right] + E\left(S_x^2 - S_y^2 \right) + g\beta \vec{S} \cdot \vec{B} \tag{7-1}$$

式中，前两项为零场分裂项；第三项为塞曼分裂项，在外磁场作用下导致 m_s=±1 退简并。基态的 m_s=0 和 m_s=±1 态可以构成一个量子比特，由于这两个量子态可以通过荧光计数的不同实现读取，因此结合光学手段和微波手段便可以实现色心的自旋调控[6]。

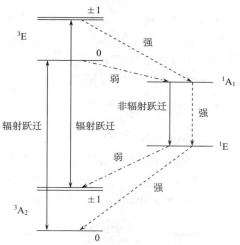

图 7-7　NV 色心的自旋极化过程示意图[5]

1. 连续微波实验（CW 谱测量）

连续波测量是最简单的直接测量 NV 色心电子自旋的方式[3]。连续微波实验可以通过光探测磁共振方法实现。光探测磁共振技术：将固定功率的微波和激光作用于 NV 色心，对微波频率扫描的同时记录 NV 色心的荧光强度，便可得到 NV 色心的光强度和微波频率的关系图谱。激光一般选用 532 nm，其脉冲宽度选择 300～500 ns，这样可以获得最优的信噪比。用 532 nm 激光器把色心极化到自旋 m_s=0 态，当微波频率和自旋 m_s=0 态到 m_s=±1 态的能级共振时，色心的自旋将会翻转，从而使色心的荧光强度下降，光探测磁共振谱上出现一个波谷。这样，便可从光探测磁共振谱中得出共振频率，而且此频率对应自旋 m_s=0 态到 m_s=±1 态的能级间距。如图 7-8 所示，可以得到基态 $^3A_2$ 的自旋 m_s=0 态到 m_s=±1 态之间的零场分裂为 2.88 GHz [7,8]，激发态 ^3E 的零场分裂为 1.42 GHz[9]。

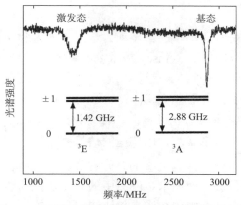

图 7-8　光探测器共振谱探测 NV 色心零场分裂[2]

NV 色心的光探测磁共振谱在磁场下会发生分裂，根据分裂的宽度与磁场强度的关系，便可实现对磁场强度的探测，例如，零场分裂对应的频率为 2.87 GHz，在一定磁场下分裂为 2.841 GHz 和 2.9 GHz，根据低磁场下的共振峰的分裂约为磁场强度的 2.8 倍（频率单位取 MHz），可以测得磁场大小约为 21 Guass[6]。

2. 脉冲微波实验

连续微波实验测量的是 NV 色心系统能级结构。研究 NV 色心的自旋动力学，需要用到共振微波的脉冲。脉冲微波实验的激发顺序如图 7-9 所示，实验都从 532 nm 激光极化电子自旋开始，并且以 532 nm 激光探测电子自旋结束。其间加上不同的微波脉冲序列，以实现对 NV 色心自旋的操纵。

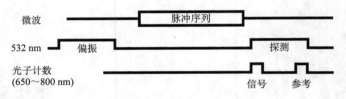

图 7-9　脉冲微波实验的激发顺序

3. 拉比振荡

拉比振荡用来描述在振荡外场中二能级量子体系的周期性行为。在小的外磁场作用下，NV 色心的自旋 m_s=0 态到 m_s=±1 态之间的跃迁，便组成了一个有效的二能级系统。在共振微波的作用下，自旋 m_s=0 态到 m_s=±1 态之间会呈现一定概率分布的振荡，称为拉比振荡。一般来说，由于纳米金刚石中存在更多的杂质和 NV 色心耦合，拉比振荡的幅度随时间衰减比块体金刚石更厉害。

4. 自由感应衰减

拉比振荡研究的是有驱动下的自旋动力学，研究无驱动的自旋动力学用到的方法是自由感应衰减[6]。利用 Remsey 技术[10]，即利用如图 7-10 所示的微波序列 π/2-t-π/2 实现。对于一个简单的二能级系统，Remsey 微波序列将会以微波失谐频率 δ 振荡。NV 色心中，由于 ^{14}N 核自旋的影响，我们可以观测到来自 3 个独立二能级系统的信号，振荡频率分别为 δ、δ+2.2 MHz、δ−2.2 MHz。这些信号一起振荡产生一个复杂的信号形式。自由感应的信号强度将以 $I \propto \exp(-\tau / T_2)^n$ 衰减，其中 n 视不同的样品而定，T_2 为衰减的时间常数。一般而言，块体金刚石的自由衰减时间常数为微秒量级，而纳米金刚石中的 n 比块体的要小一个量级，约为百纳秒，这可能是纳米金刚石中的杂质自旋比较多导致的。

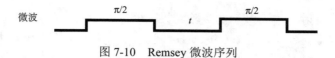

图 7-10　Remsey 微波序列

5. 自旋回波

自旋回波是磁共振实验中一个重要的概念，在核磁共振发现不久后，Hahn 在 1950 年首次介绍了这个现象。他提出的"单一自旋回波磁振脉冲序列"方法及产生的相应信号，常被称为翰回波（Hahn echo）。自旋回波过程如图 7-11 所示。由于块体金刚石为高纯样品，纳米金刚石中氮含量及杂质含量相对于高纯样品要高很多，而且纳米金刚石中表面杂质、表面自旋态对相干时间影响很大，因此纳米金刚石的相干时间要比块体的低很多[6]。纳米金刚石中的相干时间太短是限制纳米金刚石在量子信息方面应用的重要因素。

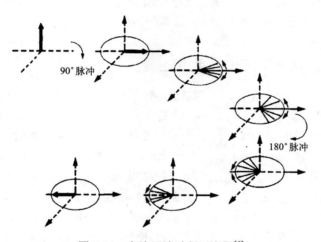

图 7-11　自旋回波过程示意图[6]

7.3　硅相关的色心

由于硅衬底和石英组件在金刚石生长过程中的使用，硅缺陷在化学气相沉积金刚石中很常见。Vavilov 等在 1980 年通过阴极发光首次观察到在多晶金刚石中硅空位（SiV）色心的荧光[11]。最常见的硅相关的缺陷是 SiV[图 7-12（a）]，其在 738 nm 附近的零声子线如图 7-12（b）所示。将硅加入金刚石生长单元或者将硅离子注入[12-14]原始的金刚石中都可以得到。最近的电子顺磁共振证实了 SiV 色心的结构是由一个硅原子和两个分离的空位组成的[15]。图 7-12 显示了 SiV 中心的晶体

结构和相关的发射光谱。最近的实验结果表明这个中心呈现负电荷状态[15]。SiV
色心具有非常短的激发态寿命(约 1 ns),但量子效率却低至 0.05,并且随温度和
生长条件的不同而有所不同[16,17]。

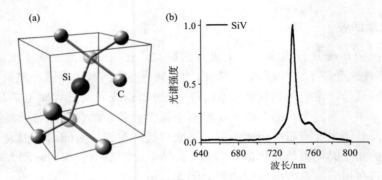

图 7-12　(a)由一个硅原子和两个空位组成的 SiV 色心在金刚石中的晶体模型;(b)室温下的光
　　　　致发光光谱显示在 738 nm 的零声子线和可观测到的声子边带[1]

7.3.1　离子注入获得金刚石 SiV 色心

Wang 等[18]通过离子注入方法获得了单个 SiV 色心。他们在 0.5 mm×0.5 mm
×0.25 mm 的 IIa 型金刚石(110)面上进行了硅离子的注入。注入的离子为 10 MeV
二价硅离子,注射剂量为 10^9 cm^{-2}。通过 SRIM 软件模拟得到的硅离子在金刚石
中穿过的深度为(2.3 ± 0.16) μm。注入离子后,在 1000℃下进行了 5 min 真空退火。
随后,他们在室温下对金刚石通过激光扫描共聚焦显微镜进行了光致发光测试。

图 7-13(a)中的插图是经过中心波长为 740 nm、带宽为 10 nm 的干涉滤光片
后单个 SiV 色心的荧光图像。图 7-13(a)显示了荧光图像沿虚线的发光强度的图
像。622 nm 的横向宽度对应于激光扫描共聚焦显微镜的分辨率。图 7-13(b)中的

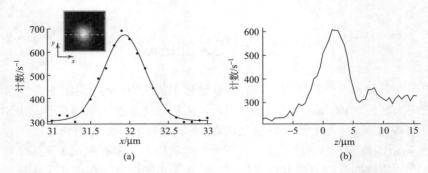

图 7-13　(a)单个 SiV 色心沿横向的荧光强度的分布(插图为这个 SiV 色心的发光图像);(b)SiV
　　　　色心沿光轴方向的扫描图(金刚石表面位于 $z=0$ μm[18])

中心峰显示了与植入的金刚石表面垂直方向上的 SiV 中心的发光强度。中心峰左边位置的计数是来源于雪崩计数管的暗计数，右边的计数很可能是来源于金刚石晶体的拉曼散射。中心峰的位置意味着 SiV 色心位于金刚石表面。离子注入是一种获得 SiV 色心的非常有效的手段。通过离子注入可以精确控制 SiV 色心的位置。但由于非辐射跃迁的存在，单光子的产率还需要进一步提高。

7.3.2 纳米金刚石 SiV 色心

具有较强荧光和窄带发光的纳米金刚石非常适合应用于生物技术和医学中的光学标签[19-21]。然而，在金刚石从大块晶体向金刚石纳米颗粒变化的过程中，基体中的点缺陷的热力学稳定性会发生显著变化。Rabeau 等[22]发现，纳米金刚石中的 NV 中心发光活性强烈依赖于晶体尺寸的大小，在晶体尺寸小于 40 nm 的纳米金刚石中没有发现 NV 发光。同时，在爆轰纳米金刚石晶粒尺寸小于 10 nm 的光致发光研究中没有检测到氮相关的缺陷[23]。因此，为了得到尺寸小于 10nm 的高效的发光光源，相对于 NV 色心，SiV 色心是一个很好的选择。从结构上看，这两种缺陷都是一个杂质原子(氮或硅)和一个空位位于金刚石晶格的相邻位置。然而，相对于 NV 色心，SiV 色心在光学性质方面有很多优势。SiV 色心的零声子线在 738 nm 和 757 nm 处，这距离纳米金刚石本身的谱线(450~650 nm)较远[23]。然而，NV 色心的零声子线位于 637 nm，与纳米金刚石本身的谱线重合，不易分辨。此外，SiV 色心的 738 nm 处的电子跃迁振动边带窄而弱，与此相反，NV 色心的振动边带强而宽。Vlasov 等[24]通过在硅基底上异质外延金刚石膜，得到了含有 SiV 色心的纳米金刚石。他们在抛光过的 10 mm×10 mm×0.5 mm 的硅基底上，用富氩混合气体(93% Ar/5% H_2/2% CH_4)作为碳源，用微波等离子体化学气相沉积得到了晶粒大小为 2~5 nm 的超纳米金刚石薄膜(UNCD)；用 4% CH_4/96% H_2 生长得到了晶粒尺寸为 2~2.5 μm、具有良好晶面的微晶金刚石薄膜(MCD)。

图 7-14 是 UNCD 和 MCD 的 500~800 nm 的光致发光和拉曼图谱。UNCD 的拉曼图谱包含 5 个峰位，表明有 3 种形式的碳存在[25]：金刚石相(1332 cm^{-1})、非晶碳(1350 cm^{-1} 和 1560 cm^{-1})和聚乙炔(1140 cm^{-1} 和 1480 cm^{-1})。在微晶金刚石薄膜的谱线中只有 1333 cm^{-1} 这一个特征峰。由于某些原因，金刚石峰位稍有偏移。两个薄膜中的光致发光光谱中只显示出了 SiV 色心的 2 条零声子线，位于 738 nm 和 757 nm。本质上讲，尽管两种薄膜的晶粒尺寸差异较大，但是由于 MCD 和 UNCD 中的 SiV 色心的积分强度比为 3 : 1，而薄膜的厚度比为 2 : 1，因此两个薄膜的光致发光光谱强度是相近的。室温下，738 nm 处的 MCD 的半高宽为 7 nm，UNCD 的半高宽为 8 nm。

这些样品中掺入了硅原子是因为氢离子刻蚀了硅基底和微波仪器中的石英管，而不是在前驱体中加入了硅组分。因为硅原子是来自硅基底的刻蚀，所以靠近硅基底的金刚石层硅含量更高[26]。图 7-15 中两种不同厚度的 UNCD 的光致发光谱线在 738 nm 处的强度增加很快，这证明了硅原子在金刚石基体中掺杂效率也比较高。

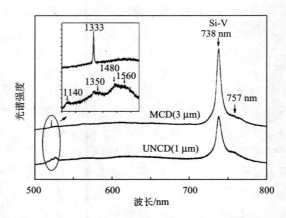

图 7-14   1 μm 的 UNCD 和 3 μm 厚的 MCD 的光致发光和拉曼图谱[24]

插图单位为 cm⁻¹；激发光波长为 488 nm

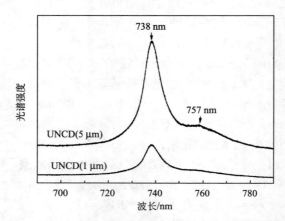

图 7-15   UNCD（厚度为 1 μm 和 5 μm）在 SiV 色心范围内的光致发光图谱[24]

无自旋的材料如金刚石和硅，都是研究和控制带自旋的缺陷的理想材料。NV 色心已经在电磁场感应、生物标记和量子信息处理等方面引起了很多的关注。然而，NV 色心的零声子线的荧光发射效率仅为 4%左右，由于缺少精细的光子结构如光子腔，这就限制了它在量子信息处理方面的应用[27]。相反，带有负电的金刚石硅的缺陷中心（SiV⁻）有 80%的光子都在零声子线附近[28]，并且光谱具有良好的稳定性，金刚石基体中色心分布具有很好的均匀性[29]，这使得 SiV⁻ 成为一种理想的分布式量子网络的构建材料[30]。

7.4　其他金刚石色心

7.4.1　镍相关的色心

过渡金属特别是镍，在天然金刚石中含量丰富，吸引了众多科研工作者对其光学性质的研究。并且镍作为催化剂，通常存在于高压高温(HPHT)制备的金刚石中[31-35]。在高温高压过程中，镍和钴等过渡金属仅被纳入(111)生长面，其浓度可能在同一生长面内有所不同[36]。

最常见的与镍有关的缺陷在 883 nm/885 nm 附近有光致发光的双峰。人们经常在镍催化剂存在的合成金刚石中观察到。然而，这个中心的单光子发射还没有被观测到。在高氮含量的金刚石中，由镍-氮复合物(NEx, $1\leq x\leq 8$)组成的家族已经被电子顺磁共振测量证实。它也表明，NE4 缺陷是由一个双空位的镍原子作为氮原子的凝聚核构成，一旦 NE4 缺陷形成，它最多可以连续捕获 4 个氮原子，形成 NEx 家族的其余部分[31]。大部分 NEx 配合物也可以通过光学手段观察到，其中 NE1 发光中心在紫外范围内(零声子线在 472 nm)，NE8 发光中心在近红外(NIR)范围内(零声子线在 793 nm)。图 7-16(a)描述了 NE8 的结构，由与镍原子相邻的 4 个氮原子组成。由于它在近红外的发光峰很窄而引发了研究者的研究兴趣。它是 NEx 家族中唯一一个显示出单光子发射特性的中心。Gaebel 等[32]第一次观测到来自 NE8 中心的单光子发射。该中心是在一种 IIa 天然金刚石中观察到的。这一发现激起了对 NE8 缺陷的进一步研究，并随后在纳米金刚石膜和单个纳米金刚石中观察到。因为大部分发射集中在零声子线内，NE8 中心的 DW 因子为 0.7。NE8 中心呈现三级发射行为[32-37]，其荧光量子效率(QE)估计为 0.7[38]。图 7-16 显示了 NE8 中心的晶体结构和相关的发射光谱。除了 NE8 中心外，还有其他关于近红外与镍相关中心的单光子发射的报告。其中 Ni / Si 的复合体，这一缺陷的单

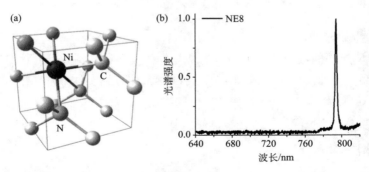

图 7-16　(a)NE8 中心金刚石中 NE8 中心的晶体学模型，由(1 1 0)平面上的 1 个镍原子及与其成键的 4 个氮原子组成；(b)在 793 nm 处显示零声子线的室温光致发光光谱[1]

光子发射首先由 Aharonovich 等报告，他们研究了用镍[39]植入的化学气相沉积生长的纳米金刚石晶体，然后被 Steinmetz 等独立证实[40]。后者将镍和硅共同注入 IIa 型单晶金刚石中。Ni/Si 缺陷具有在 770 nm 附近的零声子线和约 3 ns 的短激发态寿命，进一步确定这些缺陷的确切结构的实验目前正在进行[32]。

7.4.2　铬相关的色心

与铬相关的荧光光源是基于金刚石的单光子光源的"最新成员"。这些光源最先是在蓝宝石衬底上生长的纳米金刚石晶体中发现的[41]。铬是蓝宝石中常见的杂质，可在化学气相沉积生长过程中掺入金刚石晶体[42]。新型的铬发射体具有显著的性能：近红外区窄发光，超高亮单光子发射率最高达到 3.2×10^6 s^{-1}，1~4 ns 的激发态寿命和完全偏振的激发和发射行为[33]。此外，其中一些发射源与两级模型吻合得很好，这应该就是它们能够实现超亮发射的原因。

在纳米金刚石晶体中的色心可以分为两大类：三级系统，半高宽约 4 nm；两级系统，半高宽约 11 nm。对这些光源的进一步的光物理学研究表明，三级系统的量子效率比两级的要低 4 倍。这表明三级系统通过非辐射过程损失了 75％的光子。图 7-17 显示了两种典型的铬的相关色心的光致发光光谱。

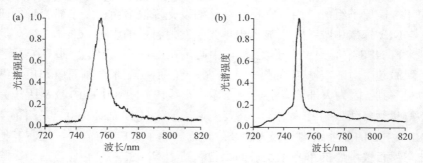

图 7-17　含铬的单光子发射器的光致发光光谱。(a)中心位于 756 nm；(b)中心位于 749 nm[1]

通过铬植入一个单片晶体金刚石明确证明了铬在新中心的存在[43]。此后的研究表明，制造光源的最佳方法是通过将铬与供体如氧共同植入 IIa 型（[N] <1 ppm，[B] <0.05 ppm）的金刚石中。发射器的可控制造（通过离子注入）、窄的发射宽度和已知的偶极取向，表明铬中心是与等离子体结构、腔体或金刚石纳米天线耦合的理想候选体[34,44,45]。

7.4.3　锗相关的色心

最近金刚石中的锗的相关缺陷同样引起了研究者的广泛关注。Ekimov 等[46]用高温高压方法合成了高质量的含有锗色心的金刚石。高温高压合成方法一直以合成高光学质量的金刚石晶体著称。因此，高温高压技术是通过有机化合物合成本征的[47,48]和掺杂的[49,50]纳米金刚石的有效方法。现在人们对锗在金刚石中的影响了解很少。在这样的背景下，不能只是研究它的 602 nm 发光中心的性质，在制作新的单光子发射平台方法方面，锗掺杂金刚石的高温高压合成同样变得非常重要。值得一提的是，锗的同位素 ^{73}Ge 具有非零自旋核（I=9/2），因此，这样能级的超精细结构可以用来建立一个三能级的量子信息处理和通信应用系统。

萘（$C_{10}H_8$）与锗混合在一起，可以用来合成锗掺杂金刚石（图 7-18）。类似于纯萘合成金刚石，在压力 8～9 GPa、温度高于 1600 K 条件下，Ge-C-H 生长系统转变为金刚石，此时，锗不作为对金刚石的合成的催化剂，可以通过控制锗的浓度对金刚石的掺杂进行控制。锗掺杂的金刚石使用两种成分的粉体：一种是天然同位素组成的粉体，99% ^{12}C 和 n-Ge（36.5% ^{74}Ge、27.4% ^{72}Ge、20.5% ^{70}Ge、7.8% ^{73}Ge、7.8% ^{76}Ge）；另一种是 ^{13}C（99.3at%）、^{72}Ge（99.98%）或者 ^{76}Ge（88% ^{76}Ge、12% ^{74}Ge）。不同同位素组成的锗掺杂金刚石由萘（$C_{10}H_8$、99% ^{12}C）和不同质量比的锗（0.7wt%、4wt% 和 13wt%）的粉体混合而成。

图 7-18　（a）、（b）在 7～8 GPa 压力下获得的具有完美晶型且尺寸在 10～15 μm 之间的微晶金刚石；（c）～（e）在更高的压力下（8～9 GPa）获得了晶粒尺寸在 30～100 nm 之间的微晶金刚石

(a) 未处理的微晶金刚石；(b) 酸处理之后的样品；(c) 未处理的微晶和纳米晶；(d) 酸处理后的微晶和纳米晶；(e) 纳米晶的放大图[46]；其中 (a)、(c)、(d)、(e) 为背散射像；(b) 为光学显微镜得到的图像

图 7-19（a）显示的是掺天然同位素组成的锗（n-Ge）的金刚石的典型的光致发光光谱。在 300 K 时，零声子线出现在 602.5 nm 处，半高宽为 4.5 nm（16 meV）。零声子线的强度比金刚石的拉曼线强 2～10 倍，并且强度随着锗掺杂量的增加而

增加。在 80 K，零声子线分裂为 602.1 nm 和 601.1 nm，半高宽为 0.25 nm（约 0.9 meV）。温度为 10 K 时的结果显示半高宽缩小到 0.1 nm（约 0.38 meV）。零声子线伴随着一个宽的电子振动边带，电子振动边带在 615 nm 处有个锋利的特征峰，如图 7-19（b）所示。由于合成环境，在谱图中出现了 SiV⁻ 和 NV⁰ 谱线，如图 7-19（a）和（b）所示。硅的存在是由制备过程中污染初始混合物造成的。只有在冷却到 80 K 时，才发现金刚石发光光谱中存在 NV⁰ 和 NV⁻ 的峰。有趣的是，如果将硼加入生长系统中，金刚石中的氮的浓度会降低至在发光光谱中检测不到的水平，还可以降低在 602 nm 处的发光线的半高宽处。因此，可以通过简单地调控初始材料的成分来控制高温高压金刚石的发光谱线。

通过检测碳和锗的同位素使金刚石光谱和电子振动边带的偏移，Ekimov 等证明了通过高温高压方法合成的金刚石中，锗原子进入金刚石晶格形成了锗相关的色心。

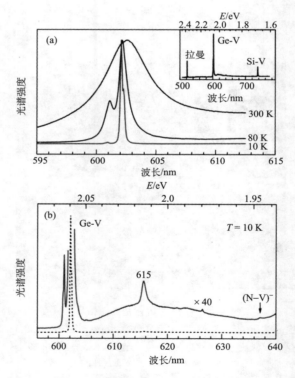

图 7-19　锗掺杂金刚石光致发光光谱

(a) 300 K 到 80 K 时 602nm 谱线的分裂 (插图为光致发光在 80 K 下的 3 个特征谱线：602 nm 的零声子线，金刚石的拉曼峰和 737 nm 的 SiV 色心峰；零声子线附近边带结构显示除了在 637 nm 处的 NV⁻，还有 615 nm 处的局域振动模式，边带强度乘常数因子 40[46]）；(b) 10 K 下，零声子线伴随着亮的电子振动边带及 615 nm 特征峰

　　Iwasaki 等[51]通过离子注入和化学气相沉积生长得到了金刚石中锗的发光结构。锗离子的注入在室温下、高纯度的高温高压金刚石(001)面上进行。注入离子的能量从 150 keV 到 260 keV，剂量从 $3.5×10^8$ cm^{-2} 到 $5.9×10^{13}$cm^{-2}。锗离子不同的同位素(^{70}Ge 和 ^{73}Ge)通过质量筛选注入金刚石中。然后，样品在 800℃ 退火30 min。化学气相沉积生长过程在 MPCVD 系统里进行。生长金刚石时氢气和甲烷的流量分别为 198 sccm 和 2 sccm。在生长过程中，将一个锗晶体放在晶面为(111)的金刚石的基底旁边。图 7-20(a)显示的是锗离子注入金刚石在室温下的光致发光光谱。光谱显示了一个 602.7 nm(2.06 eV)处的峰和金刚石基底的拉曼峰。10 K 下峰的半高宽变窄，零声子线分裂成了两个峰[图 7-20(a)]。通过离子注入的方法，Iwasaki 等获得了基于 GeV 色心的单光子光源。图 7-21(a)、(b)是离子注

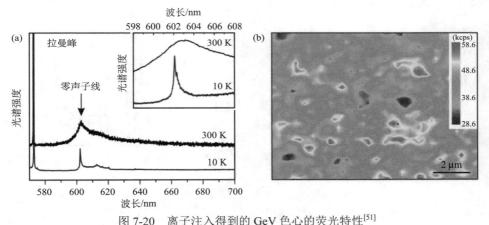

图 7-20　离子注入得到的 GeV 色心的荧光特性[51]

(a)锗离子注入的金刚石从 300 K 到 10 K 的光致发光光谱(插图显示了在两个温度的零声子线)；
(b)室温下零声子线在 595～608 nm 的强度扫描图谱(注入的锗离子的峰值浓度为 $1×10^{19}$ cm^{-3})；
离子注入的条件由 SRIM 软件计算得到；测试在 300 K 下的微型拉曼系统和 10 K 下的微型光致发光光谱系统下进行

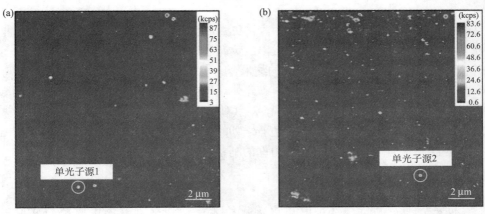

图 7-21　GeV 单光子源的光致发光扫描图谱[51]

入的光致发光扫描图谱。两个图谱中都观测到许多纳米量级的荧光点。图中的两个白圈标出的荧光点尺寸约为 350 nm。GeV 色心的零声子线的峰位分别位于 601.6 nm 和 602.4 nm 处。

图 7-22(a)是化学气相沉积金刚石中掺有 GeV 色心的光致发光光谱，其半高宽为 4～5 nm 比通过离子注入方法得到的 GeV 色心的半高宽 6～7 nm 要窄。图 7-22(b)中显示了化学气相沉积法和离子注入法得到的 GeV 色心的金刚石的零声子线的峰位的柱状图，其中化学气相沉积法得到的样品显现出轻微的蓝移。

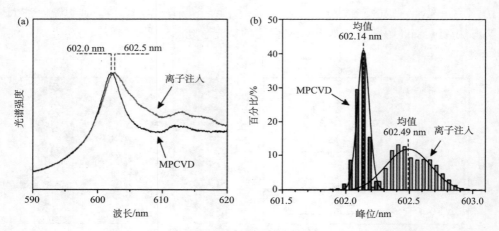

图 7-22　(a)通过 MPCVD 掺杂与离子注入方法得到的 GeV 色心的光致发光光谱比较；
(b)MPCVD 和离子注入得到的 GeV 色心的零声子线的位置直方图[51]

7.5　金刚石荧光特性及应用

纳米金刚石比其他碳材料生物相容性更强，而且不含任何有毒元素，相比于量子点等材料更安全。由金刚石色心发出的荧光非常稳定，不存在光漂白现象，并且发光时间不受限制。粒径大于 5 nm 的纳米金刚石几乎不存在光闪烁现象[52]，这意味着纳米金刚石是一种成像的理想材料。此外，与有机染料和具有低纳秒寿命的细胞组分相比，纳米金刚石具有很长的荧光寿命(对于 NV 色心，其范围为 10～20 ns)[53,54]。这样长的寿命使得对于来自除 NV 色心之外的短辐射信号的滤波成为可能[55]。本节将对低维金刚石-纳米金刚石在色心方面的制备及先进应用进行介绍。

7.5.1　金刚石荧光光谱特性

纳米金刚石的拉曼特征峰可以用作检测标记。金刚石的主要拉曼峰位于

$1332\ cm^{-1}$。这个金刚石的拉曼特征峰强度很大，并且没有其他峰的干扰，所以它很适合用于定位纳米金刚石。如图 7-23 所示，形成的纳米金刚石溶菌酶复合物表现出其自身的拉曼信号，由金刚石信号和来自蛋白质的其他信号组成。因此，在形成纳米金刚石蛋白复合体时，金刚石拉曼特征信号不受影响，这个特征信号十分适合作为检测的标记。随着拉曼成像算法的进一步革新，拉曼成像的速度有了很大的提高。这大大增加了纳米金刚石在生物领域、医药领域作为标记物质的可行性。拉曼光谱使得信号简单、强度高且具有良好生物相容性的纳米粒子作为生物标记成为可能。此外，金刚石中的缺陷(NV 色心、SiV 色心等)的荧光也可以作为定位信号，它们的光谱可以在前面内容中找到。

  金刚石的光致发光特性一直是学术界的研究热点。金刚石是具有多种施主-受主或结构缺陷发光中心的宽禁带半导体。Chung 等[56]报道了不同尺寸(5～500 nm)的纳米金刚石的光致发光光谱。他们发现纳米金刚石粒径和激光波长对发光光谱具有比较大的影响，这表明不同尺寸的纳米金刚石主要发光的缺陷和杂质的种类也不同(图 7-24)。

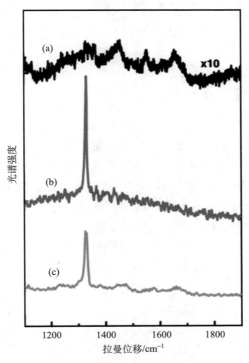

图 7-23 (a)溶菌酶的拉曼光谱；(b)粒径为 100 nm 羧化纳米金刚石拉曼光谱；(c)溶菌酶-羧化纳米金刚石复合物拉曼光谱[57]

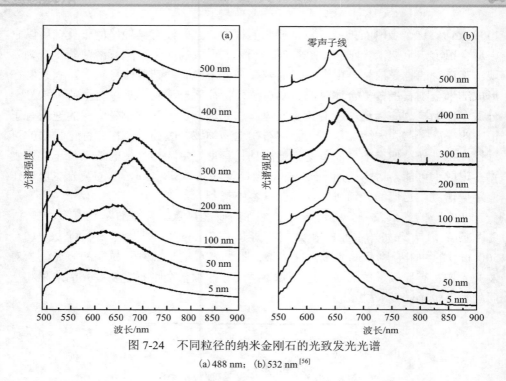

图 7-24   不同粒径的纳米金刚石的光致发光光谱
(a) 488 nm；(b) 532 nm[56]

7.5.2   荧光纳米金刚石合成

合成纳米金刚石的方法有多种，化学气相沉积法是合成金刚石最常使用的方法之一。早在 1989 年，Frenklach 等[58]就利用化学气相沉积法合成了均匀形核的金刚石粉。粉体最大的粒径约为 0.2 μm，大部分粒径在 50 nm 左右。经测试这些粉体是多种金刚石多形体的混合物。化学气相沉积合成的纳米金刚石的优势是能够控制掺杂元素的种类，如氮、硼、硅等，从而获得含有不同发光中心的纳米金刚石。然而，在空气中进行的合成方法如冲击合成、爆炸合成等方法使得纳米金刚石中含有大量氮元素，从而在金刚石内部形成 NV 色心。对于纳米金刚石的合成在本书的第 3 章已经给出了详细的介绍，这里主要介绍爆炸法合成纳米金刚石后处理的具体过程。

从含碳的爆炸物转换成爆炸纳米金刚石(DND)一般包含 3 步：爆炸预合成、粉体处理、粉体修饰，如图 7-25 所示。下面将从这 3 个方面进行详细的说明。现在学术界对爆炸纳米金刚石的材料具有广泛的研究兴趣，甚至对传统的合成方法中的传统的爆炸物和冷却媒介及粉体处理工艺中传统氧化剂进行了重新的研究[59]。现在出售的纳米金刚石都是经过爆炸预合成及粉体处理工艺，将爆炸粉末中的金属杂质和非金刚石碳去除之后的产品。爆炸纳米金刚石粉体处理的结果是得到最多质量可达几百千克的包含一定非可燃杂质的爆炸纳米金刚石（杂质质量比为 0.5%～5%，取决于供应商）。爆炸纳米金刚石的修饰包括进一步的纯化，针对某方面应用的表面功能化、微粒分散和粒度分级等过程。对爆炸纳米金刚石的表面修饰是现在研究的热点。尽管最开始的时候，表面修饰的爆炸纳米金刚石的产量比较小，但是现在随着产能的完善，这些加工步骤在爆炸纳米金刚石生产中已经大规模实施[60]。现在纳米金刚石分解的比较有效的途径是 Ozawa 等[61]提出的微米级陶瓷珠的搅拌介质研磨来分解纳米金刚石聚集体的方法，能够获得粒径分布为 4～5 nm 的爆炸纳米金刚石颗粒的金刚石浆料。从大量高影响力期刊中可以看出，单个纳米金刚石的研究已经吸引了大量在纳米领域的研究者的注意力[62-64]。

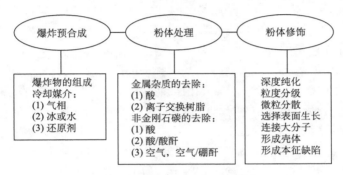

图 7-25　爆炸法合成荧光纳米金刚石处理步骤

1. 爆炸预合成

生产纳米金刚石的爆炸合成方法是在含碳爆炸物中形成金刚石聚集物。因此，此种方法的前驱体仅仅是爆炸物，能够用来作为爆炸法合成金刚石的前驱体有很多[58-65]。例如，三硝基甲苯（TNT）和黑索金的混合物中含有碳、氮、氧和氢元素，整体呈现负氧平衡也就是体系中存在过剩的碳元素。爆炸发生在非氧化性的媒介如气体（N_2、CO_2、Ar 或其他可以加压的媒介）及水或冰中。以上两种媒介的反应也就是所谓的干法或者湿法合成。为了阻止已经形成的爆炸纳米金刚石在爆炸产生的高温下转变为石墨，反应产品的冷却速率不应低于 3000 K/min[67,68]。来自雷管的初始冲击压缩高爆炸物质，加热并引起化学分解，在微秒内释放出大量的能量。当爆炸波传播通过材料时，它产生对应于热力学稳定金刚石相区域的高温（3500～4000 K）和高压（20～30 GPa）[69]。在爆炸过程中，游离碳凝结成小团簇，可能会通过扩散长大[70]。爆炸合成的产物称为碳灰，根据爆炸条件含有质量比为 40%～80%的金刚石相[65,66]，碳产量占爆炸总质量的 4%～10%。现在学术界对高能爆炸物爆炸时爆炸纳米金刚石形成的机制尚未明了，是一个亟待解决的研究领域[71-73]。使用炸药的爆炸纳米金刚石合成有两个主要的技术要求：爆炸物的组成必须为金刚石形成提供热力学条件，并且气体气氛的组成必须提供必要的淬火速率（通过适当的热容量），以防止金刚石转化为石墨[51]。金刚石产量在很大程度上取决于爆炸混合物和冷却介质[65,66]。炸药的形状也影响产量；理想的形状是球形，但为了方便，圆柱形的也经常使用[59]。

2. 爆炸合成后粉体处理

生物医学应用对纳米材料的纯度设定了高标准，因此开发超高纯度的爆炸纳米金刚石产品仍然是一个重要目标。除金刚石相外，碳灰含有石墨状结构（质量比为25%～45%）和不可燃杂质（金属及其氧化物，质量比1%～8%）[65]。

图7-26说明了碳灰和纯化的爆炸纳米金刚石产物的主要结构特征。非金刚石碳包含石墨和无定形碳等，其可以位于紧密的爆炸纳米金刚石聚集体的外部，并且在纯化过程中被除去，或者可以限制在紧密的聚集体内，并且保持不可被氧化介质接触。为了去除内部金属杂质和内部非金刚石碳，应该先对爆炸纳米金刚石的聚集物进行分散。在使用酸处理深度纯化后，多分散金刚石中的不可燃杂质含量可达到0.2%（质量比）[74]。应该注意的是，金属离子还可以在含有金属的液体氧化剂（如使用硫酸/三氧化铬的混合物）处理后在爆炸纳米金刚石表面上形成配合物，从而增加不可燃杂质的总含量。Petrov等对苏联开发的许多金刚石净化方法进行了简要回顾[75]；Pichot等报道了使用氢氟酸/硝酸进行烟灰处理以有效去除金属颗粒[76]。粉体处理相关报道已经很多，将不再赘述。

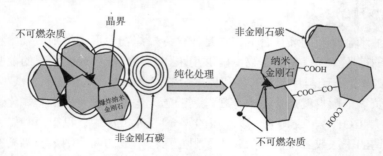

图7-26　爆炸法合成纳米金刚石的粉体处理示意图

3. 粉体修饰

为了进一步去除爆炸纳米金刚石中的残余杂质，需要对纳米金刚石进行深度纯化。Osswald等[74]用XANES技术对sp^2和sp^3碳含量的研究证实了在空气中的热处理也是深入纯化爆炸纳米金刚石的有效方法。应用于生物医学一个重要前提是将纳米金刚石分散开。Ozawa及其同事开发了通过搅拌介质研磨或者辅助声波分解在悬浮液中机械解聚爆炸纳米金刚石分散体的专有方法[77,78]。纳米金刚石由于其内在的亲水表面而在碳纳米粒子类中是独一无二的，这是这些纳米碳颗粒被设想用于生物分子应用的众多原因之一。纳米金刚石颗粒的表面含有复合阵列的表面基团，包括羧酸、酯、醚、内酯、胺等。与纳米级金刚石粉相比，爆炸纳米金刚石的表面可以产生高密度的化学官能度，因为爆炸纳米金刚石初级颗粒几乎有 15% 的原子位于表面上，因此是溶剂可接近的。

Ji 等[79]总结了在金刚石表面上接枝不同有机官能团的化学、光化学和电化学策略的现状。他们根据预期的应用，提出了卤化、胺化、羧化和氧化的金刚石表面的想法。他们用化学官能团化方法制作了氧终端金刚石，并且开发出其他方法用于在氢终端金刚石上形成 C—C 键、C—X 键和 C—N 键。

7.5.3　细胞荧光成像

拉曼光谱由于其独特的优势在最新的生物和医药研究中成为关注的焦点。拉曼光谱是一种非破坏性且相对温和的检测方法。通过共焦配置，它可以实现高光谱分辨率(约为 1 cm^{-1})和空间分辨率(约为激发波长的一半)，可以大大避免光谱重叠。纳米金刚石由于其良好的生物相容性、简单的拉曼信号、稳定的化学性质、易于生物聚合(包括以共价键或非共价键的化学结合[80]和物理吸收[81,82])等优势，是用于生物标记的良好材料。而拉曼光谱检测手段使得纳米粒子作为生物标记成为可能。金刚石的拉曼光谱中的 1332 cm^{-1} 特征峰十分尖锐，没有其他峰的干扰，十分适合作为定位纳米金刚石的特征信号。当纳米金刚石和生物分子结合时，该复合体系的大部分复杂的拉曼光谱可以用简单的金刚石信号表示，即 1332 cm^{-1} 的金刚石线可以用作标记物来定位/标记生物分子。Chao 等[20]研究了人肺上皮细胞 A549 与纳米金刚石的相互作用，验证了使用纳米金刚石颗粒作为纳米生物探针的可能性。

图 7-27(a)显示了直接沉积在硅晶片上的粒径为 100 nm 的纳米金刚石的典型 SEM 图像。图 7-27(b)是(a)的纳米金刚石的 sp^3 碳的拉曼 1332 cm^{-1} 信号。图 7-27(c)为粒径为 100 nm 的羧化纳米金刚石和人肺上皮细胞 A549 组成的系统。图 7-27(d)为沿着(c)中的线进行长度为 30 μm、步长为 0.5 μm 线扫描得到的拉曼光谱。可以通过图 7-27(d)中的峰的位置辨别纳米金刚石在人肺上皮细胞 A549 中的分布。

图 7-28 为对纳米金刚石-人肺上皮细胞 A549 进行的共聚焦拉曼成像。图 7-28(a)和(c)中的羧化纳米金刚石的浓度为 10 mg/mL，图 7-28(b)和(d)中的羧化纳米金刚石浓度为 1 mg/mL。图 7-28 中的(c)和(d)分别对应于(a)和(b)的方框中的拉曼成像。图 7-28(d)中的尖峰意味着用拉曼成像技术可以定位出细胞中的一个羧化纳米金刚石或纳米金刚石团聚物。

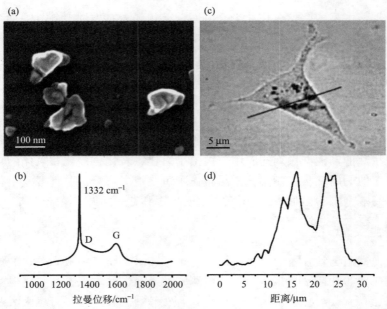

图 7-27 （a）硅基底上的粒径为 100 nm 的羧化纳米金刚石 SEM 图；（b）100 nm 的羧化纳米金刚石拉曼光谱；（c）人肺上皮细胞 A549 与羧化纳米金刚石的光学图像；（d）金刚石拉曼峰强度沿（c）中直线方向的分布[20]

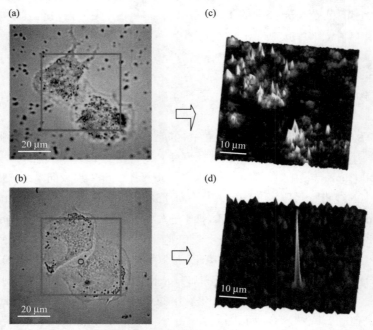

图 7-28 （a）和（b）两个人肺上皮细胞 A549 的光学图像；（c）和（d）对应于（a）和（b）的拉曼成像[20]

7.5.4　癌症诊断与治疗

纳米金刚石的优良生物学特性、化学惰性及表面基团的可修饰性，使得它在生物医药领域的应用得到了许多科学家的广泛关注。已有研究报道，纳米金刚石能够和 DNA、阿霉素、酶、胰岛素、细胞色素 C、生长激素和抗原等通过共价键或非共价键的方式结合，作为一种潜在生物成像工具、荧光探针材料、药物转运工具而发挥作用。

生长激素的基因不仅在垂体中表达，而且在良性肿瘤和恶性肿瘤中表达[83]，现在学者在多种癌细胞中检测到生长激素受体[84]，细胞中生长激素受体的表达水平代表了某些肿瘤的癌症发展阶段。因此，确定肿瘤细胞中的生长激素受体水平非常重要。进行生长激素受体水平的研究有利于我们识别早期癌症，从而进行癌症的预防与治疗。Cheng 等[85]研究了羧化纳米金刚石-鱼生长激素(rEaGH)复合物与人肺上皮细胞 A549 的相互作用。

图 7-29 显示了人肺上皮细胞 A549 和粒径为 100 nm 的羧化纳米金刚石的拉曼成像。图 7-29(a)、(b) 和 (c) 3 列显示了以细胞和纳米金刚石为原点的 $z = 10\ \mu m$，0 μm 和−10 μm 的 3 个位置的拉曼成像。图 7-29 的列 I 为羧化纳米金刚石的拉曼成像，而列 II 是人肺上皮细胞 A549 上在 1432∼1472 cm^{-1} 处的酰胺峰的拉曼信号。列 III 为将纳米金刚石和人肺上皮细胞 A549 的拉曼信号合并得到的拉曼成像。图 7-30 显示了羧化纳米金刚石-鱼生长激素(rEaGH)复合物与 A549 细胞相互作用的拉曼成像。对比图 7-29 和图 7-30 可以发现，在纳米金刚石上结合了生长激素后，

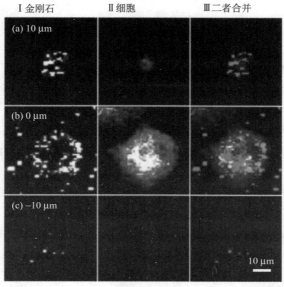

图 7-29　粒径为 100 nm 的纳米金刚石和人肺上皮细胞 A549 的拉曼成像[85]

Ⅰ 金刚石　　　　　Ⅱ 细胞　　　　　Ⅲ 二者合并

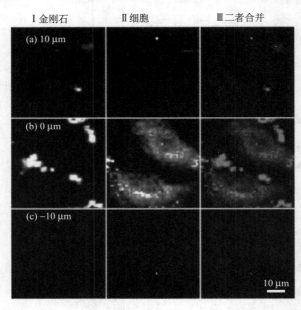

图 7-30　人肺上皮细胞 A549 和 100 nm 羧化金刚石-rEaGH 复合物的拉曼成像[85]

整个复合物只存在于细胞表面。这一观察结果为生长激素受体存在于细胞表面提供了有力的证据,同时可以说明生长激素-生长激素受体的相互作用可用金刚石拉曼信号进行标记,也再次表明拉曼成像是观察生物分子与细胞相互作用的有效技术。

7.5.5　亚衍射成像

　　传统的生物标记,如量子点、单分子和有机染料都受到闪烁和光漂白的影响。这种不尽如人意的特点却也促使了新的超分辨率成像技术有了好的发展,如光激活定位显微镜(PALM)[86]和随机光学重建显微镜(STORM)[87]——通过顺序切换单个分子或点的开关利用闪烁特性,并以纳米级精度确定位置。虽然这些技术已经带来革命性的进展,但是长期追踪具有纳米尺度分辨率的单个荧光探针仍然是比较困难的。然而,被称为受激发射耗损(STED)的替代远场成像技术确实提供了在长时间段内以纳米级分辨率成像和追踪生物标记物的能力。使用有机分子的STED 显微镜已经证实了其 16～80 nm 的分辨率,被用于在细胞中定位蛋白质[88]及活体神经元中的胶体颗粒或突触小泡的实时成像[89]。

　　用于 STED 显微镜的理想生物标记应具有高量子效率、良好的光稳定型、长的荧光寿命(> 0.8 ns),并具有低的多光子吸收截面[91]。金刚石中的很多色心都符合这个标准,NV¯ 中心已经被证明具有这种成像技术的强大功能,块状金刚石中单个 NV¯色心的横向分辨率可达 5.8 nm(图 7-31)。Han 等[90]使用简化的连续波激发方案实现了 110 nm 的横向分辨率和轴向分辨率。

除了 STED 之外，单个 NV 色心可用于其他可逆饱和光学荧光跃迁 (RESOLFT) 成像模式，如基态耗尽 (GSD) 和自旋 RESOLFT。GSD 显微镜利用环形高功率激光束和共同对准的激励激光束。环形束激发 NV 色心至中间 ^1A 状态，使得基态群体耗尽，从而产生荧光。 Rittweger 等应用这种技术使用块状金刚石中的单个 NV¯ 色心，已经证明了 7.6 nm 的横向分辨率[92]远低于衍射极限。

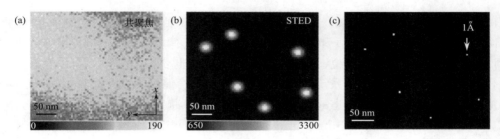

图 7-31　STED 显微镜的金刚石 NV 色心[90]

(a)共聚焦和(b)来自相同晶体区域的 STED 图像；(c)每个中心的坐标都可以达到 0.14 nm 的计算精度

使用 GSD 技术，Han 等能够使用比 STED 中应用的激励功率小大约 3 个数量级的激励功率来实现 12 nm 的横向分辨率[93]。GSD 型光开关还可以应用于 PALM 和 STORM 中，并且会在追求光致损害最小化的生物学领域中大放异彩。此外，GSD 方法不需要任何图像处理，因此 NV¯ 色心可以作为能够读出量子态的具有实用性的远场探针。

更令人兴奋的是超分辨率显微镜与纳米级磁力测量相结合的最新应用前景。Maurer 等最近使用 RESOLFT 的一种改进形式证明了利用亚衍射分辨率进行光学检测和操纵单个电子自旋的能力[94]。理论上来说，亚纳米分辨率的单个自旋的连贯控制为一些重要的应用打开了大门，如对神经元网络中的活动进行直接成像并绘制活性氧和细胞内离子的局域浓度。

到目前为止，只有 NV¯ 色心已应用到超分辨率技术中。然而，研究采用这些技术中可能应用到的金刚石中的其他单光子源也非常重要，如 SiV。此外，当单个发射体嵌入单个纳米金刚石内时，它们经常有闪烁(blinking)现象[95]。因此，各种超分辨率技术可以成为理解金刚石色心闪烁机制的关键。金刚石色心有望借助强大的新型成像工具和新颖的量子传感应用在生物和量子技术方面迎来重大进展。

7.5.6　量子信息处理

1948 年，Shannon 提出用比特来表示经典信息的基本单元。比特是一个两状

态系统，它可用 1 和 0 来表示，分别代表是与非，如现有数字电路中的开和关。量子比特 (qubit) 是量子信息最基本的单位，它同样是用两个状态表示的量子系统。在量子比特中，两个量子态 $|0\rangle$ 和 $|1\rangle$ 代替经典比特中 1 和 0，然而又与经典比特不同。其最大不同是量子比特可以处在两个量子态的 $|0\rangle$ 和 $|1\rangle$ 的相干叠加态上。

$$|\varphi\rangle = \alpha|0\rangle + \beta|1\rangle \quad \left(|\alpha|^2 + |\beta|^2 = 1\right) \tag{7-2}$$

即量子比特是态 $|0\rangle$ 和 $|1\rangle$ 的随机相干叠加态，而且每种状态上出现的概率分别为 $|\alpha|^2$ 和 $|\beta|^2$，由随机的系数 α 和 β 决定。这种叠加态具有非常明显的量子相干特性。而且 α 和 β 之间的相对相位在量子信息处理中起着非常重要的作用。理论上来讲，任意的具有两个量子态的系统均可用于量子比特的存储及操纵。例如一个二能级原子，具有两个任意偏振态的光子和具有上下两个自旋态的电子或原子核等均可成为量子信息的载体[96]。

量子系统常温下易与周围的振子、激子及电子自旋发生强耦合，因此必须在低温条件下进行实验操作。由于自旋-晶格之间的强相互作用，这些系统的电子自旋只有在低于 1.5 K 的情况下才有很长的相干时间[97]。不同于上面所提到的固态系统必须在低温条件下工作，一些具有大带隙的材料内有深度缺陷，其基态与导带最低能级相隔非常远，因而其基态在高温或常温下便能够稳定得到。金刚石有一个 5.5 eV 的带隙，有多个稳定的缺陷，如 NV 色心 (基态与导带最低能级的能级间隔 3.3 eV) 及氮取代缺陷 (基态与导带最低能级的能级间隔 1.7 eV)[98]。我们可以采用光学方法对金刚石内的单个 NV 色心进行辨别及定位[99]。实验上现在已经实现了通过光学方法操纵金刚石 NV 色心的电子自旋、制备和提取它所处的电子自旋态[100]。此外，通过外加共振微波场也能实现对它的电子自旋进行旋转操纵。如今，金刚石 NV 色心已成为主要的量子系统之一，如应用在量子计算、量子密码传输及量子通信等方面[101,102]。在低温下，NV 色心的光学跃迁宽度很窄，可对其进行相干操纵制备光子-电子自旋纠缠态及进行其他的量子信息处理。已有的实验结果验证了即使在室温下，金刚石缺陷色心的电子自旋也能有非常长的相干时间，对其电子自旋和核自旋进行相干操控可达到很高的保真度[103]。

作为成功地进入商业产品并在不久的将来达到工业标准化[104]的量子信息处理最早的例子之一，量子密码学一直激励着高性能的单光子光源 (SPS) 的发展。量子密码学，更确切地说是量子密钥分配 (QKD)，利用量子力学中的无克隆定理和不确定性原理，使得两个远距离的部分能够以一次性方式安全地建立一个用于加密的私钥。作为密钥的信使，量子状态的量子物体 (如光子) 由于量子态不能被复制，可以免于被窃听。在没有实验限制的理想化实现中，与经典密码系统中的计算安全性相反，这种信息理论上是具有绝对安全性的。关于它的综合评论可以在文献[105,106]中找到。

光子被认为是用作量子计算方案的量子比特的主要候选者[107,108]。尽管基于金刚石的 SPS 满足了对亮度和可扩展性的要求，但是从金刚石缺陷发射的光子之间的量子干涉还没有实现。此外，制造基于金刚石的光学元件如波导或腔体以实现发射的路径是具有挑战性的。金刚石具有高的折射率，并且是最坚硬的材料，在光子发射中心周围雕刻所需的光学结构是一个严峻的挑战。金刚石的纳米加工仍然不断有新的进展[109-111]。用块状金刚石材料制造出光导[109]，同时由纳米晶体金刚石膜制成了平均 Q 值约为 500 的光子晶体腔[110]。但是将基于金刚石的 SPS 与腔体集成以实现强耦合机制迄今仍是基于金刚石的量子信息中的主要挑战之一。

7.6　挑战与展望

金刚石的单光子光源应用于量子领域之前仍存在着一些挑战，其中最关键的问题是发射光子的收集效率低。Babinec 等使用金刚石纳米线观察到，与块状晶体相比，金刚石纳米线改变了 NV 色心的发射模式，金刚石纳米线以 10%激励泵功率获得了 10 倍的单光子。改善计数率可以通过抑制非辐射衰变路径来实现。研究者使用与等离激元纳米结构耦合的 NV 色心使其非辐射衰减减少，从而增加了计数率[44]。然而，更严格的实验和理论研究仍然是必须进行的。

在过去 10 年中，各种金刚石单光子光源的计数率从 10^4 s^{-1} 增加到 10^6 s^{-1}，超过 2 个数量级。通过发现新的发射体、增强的光学和可以耦合到发射体的纳米结构的发展的组合，实现这种程度的增加是有可能的。这种改进可以被看作是金刚石单光子光源的摩尔定律的一种形式。如果这个定律在可预见的将来能够成立，那么将在未来 10 年内能够达到 GHz 频率的单光子发射率。这种高效率的光源一旦得到，传统和量子辐射测量之间的差距便可以弥补。

在生物应用方面，近红外光谱中的发射对避免干扰细胞的自发荧光非常重要。使用承载超高亮度光源的纳米金刚石作为生物标志物可以极大推动生物成像等领域的发展。在这方面，对纳米金刚石表面的系统研究对于更好地理解纳米金刚石中光学中心的物理性质至关重要。修饰表面以缀合各种生物细胞将是未来几年中很重要的研究方向。活细胞中的单个自旋的退相干测量（decoherence measurement）被认定为生物成像领域的革命性成果，并且可以加深我们对生物过程、药物递送和神经元生长的理解。

金刚石不仅是一种迷人的宝石，现在的它还是利用固态量子信息效应的领航者，也是将量子技术从实验室环境带入商业产品的领航者。单光子的产生和在室温下的量子比特的实现，预示着一个新的钻石时代的来临。现在面临的最主要的挑战是改善金刚石基底质量、改进工艺、创造光学纳米结构、优化色心的生产。如果这些方面能取得成功，金刚石将成为量子技术的重要平台，远超过它在现今量子科学平台上的地位。

参 考 文 献

[1] Aharonovich I, Castelletto S, Simpson D A, Su C H, Greentree A D, Prawer S. Diamond-based single-photon emitters. Reports on progress in Physics, 2011, 74(7): 076501.

[2] Doherty M W, Manson N B, Delaney P, Jelezko F, Wrachtrup J, Hollenberg L C L. The nitrogen-vacancy colour centre in diamond. Phys Rep, 2013, 528(1): 1-45.

[3] 陈向东. 金刚石中 NV 色心光致变色的研究. 北京: 中国科学技术大学, 2014.

[4] Orwa J O, Greentree A D, Aharonovich I, Alves A D C, van Donkelaar J, Stacey A, Prawer S. Fabrication of single optical centres in diamond-a review. J Lumin, 2010, 130(9): 1646-1654.

[5] Doherty M W, Manson N B, Delaney P, Hollenberg L C L. The negatively charged nitrogen-vacancy centre in diamond: the electronic solution. New J Phys, 2011, 13(2): 025019.

[6] 刘晓迪. NV 色心耦合和能量转移机制. 北京: 中国科学技术大学, 2013.

[7] Loubser J H N, Wyk J A V. Optical spin-polarisation in a triplet state in irradiated and annealed type 1b diamonds. Diamond Research, 1977: 11-14.

[8] Loubser J H N, van Wyk J A. Electron spin resonance in the study of diamond. Reports on Progress in Physics, 1978, 41(8): 1201.

[9] Fuchs G D, Dobrovitski V V, Hanson R, Batra A, Weis C D, Schenkel T, Awschalom D D. Excited-state spectroscopy using single spin manipulation in diamond. Phys Rev Lett, 2008, 101(11): 117601.

[10] Scully M O. MS Zubairy Quantum Optics. London: Cambridge Press, 1997.

[11] Vavilov V S, Gippius A. Investigation of the cathodoluminescence of epitaxial diamond films. Sov Phys Semicond, 1980, 14(9): 1078-1079.

[12] Clark C D, Kanda H, Kiflawi I, Sittas G. Silicon defects in diamond. Phys Rev B, 1995, 51: 16681-16688.

[13] Sittas G, Kanda H, Kiflawi I, Spear P M. Growth and characterization of Si-doped diamond single crystals grown by the HTHP method. Diam Relat Mater, 1996, 5(6-8): 866-869.

[14] Vavilov V S, Gippius A A, Zaitsev A M, Deryagin B V, Spitsyn B V, Aleksenko A E. Investigation of the cathodoluminescence of epitaxial diamond films. Sov Phys Semicond, 1980, 14: 1078-1079.

[15] Edmonds A M, Newton M E, Martineau P M, Twitchen D J, Williams S D. Electron paramagnetic resonance studies of silicon-related defects in diamond. Phys Rev B, 2008, 77: 245205.

[16] Turukhin A V, Liu C H, Gorokhovsky A A, Alfano R R, Phillips W. Picosecond photoluminescence decay of Si-doped chemical-vapor-deposited diamond films. Phys Rev B, 1996, 54: 16448-16451.

[17] Feng T, Schwartz B D. Characteristics and origin of the 1.681 eV luminescence center in chemical-vapor-deposited diamond films. J Appl Phys, 1993, 73: 1415-1425.

[18] Wang C L, Kurtsiefer C, Weinfurter H, Burchard B. Single photon emission from SiV centres in diamond produced by ion implantation. J Phys B At Mol Opt Phys, 2006, 39: 37-41.

[19] Colpin Y, Swan A, Zvyagin A V, Plakhotnik T. Imaging and sizing of diamond nanoparticles. Opt Lett, 2006, 31: 625.

[20] Chao J I, Perevedentseva E, Chung P H, Liu K K, Cheng C Y, Chang C C, Cheng C L. Nanometer-sized diamond particle as a probe for biolabeling. Biophys J, 2007, 93(6): 2199-2208.

[21] Akin D, Sturgis J, Ragheb K, Sherman D, Burkholder K, Robinson J, Bhunia A, Mohammed S P, Bashir R.

Bacteria-mediated delivery of nanoparticles and cargo into cells. Nat Nanotech, 2007, 2(7): 441.

[22] Rabeau J R, Stacey A, Rabeau A, Prawer S, Jelezko F, Mirza I, Wrachtrup J.　Single nitrogen vacancy centers in chemical vapor deposited diamond nanocrystals. Nano Lett, 2007, 7: 3433.

[23] Iakoubovskii K, Adriaenssens G J, Meukens K, Nesladek M, Vul A Y, Osipov V Y. Study of defects in CVD and ultradisperse diamond. Diam Relat Mater, 1999, 8: 1476.

[24] Vlasov I I, Barnard A S, Ralchenko V G, Lebedev O I, Kanzyuba M V, Saveliev A V, Konov V I, Goovaerts E. Nanodiamond photoemitters based on strong narrow-band luminescence from silicon-vacancy defects. Adv Mater, 2009, 21: 808.

[25] Vlasov I I, Ralchenko V G, Goovaerts E, Saveliev A V, Kanzyuba M V. Bulk and surface-enhanced Raman spectroscopy of nitrogen-doped ultrananocrystalline diamond films. Phys Status Solidi A, 2006, 203: 3028.

[26] Vlasov I I, Ralchenko V G, Diffus D. Optical study of defect distributions in CVD diamond. Forum, 2004, 61: 226-228.

[27] Riedrich-Möller J, Kipfstuhl L, Hepp C, Neu E, Pauly C, Mücklich F, Baur A, Wandt M, Wolff S, Fischer M, Gsell S, Schreck M, Becher C. One- and two-dimensional photonic crystal microcavities in single crystal diamond. Nano Lett, 2014, 14: 5281-5287.

[28] Neu E, Steinmetz D, Riedrich-Möller J, Gsell S, Fischer M, Schreck M,　Becher C. Single photon emission from silicon-vacancy colour centres in chemical vapour deposition nano-diamonds on iridium. New J Phys, 2011, 13: 025012.

[29] Sipahigil A, Sipahigil A, Jahnke K D, Rogers L J, Teraji T, Isoya J, Zibrov A S, Jelezko F, Lukin M D. Indistinguishable photons from separated silicon-vacancy centers in diamond. Phys Rev Lett, 2014, 113: 113602.

[30] Kimble H J. The quantum internet. Nature, 2008, 453: 1023-1030.

[31] Yelisseyev A, Lawson S, Sildos I, Osvet A, Nadolinny V, Feigelson B, Baker J M, Newton M, Yuryeva O. Effect of HPHT annealing on the photoluminescence of synthetic diamonds grown in the Fe-Ni-C system. Diam Relat Mater, 2003, 12: 2147-2168.

[32] Gaebel T, Popa I, Gruber A, Domhan M, Jelezko F, Wrachtrup J. Stable single-photon source in the near infrared. New J Phys, 2004, 6: 98-104.

[33] Aharonovich I, Castelletto S, Simpson D A, Greentree A D, Prawer S. Photophysics of chromium-related diamond single-photon emitters. Phys Rev A, 2010, 81: 043813.

[34] Babinec T M, Hausmann B J M, Khan M, Zhang Y A, Maze J R, Hemmer P R, Loncar M. A diamond nanowire single-photon source. Nat Nanotechnol, 2010, 5: 195-199.

[35] Nadolinny V A, Yelisseyev A P, Baker J M, Newton M E, Twitchen D J, Lawson S C, Yuryeva O P, Feigelson B N. A study of C-13 hyperfine structure in the EPR of nickel-nitrogen-containing centres in diamond and correlation with their optical properties. J Phys Condens Matter, 1999, 11: 7357-7376.

[36] Kiflawi I, Kanda H, Lawson S C. The effect of the growth rate on the concentration of nitrogen and transition metal impurities in HPHT synthetic diamonds. Diam Relat Mater, 2002, 11: 204-211.

[37] Rabeau J R, Chin Y L, Prawer S, Jelezko F, Gaebel T, Wrachtrup J. Fabrication of single nickel-nitrogen defects in diamond by chemical vapor deposition. Appl Phys Lett, 2005, 86: 131926.

[38] Wu E, Rabeau J R, Roger G, Treussart F, Zeng H, Grangier P, Prawer S, Roch J F. Room temperature triggered single-photon source in the near infrared. New J Phys, 2007, 9: 434.

[39] Aharonovich I, Zhou C Y, Stacey A, Orwa J, Castelletto S, Simpson D A, Greentree A D, Treussart F, Roch J F, Prawer S. Enhanced single-photon emission in the near infrared from a diamond color center. Phys Rev B, 2009, 79: 235316.

[40] Steinmetz D, Neu E, Meijer J, Bolse W, Becher C. Single photon emitters based on Ni/Si related defects in single crystalline diamond. Appl Phys B Lasers Opt, 2011, 102: 451-458.

[41] Aharonovich I, Castelletto S, Simpson D A, Stacey A, McCallum J, Greentree A D, Prawer S. Two-level ultrabright single photon emission from diamond nanocrystals. Nano Lett, 2009, 9: 3191-3195.

[42] Aharonovich I, Zhou C Y, Stacey A, Treussart F, Roch J F, Prawer S. Formation of color centers in nanodiamonds by plasma assisted diffusion of impurities from the growth substrate. Appl Phys Lett, 2008, 93: 243112.

[43] Aharonovich I, Castelletto S, Simpson D A, Johnson B C, Stacey A, McCallum J, Greentree A D, Prawer S. Chromium single-photon emitters in diamond fabricated by ion implantation. Phys Rev B, 2010, 81: 121201.

[44] Schietinger S, Barth M, Alchele T, Benson O. Plasmon-enhanced single photon emission from a nanoassembled metal-diamond hybrid structure at room temperature. Nano Lett, 2009, 9: 1694-1698.

[45] Englund D, Shields B, Rivoire K, Hatami F, Vuckovic J, Park H, Lukin M D. Deterministic coupling of a single nitrogen vacancy center to a photonic crystal cavity. Nano Lett, 2010, 10: 3922-3926.

[46] Ekimov E A, Lyapin S G, Boldyrev K N, Kondrin M V, Khmelnitskiy R, Gavva V A, Kotereva T V, Popova M N. Germanium-vacancy color center in isotopically enriched diamonds synthesized at high pressures. JETP Lett, 2015, 102: 811.

[47] Wentorf Jr R H. The behavior of some carbonaceous materials at very high pressures and high temperatures. J Phys Chem, 1965, 69: 3063.

[48] Onodera A, Suito K, Morigami Y. High-pressure synthesis of diamond from organic compounds. Jpn P Acad B, 1992, 68: 167.

[49] Ekimov E A, Kudryavtsev O S, Khomich A A, Lebedev O I, Dolenko T A, Vlasov I I. High-pressure synthesis of boron-doped ultrasmall diamonds from an organic compound. Adv Mater, 2015, 27: 5518.

[50] Davydov V A, Rakhmanina A V, Lyapin S G, Ilichev I D, Boldyrev K N, Shiryaev A A, Agafonov V N. Production of nano-and microdiamonds with Si-V and NV luminescent centers at high pressures in systems based on mixtures of hydrocarbon and fluorocarbon. JETP Lett, 2014, 99: 585.

[51] Iwasaki T, Ishibashi F, Miyamoto Y, Doi Y, Kobayashi S, Miyazaki T, Tahara K, Jahnke K D, Rogers I, Naydenov B, Jerezko F, Yamaski S, Nagamachi S, Inubushi T, Mizuochi N, Hatano M. Germanium-vacancy single color centers in diamond. Scientific Reports, 2015, 5: 12882.

[52] Bradac C, Gaebel T, Naidoo N, Sellars M J, Twamley J, Brown L J, Barnard A S, Plakhotnik T, Zvyagin A V, Rabeau J R. Observation and control of blinking nitrogen-vacancy centres in discrete nanodiamonds. Nat Nanotechnol, 2010, 5: 345-349.

[53] Weng M F, Chiang S Y, Wang N S, Niu H. Fluorescent nanodiamonds for specifically targeted bioimaging: application to the interaction of transferrin with transferrin receptor. Diam Relat Mater, 2009, 18: 587-591.

[54] Faklaris O, Garrot D, Joshi V, Druon F, Boudou J P, Sauvage T, Georges P, Curmi P A, Treussart F. Detection of single photoluminescent diamond nanoparticles in cells and study of the internalization pathway. Small, 2008, 4: 2236-2239.

[55] Kuo Y, Hsu T Y, Wu Y C, Hsu J H, Chang H C. Fluorescence lifetime imaging microscopy of nanodiamonds in vivo//Advances in Photonics of Quantum Computing, Memory, and Communication VI. International Society for Optics and Photonics, 2013, 8635: 863503.

[56] Chung P H, Perevedentseva E, Cheng C L. The particle size-dependent photoluminescence of nanodiamonds[J]. Surface Science, 2007, 601(18): 3866-3870

[57] Perevedentseva E, Cheng C Y, Chung P H, Tu J S, Hsieh Y H, Cheng C. The interaction of the protein lysozyme with bacteria E. coli observed using nanodiamond labelling. Nanotechnology, 2007, 18(31): 315102.

[58] Frenklach M, Kematick R, Huang D, Howard W, Spear K E, Phelps A W, Koba R. Homogeneous nucleation of diamond powder in the gas phase. Appl J Phys, 1989, 66: 395.

[59] Dolmatov V. In Third International Symposium Detonation Nanodiamonds: Technology, Properties and Applications, St. Petersburg, Russia(2008). Larionova I, Kuznetsov V, Frolov A, Shenderova O.

[60] Moseenkov, Mazov I. Properties of individual fractions of detonation nanodiamond. Diam Relat Mater, 2006, 15: 1804.

[61] Krueger A, Kataoka F, Ozawa M, Fujino T, Suzuki Y, Aleksenskii A E, Vul A Y, Osawa E. Unusually tight aggregation in detonation nanodiamond: identification and disintegration. Carbon, 2005, 43: 1722.

[62] Huang H, Pierstorff E, Osawa E, Ho D. Active nanodiamond hydrogels for chemotherapeutic delivery. Nano Lett, 2007, 7: 3305.

[63] Neugart F, Zappe A, Jelezko F, Tietz C, Boudou J P, Krueger A, Wrachtrup J. Dynamics of diamond nanoparticles in solution and cells. Nano Lett, 2007, 7: 2588.

[64] Krueger A, Stegk J, Liang Y, Lu L, Jarre G. Biotinylated nanodiamond: simple and efficient functionalization of detonation diamond. Langmuir, 2008, 24: 4200.

[65] Dolmatov V Y. Detonation synthesis ultradispersed diamonds: properties and applications. Russ Chem Rev, 2001, 70: 607.

[66] Danilenko V V. Synthesis and sintering of diamond by detonation. Energoatomizdat, 2003.

[67] Vereschagin A L. Detonation nanodiamonds. Barnaul State: Technical University, 2001.

[68] Vereschagin A L. Properties of detonation nanodiamonds. Barnaul State: Technical University, 2005.

[69] Danilenko V V. Shock-wave sintering of nanodiamonds. Phys Solid State, 2004, 46: 711.

[70] Viecelli J A. Ree F H. Carbon particle phase transformation kinetics in detonation waves. J Appl Phys, 2000, 88: 683.

[71] Danilenko V V. Thermal stability of detonation nanodiamond depending on their quality. Super Hard Mat, 2009, 31 (4): 218-225.

[72] Titov V M, Tolochko B P, Ten K A, Lukyanchikov L A, Pruuel E R. Where and when are nanodiamonds formed under explosion? Diam Relat Mater, 2007, 16, 2009.

[73] Danilenko V V. Peculiarities of carbon condensation in a detonation wave and conditions of nanodiamonds optimal synthesis. Superhard Mater, 2006, 5: 9.

[74] Osswald S, Yushin G, Mochalin V, Kucheyev S O, Gogotsi Y. Control of sp^2/sp^3 carbon ratio and surface chemistry of nanodiamond powders by selective oxidation in air. J Am Chem Soc, 2006, 128: 11635.

[75] Petrov I, Shenderova O. History of Russian patents on detonation nanodiamonds. In: Shenderova O, Gruen D, Andrew W. Ultrananocrystalline diamond. Norwich: William Andrew Publishing, 2006.

[76] Pichot V, Comet M, Fousson E, Baras C, Senger A, Normand F L, Spitzer D. An efficient purification method for detonation nanodiamonds. Diam Relat Mater, 2008, 17: 13.

[77] Schrand A M, Hens S A C, Shenderova O A. Nanodiamond particles: properties and perspectives for bioapplications. Critical Reviews in Solid State and Materials Sciences, 2009, 34(1-2): 18-74.

[78] Ozawa M, Inaguma M, Takahashi M, Kataoka F, Kruger A, Osawa E. Preparation and behavior of brownish, clear nanodiamond colloids. Adv Mater, 2007, 19: 1201.

[79] Ji S, Jiang T, Xu K, Li S. FTIR study of the adsorption of water on ultradispersed diamond powder surface. Appl Surf Sci, 1998, 133: 231.

[80] Ushizawa K S, Mitsumori Y, Machinami T, Ueda T, Ando T. Covalent immobilization of DNA on diamond and its verification by diffuse reflectance infrared spectroscopy. Chem Phys Lett, 2002, 351: 105-108.

[81] Huang L C L, Chang H C. Adsorption and immobilization of cytochrome c on nanodiamonds. Langmuir, 2004, 20: 5879-5884.

[82] Chung P H, Perevedentseva E, Tu J S, Chang C C, Cheng C L. Spectroscopic study of bio-functionalized nanodiamonds. Diam Relat Mater, 2006, 15: 622-625.

[83] Mol J A, Garderen E V, Selman P J, Wolfswinkel J, Rijnberk A, Rutteman G R.Growth hormone mRNA in mammary gland tumors of dogs and cats.　Clin J Invest, 1995, 95: 2028 .

[84] Ilkbahar Y, Wu K, Thordarson G, Talamantes F. Expression and distribution of messenger ribonucleic acids for growth hormone (GH) receptor and GH-binding protein in mice during pregnancy. Endocrinology, 1995, 136: 386.

[85] Cheng C Y, Perevedentsevs E, Tu J S, Chung P H, Cheng C L, Liu K K, Chao J I, Chen P H, Chang C C. Direct and *in vitro* observation of growth hormone receptor molecules in A549 human lung epithelial cells by nanodiamond labeling. Appl Phys Lett, 2007, 90: 163903.

[86] Betzig E, Patterson G H, Sougrat R, Lindwasser O W, Olenych S, Bonifacino J S, Davidson M W, Lippincott

Schwartz J, Hess H F. Imaging intracellular fluorescent proteins at nanometer resolution. Science, 2006, 313: 1642-1645.

[87] Rust M J, Bates M, Zhuang X. Sub-diffraction-limit imaging by stochastic optical reconstruction microscopy(STORM). Nat Methods, 2006, 3: 793-796.

[88] Donnert G, Keller J, Medda R, Andrei M A, Rizzoli S O, Luhrmann R, Jahn R, Eggeling C, Hel S W. Macromolecular-scale resolution in biological fluorescence microscopy. Proc Natl Acad Sci, 2006, 103(31): 11440-11445.

[89] Westphal V, Rizzoli S O, Lauterbach M A, Kamin D, Jahn R, Hell S W. Video-rate far-field optical nanoscopy dissects synaptic vesicle movement. Science, 2008, 320: 246-249.

[90] Rittweger E, Han K Y, Irvine S E, Eggeling C, Hell S W. STED microscopy reveals crystal colour centres with nanometric resolution. Nat Photonics, 2009, 3: 144-147.

[91] Fernandez-Suarez M, Ting A Y. Fluorescent probes for super-resolution imaging in living cells. Nat Rev Mol Cell Biol, 2008, 9: 929-943.

[92] Rittweger E, Wildanger D, Hell S W. Far-field fluorescence nanoscopy of diamond color centers by ground state depletion. Europhys Lett, 2009, 86: 14001.

[93] Han K Y, Kim S K, Eggeling C, Hell S W. Metastable dark states enable ground state depletion microscopy of nitrogen vacancy centers in diamond with diffraction-unlimited resolution. Nano Lett, 2010, 10: 3199-3203.

[94] Maurer P C, Maurer P C, Maze J R, Stanwix P L, Jiang L, Gorshkov A V, Zibrov A A, Yacoby A, Twitchen D, Hell S W, Walsworth R L, Lukin M D. Far-field optical imaging and manipulation of individual spins with nanoscale resolution. Nat Phys, 2010, 6: 912-918.

[95] Aharonovich I, Englund D, Toth M. Solid-state single-photon emitters. Nat Photonics, 2016, 10(10): 631.

[96] 苏万钧. 基于 NV 色心-微腔耦合系统的量子信息处理. 福州: 福州大学, 2014.

[97] Castner J T G. Direct measurement of the valley-orbit splitting of shallow donors in silicon. Phys Rev Lett, 1962, 8(1): 13.

[98] Gali A, Fyta M, Kaxiras E. *Ab initio* supercell calculations on nitrogen-vacancy center in diamond: electronic structure and hyperfine tensors. Phys Rev B, 2008, 77(15): 155206.

[99] Gruber A, Dräbenstedt A, Tietz C, Fleury L, Borczyskowski C V. Scanning confocal optical microscopy and magnetic resonance on single defect centers. Science, 1997, 276(5321): 2012-2014.

[100] Van O E, Manson N B, Glasbeek M. Optically detected spin coherence of the diamond NV centre in its triplet ground state. J Phys, 1988, 21(23): 4385.

[101] Wrachtrup J, Jelezko F. Processing quantum information in diamond. J Phys, 2006, 18(21): S807.

[102] Taylor J M, Cappellaro P, Childress L, Jiang L, Budker D, Hemmer R R, Yacoby A, Walsworth R, Lukin M D. High-sensitivity diamond magnetometer with nanoscale resolution. Nat Phys, 2008, 4(10): 810-816.

[103] Reynhardt E C, High G L, Wyk J A V. Temperature dependence of spin-spin and spin-lattice relaxation times of paramagnetic nitrogen defects in diamond. J Chem Phys, 1998, 109(19): 8471-8477.

[104] Langer T, Lenhart G. Standardization of quantum key distribution and the ETSI standardization initiative ISG-QKD. New J Phys, 2009, 11: 055051.

[105] Gisin N, Ribordy G G, Tittel W, Zbinden H. Quantum cryptography. Rev Mod Phys, 2002, 74: 145-195.

[106] Gisin N, Thew R. Quantum communication. Nat Photonics, 2007, 1: 165-171.

[107] O'Brien J L. Optical quantum computing. Science, 2007, 318: 1567-1570.

[108] Knill E, Laflamme R, Milburn G J. A scheme for efficient quantum computation with linear optics. Nature, 2001, 409: 46-52.

[109] Hiscocks M P, Ganesan K, Gibson B C, Huntington S T, Ladouceur F, Prawer S. Diamond waveguides fabricated by reactive ion etching. Opt Express, 2008, 16: 19512-19519.

[110] Wang C F, Hanson R, Awschalom D D, Hu E L, Feygelson T, Yang J, Butler J E. Fabrication and characterization of two-dimensional photonic crystal microcavities in nanocrystalline diamond. Appl Phys Lett, 2007, 91: 201112.

[111] Castelletto S, Harrison J P, Marseglia L, Stanley-Clarke A C, Gibson B C, Fairchild B A, Hadden J P, Ho Y L D, Hiscocks M P, Ganesan K. Diamond-based structures to collect and guide light. New J Phys, 2011, 13: 025020.

关键词索引

A

阿伏伽德罗常量　14

阿伦尼乌斯定律　180

B

白蛋白　195

爆轰法　67

泵浦　291

表面修饰　307

布拉格反射栅　237

C

材料破坏电位　201

层状结构　278

掺磷非晶金刚石　153, 155, 158, 160, 174,
　178, 183, 192, 200, 203, 211

掺硼非晶金刚石　94, 96, 115, 127, 138

掺杂　5, 153

场梯度　82

超纳米金刚石　63, 67, 70, 75

沉积机制　13

弛豫　51

冲击波　64, 67

传导机制　183

D

单光子光源　300, 303, 314, 315

低维度金刚石　iii

第一性原理　18, 154, 155

电分析　152

电极动力学　189

电流-电压特性　139

电流密度　207

电子态　109, 155, 289

电子位移极化　275

定域态　5, 178, 181

多巴胺　217

E

二维光子晶体　86

F

反谐振频率　272

方块电阻　252

仿真分析　228

非共格界面　54

非晶硅太阳电池　140

非晶金刚石　3, 4, 94, 227, 281

分子动力学　18

腐蚀电流密度　201

腐蚀电位　201

G

高声阻抗材料　227

高斯函数　124

高温高压法　68

功函数　193

共振频率　127

固定酶　214

固体能带理论　109

固贴式体声波器件　228

热稳定性　25, 29, 122

人体指纹　109

溶菌酶　305

溶血率　159

S

色散分量　193

色心　288

伸缩模式　113

伸缩振动　113, 168

神经递质　217

生物成像　311

生物电极　152

生物相容性　192

声表面波　277, 279

声阻抗性能　244

失配度　265

石墨化　31, 155

瞬时成核　207, 209

T

态密度　111

碳二聚体分子　62

碳基骨架　103, 119

跳跃传导　180, 181, 182

透明电极　86

团簇化　99

退相干测量　315

W

弯折模式　113

微波等离子体　6, 65

微机电系统　75

X

细胞荧光成像　309

纤维蛋白原　195

相图　3, 65, 66

肖特基（Schottky）接触　182

芯能级　109, 266

信噪比　184

血液相容性　193

Y

压电堆　245

亚稳态　242

亚衍射成像　312

异质结二极管　84

荧光光谱　304

有序化　25

跃迁　73

Z

增频作用　281

展宽因子　128

整流特性　135, 182

重金属离子的检测　211

自旋回波　295

自旋密度　154

阻尼系数　127